"十二五"普通高等教育本科国家级规划教材

C9版

大学物理学

（第三版）

上册

张三慧 编著

杜旭日 杨宇霖
程再军 王灵婕 李敏 改编

U0362198

清华大学出版社
北京

内 容 简 介

本书为张三慧编著的《大学物理学》(第三版 A 版)的改编版,分上、下两册,共 6 篇。上册为力学、热学以及振动和波动;下册为电磁学、波动光学和量子物理基础。力学篇介绍经典物理学的质点力学、理想流体的运动规律、刚体定轴转动的基本内容,以及狭义相对论基础等;热学篇着重在分子论的基础上用统计概念说明温度、气体的压强以及麦克斯韦分布率;振动和波动篇介绍振动和波的基本特征。本书融入物理思想与科学方法论的内容,包含大量来自生活、实用技术以及自然现象等方面的例题、思考题和习题。

本书内容涵盖大学物理课程教学基本要求,可作为高等院校理工科非物理类专业大学物理课程的教材,也可作为中学物理教师、工程技术人员和有兴趣读者的参考书。

与本书配套的辅助教材《大学基础物理学精讲与练习》《大学物理学学习辅导与习题解答》均由清华大学出版社出版。

图书在版编目(CIP)数据

大学物理学:C9 版. 上册/张三慧编著;杜旭日等改编.—3 版.—北京:清华大学出版社,2021.1
(2025.1重印)

ISBN 978-7-302-57052-3

Ⅰ. ①大… Ⅱ. ①张… ②杜… Ⅲ. ①物理学－高等学校－教材 Ⅳ. ①O4

中国版本图书馆 CIP 数据核字(2020)第 238138 号

责任编辑:佟丽霞 陈凯仁
封面设计:傅瑞学
责任校对:赵丽敏
责任印制:杨 艳

出版发行:清华大学出版社
      网　　址:https://www.tup.com.cn,https://www.wqxuetang.com
      地　　址:北京清华大学学研大厦 A 座　　　　　邮　　编:100084
      社 总 机:010-83470000　　　　　　　　　　邮　　购:010-62786544
      投稿与读者服务:010-62776969,c-service@tup.tsinghua.edu.cn
      质量反馈:010-62772015,zhiliang@tup.tsinghua.edu.cn
印 装 者:三河市铭诚印务有限公司
经　　销:全国新华书店
开　　本:185mm×260mm　　　印　　张:23.5　　　字　　数:568 千字
版　　次:1990 年 2 月第 1 版　2021 年 1 月第 3 版　　印　　次:2025 年 1 月第 8 次印刷
定　　价:66.00 元

产品编号:089185-03

改编与编写说明

物理学是人类在探索自然奥秘的过程中形成的一门基础科学,是研究物质基本性质及其最一般的运动规律、物质的基本结构和基本相互作用等的学科。其中文的词义是"物"(物质的结构、性质)和"理"(物质的运动、变化规律),与现代观点相吻合。按照发展历程,物理学可分为经典物理学和现代物理学。经典物理学建立后已发展成为相当成熟的理论体系,现代物理学目前也取得令人瞩目的成就,后人仍可以不断推陈出新,有所作为。物理学是自然科学的基础,其基本概念和基本规律是自然科学中很多领域的重要基础,一项物理学重大科学发现往往直接改变了人们的世界观、哲学思想和行为方式。物理学在科学和工程的各个学科中的应用越来越广泛,正如李政道先生所说的,没有今天的基础科学,就没有明天的科技应用。物理学的进展不仅刺激了数学的发展,也推动着当代相关领域学科的发展,并且是技术革命和工程技术发展的根源。物理学也是一门实验科学,现代一些技术的发展与物理学密不可分,甚至来源于或依赖于物理学理论、科学与技术、理论与实验,它们相互促进、相辅相成。此外,物理学理论的形成,也是科学思想与科学方法论相结合的结果。

在严谨的学科体系、系统的科学理论、科学思想以及研究与分析问题的方法等方面,物理学为人类打开了一扇通往科学殿堂的大门。大学物理学所涉及的基本概念、基本理论和基本方法是构成学生科学素养的重要组成部分。学生系统地学习大学物理学,对提高获取知识的能力、扩展知识的能力和培养独立思考的能力,以及提高定性分析与定量计算等方面的能力,进一步提高科学素质是富有成效的,也为学习后续课程打下坚实的科学基础。

清华大学教授张三慧先生(1929—2012)编著的《大学物理学》与《大学基础物理学》(均由清华大学出版社出版)为普通高等教育本科国家级规划教材。该书以科学性和系统性著称,融入了科技先进的发达国家同类教材精华,体例新颖,内容涵盖了大学物理课程教学的基本要求,包括了物理学各个分支学科,是我国当今大学基础物理学中的精品教材,也是最富有原创性的主流教材之一,为国内各地高校广泛采用,并获得一致好评。本书为改编版,以该书《大学物理学》(第三版 A 版)为蓝本,按大学物理课程教指委 2010 年编制的《理工科类大学物理课程教学基本要求》改编,在继承原书特色和贯彻原书编写风格的基础上,基本保持原书的风貌,章节顺序尽量相对应,保留了原书绝大部分图表;考虑到网络资源的便捷性和海量资源共享,删除了正文后面的"提要",删除了"今日物理趣闻",以减少篇幅,同时对标题有＊(＊表示所涉及内容为扩展或教学自选内容)的有关章节进行增补与完善,以拓展知识面。改编的侧重点:①通过纲举目张,采择精华,适量补充,以突出章节结论(如在一些章节下增加小标题等)和免于大段纯文字性描述,达到编排有序和结构紧凑。②通过条分节解,提出问题由表及里,分析问题由浅入深,达到条理分明又叙述通俗。③改编增补或完善了一些新内容,如重新编写了各篇的开篇语,特别是订正了一些排版和印刷错误,按国家标准和相关要求规范了一些问题。此外,还融入了"课程思政"和物理思想的内容,以提升课程教学的育人实效。我们希望通过改编工作,进一步提高本教材的可读性和适应性,满足因材施教和不同课程层次使用的需要,也方便读者课外自学。全书共分6篇26章,分上、下两册,上册包括力学、热学以及振动和波动,下册包括电磁学、波动光学和量子物理基础;其中"振动和波动"与"波动光学"独立成篇,以对接或方便两个学期的教学安排。

　　本书的改编与编写工作是我们进行大学物理课程教学改革的一种尝试,企盼进一步提高我们的大学物理课程的整体教学水平,为基础物理教学添砖加瓦。参加本书改编的全体教师长期工作在大学物理和大学物理实验教学第一线,全部具有高级职称或博士学位,具有丰富的理论和实践教学经验。全书由杜旭日主改编,包括增补了各篇的开篇语,并组织其他老师参与一些章节的部分改编工作(杨宇霖参加改编第1、2、13章,程再军参加改编第3、4、12、14章,李敏参加改编第6、20章,王灵婕参加改编第7章,黄晓桦参加改编第19章,林一清参加改编第21章,陈歆宇参加改编第22章)。杜旭日为改编版主编,负责全书的改编,以及统稿、校核和定稿等。

　　改编成稿之后,我们总觉得不尽如人意,希望所做工作只是引玉之砖。由于时间紧迫,改编者水平有限,改编版定有不妥甚至纰缪之处,我们诚恳欢迎广大读者批评指正,并向我们反馈意见或建议,以便再版时进一步修订,使之不断完善。感谢清华大学出版社佟丽霞、陈凯仁、朱红莲和傅瑞学等老师为本书的出版所做出的辛勤工作,感谢同仁们的通力合作。

　　本书配套有清华大学出版社出版的辅助教材《大学基础物理学精讲与练习》《大学物理学学习辅导与习题解答》,欢迎一并选用。

改编者

2020 年 9 月于鹭岛

第三版前言

本书内容完全涵盖了2006年我国教育部发布的"非物理类理工学科大学物理课程基本要求"。书中各篇对物理学的基本概念与规律进行了正确明晰的讲解。讲解基本上都是以最基本的规律和概念为基础,推演出相应的概念与规律。笔者认为,在教学上应用这种演绎逻辑更便于学生从整体上理解和掌握物理课程的内容。

力学篇是以牛顿定理为基础展开的。除了直接应用牛顿定律对问题进行动力学分析外,还引入了动量、角动量、能量等概念,并着重讲解相应的守恒定律及其应用。除惯性系外,还介绍了利用非惯性系解题的基本思路,刚体的转动、振动、波动这三章内容都是上述基本概念和定律对于特殊系统的应用。狭义相对论的讲解以两条基本假设为基础,从同时性的相对性这一"关键的和革命的"(杨振宁语)概念出发,逐渐展开得出各个重要结论。这种讲解可以比较自然地使学生从物理上而不只是从数学上弄懂狭义相对论的基本结论。

热学篇的讲述是以微观的分子运动的无规则性这一基本概念为基础的。除了阐明经典力学对分子运动的应用外,特别引入并加强了统计概念和统计规律,包括麦克斯韦速率分布律的讲解。对热力学第一定律也阐述了其微观意义。对热力学第二定律是从宏观热力学过程的方向性讲起,说明方向性的微观根源,并利用热力学概率定义了玻耳兹曼熵并说明了熵增加原理,然后再进一步导出克劳修斯熵及其计算方法。这种讲法最能揭露熵概念的微观本质,也便于理解熵概念的推广应用。

电磁学篇按照传统讲法,讲述电磁学的基本理论,包括静止和运动电荷的电场,运动电荷和电流的磁场,介质中的电场和磁场,电磁感应,电磁波等。基于相对论的电磁学篇中电磁学的讲法则是以爱因斯坦的《论动体的电动力学》为背景,完全展现了帕塞尔教授讲授电磁学的思路——从爱因斯坦到麦克斯韦,以场的概念和高斯定理为基础,根据狭义相对论演绎地引入磁场,并进而导出麦克斯韦方程组其他方程。这种讲法既能满足教学的基本要求,又充分显示了电磁场的统一性,从而使学生体会到自然规律的整体性以及物理理论的和谐优美。电磁学的讲述未止于麦克斯韦方程组,而是继续讲述了电磁波的发射机制及其传播特征等。

光学篇以电磁波和振动的叠加的概念为基础,讲述了光的干涉和衍射的规律。光的偏振讲述了电磁波的横波特征。然后,根据光的波动性在特定条件下的近似特征——直线传播,讲述了几何光学的基本定律及反射镜和透镜的成像原理。

以上力学、热学、电磁学、光学各篇的内容基本上都是经典理论,但也在适当地方穿插了量子理论的概念和结论以便相互比较。

量子物理篇是从波粒二象性出发以定态薛定谔方程为基础讲解的。介绍了原子、分子和固体中电子的运动规律以及核物理的知识。关于教学要求中的扩展内容,如基本粒子和宇宙学的基本知识是在"今日物理趣闻 A"和"今日物理趣闻 C"栏目中作为现代物理学前沿知识介绍的。

本书除了 5 篇基本内容外,还开辟了"今日物理趣闻"栏目,介绍物理学的近代应用与前沿发展,而"科学家介绍"栏目用以提高学生素养,鼓励成才。

本书各章均配有思考题和习题,以帮助学生理解和掌握已学的物理概念和定律或扩充一些新的知识。这些题目有易有难,绝大多数是实际现象的分析和计算。题目的数量适当,不以多取胜。也希望学生做题时不要贪多,而要求精,要真正把做过的每一道题从概念原理上搞清楚,并且用尽可能简洁明确的语言、公式、图像表示出来,需知,对一个科技工作者来说,正确地书面表达自己的思维过程与成果也是一项重要的基本功。

本书在保留经典物理精髓的基础上,特别注意加强了现代物理前沿知识和思想的介绍。本书内容取材在注重科学性和系统性的同时,还注重密切联系实际,选用了大量现代科技与我国古代文明的资料,力求达到经典与现代,理论与实际的完美结合。

本书在量子物理篇中专门介绍了近代(主要是 20 世纪 30 年代)物理知识,并在其他各篇适当介绍了物理学的最新发展,同时为了在大学生中普及物理学前沿知识以扩大其物理学背景,在"今日物理趣闻"专栏中,分别介绍了"基本粒子""混沌——决定论的混乱""大爆炸和宇宙膨胀""能源与环境""等离子体""超导电性""激光应用二例""新奇的纳米技术"等专题。这些都是现代物理学以及公众非常关心的题目。本书所介绍的趣闻有的已伸展到最近几年的发现,这些"趣闻"很受学生的欢迎,他们拿到新书后往往先阅读这些内容。

物理学很多理论都直接联系着当代科技乃至人们的日常生活。教材中列举大量实例,既能提高学生的学习兴趣,又有助于对物理概念和定律的深刻理解以及创造性思维的启迪。本书在例题、思考题和习题部分引用了大量的实例,特别是反映现代物理研究成果和应用的实例,如全球定位系统、光盘、宇宙探测、天体运行、雷达测速、立体电影等,同时还大量引用了我国从古到今技术上以及生活上的有关资料,例如古籍《宋会要》关于"客星"出没的记载,北京天文台天线阵、长征火箭、神舟飞船、天坛祈年殿、黄果树瀑布、阿迪力走钢丝、1976 年唐山地震、1998 年特大洪灾等。其中一些例子体现了民族文化,可以增强学生对物理的"亲切感",而且有助于学生的民族自豪感和责任心的提升。

物理教学除了"授业"外,还有"育人"的任务。为此本书介绍了十几位科学大师的事迹,简要说明了他们的思想境界、治学态度、开创精神和学术成就,以之作为学生为人处事的借鉴。在此我还要介绍一下我和帕塞尔教授的一段交往。帕塞尔教授是哈佛大学教授,1952年因对核磁共振研究的成果荣获诺贝尔物理学奖。我于 1977 年看到他编写的《电磁学》,深深地为他的新讲法所折服。用他的书讲述两遍后,我于 1987 年贸然写信向他请教,没想到很快就收到他的回信(见附图)和赠送给我的教材(第二版)及习题解答。他这种热心帮助一个素不相识的外国教授的行为使我非常感动。

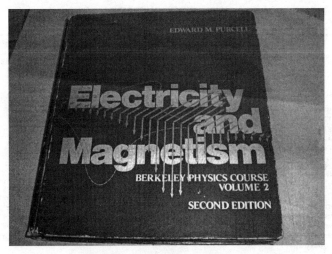

帕塞尔《电磁学》(第二版)封面

本书第一作者与帕塞尔教授合影(1993 年)

　　他在信中写道"本书 170—171 页关于 L. Page 的注解改正了第一版的一个令人遗憾的疏忽。1963 年我写该书时不知道 Page 那篇出色的文章,我并不认为我的讲法是原创的——远不是这样——但当时我没有时间查找早先的作者追溯该讲法的历史。现在既然你也喜欢这种讲法,我希望你和我一道在适当时机宣扬 Page 的 1912 年的文章。"一位物理学大师对自己的成就持如此虚心、谦逊、实事求是的态度使我震撼。另外他对自己书中的疏漏(实际上有些是印刷错误)认真修改,这种严肃认真的态度和科学精神也深深地教育了我。帕塞尔这封信所显示的作为一个科学家的优秀品德,对我以后的为人处事治学等方面都产生了很大影响,始终视之为楷模追随仿效,而且对我教的每一届学生都要展示帕塞尔的这一封信对他们进行教育,收到了很好的效果。

　　本书的撰写和修订得到了清华大学物理系老师的热情帮助(包括经验与批评),也采纳了其他兄弟院校的教师和同学的建议和意见。此外也从国内外的著名物理教材中吸取了很多新的知识、好的讲法和有价值的素材。这些教材主要有:《新概念物理教程》(赵凯华等),*Feyman Lectures on Physics*,*Berkeley Physics Course*(Purcell E M, Reif F, et al.),*The Manchester Physics Series*(Mandl F, et al.),*Physics*(Chanian H C.),*Fundamentals of Physics*(Resnick R),*Physics*(Alonso M et al.)等。

HARVARD UNIVERSITY

DEPARTMENT OF PHYSICS

LYMAN LABORATORY OF PHYSICS
CAMBRIDGE, MASSACHUSETTS 02138

November 30, 1987

Professor Zhang Sanhui
Department of Physics
Tsinghua University
Beijing 100084
The People's Republic of China

Dear Professor Zhang:

Your letter of November 8 pleases me more than I can say, not only for your very kind remarks about my book, but for the welcome news that a growing number of physics teachers in China are finding the approach to magnetism through relativity enlightening and useful. That is surely to be credited to your own teaching, and also, I would surmise, to the high quality of your students. It is gratifying to learn that my book has helped to promote this development.

I don't know whether you have seen the second edition of my book, published about three years ago. A copy is being mailed to you, together with a copy of the Problem Solutions Manual. I shall be eager to hear your opinion of the changes and additions, the motivation for which is explained in the new Preface. May I suggest that you inspect, among other passages you will be curious about, pages 170-171. The footnote about Leigh Page repairs a regrettable omission in my first edition. When I wrote the book in 1963 I was unaware of Page's remarkable paper. I did not think my approach was original — far from it — but I did not take time to trace its history through earlier authors. As you now share my preference for this strategy I hope you will join me in mentioning Page's 1912 paper when suitable opportunities arise.

Your remark about printing errors in your own book evokes my keenly felt sympathy. In the first printing of my second edition we found about 50 errors, some serious! The copy you will receive is from the third printing, which still has a few errors, noted on the Errata list enclosed in the book. There is an International Student Edition in paperback. I'm not sure what printing it duplicates.

The copy of your own book has reached my office just after I began this letter! I hope my shipment will travel as rapidly. It will be some time before I shall be able to study your book with the care it deserves, so I shall not delay sending this letter of grateful acknowledgement.

Sincerely yours,

Edward M. Purcell

Edward M. Purcell

EMP/cad

帕塞尔回信复印件

　　对于所有给予本书帮助的老师和学生以及上述著名教材的作者，本人在此谨致以诚挚的谢意。清华大学出版社诸位编辑对第三版杂乱的原稿进行了认真的审阅和编辑，特在此一并致谢。

张三慧

2008 年 1 月

于清华园

文字和符号的规范与约定

以下按国家相关标准,对本书的一些文字、符号的规范与约定用示例图解形式加以说明。熟悉这些格式有助于正确地阅读和理解科技书籍的内容。

1. 物理量的规范格式与表示方法

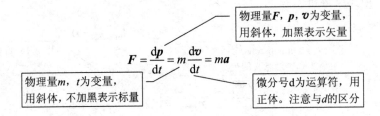

书写格式为

$$\vec{F} = \frac{\mathrm{d}\vec{p}}{\mathrm{d}t} = m\frac{\mathrm{d}\vec{v}}{\mathrm{d}t} = m\vec{a}$$

书写变量时不加黑,用斜体,变量上方加箭头表示矢量

2. 变量(矢量)方向的表示

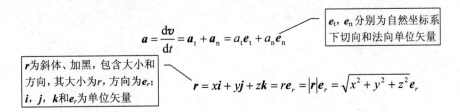

书写格式为

$$\vec{r} = x\vec{i} + y\vec{j} + z\vec{k} = r\vec{e}_r = |\vec{r}|\vec{e}_r = \sqrt{x^2 + y^2 + z^2}\,\vec{e}_r$$

3. 其他符号的规范格式

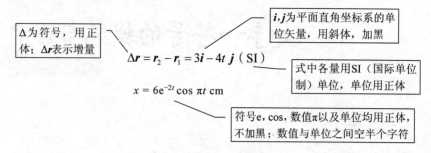

Δ为符号，用正体；Δ*r*表示增量

i, *j*为平面直角坐标系的单位矢量，用斜体，加黑

$$\Delta \boldsymbol{r} = \boldsymbol{r}_2 - \boldsymbol{r}_1 = 3\boldsymbol{i} - 4t\,\boldsymbol{j}\ (\text{SI})$$

式中各量用SI（国际单位制）单位，单位用正体

$$x = 6\mathrm{e}^{-2t}\cos \pi t\ \mathrm{cm}$$

符号e, cos，数值π以及单位均用正体，不加黑；数值与单位之间空半个字符

若可用正体或斜体的，统一用斜体。如电路图中的电阻 *R*，电容 *C* 和电感 *L* 等。

正体字母适用于一切有明确定义、含义或专有所指的符号、代号（含缩写代号）、序号、词和词组等。

斜体字母用于一切表示量的符号（含物理量、非物理量和数学中的变量、矢量）以及其他需要与正体区分的情况。

4. 中英文混排问题

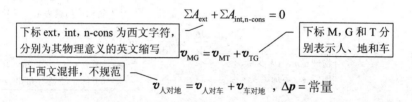

下标 ext, int, n-cons 为西文字符，分别为其物理意义的英文缩写

$$\sum A_{\text{ext}} + \sum A_{\text{int,n-cons}} = 0$$

下标 M, G 和 T 分别表示人、地和车

$$\boldsymbol{v}_{\text{MG}} = \boldsymbol{v}_{\text{MT}} + \boldsymbol{v}_{\text{TG}}$$

中西文混排，不规范

$$\boldsymbol{v}_{\text{人对地}} = \boldsymbol{v}_{\text{人对车}} + \boldsymbol{v}_{\text{车对地}}\ ,\ \Delta \boldsymbol{p} = 常量$$

式中，M, G 和 T 也可采用小写字母表示。在科学文献中，对具有一定物理意义的表达式，不推荐采用中西文混排格式。但它由于直观，仍被普遍采用。

目 录

第1篇 力学(上)——牛顿力学

第1篇　力学(下)——相对论

第6章　相对论 ··· 148

第 2 篇 热 学

第3篇　振动和波动

第 **1** 篇

力学（上）——
牛顿力学

力学是研究物体机械运动规律及其应用的一门学科。它通常指从 17 世纪意大利科学家伽利略（G. Galilei,1564—1642）论述惯性运动开始,继而以英国科学家牛顿（I. Newton,1643—1727）的名字命名的牛顿运动规律和万有引力定律为基础总结出的力学理论体系——**牛顿力学**或**经典力学**。牛顿力学是物理学中最早形成的系统理论,形成了解决"状态描述、状态变化和变化原因"三个问题的科学观,曾被誉为完美的普适理论而兴盛近 300 年,后来的许多理论也都受到牛顿力学概念和思想的影响而得到发展或改造。20 世纪初,科学家虽然发现它的局限性,但在一般的技术领域,包括机械制造、土木建筑,甚至航空航天技术中,牛顿力学仍保持着充沛的活力。牛顿力学的实用性,使之成为许多工程技术的重要基础。因此,牛顿力学在一定意义上是整个物理学的基础。目前,力学已发展成为一门独立的兼有理论与应用背景的工程型学科。这是我们现在还要学习经典力学的重要原因。

公元前 4 世纪,古希腊哲学家柏拉图（Plato,前 427—前 347）认为,圆周运动是天体的最完美的运动。约公元前 350 年,古希腊哲学家亚里士多德（Aristotle,前 384—前 322）在《物理学》中提出运动是由持续的变化引起的,说明了物体为何要下落,并提出"地心说",认为地球位于宇宙的中心。之后,古希腊学者阿基米德（Archimedes,前 287—前 212）发现浮力定律和杠杆原理,发现重心及其精确的确定方法等。公元 140 年,古希腊天文学家托勒密（又译托勒玫,C. Ptolemaeus,约 90—168）发表他的 13 卷巨著《天文学大成》,在总结前人工作的基础上系统地确立"地心说"。地心说从表观上解释了日月星辰每天东升西落、周而复始的现象,又符合上帝创造人类、地球必然在宇宙中居有至高无上地位的宗教教义,因而流传时间长达 1 300 余年。

在 14—16 世纪的欧洲,发生了一场反映新兴资产阶级要求的欧洲思想文化运动——文艺复兴,引发一场科学与艺术的革命。文艺复兴运动是欧洲科学革命和产业革命的先导。科学复兴导致科学逐渐从哲学中分离出来,从 15 世纪文艺复兴运动开始,时间长达 70 年之久。"天才好奇心""极富创造性的想象力"的达·芬奇(L. da Vinci,1452—1519)成为那个时期的代表人物和典范,他的画作家喻户晓,在其他领域他也是匠心独具,如设计了大量机械,发明了温度计和风力计,研究并发现永动机是不可能存在的。在文艺复兴运动的冲击和推动下,人们的科学与文艺思想得到解放,世界科学技术中心开始由东方转移到以意大利为中心的欧洲,之后,出现了波兰天文学家哥白尼(N. Kopernik,1473—1543)、伽利略和牛顿等科学先驱。他们在力学、天文学等领域奠定近代自然科学基础。

哥白尼曾在意大利留学 10 年。受到文艺复兴运动的影响,他思想得到解放,积极投身科学革命。当时,托勒密的"地心说"经过不断修补,越来越复杂,难以使人信服。1543 年,哥白尼在临终前出版了《天体运行论》,建立"日心说"体系,推翻"地心说",完全颠覆传统观念中地球与太阳的主从关系,从根本上使人们的宇宙观发生重大转变。伽利略在天文学上的重要发现有力地证明了哥白尼的日心说。通过这场革命,自然科学也从神学中解放出来,并得到迅速的发展。因此,在一定意义上,近代自然科学的诞生是从天文学的突破开始的。这一突破对德国科学家开普勒(J. Kepler,1571—1630)的工作是不可或缺的铺垫。伽利略的成就(如自由落体、惯性定律,摆的等时性、抛体运动规律、加速度概念引入以及力学相对性原理,发现木星的 4 颗卫星、太阳黑子,定出太阳自转周期)和开普勒的发现(如开普勒行星三定律)又为牛顿发现万有引力定律奠定了基础。联合国把 2009 年的主题确定为国际天文年,以纪念伽利略将望远镜用于天文观测 400 周年。可以说,从开普勒起,天文学真正成为一门精确科学,成为近代科学的开路先锋。因此,有人把《天体运行论》视为当代天文学和现代科学的起步点。伽利略也被誉为"近代科学之父"。

1687 年牛顿发表的《自然哲学的数学原理》是科学革命的集大成之作,是经典物理学的第一次综合,被认为是古往今来在科学史乃至在整个人类文明史的一部划时代的科学巨著,对物理学、数学、天文学和哲学等领域都产生巨大影响。自它问世后的 200 多年间,牛顿构建的经典力学体系一直是全部天文学和宇宙学思想的基础,天体的运行、潮水的涨落和彗星的出没,所有这一切都可以用共性的力学规律来解释。牛顿"站在巨人的肩膀上"完成的综合工作是基于中世纪以来科学研究的前人的累累硕果。

从科学方法上看,牛顿力学的建立和发展离不开科学实验方法和数学的引入。伽利略的发现以及他所用的科学推理方法是人类思想史上最伟大的成就之一,它标志着物理学的真正开端。他主张科学研究必须进行系统的观察和实验,开创科学实验方法,并将实验、观察与理论思维(科学假设、数学推理和演绎)相结合,因而,伽利略被认为是经典力学和实验物理学的先驱。牛顿的自然哲学思想以及归纳法(需要实验)与演绎法(需要数学)相结合,模型和数学相结合的科学研究方法,使他成功地建立经典力学体系,实现物理学史上第一次综合,极大地推动了近代科学的发展。伽利略和牛顿取得如此伟大的成就,正是因为他们把科学思维和实验研究很好地结合在一起,为力学的发展开辟一条正确的道路。这也是我们现在从经典力学开始学习物理学的一个原因。

值得一提的是,我国北宋时期有一项科学成就——水运仪象台,被誉为"中国古代的第五大发明"。出生于泉州府同安县(现为厦门市同安区)的北宋政治家和科学家苏颂(1020—1101)继承和发扬了汉唐以来天文学上的成果,组织研制和建造了一座天文计时仪器——水运仪象台。1092 年建成后被安置在开封皇宫。1096 年苏颂编著《新仪象法要》。水运仪象台以水力运转,集观测天象的浑仪、演示天象的浑象、计量时间的漏刻和报告时刻的机械装置于一体,是 11 世纪末罕见的大规模综合性观测仪器,也是世界上最古老的天文钟,凝聚了中国古代科学技术达到顶峰时期的天文历算、冶金铸造、机械工艺、建筑工程等多方面的技术发明成果。该书总结了水车、筒车、凸轮等机械原理,设计自动化天文台水运仪象台,代表了当时中国天文学和机械制造水平的杰出成就。例如,该书记录恒星 1434 颗,比 300 年后西欧星图纪录的星数还多 442 颗。图 1 的水运仪象台模型为 2012 年厦门市同安区的苏颂公园按照 1:1 仿制的。不仅如此,中国在宋朝时期的造桥技术已经达到举世瞩目的水平,例如,即使在边远的福建闽南沿海地区,就有三座举世闻名的桥梁——泉州的洛阳桥(万安桥)、安平桥(五里桥)和漳州的虎渡桥(江东桥)。这三座都是巨型石桥,建造洛阳桥所独创的技术对后世影响很大;安平桥是历史遗留下来最长的梁式石桥;虎渡桥有石梁长 23.7 m,宽1.7 m,高 1.9 m,重达 200 余吨,在当时并没有起重机具的情况下,完成运输和安装等任务都充分说明了当时的工程技术水平。

在科学发现与创造、技术发明与工程成就等方面,反映中国古代重要科技发明创造与物理学的关系,特别是体现与本篇相关的力学领域的内容,还可以从以下著作文献中的记述窥见一斑。

《墨经》是以墨翟为首的墨家的著述,是战国时墨子后期发展墨子思想的著作,是《墨子》一书中的重要部分。除了关于时空和运动的理论之外,该著作还总结了大

图 1　邮票上的苏颂(左)与水运仪象台模型(右)

量的力学、光学和工程技术等基本知识的内容。例如,力学方面记述有体力与重力、滚动摩擦与浮力,以及简单机械,杠杆与杠杆原理、斜面与轮轴,甚至还有对飞行器等现象的分析。

《考工记》是先秦古籍中的重要科技著作,记载了官营手工业各工种规范、制造工艺以及管理和营建制度等,体现了当时重视发展生产力的思想,反映出当时已经掌握很多力学技术等方面的知识,是研究中国古代科技的重要文献。

《淮南子》和《论衡》是汉代科学发展过程中非常重要的两本著作。《淮南子》是西汉淮南王刘安及其门客的著作。它保存了不少自然科学史材料;其中《原道》(也称《原道训》)所提出的宇宙生成论,对古代唯物主义和自然科学有重要影响。《论衡》是东汉王充著作,对一些自然现象试图做出合理的解释(如思考题 3-5),对传统物理学的建立有一定的贡献。

《梦溪笔谈》是北宋沈括(1031—1095)的著作,内容涉及数学、物理、化学、气象以及工程技术等各个方面,其中的自然科学部分,总结了中国古代,特别是北宋时期的科学成就等。英国著名科学史家李约瑟(J. Needham,1900—1995)把此书誉为"中国科学史的里程碑"。

《天工开物》是明朝宋应星(1587—1666)的著作,较全面记述了中国古代农业和手工业的生产技术和经验,并附有大量的插图,对古代的生产技术成就进行了总结,具有重要的科学价值。

　　中国作为世界文明古国之一,有着辉煌灿烂的科技文明史。早在 16 世纪以前,许多科技研究领域在世界上一直遥遥领先。北宋就是中国科学技术发展繁荣时期的例证。中国在技术方面与欧洲各有所长,具有明显的互补性。但是,不可否认的是,中国古代科学知识体系存在某些缺陷或弱项,以至于在 16 世纪之后对自然规律的研究未能达到欧洲同时代的发展程度。

　　本篇介绍牛顿力学,也就是经典力学的内容。力学是物理学中发展最早的一个分支。经典力学从伽利略和开普勒时代开始,到牛顿时代到达成熟阶段。他们在天文学与物理学上的贡献,为近代物理学奠定了基础。当物体运动速率很高(与光速可比拟),或所描述的体系很小(微观领域)或物质系统很大(引力很强)时,牛顿的万有引力定律、运动定律和牛顿的时空观就不完全正确了,将由新的理论——相对论(第 6 章)或量子力学(第 6 篇)代替。考虑到狭义相对论的时空观与牛顿力学紧密联系,因此,把相对论作为力学篇的组成部分,并放在最后介绍。

牛顿力学篇知识结构思维导图

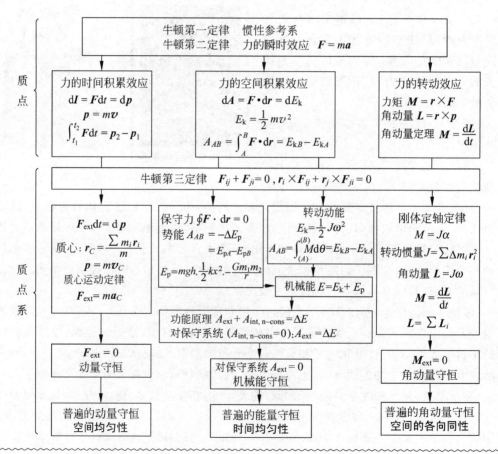

　　青春由磨砺而出彩,人生因奋斗而升华。

　　　　　　　　　　——在 2020 年五四青年节前夕,习近平寄语新时代的中国青年

第**1**章

质 点 运 动 学

经典力学是研究宏观物体机械运动规律的理论,有时也叫**牛顿力学**(牛顿力学体系)。机械运动是一种最基本、最普遍的宏观运动形式,是物体之间或其内部各部分之间相对位置随时间发生变化的过程。经典力学关心的是运动状态描述、运动状态变化及其原因,以及它们所遵循的规律。描述物体运动的内容叫做**运动学**,它是力学中最基本的部分。它通过位移、速度、加速度等物理量,用质点模型描述和研究物体位置随时间变化的关系,但不涉及变化的原因(受力)和质量等因素。这里所说的宏观物体一般指空间线度大于 $10^{-8}\sim$ 10^{-6} m 的物体,它们由极多的原子组成。

本章在简要复习中学物理的基础上,对质点运动学的内容进行更严格、更全面,也更加系统化的描述。例如,强调参考系的概念,用高等数学中的导数定义位移、速率、速度和加速度等运动学的物理量,还普遍加强了矢量的应用。在圆周运动中,介绍切向加速度和法向加速度两个分加速度。还介绍同一物体运动的时间和空间坐标从一个惯性系变换到另一个惯性系的变换关系——伽利略变换。最后简要介绍国际单位制与量纲。

1.1 匀变速直线运动

本节为高中物理相关内容的总结,可课外自学。高中物理介绍了如何描述质点的匀变速(或称匀加速)直线运动。质点是力学中一个科学抽象概念,指具有一定质量而不考虑其大小和形状的物体。以质点运动所沿的直线为 x 轴,质点在各时刻 t 的位置以坐标 x 表示,则质点的运动表示为 x 随 t 的变化,如图 1-1 所示。在时刻 t 的 $t\sim t+\Delta t$ 的时间间隔 Δt 内,物体的位置增量为 Δx,则质点运动的快慢用平均速度 $\bar{v}$ 表示,其大小为

$$\bar{v} = \frac{\Delta x}{\Delta t} \tag{1-1}$$

对直线运动,通常用物理量的值的正负表示其方向。如果 Δt 非常小,$\bar{v}$ 就是时刻 t 质点的**瞬时速度**或**速度**,以 v 表示,其大小称为**速率**。在国际单位制(SI)中,速率的单位为 m/s。

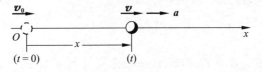

图 1-1 直线运动示意图

质点在运动中的速度可能随时间改变,描述其改变的快慢的物理量称为加速度。Δt 时间内的平均加速度用 $\bar{a}$ 表示为

$$\bar{a} = \frac{\Delta \boldsymbol{v}}{\Delta t} \tag{1-2}$$

如果 Δt 非常小,$\bar{a}$ 就是时刻 t 质点的**瞬时加速度**或**加速度**,以 a 表示。加速度的 SI 单位为 m/s^2。

如果在运动中,质点的速度均匀变化,即加速度 a 不随时间改变而为一常量,这种运动称为**匀变速直线运动**。关于匀变速直线运动,常见的三个基本关系式如下:

① 速度和时间(初速度为 v_0)的关系为

$$v = v_0 + at \tag{1-3}$$

② 位置和时间(初始位置在原点)的关系为

$$x = v_0 t + \frac{1}{2} at^2 \tag{1-4}$$

③ 速度和位置(初始位置在原点)的关系为

$$v^2 = v_0^2 + 2ax \tag{1-5}$$

实际上,物体沿竖直方向作自由下落运动是常见的匀变速直线运动之一,它的加速度竖直向下,称为自由落体加速度或**重力加速度**(见 2.2 节),用 g 表示。

对于由静止($v_0 = 0$)自由下落的物体,以 t 表示下落的时间,h 表示下落的高度,并以竖直向下为坐标正方向,则式(1-3)~式(1-5)可分别简化为

$$v = gt \tag{1-6}$$

$$h = \frac{1}{2} gt^2 \tag{1-7}$$

$$v^2 = 2gh \tag{1-8}$$

【例 1-1】 电子加速。早期的电视机采用阴极射线管(CRT),其电子枪内电子被电场均匀加速沿直线前进,如图 1-2 所示。设一电子经过 2.00 cm 距离后,其速率由 2.80×10^4 m/s 增大为 5.20×10^6 m/s,求此电子在此加速过程中的加速度和所用的时间。

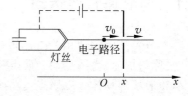

图 1-2 电子枪示意图

解 以电子运动的径迹为 x 轴,原点选在 2.00 cm 的起点,如图 1-2 所示,则电子的初速度为 $v_0 = 2.80 \times 10^4$ m/s,而当它到达 $x = 2.00$ cm 处时,其速率变为 $v_0 = 5.20 \times 10^6$ m/s,于是利用式(1-5),可求得电子的加速度为

$$a = \frac{v^2 - v_0^2}{2x} = \frac{(5.20 \times 10^6)^2 - (2.80 \times 10^4)^2}{2 \times 2.00 \times 10^{-2}} \text{ m/s}^2$$

$$= 6.76 \times 10^{14} \text{ m/s}^2$$

再利用式(1-3),可求得电子经过 2.00 cm 时所用的时间是

$$t = \frac{v - v_0}{a} = \frac{(5.20 \times 10^6 - 2.80 \times 10^4)}{6.76 \times 10^{14}} \text{s} = 7.65 \times 10^{-9} \text{ s}$$

【例 1-2】 悬崖抛石。在高出海面 30 m 的悬崖边上以 15 m/s 的初速竖直向上抛出一石子,如图 1-3 所示,设石子回落时不再碰到悬崖,并忽略空气的阻力。求:(1)石子能达到

的最大高度；(2)石子从被抛出到回落触及海面所用的时间；(3)石子触及海面时的速度。

解 取通过抛出点的竖直线为 x 轴，向上为正，抛出点为原点(图1-3)，则 $v_0 = 15$ m/s。石子抛出后做匀变速运动，可用式(1-3)～式(1-5)求解。由于重力加速度和 x 轴方向相反，所以式(1-3)～式(1-5)中的加速度 a 应取负值，即 $a = -g$。

此题可分两阶段求解，石子上升阶段和回落阶段。

(1) 以 x_1 表示石子达到的最高位置，在最高处，石子的速度为 $v_1 = 0$，由式(1-5)可得

$$x_1 = \frac{v_0^2 - v_1^2}{2g} = \frac{15^2 - 0^2}{2 \times 9.80} \text{ m} = 11.5 \text{ m}$$

即石子最高可达到抛出点以上 11.5 m 处。

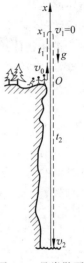

(2) 石子上升到最高点，根据式(1-3)可求得其所用时间为

$$t_1 = \frac{v_0 - v_1}{g} = \frac{15 - 0}{9.80} \text{ s} = 1.53 \text{ s}$$

石子到达最高点时就要回落(为清晰起见，在图1-3中将石子回落路径和上升路径分开画了)，并做初速度为零的自由落体运动，这时可利用式(1-6)～式(1-8)求解。由于下落高度为 $h = 11.5 + 30 = 41.5$ m，所以由式(1-7)可求得下落的时间为

$$t_2 = \sqrt{2h/g} = \sqrt{2 \times 41.5/9.80} \text{ s} = 2.91 \text{ s}$$

图1-3 悬崖抛石

于是，石子从抛出到触及海面所用的总时间就是

$$t = t_1 + t_2 = (1.53 + 2.91) \text{ s} = 4.44 \text{ s}$$

(3) 石子触及海面时的速度可由式(1-8)求出，即

$$v_2 = \sqrt{2gh} = \sqrt{2 \times 9.80 \times 41.5} \text{ m/s} = 28.5 \text{ m/s}$$

讨论 本题(2)、(3)两问也可以把上升与下落作为一整体考虑。

(2) 根据所建立的坐标，石子在抛出后经过时间 t 后触及海面，其位置为 $x = -30$ m，由式(1-5)，则石子触及海面时的速率为

$$v = \pm \sqrt{v_0^2 - 2gx} = \pm \sqrt{15^2 - 2 \times 9.80 \times (-30)} \text{ m/s} = \pm 28.5 \text{ m/s}$$

由于此时速度方向向下，与 x 轴正向相反，所以此结果应取负值，即 $v = -28.5$ m/s。

(3) 根据式(1-4)，代入 x, v_0 和 g 的值，可得

$$-30 = 15t - 4.9t^2$$

解此二次方程可得，石子从抛出到触及海面所用总时间为 $t = 4.44$ s(另一解为 -1.38 s，对本题无意义，故舍去)。

1.2 参考系

下面通过对质点运动学加以更严格、更全面的讨论，以描述质点在三维空间的运动，使之更具有一般性。

物体的机械运动是指它的位置随时间发生改变的过程。位置总是相对的，这就是说，任何物体的位置总是相对于其他物体或物体系来确定的。这个其他物体或物体系就叫做确定物体位置时用的参考系。或者说，为了确定一个物体的位置和描述其运动而选作基准的另一个物体称为**参考系**，也称为**参照系**或**参照物**。例如，确定交通车辆的位置时，通常用固定在地面上的一些物体，如房子或路牌作为参考物。

经验告诉我们，相对于不同的参考系，同一物体的同一运动，会表现为不同的形式。例

如,一个在空中自由下落的石块的运动,站在地面上观察,即以地面为参考系,它是直线运动;如果在其近旁驶过的车厢内观察,即以行进的车厢为参考系,则石块做曲线运动。同一物体的运动状态随参考系的不同而不同,这个事实叫做**运动的相对性**。因此,描述一个物体的运动时,必须明确它是相对于什么参考系(静止或运动的)来说的。

描述物体运动的前提是确定参考系。为了定量地说明一个质点相对于此参考系的空间位置,通常还要在选定的参考系中建立适当的**坐标系**。最常用的坐标系是**笛卡儿直角坐标系**。在直角坐标系 $Oxyz$ 中,一个质点在任意时刻的空间位置,如 P 点,就可以用坐标系中 $P(x, y, z)$,或对应的 3 个坐标值来表示,如图 1-4 所示。

质点运动的空间位置随时间而变化。描述质点的运动,需要指出它到达各个位置(x, y, z)的时刻 t,时刻 t 相当于由在坐标系中各处配置的许多**同步的钟**(图 1-4 中,这些钟在任意时刻的指示都一样)给出的[①]。质点在运动中到达各处时,都有近旁的钟给出它到达该处的时刻 t。如此这般描述,质点运动位置随时间的变化情况也就完全确定了。

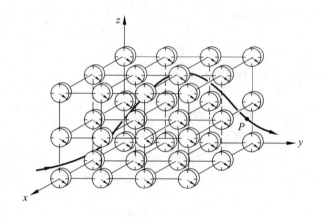

图 1-4　一个坐标系和一套同步的钟构成一个参考系

一个固定在参考系上的坐标系和相应的一套同步的钟组成一个参考系。参考系通常以所用的参考系命名。例如,坐标轴固定在地面上(通常一个轴竖直向上)的参考系叫**地面参考系**(图 1-5 中 $O'x''y''z''$);坐标原点固定在地心而坐标轴指向空间固定方向(以恒星为基准)的参考系叫**地心参考系**(图 1-5 中 $O'x'y'z'$);原点固定在太阳中心而坐标轴指向空间固定方向(以恒星为基准)的参考系叫**太阳参考系**(图 1-5 中 $Oxyz$)。常用的固定在实验室的参考系叫**实验室参考系**。

质点位置的空间坐标值是沿着坐标轴方向从原点开始量起的长度。长度的 SI 单位是米,符号为 m。指示质点到达空间某一位置的时刻——时间的 SI 单位是秒,符号为 s。长度和时间都是基本物理量,对应的单位 m 和 s 为国际单位制(SI)中的 7 个基本单位中的其中两个(见 1.9 节)。

[①] 此处说的"在坐标系中各处配置的许多同步的钟"是一种理论的设计,实际上当然办不到。实际上是用一个钟随同物体一起运动,由它指出物体到达各处的时刻。这只运动的钟事前已和静止在参考系中的一只钟对好,二者同步。这样前者给出的时刻就是本参考系给出的时刻。实际的例子是宇航员的手表就指示他到达空间各处的时刻,这和地面上控制室的钟给出的时刻是一样的。不过,这种实际操作在物体运动速度接近光速时将失效,在这种情况下运动的钟和静止的钟**不可能**同步,其原因参见 6.3 节　同时性的相对性　时间延缓。

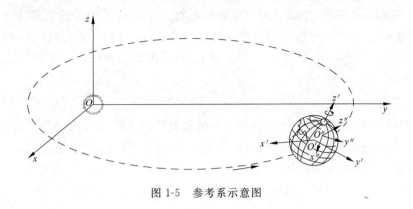

图 1-5 参考系示意图

1.3 质点的位矢和位移 速度

选定了参考系,一个质点运动的位置随时间的变化可用数学函数的形式来表示。在直角坐标系中,3 个坐标值随时间 t 变化的函数一般可表示为

$$x = x(t), \quad y = y(t), \quad z = z(t) \tag{1-9}$$

这样的一组函数叫做质点的**运动函数**,也叫做**运动方程**。

质点的位置用**矢量**[①]表示既简洁又清楚。为了表示质点在时刻 t 的位置 $P(x, y, z)$,可从原点向 P 点引一有向线段 OP,并记作矢量 $\boldsymbol{r}$,如图 1-6 所示。$\boldsymbol{r}$ 的方向说明了 P 点相对于坐标轴的方位,$\boldsymbol{r}$ 的大小(即它的模)表明了原点到 P 点的距离。已知方位和距离,P 点的位置也就确定了。用来描述质点位置的这一矢量,叫做质点的**位置矢量**,简称**位矢**,也称为**径矢**。质点在运动时,其位矢是随时间改变的,一般可用函数

$$\boldsymbol{r} = \boldsymbol{r}(t) \tag{1-10}$$

表示,称为质点的运动函数(运动方程)的矢量表示式。

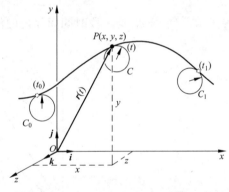

图 1-6 用位矢 $\boldsymbol{r}(t)$ 表示质点在
时刻 t 的位置

[①] **矢量**是指有方向而且其求和(或合成)需用**平行四边形定则**进行的物理量。矢量符号通常用粗体字印刷并且用长度与矢量的大小成比例的箭矢代表。求 $\boldsymbol{A}$ 与 $\boldsymbol{B}$ 的和 $\boldsymbol{C}$ 时可用平行四边形定则(图 1-7(a)),也可用三角形定则(图 1-7(b),$\boldsymbol{A}$ 与 $\boldsymbol{B}$ 首尾相接)。求 $\boldsymbol{A} - \boldsymbol{B} = \boldsymbol{D}$ 时,由于 $\boldsymbol{A} = \boldsymbol{B} + \boldsymbol{D}$,所以可按图 1-8 进行($\boldsymbol{A}$ 与 $\boldsymbol{B}$ 首首相连)。

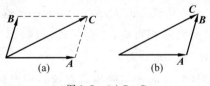

图 1-7 $\boldsymbol{A} + \boldsymbol{B} = \boldsymbol{C}$ 图 1-8 $\boldsymbol{A} - \boldsymbol{B} = \boldsymbol{D}$

(a) 平行四边形定则;(b) 三角形定则

由于空间的几何性质,位置矢量总可以用它沿 3 个坐标轴的分量之和表示。位置矢量 r 沿 3 个坐标轴的投影分别是坐标值 x,y,z。以 i,j,k 分别表示沿 x,y,z 轴正方向的**单位矢量**(即其大小是一个单位的矢量),则位矢 r 及其 3 个分量的关系用矢量合成表示为

$$r = xi + yj + zk \tag{1-11}$$

式中,等号右侧各项分别是位矢 r 沿各坐标轴的分矢量,它们的大小分别等于各坐标值的大小,其方向是各坐标轴的正向或负向,取决于各坐标值的正或负。根据式(1-9)和式(1-10),式(1-11)所表示的运动函数有如下关系:

$$r(t) = x(t)i + y(t)j + z(t)k \tag{1-12}$$

式(1-12)表明,质点的实际运动是各分运动的合运动,体现了各分量函数表示质点位置的各坐标值随时间的变化情况,可以看做是质点沿各坐标轴的分运动的表示式。质点的实际运动是由式(1-12)中 3 个函数的总体或式(1-10)表示的。

物体在空间的运动路径叫做**轨道**,在一段时间内它沿轨道经过的距离叫做**路程**,即路线(轨迹)的总长度。在一段时间内,它的位置的改变叫做它在这段时间内的**位移**。设质点在 t 和 $t+\Delta t$ 时刻分别通过 P 和 P_1 点,如图 1-9 所示,其位矢分别是 $r(t)$ 和 $r(t+\Delta t)$,则由 P 引到 P_1 的矢量表示位矢的增量 Δr,即

$$\Delta r = r(t + \Delta t) - r(t) \tag{1-13}$$

为质点在 t 到 $t+\Delta t$ 这一段时间间隔内的位移,反映了在 Δt 内质点的位置变化。

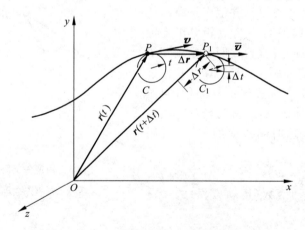

图 1-9　位移矢量 Δr 和速度矢量 v

必须注意的是,位移与位矢、位移大小与路程的区别。位移 Δr 是矢量,等于位矢的增量,既有大小又有方向,其大小用图中 Δr 矢量的长度表示,记作 $|\Delta r|$,即 Δr 的模。这一数量不能简写为 Δr,因为 $\Delta r = r(t+\Delta t) - r(t)$ 是位矢的大小在 t 到 $t+\Delta t$ 这一段时间内的增量。或者说,位矢与时刻对应,位移与时间间隔相对应,二者一般不同,即 $|\Delta r| \neq \Delta r$。仅当 $\Delta t \rightarrow 0$ 时,位移的大小才视为与路程相等,即 $|dr| = ds$。

位移 Δr 和发生这段位移所经历的时间 Δt 的比叫做质点在这一段时间内的**平均速度**。以 $\bar{v}$ 表示平均速度,就有

$$\bar{\boldsymbol{v}} = \frac{\Delta \boldsymbol{r}}{\Delta t} \tag{1-14}$$

平均速度也是矢量,其方向就是位移 $\Delta \boldsymbol{r}$(位矢增量)的方向,如图 1-9 所示。

当 $\Delta t \to 0$ 时,式(1-14)的极限,即质点位矢对时间的变化率,称为质点在时刻 t 的**瞬时速度**,简称**速度**。以 $\boldsymbol{v}$ 表示速度,用于描述物体运动位置的变化快慢及其方向,则有

$$\boldsymbol{v} = \lim_{\Delta t \to 0} \frac{\Delta \boldsymbol{r}}{\Delta t} = \frac{\mathrm{d}\boldsymbol{r}}{\mathrm{d}t} \tag{1-15}$$

速度的方向就是 $\Delta t \to 0$ 时 $\Delta \boldsymbol{r}$ 的方向。在图 1-9 中,当 $\Delta t \to 0$ 时,P_1 点向 P 点趋近,而 $\Delta \boldsymbol{r}$ 的方向最后将与质点运动轨道在 P 点的切线方向一致。因此,质点在时刻 t 的速度的方向就沿着该时刻质点所在处运动轨道的切线而指向运动的前方,即图 1-9 中 $\boldsymbol{v}$ 的方向。

速度的大小叫**速率**,用于描述物体运动的快慢。速率以 v 表示,则有

$$v = |\boldsymbol{v}| = \left| \frac{\mathrm{d}\boldsymbol{r}}{\mathrm{d}t} \right|$$

$$= \lim_{\Delta t \to 0} \frac{|\Delta \boldsymbol{r}|}{\Delta t} \tag{1-16}$$

用 Δs 表示在 Δt 时间内质点沿轨道所经过的路程。当 $\Delta t \to 0$ 时,$|\Delta \boldsymbol{r}|$ 和 Δs 趋于相等,因此可得

$$v = \lim_{\Delta t \to 0} \frac{|\Delta \boldsymbol{r}|}{\Delta t}$$

$$= \lim_{\Delta t \to 0} \frac{\Delta s}{\Delta t} = \frac{\mathrm{d}s}{\mathrm{d}t} \tag{1-17}$$

这就是说,速率又等于质点所走过的路程对时间的变化率。不致混淆时,也被称速度。

根据位移的大小 $|\Delta \boldsymbol{r}|$ 与 Δr 的区别可知,一般地,有

$$v = \left| \frac{\mathrm{d}\boldsymbol{r}}{\mathrm{d}t} \right| \neq \frac{\mathrm{d}r}{\mathrm{d}t}$$

将式(1-11)代入式(1-15),由于沿 3 个坐标轴的单位矢量都不随时间改变,所以有

$$\boldsymbol{v} = \frac{\mathrm{d}x}{\mathrm{d}t}\boldsymbol{i} + \frac{\mathrm{d}y}{\mathrm{d}t}\boldsymbol{j} + \frac{\mathrm{d}z}{\mathrm{d}t}\boldsymbol{k}$$

$$= \boldsymbol{v}_x + \boldsymbol{v}_y + \boldsymbol{v}_z \tag{1-18}$$

等号右面 3 项分别表示沿 3 个坐标轴方向的分速度矢量。式(1-18)表明运动的叠加性(合成)或独立性,即质点的速度 $\boldsymbol{v}$ 是各分速度的矢量和。这一关系是由式(1-12)导出的直接结果,也是由空间的几何性质所决定的。速度沿 3 个坐标轴的分量 v_x, v_y, v_z 分别为

$$v_x = \frac{\mathrm{d}x}{\mathrm{d}t}, \quad v_y = \frac{\mathrm{d}y}{\mathrm{d}t}, \quad v_z = \frac{\mathrm{d}z}{\mathrm{d}t} \tag{1-19}$$

这些分量都是数量,可正可负。

由于式(1-18)中各分速度矢量相互垂直,所以速率为它们的模,即

$$v = \sqrt{v_x^2 + v_y^2 + v_z^2} \tag{1-20}$$

速度的 SI 单位是 m/s。表 1-1 列出了一些实际运动情形的速率。

表 1-1　某些运动情形的速率

运　动　情　形	速率/(m·s⁻¹)
光在真空中(光速 c)	3.0×10^8
北京正负电子对撞机中的电子	$0.999\,999\,98c$
类星体的退行(最快的)	2.7×10^8
太阳在银河系中绕银河系中心的运动	3.0×10^5
地球公转	3.0×10^4
人造地球卫星	7.9×10^3
现代歼击机	约 9×10^2
步枪子弹离开枪口时	约 7×10^2
由于地球自转在赤道上一点的速率	4.6×10^2
空气分子热运动的平均速率(0℃)	4.5×10^2
空气中声速(0℃)	3.3×10^2
机动赛车(最大)	1.0×10^2
猎豹(最快动物)	2.8×10
人跑步百米世界纪录(最快时)	1.205×10
大陆板块移动	约 10^{-9}

1.4　加速度

　　当质点的运动速度随时间改变时,为了描述其变化的快慢及其方向,还需要引入加速度的概念。以 $v(t)$ 和 $v(t+\Delta t)$ 分别表示质点在时刻 t 和时刻 $t+\Delta t$ 的速度,如图 1-10 所示,则在这段时间内的**平均加速度** $\bar{a}$ 定义为

$$\bar{a} = \frac{v(t+\Delta t)-v(t)}{\Delta t} = \frac{\Delta v}{\Delta t} \tag{1-21}$$

当 $\Delta t\to0$ 时,此平均加速度的极限,即速度对时间的变化率,称为质点在时刻 t 的**瞬时加速度**,简称**加速度**。以 a 表示加速度,则有

$$a = \lim_{\Delta t\to0}\frac{\Delta v}{\Delta t} = \frac{\mathrm{d}v}{\mathrm{d}t} \tag{1-22}$$

　　应该明确的是,加速度是矢量,它的方向为 $\Delta t\to0$ 时速度 v 的增量 Δv 的极限方向。由于它是速度对时间的变化率,所以不管是速度的大小发生变化,还是速度的方向发生变化,都有加速度[①]。由式(1-15)和式(1-22),还可得

$$a = \frac{\mathrm{d}^2r}{\mathrm{d}t^2} \tag{1-23}$$

将式(1-18)代入式(1-22)可得,加速度的分量表示式为

$$a = \frac{\mathrm{d}v_x}{\mathrm{d}t}i + \frac{\mathrm{d}v_y}{\mathrm{d}t}j + \frac{\mathrm{d}v_z}{\mathrm{d}t}k = a_x + a_y + a_z \tag{1-24}$$

---

① 本节引进了加速度,即速度对时间的变化率。那么,是否还可进一步讨论加速度对时间的变化率,引进"加加速度"的概念呢? 这一概念有实际意义吗? 有的,请参见 2.1 节中的急动度。

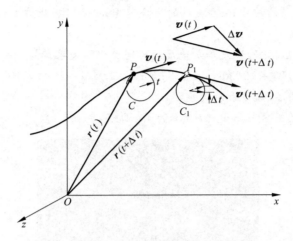

图 1-10 平均加速度矢量 $\bar{\boldsymbol{a}}$ 的方向就是 $\Delta\boldsymbol{v}$ 的方向

式中,加速度沿 3 个坐标轴的分量分别为

$$\left.\begin{array}{l} a_x = \dfrac{\mathrm{d}v_x}{\mathrm{d}t} = \dfrac{\mathrm{d}^2 x}{\mathrm{d}t^2} \\[2mm] a_y = \dfrac{\mathrm{d}v_y}{\mathrm{d}t} = \dfrac{\mathrm{d}^2 y}{\mathrm{d}t^2} \\[2mm] a_z = \dfrac{\mathrm{d}v_z}{\mathrm{d}t} = \dfrac{\mathrm{d}^2 z}{\mathrm{d}t^2} \end{array}\right\} \tag{1-25}$$

这些分量和加速度的大小的关系为

$$a = \sqrt{a_x^2 + a_y^2 + a_z^2} \tag{1-26}$$

加速度的 SI 单位是 $\mathrm{m/s^2}$。表 1-2 列出了一些实际运动情形的加速度的数值。

表 1-2 某些运动情形的加速度大小

运 动 情 形	加速度大小/$(\mathrm{m \cdot s^{-2}})$
超级离心机中粒子的加速度	3×10^6
步枪子弹在枪膛中的加速度	约 5×10^5
使汽车撞坏(以 27 m/s 车速撞到墙上)的加速度	约 1×10^3
使人发晕的加速度	约 7×10
地球表面的重力加速度	9.8
汽车制动的加速度	约 8
月球表面的重力加速度	1.7
由于地球自转在赤道上一点的加速度	3.4×10^{-2}
地球公转的加速度	6×10^{-3}
太阳绕银河系中心转动的加速度	约 3×10^{-10}

【例 1-3】 **火箭升空**。竖直向上发射的火箭(图 1-11)点燃后,其上升高度 z(原点在地面上,z 轴竖直向上)和时间 t 的关系,在不太高的范围内为

$$z = ut \left[1 + \left(1 - \frac{m_0}{\alpha t} \right) \ln \frac{m_0}{m_0 - \alpha t} \right] - \frac{1}{2} g t^2$$

其中，m_0 为火箭发射前的质量；α 为燃料的燃烧速率；u 为燃料燃烧后喷出气体相对火箭的速率；g 为重力加速度。

(1) 求火箭点燃后，它的速度和加速度随时间变化的关系；

(2) 已知 $m_0 = 2.80 \times 10^6$ kg，$\alpha = 1.20 \times 10^4$ kg/s，$u = 2.90 \times 10^3$ m/s，求火箭点燃后 $t = 120$ s 时，火箭的高度、速度和加速度；

(3) 用(2)中的数据分别画出 z-t，v-t 和 a-t 曲线。

图 1-11　"长征二号 E"运载火箭携带卫星发射升空

解　(1) 火箭的速度为

$$v = \frac{\mathrm{d}z}{\mathrm{d}t} = u \ln \frac{m_0}{m_0 - \alpha t} - gt$$

加速度为

$$a = \frac{\mathrm{d}v}{\mathrm{d}t} = \frac{\alpha u}{m_0 - \alpha t} - g$$

(2) 将已知数据代入题目中的公式，先求分母。在 $t = 120$ s 时，可得

$$m_0 - \alpha t = (2.80 \times 10^6 - 1.20 \times 10^4 \times 120)\ \text{kg} = 1.36 \times 10^6\ \text{kg}$$

则火箭的高度为

$$z = \left\{ 2.90 \times 10^3 \times 120 \times \left[1 + \left(1 - \frac{2.80 \times 10^6}{1.20 \times 10^4 \times 120} \right) \times \ln \frac{2.80 \times 10^6}{1.36 \times 10^6} \right] - \frac{1}{2} \times 9.80 \times 120^2 \right\}\ \text{km}$$

$$= 40\ \text{km}$$

此时火箭的速度为

$$v = \left(2.90 \times 10^3 \times \ln \frac{2.80 \times 10^6}{1.36 \times 10^6} - 9.80 \times 120 \right)\ \text{km/s} = 0.918\ \text{km/s}$$

方向向上，说明火箭仍在上升。火箭的加速度为

$$a = \left(\frac{1.20 \times 10^4 \times 2.90 \times 10^3}{1.36 \times 10^6} - 9.80 \right)\ \text{m/s}^2 = 15.8\ \text{m/s}^2$$

方向向上，与速度同向，说明火箭仍在向上加速。

（3）图 1-12(a),(b)和(c)分别画出了 z-t,v-t 和 a-t 曲线。从数学上讲,三者中,后者依次为前者的斜率。

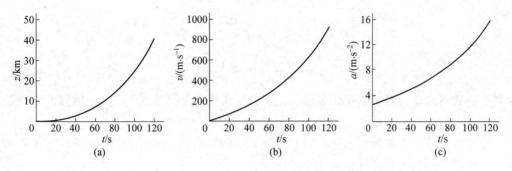

图 1-12　例 1-3 中火箭升空的高度 z、速率 v 和加速度 a 随时间 t 变化的曲线

1.5　匀加速运动

匀加速运动是指加速度的大小和方向都不随时间改变的运动,即加速度 a 为常矢量的情形。由加速度定义式(1-22),可得

$$\mathrm{d}\boldsymbol{v} = \boldsymbol{a}\,\mathrm{d}t$$

对此式两边积分,即可得出速度随时间变化的关系。设已知某一时刻的速度,如 $t=0$ 时的初速度 v_0,则任意时刻 t 的速度 v 可由下式求出:

$$\int_{v_0}^{v} \mathrm{d}\boldsymbol{v} = \int_0^t \boldsymbol{a}\,\mathrm{d}t$$

利用 a 为常矢量的条件,可得

$$\boldsymbol{v} = \boldsymbol{v}_0 + \boldsymbol{a}t \tag{1-27}$$

这就是匀加速运动的速度公式。

由速度的定义式(1-15),有 $\mathrm{d}\boldsymbol{r} = \boldsymbol{v}\mathrm{d}t$,将式(1-27)代入此式,可得

$$\mathrm{d}\boldsymbol{r} = (\boldsymbol{v}_0 + \boldsymbol{a}t)\mathrm{d}t$$

设某一时刻,如 $t=0$ 时的位矢为 $\boldsymbol{r}_0$,则任意时刻 t 的位矢 $\boldsymbol{r}$ 由上式两边积分求得,即

$$\int_{r_0}^{r} \mathrm{d}\boldsymbol{r} = \int_0^t (\boldsymbol{v}_0 + \boldsymbol{a}t)\mathrm{d}t$$

由此得

$$\boldsymbol{r} = \boldsymbol{r}_0 + \boldsymbol{v}_0 t + \frac{1}{2}\boldsymbol{a}t^2 \tag{1-28}$$

这就是匀加速运动的位矢公式。过程中对矢量的积分,可理解为对三个分量的积分的综合形式。只有当等式中的矢量是一次项时,才可以这样表示。

在实际问题中,经常用到式(1-27)和式(1-28)的分量式解题,它们是直角坐标系中的速度分量式

$$\left.\begin{array}{l} v_x = v_{0x} + a_x t \\ v_y = v_{0y} + a_y t \\ v_z = v_{0z} + a_z t \end{array}\right\} \tag{1-29}$$

以及位置矢量的坐标值表达式

$$
\left.\begin{array}{l}
x = x_0 + v_{0x}t + \dfrac{1}{2}a_x t^2 \\[2mm]
y = y_0 + v_{0y}t + \dfrac{1}{2}a_y t^2 \\[2mm]
z = z_0 + v_{0z}t + \dfrac{1}{2}a_z t^2
\end{array}\right\}
\qquad (1\text{-}30)
$$

这两组公式具体地说明了质点的匀加速运动沿 3 个坐标轴方向的分运动,质点的实际运动就是这 3 个分运动的合成。

以上各公式中的加速度和速度沿坐标轴的分量均可正或可负,这要由各分矢量相对于坐标轴的正方向而定:相同为正,相反为负。

质点在时刻 $t=0$ 时的位矢 r_0 和速度 v_0 叫做运动的**初始条件**。由式(1-27)和式(1-28)可知,在已知加速度的情况下,只要给定初始条件,即可求出质点在任意时刻的位置和速度。这一结论也充分体现在匀加速运动的诸公式中。实际上,它对质点的任意运动都是成立的。

如果质点沿一直线作匀加速运动,选择该直线为 x 轴来描述质点的运动最为方便,只要用式(1-29)和式(1-30)的第一式即可。如果取质点的初位置为坐标原点,即取 $x_0=0$,则这些公式就等效为匀加速(或匀变速)直线运动公式——式(1-3)和式(1-4)。

1.6　抛体运动

从地面上某点向空中抛出一物体,物体在空中的运动就叫**抛体运动**。物体被抛出后,忽略风的作用,它的运动轨道总是被限制在通过抛射点的由抛出速度方向和竖直方向所确定的平面内,因而,抛体运动一般是二维运动,如图 1-13 所示。

图 1-13　河北省曹妃甸的吹沙船在吹沙造地,吹起的沙形成近似抛物线

一个物体在空中运动时,在空气阻力可忽略的情况下,它在各时刻的加速度都是重力加速度 g。一般视 g 为常矢量。这种运动的速度和位置随时间的变化可以分别用式(1-29)的前两式和式(1-30)的前两式表示。描述抛体运动时,可选择抛出点为坐标原点,而选取水平方向和竖直向上的方向分别为 x 轴和 y 轴,建立 Oxy 平面直角坐标系,如图 1-14 所示。从抛出时刻开始计时,则 $t=0$ 时,物体的初始位置位于原点,即 $r_0=0$;以 v_0 表示物体的初速度,θ 表示抛射角(即初速度与 x 轴的夹角),则 v_0 沿 x 轴和 y 轴的分量分别是

$$v_{0x} = v_0 \cos\theta, \quad v_{0y} = v_0 \sin\theta$$

且 v_x 始终保持不变。物体在空中的加速度为

$$a_x = 0, \quad a_y = -g$$

其中,负号表示加速度的方向与 y 轴的方向相反。利用这些条件,由式(1-29)可得,物体在空中任意时刻的速度为

$$\left. \begin{array}{l} v_x = v_0 \cos\theta \\ v_y = v_0 \sin\theta - gt \end{array} \right\} \tag{1-31}$$

由式(1-30)可得,物体在空中任意时刻的位置为

$$\left. \begin{array}{l} x = v_0 \cos\theta \cdot t \\ y = v_0 \sin\theta \cdot t - \dfrac{1}{2} g t^2 \end{array} \right\} \tag{1-32}$$

式(1-31)和式(1-32)也是中学物理常见的公式。它们描述了抛体运动是竖直方向的匀加速运动和水平方向的匀速运动的合成。

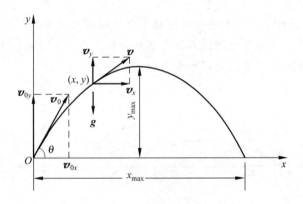

图 1-14 抛体运动分析

在最高点处,对应于 $v_y=0$,物体达到最大高度所需时间为

$$T_1 = \frac{v_0 \sin\theta}{g}$$

则物体回落至抛出点的同样高度所用时间 T_0(对应于 $y=0$ 的另一个水平位置)为

$$T_0 = 2T_1 = \frac{2v_0 \sin\theta}{g}$$

飞行中的最大高度(即高出抛出点的距离,对应于 $v_y=0$ 的位置)y_{max} 为

$$y_{max} = \frac{v_0^2 \sin^2\theta}{2g}$$

飞行的射程(即回落到与抛出点的高度相同时所经过的水平距离)x_{max} 为

$$x_{max} = \frac{v_0^2 \sin 2\theta}{g}$$

由此可见,以相同的初速率 v_0 抛出时,在抛射角 $\theta = 45°$ 情况下,物体的射程最大。

在式(1-32)的两式中消去 t,则抛体的轨道函数为

$$y = x\tan\theta - \frac{1}{2}\frac{gx^2}{v_0^2\cos^2\theta}$$

对于一定的 v_0 和 θ,这一函数为一条通过原点的二次曲线,在数学上称为抛物线。

应该指出,以上关于抛体运动的公式都是在忽略空气阻力的情况下得出的。只有在初速比较小的情况下,它们才比较符合实际。实际上,子弹或炮弹在空中飞行的规律和上述公式是有很大差别的。例如,以 550 m/s 的初速沿 45°抛射角射出的子弹,按上述公式计算的射程在 30 000 m 以上。实际上,由于空气阻力,射程不过 8 500 m,不到前者的 1/3。子弹或炮弹飞行的规律,在军事技术中由专门的弹道学进行研究。侦察兵或特种兵用的抛绳弹,其抛射距离可达 100 m 以上。

空气对抛体运动的影响不只限于减小射程。对于乒乓球、排球、足球等在空中的飞行,由于击球点的不同以及球的旋转,特别是空气的作用还可能使它们的轨道发生侧向弯曲。

对于飞行高度与射程都很大的抛体,如洲际弹道导弹为射程 8 000 km 以上的战略导弹,其弹头在绝大部分时间内都在大气层以外飞行,所受空气阻力是很小的。但是,在这样大的射程范围内,由于重力加速度的大小和方向都有明显的变化,因而上述公式也都不能应用,只能是简单的理论估算。

【例 1-4】 平台抛球。一运动员在体育馆平台上以投射角 $\theta = 30°$ 和速率 $v_0 = 20$ m/s 向台前操场投出一垒球。球离开手时距离操场水平面的高度 $h = 10$ m。试问球投出后何时着地? 在何处着地? 着地时速度的大小和方向如何?

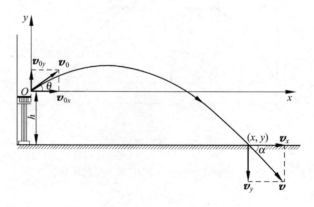

图 1-15 例 1-4 用图

解 以投出点为原点,建立 x, y 坐标轴如图 1-15 所示。由式(1-32),有

$$x = v_0\cos\theta \cdot t$$

$$y = v_0\sin\theta \cdot t - \frac{1}{2}gt^2$$

以(x, y)表示着地点坐标,则 $y = -h = 10$ m。将此值和 v_0, θ 值一并代入第二式得

$$-10 = 20 \times \frac{1}{2} \times t - \frac{1}{2} \times 9.8 \times t^2$$

解此方程,可得 $t=2.78$ s 和 -0.74 s。取正数解,则球在出手后 2.78 s 着地。

着地点离投射点的水平距离为

$$x = v_0 \cos\theta \cdot t = 20 \times \cos 30° \times 2.78 \text{ m} = 48.1 \text{ m}$$

由式(1-31),得

$$v_x = v_0 \cos\theta = 20 \times \cos 30° \text{ m/s} = 17.3 \text{ m/s}$$

$$v_y = v_0 \sin\theta - gt = (20\sin 30° - 9.8 \times 2.78) \text{ m/s} = -17.2 \text{ m/s}$$

球着地时速度的大小为

$$v = \sqrt{v_x^2 + v_y^2} = \sqrt{17.3^2 + 17.2^2} \text{ m/s} = 24.4 \text{ m/s}$$

此速度和水平面的夹角为

$$\alpha = \arctan\frac{v_y}{v_x} = \arctan\frac{-17.2}{17.3} = -44.8°$$

作为抛体运动的一个特例,若抛射角 $\theta=90°$,即为上抛运动。这是匀加速直线运动,它在任意时刻的速度和位置可分别由式(1-31)和式(1-32)中的第二式求得,于是有

$$v_y = v_0 - gt \tag{1-33}$$

$$y = v_0 t - \frac{1}{2}gt^2 \tag{1-34}$$

再次明确指出,v_y 和 y 的值都是代数值,可正可负。根据所建立的坐标或规定的方向,$v_y>0$ 表示该时刻物体正向上运动,$v_y<0$ 表示该时刻物体已回落并正向下运动;$y>0$ 表示该时刻物体的位置在抛出点之上,$y<0$ 表示物体的位置已回落到抛出点以下了。

1.7 圆周运动

质点沿圆周运动时,它的速率通常叫**线速度**,以区别于质点或物体在转动中以角计的角速度。但是,准确地说,线速度是一质点绕另一点转动或一物体绕某轴转动时,质点的速度或物体上各点的速度。如图 1-16(a)所示,$\boldsymbol{v}$ 为质点绕 O 点作圆周运动时的线速度。

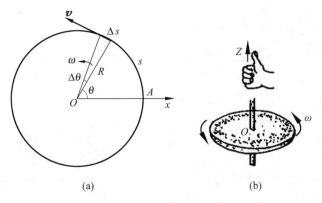

(a)   (b)

图 1-16　线速度与角速度方向规定

若以 s 表示从圆周上某点 A 量起的弧长,θ 表示对应于半径 R 从 OA 位置开始转过的角度,Δs 为弧长的增量,对应的角度增量为 $\Delta\theta$,则有 $\Delta s = R\Delta\theta$,$s = R\theta$。为了描述物体绕 O 点转动时角度变化的快慢和方向,引入角速度的概念。当 $\Delta t \to 0$ 时,$\Delta\theta \to 0$(此时,$\Delta\theta$ 为矢

量,称为角位移,其大小为 $\Delta\theta$)质点运动的角速度 ω 大小表示为

$$\omega = \lim_{\Delta t \to 0} \frac{\Delta\theta}{\Delta t} = \frac{\mathrm{d}\theta}{\mathrm{d}t} \tag{1-35}$$

角速度为矢量,但其方向位于当时的转动轴线上,其指向用右手螺旋定则判定:伸开右手,让拇指和其余四指垂直,沿转动方向自然弯曲四指并握住轴线,则拇指沿轴线的指向就是角速度矢量 ω 的方向,如图 1-16(b)所示,即螺旋前进的方向就是角速度矢量的正方向。角速度的 SI 单位是 rad/s 或 1/s。其中,角度 θ 的单位为弧度,其单位 rad 是 SI 中的两个辅助单位之一。

由式(1-17),线速度 v 的大小表示为

$$v = \frac{\mathrm{d}s}{\mathrm{d}t}$$

如果半径 R 是常量,可得

$$v = R\frac{\mathrm{d}\theta}{\mathrm{d}t} = R\omega \tag{1-36}$$

对于匀速率圆周运动, ω 和 v 的大小均保持不变,因而其运动周期为

$$T = \frac{2\pi}{\omega} \tag{1-37}$$

质点作圆周运动时,它的线速度可以随时间改变或不改变。但是,由于其速度矢量的方向总是在改变着,所以必然有加速度。下面来求变速圆周运动的加速度。

如图 1-17(a)所示,在自然坐标系中, $v(t)$ 和 $v(t+\Delta t)$ 分别表示质点沿圆周运动在 B 点和 C 点时的速度矢量,由加速度的定义式(1-22)可得

$$a = \lim_{\Delta t \to 0} \frac{v(t+\Delta t) - v(t)}{\Delta t} = \lim_{\Delta t \to 0} \frac{\Delta v}{\Delta t}$$

式中, Δv 为如图 1-17(b)所示的矢量,为速度矢量 v 的增量。在矢量 $v(t+\Delta t)$ 上截取一段,使其长度等于 $v(t)$,作矢量 $(\Delta v)_n$ 和 $(\Delta v)_t$,就有

$$\Delta v = (\Delta v)_n + (\Delta v)_t$$

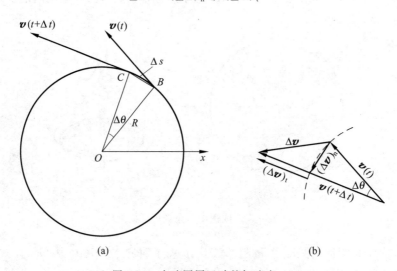

(a)　　　　　　　　　　　(b)

图 1-17　变速圆周运动的加速度

式中的角标 n，t 分别表示法线方向(法向)和切线方向(切向)。因而，a 可写成如下表达式：

$$a = \lim_{\Delta t \to 0} \frac{(\Delta v)_n}{\Delta t} + \lim_{\Delta t \to 0} \frac{(\Delta v)_t}{\Delta t} = a_n + a_t \tag{1-38}$$

其中

$$a_n = \lim_{\Delta t \to 0} \frac{(\Delta v)_n}{\Delta t}, \quad a_t = \lim_{\Delta t \to 0} \frac{(\Delta v)_t}{\Delta t}$$

这就是说，加速度 a 可以看成两个分加速度 a_n 和 a_t 的合成。

先求分加速度 a_t。由图 1-17(b)可知，$(\Delta v)_t$ 的数值为

$$v(t + \Delta t) - v(t) = \Delta v$$

即它等于速率的变化，为速率的增量。于是 a_t 的数值为

$$a_t = \lim_{\Delta t \to 0} \frac{\Delta v}{\Delta t} = \frac{\mathrm{d} v}{\mathrm{d} t} \tag{1-39}$$

即它等于速率的变化率。由于 $\Delta t \to 0$ 时，$(\Delta v)_t$ 的方向趋于和 v 在同一直线上，因此 a_t 的方向也沿着轨道的切线方向。这一分加速度就叫**切向加速度**。切向加速度表示质点速率变化的快慢。a_t 为一代数量，可正可负。$a_t > 0$ 表示速率随时间增大，这时 a_t 的方向与速度 v 的方向相同；$a_t < 0$ 表示速率随时间减小，这时 a_t 的方向与速度 v 的方向相反。

利用式(1-36)，还可得到

$$a_t = \frac{\mathrm{d}(R\omega)}{\mathrm{d} t} = R \frac{\mathrm{d} \omega}{\mathrm{d} t}$$

式中，$\dfrac{\mathrm{d} \omega}{\mathrm{d} t}$ 表示质点运动角速度对时间的变化率，称为**角加速度**。以 α 表示角加速度的大小，则

$$\alpha = \frac{\mathrm{d} \omega}{\mathrm{d} t} \tag{1-40}$$

角加速度用于描述转动物体角速度变化的快慢和方向。它与角速度都是轴矢量，方向为角速度增量的方向，其 SI 单位是 $\mathrm{rad/s^2}$ 或 $1/s^2$。则有

$$a_t = R\alpha \tag{1-41}$$

即切向加速度等于半径与角加速度的乘积。

下面进一步求分加速度 a_n。比较图 1-17(a)和(b)中的两个相似的三角形可知

$$\frac{|(\Delta v)_n|}{v} = \frac{\overline{BC}}{R}$$

即

$$|(\Delta v)_n| = \frac{v \overline{BC}}{R}$$

式中 $\overline{BC}$ 为弦的长度。当 $\Delta t \to 0$ 时，这一弦长趋近于与对应的弧长 Δs 相等。因此，a_n 的大小为

$$a_n = \lim_{\Delta t \to 0} \frac{|(\Delta v)_n|}{\Delta t} = \lim_{\Delta t \to 0} \frac{v \Delta s}{R \Delta t} = \frac{v}{R} \lim_{\Delta t \to 0} \frac{\Delta s}{\Delta t}$$

由于

$$\lim_{\Delta t \to 0} \frac{\Delta s}{\Delta t} = v$$

可得

$$a_n = \frac{v^2}{R} \tag{1-42}$$

利用式(1-36)，还可得

$$a_n = \omega^2 R \tag{1-43}$$

至于 a_n 的方向，从图 1-17(b)中可以看到，当 $\Delta t \to 0$ 时，$\Delta\theta \to 0$，而 $(\Delta v)_n$ 的方向趋向于垂直于速度 v 的方向而指向圆心。因此，a_n 的方向在任何时刻都垂直于圆的切线方向而沿着半径指向圆心。这个分加速度就叫**法向加速度**或**向心加速度**。法向加速度表示由于速度方向的改变而引起的速度的变化率。

在圆周运动中，总有法向加速度。法向加速度反映了速度方向的变化，切向加速度反映了速度大小的变化。因此，匀速率圆周运动就只有法向加速度（即 $a \perp v$。也可用矢量关系得出这一结论。由于 $v = \sqrt{v_x^2 + v_y^2 + v_z^2} = C$(常量)，则求导得 $\dfrac{\mathrm{d}v_x}{\mathrm{d}t}v_x + \dfrac{\mathrm{d}v_y}{\mathrm{d}t}v_y + \dfrac{\mathrm{d}v_z}{\mathrm{d}t}v_z = 0$，改写成矢量式为 $\dfrac{\mathrm{d}\boldsymbol{v}}{\mathrm{d}t} \cdot \boldsymbol{v} = 0$，故 $\boldsymbol{a} \perp \boldsymbol{v}$）。而在直线运动中，由于速度方向不变，所以 $a_n = 0$；也可认为直线运动的 $R \to \infty$，由式(1-42)，必有 $a_n = 0$。

由于 a_n 和 a_t 为加速度 a 的两个分量，二者相互垂直，则圆周运动的加速度大小为

$$a = \sqrt{a_n^2 + a_t^2} \tag{1-44}$$

以 β 表示加速度 a 与速度 v 之间的夹角，如图 1-18 所示，则

$$\beta = \arctan\frac{a_n}{a_t} \tag{1-45}$$

必须指出的是，以上关于加速度的讨论及结果，也适用于任何二维的(即平面上的)曲线运动。这时有关公式中的半径应是曲线上所涉及点处的曲率半径(即该点曲线的密接圆或曲率圆的半径)。还应该注意的是，曲线运动中加速度的大小

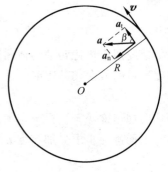

$$a = |\boldsymbol{a}| = \left|\frac{\mathrm{d}\boldsymbol{v}}{\mathrm{d}t}\right| \neq \frac{\mathrm{d}v}{\mathrm{d}t} = a_t$$

也就是说，曲线运动中加速度的大小并不等于速率对时间的变化率，速率的变化率只是加速度的一个分量，即切向加速度。

图 1-18　加速度的方向

由 $v = v\boldsymbol{e}_t$ 和图 1-17，也可把加速度公式改写为以下的一般式：

$$\boldsymbol{a} = \frac{\mathrm{d}\boldsymbol{v}}{\mathrm{d}t} = \frac{\mathrm{d}v\boldsymbol{e}_t}{\mathrm{d}t} = v\frac{\mathrm{d}\boldsymbol{e}_t}{\mathrm{d}t} + \frac{\mathrm{d}v}{\mathrm{d}t}\boldsymbol{e}_t = v\frac{\mathrm{d}\theta}{\mathrm{d}t}\boldsymbol{e}_n + \frac{\mathrm{d}v}{\mathrm{d}t}\boldsymbol{e}_t$$

$$= v\omega\boldsymbol{e}_n + \frac{\mathrm{d}v}{\mathrm{d}t}\boldsymbol{e}_t = \frac{v^2}{\rho}\boldsymbol{e}_n + \frac{\mathrm{d}v}{\mathrm{d}t}\boldsymbol{e}_t = \boldsymbol{a}_n + \boldsymbol{a}_t$$

式中，$\boldsymbol{e}_n$，$\boldsymbol{e}_t$ 分别表示切向单位矢量和法向单位矢量，ρ 为曲线上对应时刻所在点处的曲率半径。其中，导出 $\boldsymbol{a}_n$ 项时，充分利用了 $\Delta t \to 0$，$\Delta\theta \to 0$，弧长等于弦长，以及 $\Delta s = \Delta\theta$(单位长度半径)的关系。

特别指出的是，质点做圆周运动时，描述质点运动状态的物理量中与角度相关的各量，如角坐标(角位置)$\Delta\theta$，角速度 ω 和角加速度 α 等统称为**角量**，而把速度 v、法向加速度 a_n 和

切向加速度 a_t 统称为**线量**。上述的一些关系式,如 $v=R\omega$、$a_n=R\omega^2$、$a_t=R\alpha$ 等反映了线量与角量之间的关系。考虑到角速度和角加速度的方向均在轴线上,因此常用其标量式而不用矢量式表示与其他量之间的关系。它们的方向可用其值的正负表示。

【例 1-5】 吊扇转动。一吊扇翼片长 $R=0.50$,以 $n=180$ r/min 的转速转动,如图 1-19 所示。关闭电源开关后,吊扇均匀减速,经 $t_A=1.50$ min 后转动停止。

(1) 求吊扇翼尖原来的转动角速度 ω_0 与线速度 v_0;

(2) 求关闭电源开关后 $t=80$ s 时翼尖的角加速度 α、切向加速度 a_t、法向加速度 a_n 和总加速度 a。

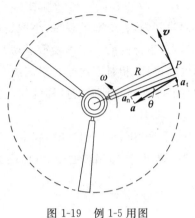

解 (1) 吊扇翼尖 P 原来的转动角速度为

$$\omega_0 = 2\pi n = \frac{2\pi \times 180}{60} \text{ rad/s} = 18.8 \text{ rad/s}$$

由式(1-33)可得,原来的线速度

$$v_0 = \omega_0 R = \frac{2\pi \times 180}{60} \times 0.50 \text{ m/s} = 9.42 \text{ m/s}$$

(2) 由于均匀减速,翼尖的角加速度恒定,则

$$\alpha = \frac{\omega_A - \omega_0}{t_A} = \frac{0 - 18.8}{90} \text{ rad/s}^2 = -0.209 \text{ rad/s}^2$$

由式(1-40)可知,翼尖的切向加速度也是恒定的,即

$$a_t = \alpha R = -0.209 \times 0.50 \text{ m/s}^2 = -0.105 \text{ m/s}^2$$

图 1-19 例 1-5 用图

负号表示此切向加速度 a_t 的方向与速度 v 的方向相反,如图 1-19 所示。

为求法向加速度,先求 t 时刻的角速度 ω,即有

$$\omega = \omega_0 + \alpha t = (18.8 - 0.209 \times 80) \text{rad/s} = 2.08 \text{ rad/s}$$

由式(1-42)可得,t 时刻翼尖的法向加速度为

$$a_n = \omega^2 R = 2.08^2 \times 0.50 \text{ m/s}^2 = 2.16 \text{ m/s}^2$$

方向指向吊扇中心。翼尖的总加速度的大小为

$$a = \sqrt{a_t^2 + a_n^2} = \sqrt{0.105^2 + 2.16^2} \text{ m/s}^2 = 2.16 \text{ m/s}^2$$

此总加速度偏向翼尖运动的后方。以 θ 表示总加速度方向与半径的夹角,如图 1-19 所示,则

$$\theta = \arctan\left|\frac{a_t}{a_n}\right| = \arctan\frac{0.105}{2.16} = 2.78°$$

1.8 相对运动

物体运动的描述具有相对的意义。研究力学问题时,常常需要从不同的参考系来描述同一物体的运动。宇宙间不存在绝对静止的物体,所有的参考系都在运动。但在具体问题中,一般将某个选定的参考系视为静止,并称其为**定参考系**或**基本参考系**。相对于定参考系运动的其他参考系则称为**动参考系**或**非基本参考系**。如果在一个力学问题中,同时采用不同参考系时,运动对象相对于非基本参考系的运动,称为**相对运动**。例如,如果把(静止的)地面选定为定参考系(基本参考系),则汽车在陆地上行驶时,车里的人相对于地面的运动称为**绝对运动**,对应的速度称为**绝对速度**;而车里的人相对于汽车(非基本参考系,动参考系)的运动就是相对运动。**相对速度**就是一个物体相对于另一物体的运动速度。当然,如果物体相对于某个设想的绝对静止参考系的运动,也称为**绝对运动**。

对于不同的参考系,同一质点的位移、速度和加速度都可能不同。有相对运动,就有相对速度,也就可能存在相对加速度。也就是说,运动质点的位移、速度和运动轨迹与参考系的选择有关。在图 1-20 中,Oxy 表示固定在水平地面上的坐标系(以 E 代表此坐标系),其 x 轴与一条平直马路平行。设有一辆平板车 V 以速度 u 沿马路行进,图中 $O'x'y'$ 表示固定在这个行进的平板车上的坐标系。设在 Δt 时间内,车在地面上由位置 V_1 移到 V_2,其位移为 Δr_{VE}。又设在同一 Δt 时间内,一小球 S 在车内由 A 点移到 B 点,其位移为 Δr_{SV}。在这相同时间内,在地面上观测,小球是从 A_0 点移到 B 点的,相应的位移是 Δr_{SE}(在这三个位移符号中,下标的前一字母表示运动的物体,后一字母表示参考系)。显然,同一小球在同一时间内的位移,相对于地面和车这两个参考系来说,是不相同的。根据运动的相对性,这两个位移和车厢对于地面的位移的相对性关系为

$$\Delta \boldsymbol{r}_{SE} = \Delta \boldsymbol{r}_{SV} + \Delta \boldsymbol{r}_{VE} \tag{1-46}$$

式中,下标 SE、SV、VE 分别表示小球对地面、小球对平板车、平板车对地面。这样的变换反映在平板车 V 的相对运动上,描述了位移的相对性。

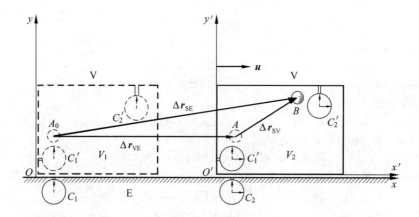

图 1-20 相对运动

由位移的相对性可得出速度的相对性。以 Δt 除式(1-46),取 $\Delta t \rightarrow 0$ 的极限,并根据速度的定义,可得速度的相对性变换关系为

$$\boldsymbol{v}_{SE} = \boldsymbol{v}_{SV} + \boldsymbol{v}_{VE} \tag{1-47}$$

以 v 表示质点相对于参考系 K(坐标系为 Oxy,基本参考系,小球 S)的速度,为绝对速度;以 v' 表示同一质点相对于参考系 K'(坐标系为 $O'x'y'$,运动参考系,平板车 V)的速度,为相对速度;以 u 表示参考系 K' 相对于参考系 K(平板车 V 对地面)平动的速度,为牵连速度。则式(1-47)可表示为一般形式:

$$\boldsymbol{v} = \boldsymbol{v}' + \boldsymbol{u} \tag{1-48}$$

即绝对速度＝相对速度＋牵连速度。这种把同一质点的速度从一个惯性系到另一个惯性系的变换关系,叫做**伽利略速度变换**。伽利略速度变换体现了同一质点相对于两个相对做平动的参考系的速度之间的关系。

值得注意的是,速度的**合成**和速度的**变换**是两个不同的概念。速度的合成是指在同一参考系中一个质点的速度和它的各分速度的关系。相对于任何参考系,它都可以表示为矢

量合成的形式,如式(1-18)。速度的变换涉及有相对运动的两个参考系,其表达式的形式和相对速度的大小有关。伽利略速度变换只适用于相对速度 u 比真空中的光速 c 小得多(即 $u \ll c$)的情形,在讨论物体的高速运动(u 与 c 可比拟)规律和电磁等现象时需要采用洛伦兹变换。这一点将在第 6 章相对论中作详细的说明。

如果质点运动速度是随时间变化的,则求式(1-48)对 t 的导数,就可得到相应的加速度之间的关系。以 $\boldsymbol{a}$ 表示质点相对于参考系 K 的加速度,以 $\boldsymbol{a}'$ 表示质点相对于参考系 K' 的加速度,以 $\boldsymbol{a}_0$ 表示参考系 K' 相对于参考系 K 平动的加速度,则由式(1-48)可得

$$\frac{\mathrm{d}\boldsymbol{v}}{\mathrm{d}t} = \frac{\mathrm{d}\boldsymbol{v}'}{\mathrm{d}t} + \frac{\mathrm{d}\boldsymbol{u}}{\mathrm{d}t}$$

即

$$\boldsymbol{a} = \boldsymbol{a}' + \boldsymbol{a}_0 \tag{1-49}$$

这就是同一质点相对于两个相对作平动的参考系的加速度之间的关系。

如果两个参考系相对作匀速直线运动,即 $\boldsymbol{u}$ 为常矢量,则

$$\boldsymbol{a}_0 = \frac{\mathrm{d}\boldsymbol{u}}{\mathrm{d}t} = 0$$

于是有

$$\boldsymbol{a} = \boldsymbol{a}'$$

这就是说,在相对作匀速直线运动的参考系中观察同一质点的运动时,所测得的加速度是相同的。此变换表明,牛顿力学定律在不同的惯性系中具有相同的形式,即力学定律在伽利略变换下,其保持形式不变,这一表述称为**伽利略相对性原理**,简称**相对性原理**。它是更普遍的爱因斯坦相对性原理在低速运动情况下的近似。相对论建立后,它要求一切反映物理过程规律性的方程在洛伦兹变换下保持相同的形式(见第 6 章)。

【例 1-6】 雨滴下落。一辆客车 V 在下雨天的水平马路上以 20 m/s 的速度向东开行,雨滴 R 在空中以 10 m/s 的速度竖直下落。求雨滴相对于车厢的速度的大小与方向。

解 以 Oxy 表示地面(E)参考系,以 $O'x'y'$ 表示车厢(V)参考系,则 $v_{VE} = 20$ m/s,$v_{RE} = 10$ m/s;以 v_{RV} 表示雨滴对车厢的速度,根据伽利略速度变换式 $\boldsymbol{v}_{RE} = \boldsymbol{v}_{RV} + \boldsymbol{v}_{VE}$,则这三个速度的矢量关系如图 1-21 所示。由图中的几何关系可得,雨滴对车厢的速度大小为

$$v_{RV} = \sqrt{v_{RE}^2 + v_{VE}^2} = \sqrt{10^2 + 20^2} \ \text{m/s} = 22.4 \ \text{m/s}$$

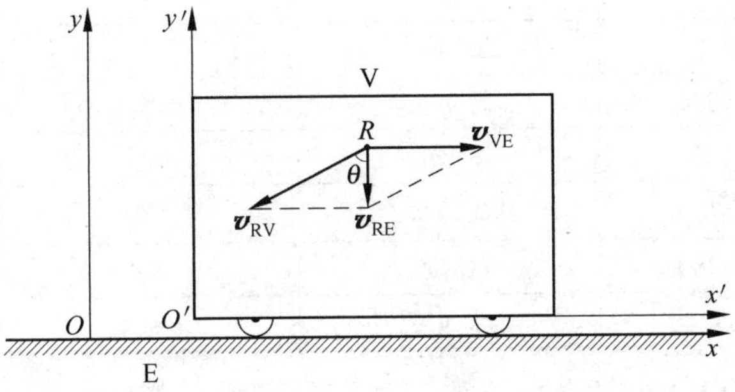

图 1-21 例 1-6 用图

其方向以它与竖直方向的夹角 θ 表示,即

$$\tan\theta = \frac{v_{VE}}{v_{RE}} = \frac{20}{10} = 2$$

由此得

$$\theta = 63.4°$$

为向下偏西 $63.4°$。

*1.9　国际单位制　量纲

　　物理量是通过描述自然规律的方程式或定义新变量的方程式而相互联系的,并采用一定的单位作为度量。为制定单位制,通常选取一组彼此独立的某些量作为**基本量**,并将它们的单位称为**基本单位**,则其他量就可以根据这些基本量来定义或用方程式来表示。后者称为**导出量**。导出量的单位由**量纲**分析得出,它们是基本单位的组合,称为**导出单位**。由基本单位和导出单位构成一套完整的单位制——国际单位制。下面作简要介绍。

1. 国际单位制(SI)

　　国际单位制(Le Systéme International d'Unités,简称 SI,为法文缩写)是 1960 年第 11 届国际计量大会(CGPM)通过并批准采用的基于国际量制的单位制,其国际代号为 SI。之后,它不断有所充实、修改和完善。1999 年,第 21 届国际计量大会把每年 5 月 20 日确定为"世界计量日"。

　　在 SI 中,规定了 7 个基本量及其基本单位,以及 2 个辅助量及其单位,如表 1-3 所示,其他单位均由这 7 个基本单位导出。因此,国际单位制由基本单位、辅助单位、导出单位及倍数单位构成,具有统一性、简明性和实用性等特点。1984 年我国发布了以 SI 为基础,根据国情,适当增加一些可与 SI 并用的中国法定计量单位。自 1991 年起,除个别特殊领域外,不允许再使用非法定计量单位。

表 1-3　国际单位制(SI)的基本单位和辅助单位

	量的名称	单位名称	单位符号	英文
基本单位	长度	米	m	meter
	质量	千克	kg	kilogram
	时间	秒	s	second
	电流	安[培]	A	Ampere
	热力学温度	开[尔文]	K	Kelvin
	物质的量	摩[尔]	mol	mole
	发光强度	坎[德拉]	cd	candela
辅助单位	角(平面角)	弧度	rad	radian
	立体角	球面度	sr	steradian

　　注:方括号[ ]中的文字在不致引起混淆或误解的情况下,可以省略。去掉方括号内的文字及方括号即为该名称的简称,表 1-45 与此相同。

　　为了统一全世界的计量标准,对选取的基本单位,还需要对它们的计量进行规定(定

义),以作为度量衡的基准。例如,质量的 SI 单位名称是千克,符号是 kg。1 kg 用保存在巴黎度量衡局(BIPM)的地窖中的"千克标准原器(IPK)"的质量来规定。它是一块用铂铱合金制造的圆柱体(别名"大 K"),精度可达 10^{-8}。为了方便比较,许多国家都有其精确的复制品。考虑到千克原器可能被磨损或玷污而发生质量变化,人们致力于建立一个不依赖于实物原器的计量体系,即用自然常量计量方法来定义质量等标准。2018 年第 26 届 CGPM 的主题为"国际单位制(SI)的量子化演进",对其中的 4 个基本国际计量单位——千克、开尔文、摩尔、安培重新定义。其中,1 kg 被定义为对应普朗克常量 $h=6.626\,070\,147\,5\times10^{-34}$ J·s 时的质量,于 2019 年 5 月 20 日生效,从此"大 K"正式退役。又如,米是 1983 年规定的:1 m 是光在真空中在 $(1/299\,792\,458)$s 内所经过的距离;这一规定的基础是激光技术的完善和相对论理论的确立。而秒规定为:1 s 是铯的一种同位素 ^{133}Cs 原子基态超精细能级对应辐射的 9 192 631 770 个周期的时间。可见,秒的单位的定义不依赖于其他单位。至此,国际计量单位制中的 7 个基本单位全部实现由物理常量定义,不再依赖于实体。

SI 的构成如下:

$$\text{国际单位制(SI)}\begin{cases}\text{SI 单位}\begin{cases}\text{SI 基本单位(7 个基本单位)}\\\text{SI 导出单位}\begin{cases}\text{包括 SI 辅助单位在内的具有专门名称的 SI 导出单位}\\\text{组合形式的 SI 导出单位}\end{cases}\\\text{SI 单位的倍数单位(SI 单位的十进倍数和分数单位)}\end{cases}\end{cases}$$

在实际应用中,为了方便起见,通常采用基本单位的十进倍数或分数组成单位来表示物理量的大小。这些单位叫**倍数单位**,它们的名称都是基本单位加上一个表示倍数或分数的**词头**构成。SI 词头如表 1-4 所示。词头不能单独使用,也不得重叠使用,如 nm 不能写成 mμm。由于历史原因,质量已含有词头"千",因此,质量的倍数单位由词头加在"克"前构成,如 mg,但不得用微千克 μkg。

表 1-4 用于构成十进倍数和分数单位的词头

因数	词头名称		符号	因数	词头名称		符号
	中文	英文			中文	英文	
10^{30}	昆[它]	quetta	Q	10^{-1}	分	deci	d
10^{27}	容[那]	ronna	R	10^{-2}	厘	centi	c
10^{24}	尧[它]	yotta	Y	10^{-3}	毫	milli	m
10^{21}	泽[它]	zetta	Z	10^{-6}	微	micro	μ
10^{18}	艾[可萨]	exa	E	10^{-9}	纳[诺]	nano	n
10^{15}	拍[它]	peta	P	10^{-12}	皮[可]	pico	p
10^{12}	太[拉]	tera	T	10^{-15}	飞[母托]	femto	f
10^{9}	吉[咖]	giga	G	10^{-18}	阿[托]	atto	a
10^{6}	兆	mega	M	10^{-21}	仄[普托]	zepto	z
10^{3}	千	kilo	k	10^{-24}	幺[科托]	yocto	y
10^{2}	百	hecto	h	10^{-27}	柔[托]	ronto	r
10^{1}	十	deca	da	10^{-30}	亏[科托]	quecto	q

备注:2022 年第 27 届 CGPM 新增 4 个 SI 词头,用于简洁地表达很大或很小的量值,例如,地球质量约为 6 容克(6 Rg),电子静质量约为 0.9 柔克(0.9 rg)等。

2. 物理量的量纲

单位制选定后,为了定性地表示导出量和基本量之间的联系,通常不考虑它们关系式中的数字因数,而将一个导出量用若干基本量的乘方之积表示。用基本量表示物理量时,以基本量的乘方之积表示该物理量的表达式,这个表达式称为该物理量的**量纲**(量纲式)。

基本量选定后,任何物理量都有确定的量纲或量纲式。据国家标准有关量、单位和符号的一般原则(GB 3101—93),物理量 Q 的量纲记为 dim$Q$,考虑到国际物理学界的沿用习惯,本书用 $[Q]$ 表示。以 L,M,T,I,Θ,N 和 J 表示 7 个基本量的量纲,以 α,β,γ,δ,ε,ζ 和 η 表示它们对应的**量纲指数**,则量 Q 的量纲式为量纲积

$$[Q] = L^\alpha M^\beta T^\gamma I^\delta \Theta^\varepsilon N^\zeta J^\eta$$

据此,可以导出速度 v、加速度 a、角速度 ω 和角加速度 α 的量纲分别为

$$[v] = LT^{-1}, \quad [a] = LT^{-2}, \quad [\omega] = T^{-1}, \quad [\alpha] = T^{-2}$$

通常把量纲与量纲指数结合着说明,例如,加速度对长度的量纲(指数)为 1、对时间的量纲(指数)为 −2,等。所有量纲指数均为 0 的量,称为无量纲量。其量纲积或量纲为 1,这种量纲 1 的量表示为数。如折射率、相对电容率、相对磁导率等。

通过量纲分析,可进行单位的换算。例如,能量与功、热量是同类量,同类量可以使用相同的测量单位,在 SI 中,它们的单位都是 J(焦耳);有时根据需要,它们也采用非 SI 单位名称(如 N・m,W・s,eV)。通过量纲分析可知,1 N・m＝1 W・s＝1 J,通过转换,1 eV＝1.602×10^{-19} J。而对一些具有相同量纲(单位)的量,它们不一定是同类量,如力矩与力做功的单位 N・m 相同,但二者不是同类量,因此,不能把力矩的单位 N・m 称为焦耳;又如,压力和应力都使用相同的单位 Pa(帕),但使用相同单位的量不一定是同类量。

通过量纲分析,可检查计算式是否正确。由于只有量纲相同的项才能进行加减或用等式连接,据此可检验等式的正误。例如,如果得出的结果是 $F = mv^2$,左边是力的量纲 MLT^{-2},右边的量纲为 ML^2T^{-2},是能量的量纲,显然左右不等,则可判定此表达式一定是错误的。在解题时,对每一个文字符号结果都可以通过量纲检查一下,以免出现原则性的错误。当然,只是量纲正确,并不能保证结果就一定正确,因为还可能出现数字因数的差错。

此外,量纲分析还可以探讨归纳出经验公式或探索推导出某些规律,为研究某些复杂现象提供线索等。

思 考 题

1-1　说明做平抛实验时小球的运动用什么参考系? 说明湖面上游船运动用什么参考系? 说明人造地球卫星的椭圆运动以及土星的椭圆运动又各用什么参考系?

1-2　回答下列问题:

(1) 位移和路程有何区别?

(2) 速度和速率有何区别?

(3) 瞬时速度和平均速度的区别和联系是什么?

1-3　回答下列问题并举出符合你的答案的实例:

(1) 物体能否有一不变的速率而仍有一变化的速度?

(2) 速度为零的时刻,加速度是否一定为零? 加速度为零的时刻,速度是否一定为零?

(3) 物体的加速度不断减小,而速度却不断增大,这可能吗?

(4) 当物体具有大小、方向不变的加速度时,物体的速度方向能否改变?

1-4　圆周运动中质点的加速度是否一定和速度的方向垂直？如不一定,这加速度的方向在什么情况下偏向运动的前方？

1-5　任意平面曲线运动的加速度的方向总指向曲线凹进那一侧,为什么？

1-6　质点沿圆周运动,且速率随时间均匀增大,问 a_n, a_t, a 三者的大小是否都随时间改变？总加速度 a 与速度 v 之间的夹角如何随时间改变？

1-7　根据开普勒第一定律,行星轨道为椭圆(图 1-22)。已知任一时刻行星的加速度方向都指向椭圆的一个焦点(太阳所在处)。分析行星在通过图中 M, N 两位置时,它的速率分别应正在增大还是正在减小？

1-8　一斜抛物体的水平初速度是 v_{0x},它的轨道的最高点处的曲率圆的半径是多大？

1-9　有人说,考虑到地球的运动,一幢楼房的运动速率在夜里比在白天大,这是对什么参考系说的(图 1-23)。

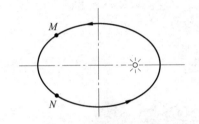

图 1-22　思考题 1-7 用图

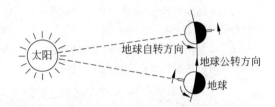

图 1-23　思考题 1-9 用图

1-1　木星的一个卫星——木卫1——上面的珞玑火山喷发出的岩块上升高度可达 200 km,这些石块的喷出速度是多大？已知木卫1上的重力加速度为 1.80 m/s²,而且在木卫1上没有空气。

1-2　一种喷气推进的实验车,从静止开始可在 1.80 s 内加速到 1 600 km/h 的速率。按匀加速运动计算,它的加速度是否超过了人可以忍受的加速度 25g？这 1.80 s 内该车跑了多大距离？

1-3　一辆卡车为了超车,以 90 km/h 的速度驶入左侧逆行道时,猛然发现前方 80 m 处一辆汽车正迎面驶来。假定该汽车以 65 km/h 的速度行驶,同时也发现了卡车超车。设两司机的反应时间都是 0.70 s (即司机发现险情到实际启动刹车所经过的时间),他们刹车后的减速度都是 7.5 m/s²,试问两车是否会相撞？如果相撞,相撞时卡车的速度多大？

1-4　跳伞运动员从 1 200 m 高空往下跳,起初不打开降落伞作加速运动。由于空气阻力的作用,会加速到一"终极速率"200 km/h 而开始匀速下降。下降到离地面 50 m 处时打开降落伞,很快速率会变为 18 km/h 而匀速下降着地。若起初加速运动阶段的平均加速度按 $g/2$ 计,此跳伞运动员在空中一共经历了多长时间？

1-5　由消防水龙带的喷嘴喷出的水的流量是 $q=280$ L/min,水的流速 $v=26$ m/s。若这喷嘴竖直向上喷射,水流上升的高度是多少？在任一瞬间空中有多少升水？

1-6　一质点在 Oxy 平面直角坐标系上运动,运动函数为 $x=2t$, $y=4t^2-8$(采用国际单位制)。

(1) 求质点运动的轨道方程并画出轨道曲线;

(2) 求 $t_1=1$ s 和 $t_2=2$ s 时,质点的位置、速度和加速度。

1-7　女子排球的球网高度为 2.24 m。球网两边的场地大小都是 9.0 m×9.0 m。一运动员采用跳发球,其击球点高度为 2.8 m,离网的水平距离为 8.5 m,球以 28.0 m/s 的水平速度被击出。(1)此球能否过网？(2)此球是否落在了对方场地界内？(忽略空气阻力。)

1-8　滑雪运动员离开水平滑雪道飞入空中时的速率 $v=110$ km/h,着陆的斜坡与水平面夹角 $\theta=45°$

（见图 1-24）。

（1）计算滑雪运动员着陆时沿斜坡的位移 L 是多大？（忽略起飞点到斜面的距离。）

（2）在实际的跳跃中，滑雪运动员所达到的距离 $L=165$ m，这个结果为什么与计算结果不符？

1-9　一个人扔石头的最大出手速率 $v=25$ m/s，他能把石头扔过与他的水平距离 $L=50$ m，高 $h=13$ m 的一座墙吗？在这个距离内，他能把石头扔过墙的最高高度是多少？

1-10　为迎接香港回归，柯受良 1997 年 6 月 1 日驾车飞越黄河壶口（见图 1-25）。东岸跑道长 265 m，他驾车从跑道东端起动，到达跑道终端时速度为 150 km/h，随即以仰角 5°冲出，飞行跨度为 57 m，安全落到西岸木桥上。

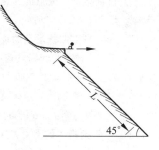

图 1-24　习题 1-8 用图

（1）按匀加速运动计算，柯在东岸驱车的加速度和时间各是多少？

（2）他跨越黄河用了多长时间？

（3）若起飞点高出河面 10.0 m，他驾车飞行的最高点离河面几米？

（4）西岸木桥桥面和起飞点的高度差是多少？

图 1-25　习题 1-10 用图

1-11　山上和山下两炮各瞄准对方同时以相同初速各发射一枚炮弹（图 1-26），这两枚炮弹会不会在空中相碰？为什么？（忽略空气阻力）如果山高 $h=50$ m，两炮相隔的水平距离 $s=200$ m。要使这两枚炮弹在空中相碰，它们的速率至少应等于多少？

1-12　在生物物理实验中用来分离不同种类分子的超级离心机的转速是 6×10^4 r/min。在这种离心机的转子内，离轴 10 cm 远的一个大分子的向心加速度是重力加速度的几倍？

1-13　北京天安门所处纬度为 39.9°，求它随地球自转的速度和加速度的大小。

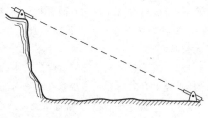

图 1-26　习题 1-11 用图

1-14　按玻尔模型，氢原子处于基态时，它的电子围绕原子核做圆周运动。电子的速率为 2.2×10^6 m/s，离核的距离为 0.53×10^{-10} m。求电子绕核运动的频率和向心加速度。

1-15　北京正负电子对撞机的储存环的周长为 240 m，电子要沿环以非常接近光速的速率运行。这些电子运动的向心加速度是重力加速度的几倍？

1-16   汽车在半径 $R=400$ m 的圆弧弯道上减速行驶。设在某一时刻,汽车的速率为 $v=10$ m/s,切向加速度的大小为 $a_t=0.20$ m/s^2。求汽车的法向加速度和总加速度的大小和方向?

* 1-17   一张致密光盘(CD)音轨区域的内半径 $R_1=2.2$ cm,外半径为 $R_2=5.6$ cm(图 1-27),径向音轨密度 $N=650$ 条/mm。在 CD 唱机内,光盘每转一圈,激光头沿径向向外移动一条音轨,激光束相对光盘是以 $v=1.3$ m/s 的恒定线速度运动的。

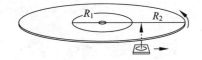

图 1-27   习题 1-17 用图

(1) 这张光盘的全部放音时间是多少?

(2) 激光束到达离盘心 $r=5.0$ cm 处时,光盘转动的角速度和角加速度各是多少?

1-18   当速率为 30 m/s 的西风正吹时,相对于地面,向东、向西和向北传播的声音的速率各是多大?已知声音在空气中传播的速率为 344 m/s。

1-19   一个人骑车以 18 km/h 的速率自东向西行进时,看见雨点垂直下落,当他的速率增至 36 km/h 时看见雨点与他前进的方向成 120°下落,求雨点对地的速度。

1-20   飞机 A 以 $v_A=1\,000$ km/h 的速率(相对地面)向南飞行,同时另一架飞机 B 以 $v_B=800$ km/h 的速率(相对地面)向东偏南 30°方向飞行。求 A 机相对于 B 机的速度与 B 机相对于 A 机的速度。

1-21   一电梯以 1.2 m/s^2 的加速度下降,其中一乘客在电梯开始下降后 0.5 s 时用手在离电梯底板 1.5 m 高处释放一小球。求此小球落到底板上所需的时间和它对地面下落的距离。

天下难事,必作于易;天下大事,必作于细。

——(先秦)《老子·第六十三章》

第 2 章

运 动 和 力

第1章讨论了如何描述一个质点的运动,主要介绍描述质点运动的四个物理量及其基本特征。本章讨论质点动力学,说明质点为什么或在什么条件下作这样或那样的运动,或者说,研究物体受力作用时,其机械运动状态发生变化的规律。质点动力学的基本定律是牛顿运动定律,它建立力与运动量变化之间关系,以其为基础的力学体系叫**牛顿力学**或**经典力学**。本章所涉及的基本定律,包括牛顿运动定律以及与之相联系的一些物理量,如力、质量、动量等,将在中学物理的基础上通过高等数学的形式使之严格化和系统化。本章还特别指出参考系的重要性。牛顿运动定律只在**惯性参考系**中成立,在**非惯性参考系**中形式上利用牛顿运动定律时,需要引入**惯性力**的概念。

本章最后还介绍**混沌**的概念,它说明牛顿力学的决定论的不可预测性。

2.1 牛顿运动定律

1665 年夏天,英国暴发大规模瘟疫,学校被迫停课,23 岁的牛顿避居乡下。在一年半多时间内,是牛顿一生中创造力最旺盛的时期,安静的环境使他才华迸发,思考前人未曾思考的一些科学问题。根据牛顿 1714 年的信件及其亲属回忆,在此期间,他有足够的独立思考时间研究微积分和光学,并思考过引力问题(苹果落地的故事来源于此)。有学者研究表明,他在数学、力学和光学等方面的重大发现,几乎都是在这段时间里酝酿和孕育而成的。20年后的 1687 年,牛顿在《自然哲学的数学原理》中总结了前人(特别是伽利略)和同时代人(包括牛顿本人)的科学成果,建立经典力学的基本理论体系。他提出的三条运动定律,是经典力学的动力学基础。

1. 牛顿运动定律

牛顿在《自然哲学的数学原理》中所叙述的三条定律的中文译文如下:

第一定律 任何物体都保持静止的或沿一条直线作匀速运动的状态,除非作用在它上面的力迫使它改变这种状态。

第二定律 运动的变化与所加的动力成正比,并且发生在这力所沿的直线的方向上。

第三定律 对于每一个作用,总有一个相等的反作用;或者说,两个物体对各自对方的相互作用总是相等的,而且指向相反的方向。

　　这三条定律统称**牛顿运动定律**,有时简称牛顿定律。第一定律表述惯性原理,第二定律表述动力学基本原理,第三定律表述作用与反作用原理。下面对它们分别做一些解释和说明。

　　(1) 牛顿第一定律和两个力学基本概念相联系。一个是物体的**惯性**,它指物体具有保持原有运动状态的性质,或者说是物体抵抗运动变化的性质。惯性大小与物体是否运动无关。另一个是力,它具有大小、方向和作用点三要素,它的作用将迫使物体改变运动状态或发生形变,即外力使物体产生加速度。牛顿第一定律是在大量观察与客观事实基础上的抽象与概括,无法用实验证明,因为完全不受其他物体作用的孤立物体是不存在的。

　　由于运动只有相对于一定的参考系来说才有意义,所以牛顿第一定律也定义了一种参考系。在这种参考系中观察,一个不受力作用的物体将保持静止或匀速直线运动状态不变。这样的参考系叫**惯性参考系**,简称**惯性系**,就是牛顿第一运动定律在其中成立的参考系。但并非任何参考系都是惯性系。一个参考系是不是惯性系,要靠实验来判定。例如,实验指出,在研究地面上物体一般力学现象时,地面参考系(地球)是一个足够精确的惯性系。在必须考虑地球转动的情况下,应以太阳及几个选定的恒星作为惯性系。

　　(2) 牛顿第二定律进一步给出了力和运动的定量关系,而牛顿第一定律只定性地指出了力和运动的关系。牛顿所描述的"运动"一词,定义为物体(应理解为质点)的质量和速度的乘积,现在把这一乘积称为物体的**动量**。质量为 m 的物体以速度 v 运动时,其动量 p 定义为

$$p = mv \tag{2-1}$$

动量是矢量,其方向为速度的方向。根据牛顿在书中对其他问题的分析可以判断,第二定律中的"变化"一词应理解为"对时间的变化率"。因此,牛顿第二定律用现代语言应表述为,物体的动量对时间的变化率与所加的外力成正比,并且发生在这外力的方向上。

　　以 F 表示作用在物体(质点)上的力,牛顿第二定律用数学表达为(各量要选取适当的单位,如统一用 SI 单位)

$$F = \frac{\mathrm{d}p}{\mathrm{d}t} = \frac{\mathrm{d}(mv)}{\mathrm{d}t} \tag{2-2}$$

这是瑞士数学家欧拉(L. Euler,1707—1783)于 1750 年给出的。牛顿当时认为,一个物体的质量是一个与它的运动速度无关的常量。因而由式(2-2)可得

$$F = m\frac{\mathrm{d}v}{\mathrm{d}t}$$

根据加速度定义式,则有

$$F = ma \tag{2-3}$$

即物体所受的力等于它的质量与加速度的乘积。这一公式是大家早已熟知的牛顿第二定律公式,在牛顿力学中与式(2-2)完全等效。但需要指出,式(2-2)应该看做是牛顿第二定律的基本的普遍形式。一方面,因为在物理学中动量这个概念比速度、加速度等更为普遍和重要;另一方面,还因为现代实验已经证明,当物体速度达到接近光速时,其质量已经明显地和速度有关(见第 6 章),因而式(2-3)不再适用,但是式(2-2)却被实验证明仍然是成立的。

　　根据式(2-3)可以比较物体的质量。用同样的外力作用在两个质量分别是 m_1 和 m_2 的物体上,以 a_1 和 a_2 分别表示它们由此产生的加速度大小,则由式(2-3)可得

$$\frac{m_1}{m_2} = \frac{a_2}{a_1}$$

即在相同外力的作用下,物体的质量和加速度成反比,质量大的物体产生的加速度小。这意

味着质量大的物体抵抗运动变化的性质强,也就是它的惯性大。可见,质量是物体惯性大小的量度。因此,用物体所受外力和由此得到的加速度之比来定义的质量称为物体的**惯性质量**,即式(2-2)和式(2-3)中的质量。

利用加速度和质量的 SI 单位,就可由式(2-3)来规定力的 SI 单位。规定使 1 kg 物体产生 1 m/s^2 的加速度的力为 1 N。力的 SI 单位名称是牛[顿],符号是 N,1 N=1 kg·m/s^2。

式(2-2)和式(2-3)都是矢量式,实际应用时,通常采用它们的分量式解题。在直角坐标系中,这些分量式为

$$F_x = \frac{\mathrm{d}p_x}{\mathrm{d}t}, \quad F_y = \frac{\mathrm{d}p_y}{\mathrm{d}t}, \quad F_z = \frac{\mathrm{d}p_z}{\mathrm{d}t} \tag{2-4}$$

或

$$F_x = ma_x, \quad F_y = ma_y, \quad F_z = ma_z \tag{2-5}$$

对一般的平面曲线运动,常用自然坐标系沿切向和法向的分量式(它们在这两个方向的投影),即

$$F_t = ma_t, \quad F_n = ma_n$$

式(2-2)~式(2-5)是对物体只受一个力的情况说的。当一个物体同时受到几个力的作用时,它们和物体的加速度有什么关系呢? 式中的 $\boldsymbol{F}$ 应是这些力的合力(或净力),即这些力的矢量和。这样,这几个力的作用效果跟它们的合力的作用效果一样。这一结论叫**力的叠加原理**或**独立作用原理**。但对存在相互影响的过程或作用,此原理不成立。

(3) 牛顿第三定律又称作用与反作用定律。若以 $\boldsymbol{F}_{12}$ 表示第一个物体受第二个物体的作用力,以 $\boldsymbol{F}_{21}$ 表示第二个物体受第一个物体的作用力,则这一定律可用数学形式表示为

$$\boldsymbol{F}_{12} = -\boldsymbol{F}_{21} \tag{2-6}$$

应该十分明确的是,这两个力分别作用在两个物体上,总是同时作用而且方向沿同一条直线,属于同种性质的力。第三定律作用力和反作用力的意义可以用 20 个字概括:同时存在,同一性质,分别作用,大小相等,方向相反。

最后必须指出的是,牛顿第二定律只适用于惯性参考系,即低速($v \ll c$,c 为光速)、宏观质点的运动情况,这一点将在 2.5 节做较详细的论述。

*2. 急动度

第 1 章讨论加速度时,曾提出"加速度对时间的变化率有无实际意义?"自牛顿以来,由于力学只讨论了力和加速度的关系,而且解决了极为广泛领域内的实际问题,所以对于力学的讨论都止于考虑加速度的概念。大概在 1845 年,A. Transon 首先把加速度对时间的导数引入到力学中而考虑它在质点运动中的表现。近年来在这方面的讨论已逐渐增多。

质点的加速度对时间的导数或其位置坐标对时间的三阶导数在英文文献中被命名为"jerk"[①],我国现有文献中将其译为**"急动度"**或**"加加速度"**,有时也称为力变率。以 $\boldsymbol{j}$ 表示急动度,其定义式为

$$\boldsymbol{j} = \frac{\mathrm{d}\boldsymbol{a}}{\mathrm{d}t} \tag{2-7}$$

由这一定义可知,$\boldsymbol{j}$ 为矢量,其方向为加速度增量的方向,单位为 m/s^3。对于加速度恒

---

① 参见:Steven H. Schot. Jerk:The timerate of change of acceleration. Am. J. Phys. 46(11),Now,1978,1090

定的运动,如抛体运动,$j=0$。对变加速运动,$j\neq0$。例如,对于匀速圆周运动,虽然加速度只是向心加速度,且大小不变,但由于其方向连续变化,所以急动度不为零。可以容易地证明,匀速圆周运动的急动度的方向沿轨道的切线方向,与速度的方向相反,如图 2-1 所示,急动度的大小为 $j=v^3/R^2$。

在牛顿第二定律表达式中,式(2-3)对时间求导,由于 m 不随时间改变,就有

$$\frac{\mathrm{d}\boldsymbol{F}}{\mathrm{d}t}=m\frac{\mathrm{d}\boldsymbol{a}}{\mathrm{d}t}=m\boldsymbol{j} \tag{2-8}$$

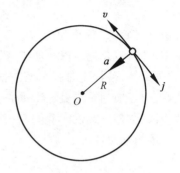

可见,只有在质点所受的力随时间改变的情况下,质点才有急动度;反之,质点在运动中出现急动度,它受的力一定在发生变化。

坐在汽车里的人,在汽车起动、加速或转向时,都会随汽车产生加速度。对于这种加速度,人体内会有一种力的反应,使人产生不舒服的感觉甚至不能忍受。这种反应称为加速度效应。在这些速度变化,特别是速度急剧变化的过程中,通常不但有加速度,而且有急动度。对于这种急动度,人体内会产生变化的力的反应。这种非正常状态也会使人感到不舒服甚至不能忍受。这种反应称为急动度效应。这正是"jerk"一词原文和"急动度"一词译文的由来。

图 2-1　匀速圆周运动的速度、加速度与急动度的方向

对汽车司机来说,沿前后方向可忍受的最大加速度约为 150 m/s²,而可忍受的最大急动度约 20 000 m/s³;因此,可允许的汽车达到最大可忍受的加速度的加速时间不能小于 $450/20\,000=0.023$ s。[①]

由于急动度而引起的生理和心理效应现在已在交通设施中被广泛地注意到。例如公路、铁路轨道的设计,从直线到圆弧的过渡要使其曲率逐渐增加以减小急动度对旅客引起的不适。航天员的训练及竞技体育的指导等也都用到急动度概念。在学科研究方面,已经有人把急动度用作研究混沌理论的一种新方法并创建了一门"猝变动力学"(jerk dynamics),使急动度概念在非线性系统的研究中发挥日益重要的使用。[②]

2.2　常见的几种力

正确地对物体的受力情况进行分析,是应用牛顿定律解决问题的前提。因此,本节介绍常见的几种力,包括我们熟知的重力、弹性力和摩擦力,还有流体曳力和表面张力等。对物体进行受力分析时,通常按重力、弹力、摩擦力(静摩擦力)的顺序进行。

1. 重力

地球表面附近的物体都受到地球的吸引作用,还受地球自转产生的影响。二者产生的作用力的合力,称为**重力**。实际测量到的重力受地球自转的影响十分微小,可忽略不计。因

①　参见:H. C. Obanian. Physics,2nd ed. ,W. W. Norton & Co. ,1989,Ⅲ-13

②　参见:黄沛天,马善钧. 从传统牛顿力学到当今猝变动力学,大学物理,2006,25(1),1

此,重力可以看做物体在地球表面附近所受到的地球引力。

在重力作用下,任何物体产生的加速度都是重力加速度 g。以 P 表示物体所受的重力,m_0 表示物体的质量,根据牛顿第二定律可知,重力为

$$P = m_0 g \tag{2-9}$$

它的大小以力为单位,方向竖直向下,为重力加速度的方向。重力遵守万有引力定律,与地球质量 m_E 及其半径 r 有关,因此重力也可表示为

$$P = G \frac{m_E m_0}{r^2}$$

式中,比例系数 G 称为(万有)引力常量(见 2.3 节)。在不同纬度和高度,同一物体的重力稍有不同,越靠近地球两极或越靠近地面,重力就略大一些。广义上,宇宙中各种物质客体(称为天体)使物体向其表面降落的力,都可称为重力,如月球重力等。在日常生活和贸易中,人们习惯用重量表示物质的质量(单位为千克,kg;曾用千克力,kgf),这是非标准、不规范用法;物理学上说的重量,一般是指物体所受重力的大小。

重力加速度为

$$g = G \frac{m_E}{r^2}$$

实验表明,任何物体的重力加速度在地球上同一地点都相同,但在不同纬度和高度稍有不同。在离地面很高的地方,重力加速度显著减小。若在地球表面各处不太高的范围内,重力加速度为 $g \approx 9.8 \ \mathrm{m/s^2}$。一般计算时,取此值即可。

2. 弹性力

具有弹性的物体在外力作用下会发生形变,由于物体力图恢复其原来形状,因此会对施力物体产生力的作用,这种力叫**弹性力**。弹性力的表现形式有很多种。下面只讨论常见的三种表现形式。

(1)**正压力(或支持力)**　互相压紧的两个物体在其接触面上都会产生对对方的弹性力作用。这种弹性力通常叫做正压力(或支持力)。它们的大小取决于相互压紧的程度,方向总是垂直于接触面而指向对方。在力学等工程学科中,压力也称压强。

(2)**张力**　物体受到拉力作用时,如拉紧的绳内部或线对被拉的物体存在的相互牵引力。它的大小取决于绳被拉紧的程度,方向总是沿着绳而指向绳要收缩的方向。拉紧的绳的各段之间也相互有拉力作用。这种拉力叫做**张力**,通常绳中张力就是该绳对物体的牵引力。

(3)**弹力**　通常相互压紧的物体或拉紧的绳子的形变都很小,难于直接观察到,因而常常忽略。当弹簧被拉伸或压缩时,它就会对联结体(以及弹簧的各段之间)有弹力的作用,如图 2-2 所示。这种弹簧的弹力遵守**胡克定律**:在弹性限度内,弹力和弹簧的形变成正比,其比例系数与弹簧的特性有关。

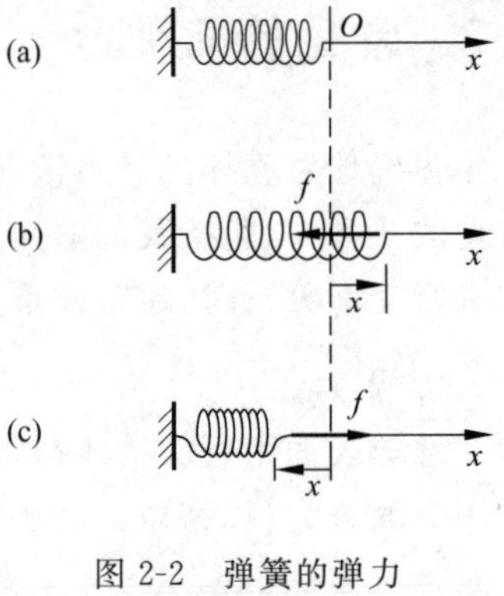

图 2-2　弹簧的弹力

(a)弹簧的自然伸长;(b)弹簧被拉伸;
(c)弹簧被压缩

以 f 表示弹力,以 x 表示形变,为弹簧的长度相对于原长的变化,根据胡克定律,有

$$f = -kx \tag{2-10}$$

式中,比例系数 k 为弹簧的**劲度系数**,也称为**刚度系数**(刚性系数),决定于弹簧的形状和材料的弹性模量,单位为 N/m;负号表示弹力的方向总是指向平衡位置 O:当 x 为正,也就是弹簧被拉长时,f 为负,即与被拉伸的方向相反;当 x 为负,也就是弹簧被压缩时,f 为正,即与被压缩的方向相反。总之,弹簧的弹力总是指向要恢复它原长的方向的。

胡克定律由英国科学家胡克(R. Hooke,1635—1703)于 1678 年首先提出,故名。

当弹簧并联使用时,合成弹簧的劲度系数等于各弹簧的劲度系数代数和。

当弹簧串联使用时,合成弹簧的劲度系数的倒数等于各弹簧的劲度系数倒数之和。

3. 摩擦力

两个相互接触的物体(一般指固体)在接触面上有相对滑动趋势或有阻碍二者相对滑动的力,称为摩擦力。摩擦力一般分为滑动摩擦力和静摩擦力。

(1)滑动摩擦力

若在各自的接触面上都受到阻止相对滑动的力,这种力叫做**滑动摩擦力**,简称**动摩擦力**。如图 2-3 所示,它的方向总是与相对滑动的方向相反。

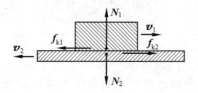

图 2-3   滑动摩擦力

1781 年,库仑(C. A. Coulomb,1736—1806)提出摩擦力与正压力成正比的关系。实验证明,当相对滑动的速度不是太大或太小时,滑动摩擦力 f_k 的大小和滑动速度无关,而与正压力 N(法向压力,$N = N_1 = N_2$)成正比,即

$$f_k = \mu_k N \tag{2-11}$$

式中,比例系数 μ_k 称为**滑动摩擦因数**,它与接触面的材料和表面的状态(如光滑与否)有关。

(2)静摩擦力

当有接触面的两个物体相对静止而有相对滑动的趋势,但尚未相对滑动时,它们之间产生的阻碍相对滑动的摩擦力叫**静摩擦力**。它的方向与物体可能发生相对滑动趋势的主动力方向相反。静摩擦力为变力,其大小与该主动力相同并随主动力的增大而增加。例如,人推木箱,推力不大时,木箱不动。木箱所受的静摩擦力 f_s 一定等于人的推力。当人的推力大到一定程度时,木箱就要被推动了。这说明静摩擦力有一定限度,叫做**最大静摩擦力** $f_{s\,max}$,有时也称**启动摩擦力**。显然 $0 < f_s \leqslant f_{s\,max}$。

实验证明,最大静摩擦力 $f_{s\,max}$ 与两物体之间的正压力 N 成正比,即

$$f_{s\,max} = \mu_s N \tag{2-12}$$

式中,比例系数 μ_s 称为**静摩擦因数**,它也取决于接触面的材料及其表面的状态。

对同样的两个接触面,静摩擦因数 μ_s 总是大于滑动摩擦因数 μ_k。表 2-1 列出了一些典型情况的 μ_k 和 μ_s 的值,它们都只是粗略的数值。一般计算时,若无特别指明,认为 $\mu_s \approx \mu_k$,并记为 μ,统称**摩擦因数**。

在实际情况下,固体之间的摩擦力几乎与接触面的面积大小、相对速度无关。

表 2-1　一些典型情况的摩擦因数

接触面材料	μ_k	μ_s
钢—钢(干净表面)	0.6	0.7
钢—钢(加润滑剂)	0.05	0.09
铜—钢	0.4	0.5
铜—铸铁	0.3	1.0
玻璃—玻璃	0.4	0.9～1.0
橡胶—水泥路面	0.8	1.0
特氟隆—特氟隆(聚四氟乙烯)	0.04	0.04
涂蜡木滑雪板—干雪面	0.04	0.04

*（3）滚动摩擦力

物体滚动时存在滚动摩擦力,它指一个物体在另一物体上发生滚动(无滑动)或有滚动趋势时的摩擦力。滚动摩擦一般用阻力矩量度。当物体滚动时,对圆形物体(如轮子),其滚动摩擦力 f_r 与正压力 N 成正比,还与物体半径 r 有关,一般为反比关系,即

$$f_r = \frac{\mu_r}{r}N \tag{2-13}$$

式中,μ_r 为**滚动摩擦系数**。由式(2-13)可见,μ_r 为长度的量纲,且与速度有关,故改称系数。

在其他条件相同时,克服滚动摩擦所需的力比克服滑动摩擦所需的力小得多。对轻绳跨过滑轮的情况,若摩擦力忽略不计,且绳子不可伸长,则可认为绳上张力处处相等。

4. 流体曳力(流体阻力)

液体和气体都富于流动性,具有相似的运动规律,二者统称**流体**。

流体内部存在**黏性**,不同流速层接触面上有阻碍其相对运动趋势的内摩擦力(黏力,切应力)。物体在流体中并与流体有相对运动时,物体将受到流体的阻力,这种阻力称为**流体曳力**。曳力的方向和物体相对于流体的速度方向相反,其大小和相对速度的大小有关。

在相对速率较小,流体可以从物体周围平顺地流过时,曳力大小 f_d 与相对速率 v 成正比,即

$$f_d = kv \tag{2-14}$$

式中,比例系数 k 决定于物体的大小、形状以及流体的性质(如黏性、密度等)。

在相对速率较大以致在物体的后方出现流体旋涡(一般情形多是这样)时,曳力大小与相对速率的平方成正比。例如,物体在空气中运动时,它受的曳力大小表示为

$$f_d = \frac{1}{2}C\rho A v^2 \tag{2-15}$$

式中,ρ 是空气的密度;A 是物体的有效横截面积;C 叫**曳引系数**或阻力系数。曳引系数与物体的形状有关,也随速率而变化。对于流线型物体,C 一般小于 0.5;对于平板型物体 C 一般在 1.1～1.3 之间,如降落伞(无底)的 C 最大可达 1.33。

当相对速率很大时,曳力将急剧增大。由于流体曳力和速率有关,物体在流体中下落时的加速度将随速率的增大而减小,以致当速率足够大时,曳力将与重力平衡而使物体匀速下落,物体在流体中下落的最大速率叫**终极速率**(或**收尾速率**)。对在空气中下落的物体,利用

式(2-15)求得的终极速率为

$$v_t = \sqrt{\frac{2mg}{C\rho A}} \qquad (2\text{-}16)$$

式中,m 为下落物体的质量。

按式(2-16)计算,半径为 1.5 mm 的雨滴在空气中下落的终极速率约为 7.4 m/s,大约下落 10 m 时就会起到这个速率。由于降落伞张开后的面积较大,跳伞者的终极速率也就较小,通常为 5 m/s 左右,且在伞张开后下降几米就会达到这一速率,起到安全着陆的作用。

5. 表面张力

拿一根缝衣针放到一片薄棉纸上,小心地把它们平放到碗内的水面上。再细心地用细棍把已浸湿的纸按到水下面,你就会看到缝衣针漂在水面上。这种漂浮并不是水对针的浮力(遵守阿基米德定律)作用的结果,实际上针是躺在已被它压陷了的水面上,是水面兜住了针使之静止的。这说明水面有一种绷紧的力,在水面凹陷处这种绷紧的力 F 抬起了缝衣针,如图 2-4 所示。《淮南万毕术》载有"首泽浮针"("首泽"意为头皮脂,用于涂针),后来演变为"丢针"的游戏,这是最早对表面张力现象的观察。有些昆虫,如水黾能在水面上自由穿梭,也是依靠这种沿水面作用的绷紧的张力,如图 2-5 所示。

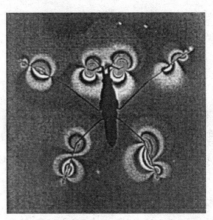

图 2-4 缝衣针漂在水面上　　　　图 2-5　水黾在水面上行走及其引起的水波

液体表面总处于一种绷紧的状态。这归因于液面相邻任何两部分之间存在着相互拉紧的吸引力(张力),这种力称为**表面张力**。它的方向沿着液面(或其"切面")并垂直于两部分液面的分界线,其大小和液面相邻两部分之间分界线的长度成正比。这是分子力的一种表现。以 F 表示作用在接触面长度为 l 的边界线上的表面张力,则有

$$F = \gamma l \qquad (2\text{-}17)$$

式中,γ 称为**表面张力系数**,其大小与液体成分、温度、杂质含量和相邻物质的化学性质等有关,与液面大小无关,单位为 N/m。实验室采用拉脱法测定液体表面张力系数 γ,具体过程可参考大学物理实验中有关实验项目。例如,在 20℃ 时,乙醇的 γ 为 0.022 3 N/m,肥皂液的 γ 约为 0.025 N/m,水的 γ 为 0.072 8 N/m,水银的 γ 为 0.465 N/m 等。

由于表面张力的作用,液滴的表面有收缩趋势,这就使得秋天的露珠,夏天荷叶上的水珠以及肥皂泡都呈球形。天体一般也是球形,这也是在其长期演变过程中表面张力作用的结果。

* 2.3 基本的自然力

2.2 节介绍几种力的特征,实际上,在日常生活和工程技术中,力的种类各种各样,如压力、浮力、黏结力、库仑力和磁力等,这些都是在宏观世界中能观察到的。在微观世界中,存在着小分子、原子和各种粒子在内的**微观粒子**,它们的空间线度一般小于 $10^{-9} \sim 10^{-8}$ m,粒子之间也存在这样或那样的力。例如,原子内的电子和核之间的引力,分子或原子之间、核内粒子之间的引力或斥力等。尽管力的种类看来如此复杂,但近代科学已经证明,自然界只存在 4 种基本的力(或称基本相互作用)——引力、电磁力、强力和弱力,它们完全描写了我们目前所处的已知世界,其他的力都是这 4 种力的不同表现。下面分别做简要介绍。

1. 引力(或万有引力)

物体由于具有质量而使彼此之间具有引力的作用。牛顿在开普勒定律的基础上首先发现它的规律,称之为**引力定律**,即**万有引力定律**。这个定律表述为:任何两个物体之间都存在互相吸引力,当物体可看成质点或可按质点系处理时,引力的大小与它们的质量的乘积成正比,与它们的距离的平方成反比。若用 m_1 和 m_2 分别表示两个质点的质量,以 r 表示它们的距离,则引力大小的数学表示式为

$$f = \frac{Gm_1m_2}{r^2} \tag{2-18}$$

式中,f 是两个质点的相互吸引力,方向沿两质点连线并总是指向另一个物体(图 2-6 的 f_{21} 表示 m_1 对 m_2 的引力);比例系数 G 称为(万有)引力常量,它是一个普适常量,其值由英国物理学家卡文迪许(H. Cavendish,1731—1810)于 1798 年首先用扭秤实验测出,也由此验证了万有引力定律。一般计算时,可取

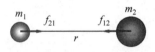

图 2-6 万有引力示意图

$$G = 6.67 \times 10^{-11} \text{ N} \cdot \text{m}^2/\text{kg}^2$$

物体之间的万有引力由它们的质量决定,式(2-18)中的质量反映物体与其他物体之间相互吸引的性质,是其引力作用强弱的量度,因而式中的质量又叫**引力质量**。它和式(2-3)中反映物体运动状态改变的难易这一性质的惯性质量在意义上是不同的。可见,质量既是物体惯性大小的量度,也是反映引力作用强弱的量度。在相同单位下,任何质量的物体在同一地点几乎都具有恒定的重力加速度,这一事实表明,惯性质量与引力质量大小相等,它们是同一质量的两种表现,因此,一般对它们不再加以区分,统称**质量**。1591 年,伽利略通过实验发现了"引力质量与惯性质量等价"。1890 年,这一结论得到实验的证实。质量为基本物理量,其 SI 单位名称为千克(kg),俗称公斤。千克是 SI 中的 7 个基本单位之一。

根据现在尚待证实的物理理论,物体之间的引力是以一种叫"引力子"的粒子作为传递介质的。

2. 电磁力

电磁力是指带电粒子或带电的宏观物体之间的相互作用力。两个静止的带电粒子之间的相互作用力由库仑定律支配着,它类似于引力定律的形式。库仑定律指出,两个静止的点电荷相斥或相吸,其斥力或吸力的大小 f 与两个点电荷的电荷量 q_1 和 q_2 的乘积成正比,而

与两电荷之间的距离 r 的平方成反比,即

$$f = \frac{kq_1q_2}{r^2} \qquad (2\text{-}19)$$

式中,k 为比例系数。在 SI 中,k 的值为

$$k = 8.98 \times 10^9 \ \text{N} \cdot \text{m}^2/\text{C}^2 \approx 9 \times 10^9 \ \text{N} \cdot \text{m}^2/\text{C}^2$$

电磁力比万有引力要大得多。例如,两个相距 1 fm 的质子之间的相互作用力(静电力,也称库仑力)按上式计算,可以达到 10^2 N,是它们之间的万有引力(10^{-34} N)的 10^{36} 倍。

运动的电荷相互之间除了有电力作用外,还有磁力相互作用。磁力实际上是电力的一种表现,或者说,磁力和电力具有同一本源(关于这一点,"第 4 篇 电磁学"有较详细的讨论)。因此,**电力**和**磁力**统称**电磁力**。电荷之间的电磁力是以光子作为传递介质(媒质)的。

由于分子或原子都是由电荷组成的系统,所以它们之间的作用力就是电磁力。中性分子或原子间也有相互作用力,这是因为虽然每个中性分子或原子的正负电荷数值相等,但在它们内部正负电荷有一定的分布,对外部电荷的作用并没有完全抵消,因此仍显示出有电磁力的作用。中性分子或原子间的电磁力可以说是一种残余电磁力。2.2 节提到的相互接触的物体之间的弹力、摩擦力、流体阻力、表面张力以及气体压力、浮力、黏力等都是相互靠近的原子或分子之间的作用力的宏观表现,因而从根本上说,它们也是电磁力。

3. 强力

我们知道,绝大多数原子核内不止一个质子。质子之间的电磁力是排斥力,但事实上核的各部分并没有自动飞离,这说明在质子之间还存在一种比电磁力还要强的自然力,正是这种力把原子核内的质子以及中子紧紧地束缚在一起。这种存在于质子、中子、介子等强子之间的作用力称为**强力**。强力是夸克所带的"色荷"之间的作用力——色力——的表现。色力是以胶子作为传递介质的。两个相邻质子之间的强力可以达到 10^4 N。强力的力程,即作用可及的范围非常短。强力之间的距离超过约 10^{-15} m 时,强力就变得很小而可以忽略不计;小于 10^{-15} m 时,强力占主要的支配地位,而且直到距离减小到大约 0.4×10^{-15} m 时,它表现为吸引力,距离再减小,则强力就表现为斥力。

4. 弱力

弱力也是各种粒子之间的一种相互作用,但仅在粒子之间的某些反应(如 β 衰变)中才显示出它的重要性。弱力是以 W^+,W^-,Z^0 等称为中间玻色子的粒子作为传递介质的。它的力程比强力还要短,而且力很弱。两个相邻的质子之间的弱力大约仅有 10^{-2} N。

表 2-2 中列出了 4 种基本自然力的特征,其中引力和电磁力是长程的,而弱力与强力是短程的,限于原子核的范围之内。表中,力的强度是指两个质子中心的距离等于它们直径时的相互作用力,它们的引力与库仑力相差 10^{36} 倍。

表 2-2 中的数据为近似值,说明了力的大致范围,因此,用**量级**表示。量级是量度或估计物理量的大小的一种表示方法。当某个量的数值写成以 10 为底数的指数形式时,指数的数目(不考虑 10 前面的数字)就是该物理量的量级。这样有利于更好地表达数据结果,例如 1 mm $= 10^{-3}$ m,表示 1 mm 和 1 m 相差 3 个数量级。对只能测出大致范围的一些物理量,用数量级表示不必指出该物理量的准确度。

表 2-2　4 种基本自然力的特征

力的种类	相互作用的物体	力的强度	力　程
强力	核子、介子等	10^4 N	$10^{-15} \sim 10^{-16}$ m
电磁力	电荷	10^2 N	无限远
弱力	大多数粒子	10^{-6} N	小于 10^{-17} m
万有引力	所有粒子(物体)	10^{-34} N	无限远

　　物理学家总有一个愿望或理想,把这 4 种基本自然力统一为一种力的不同表现。在粒子能量大于一定值(如 100 GeV)的情况下,电磁力和弱力实际上是一种力,现在就称为**电弱力**。1979 年诺贝尔物理学奖授予把电磁相互作用与弱相互作用统一为电弱相互作用的三位科学家。1984 年诺贝尔物理学奖授予这一理论提供确凿实验证据的两位科学家。这使得人类在对自然界的统一性的认识上又前进了一大步。现在,许多物理学家正在努力,以期建立起电弱相互作用和强相互作用之间的统一,并企盼有朝一日,把万有引力也包括进去,实现 4 种基本相互作用的"超统一理论"。爱因斯坦晚年致力于统一场论,试图将引力和电磁力统一起来,但未取得成功。

2.4　应用牛顿运动定律解题

　　应用牛顿定律求解的动力学问题一般有两类,一类是已知力的作用情况求运动状态;另一类是已知运动情况求力。这两类问题的分析方法都是一样的,只是未知数不同罢了。以下按"三字经"介绍解题步骤与分析思路。

　　1. 解题"三字经"

　　(1) **认物体**。在有关问题中,选定一个物体(当成质点)作为分析对象。如果问题涉及几个物体,可分别作为对象进行分析,认出每个物体的质量。

　　(2) **看运动**。分析所认定的物体的运动状态,包括它的运动轨道、速度和加速度。问题涉及几个物体时,还要找出它们之间运动的联系,如它们的速度或加速度之间的关系。

　　(3) **查受力**。找出被认定的物体所受的所有外力。画出物体受力的示意图并标出运动情况,这种图叫示力图。

　　(4) **列方程**。把上面分析出的质量、加速度和力用牛顿第二定律联系起来列出方程式,同时可建立合适坐标系(或规定正方向)。根据变量数列分量式方程,在方程式足够的情况下,即可求解未知量;否则,还需要利用其他的约束条件列出补充方程。

　　(5) **查量纲**。必要时,还可对得出的表达式和结果,检查其量纲(或单位)是否正确。

　　2. 解题举例

　　【例 2-1】　**皮带运砖**。皮带运输机通过皮带向较高处运送砖块。设运输机上皮带的倾斜角为 α,砖块的质量为 m,砖块与皮带之间的静摩擦因数为 μ_s。当通过皮带斜面向上匀速输送砖块时,皮带对砖块的静摩擦力为多大?

　　解　认定砖块为分析对象进行分析。它向上匀速运动,因而加速度为零。在上升过程中,它受力情况如图 2-7 所示。

选 x 轴沿着皮带传输方向,对砖块应用牛顿第二定律,可得 x 方向的分量式为

$$-mg\sin\alpha + f_s = ma_x = 0$$

则砖块受的静摩擦力为

$$f_s = mg\sin\alpha$$

注意,静摩擦力是变力,此题不能用公式 $f_s = \mu_s N$ 求静摩擦力,因为此公式只对最大静摩擦才适用。在静摩擦力不是最大的情况下,只能根据牛顿运动定律求出静摩擦力。

【例 2-2】 双体联结。在光滑桌面上放置一质量为 $m_1 = 5.0$ kg 的物块,用不可伸长的细绳通过一无摩擦滑轮将它和另一质量为 $m_2 = 2.0$ kg 的物块相连,如图 2-8 所示。(1)为保持两物块静止,需用多大的水平力 F 拉住桌面上的物块?(2)改用 $F = 30$ N 的水平力向左拉 m_1 时,两物块的加速度和绳中张力 T 的大小各如何?(3)怎样的水平力 F 会使绳中张力为零?

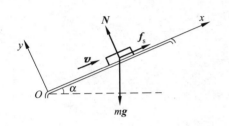

图 2-7 例 2-1 用图

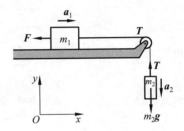

图 2-8 例 2-2 用图

解 画出示力图如图 2-8 所示。设两物块的加速度分别为 a_1 和 a_2。参照如图所示的坐标方向。

(1)如两物体均静止,则 $a_1 = a_2 = 0$,对 m_1 在水平方向应用牛顿第二定律,有

$$-F + T = m_1 a_1 = 0$$

对 m_2,在竖直方向,有

$$T - m_2 g = m_2 a_2 = 0$$

由此二式联立求得

$$F = m_2 g = 2.0 \times 9.8 \text{ N} = 19.6 \text{ N}$$

(2)当 $F = 30$ N 时,对 m_1 沿水平方向(x 方向)应用牛顿第二定律,有

$$-F + T = m_1 a_1 \tag{2-20}$$

对 m_2 沿竖直方向(y 方向)应用牛顿第二定律,有

$$T - m_2 g = m_2 a_2 \tag{2-21}$$

由于 m_1 和 m_2 用细绳联结着,所以 $a_1 = a_2$。令 $a = a_1 = a_2$,联立式(2-20)和式(2-21),可解得两物块的加速度为

$$a = \frac{m_2 g - F}{m_1 + m_2} = \frac{2 \times 9.8 - 30}{5.0 + 2.0} \text{ m/s}^2 = -1.49 \text{ m/s}^2$$

负号表示和图 2-8 中所设两物块的加速度 a_1 和 a_2 的方向相反,即 m_1 将向左,而 m_2 将向上以 1.49 m/s² 的加速度运动。

由式(2-21)可得,此时绳中张力为

$$T = m_2(g - a_2) = 2.0 \times [9.8 - (-1.49)] \text{ N} = 22.6 \text{ N}$$

(3)若绳中张力 $T = 0$,则由式(2-21)知,$a_2 = g$,即 m_2 自由下落,这时式(2-20)可得

$$F = -m_1 a_1 = -m_1 a_2 = -m_1 g = -5.0 \times 9.8 \text{ N} = -49 \text{ N}$$

负号表示力 F 的方向应与图 2-8 所示方向相反,即需用 49 N 的水平力向右推桌上的物块,可使绳中张力

为零。

【例 2-3】 **珠子下落**。一条线长为 l 的不可伸长细线,一端系有一质量为 m 的珠子,另一端固定在墙上的钉子上。先拉动珠子使线张紧且保持水平静止,然后松手使珠子下落。当珠子下摆 θ 角时,求此珠子的速率和线的张力。

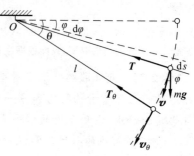

图 2-9　例 2-3 用图

解　这是一个变加速问题,求解要用到微积分,但物理概念并没有什么特殊。如图 2-9 所示,珠子受到重力 $m\boldsymbol{g}$ 和线的拉力 $\boldsymbol{T}$ 的作用。由于珠子沿圆周运动,所以按切向和法向分别列出牛顿第二定律分量式。

对珠子,在任意时刻,当下摆角度为 φ 时,牛顿第二定律的切向分量式为

$$mg\cos\varphi = ma_{\mathrm{t}} = m\frac{\mathrm{d}v}{\mathrm{d}t}$$

作变量变换,由 $\dfrac{\mathrm{d}v}{\mathrm{d}t} = \dfrac{\mathrm{d}v}{\mathrm{d}\varphi}\cdot\dfrac{\mathrm{d}\varphi}{\mathrm{d}t} = \dfrac{\mathrm{d}v}{\mathrm{d}\varphi}\cdot\omega = \dfrac{\mathrm{d}v}{\mathrm{d}\varphi}\cdot\dfrac{v}{l}$,得

$$gl\,\cos\varphi\,\mathrm{d}\varphi = v\,\mathrm{d}v$$

两侧同时积分,由于摆角从 0 增大到 θ 时,速率从 0 增大到 v_{θ},所以有

$$\int_{0}^{\theta} gl\,\cos\varphi\,\mathrm{d}\varphi = \int_{0}^{v_{\theta}} v\,\mathrm{d}v$$

由此得

$$gl\sin\theta = \frac{1}{2}v_{\theta}^{2}$$

从而

$$v_{\theta} = \sqrt{2gl\sin\theta}$$

对珠子,在摆下 θ 角时,牛顿第二定律的法向分量式为

$$T_{0} - mg\sin\theta = ma_{\mathrm{n}} = m\frac{v_{\theta}^{2}}{l}$$

将上面 v_{θ} 值代入此式,可得线对珠子的拉力为

$$T_{\theta} = 3mg\sin\theta$$

这也是线中的张力。

讨论　应用机械能守恒定律也可以求出珠子的速率,见例 4-9。另外,还可用例 4-6 的方法求解。

【例 2-4】 **跳伞运动**。一跳伞运动员含装备质量为 80 kg,他从 4 000 m 高空的飞机上跳出。若他以雄鹰展翅的姿势下落,如图 2-10 所示,有效横截面积为 0.6 m²,曳引系数 $C=0.6$;当降落伞完全张开后的有效横截面积为 25 m²,曳引系数 $C=1.3$。已知空气密度为 1.2 kg/m³,求这两种情况下,他下落的终极速率各为多少?

解　终极速率出现在空气曳力等于运动员所受重力的时候,为下落的最大速率,此时空气曳力用式(2-15)表示,终极速率由式(2-16)计算,由此可得其值为

$$v_{\mathrm{t}} = \sqrt{\frac{2mg}{C\rho A}} = \sqrt{\frac{2\times 80\times 9.8}{0.6\times 1.2\times 0.6}} \approx 60\ (\mathrm{m/s})$$

约等于 216 km/h,虽比从 4 000 m 高空"自由下落"的速率(280 m/s)小,但都是致命的。

当运动员下降到一定高度且降落伞张开后,同样地,可求得其终极速率为

图 2-10 跳伞运动员姿态

$$v_t = \sqrt{\frac{2mg}{C\rho A}} = \sqrt{\frac{2 \times 80 \times 9.8}{1.3 \times 1.2 \times 25}} \text{ m/s} \approx 6.3 \text{ m/s}$$

专业的运动员以这一速率着陆是安全的。为安全起见，运动员在临近着陆和着陆时还需要配合降落做一些专业的动作（如用力拉伞、着地时顺势运动等）。

【例 2-5】 圆周运动。 一个水平的木制圆盘绕其中心竖直轴匀速转动，如图 2-11 所示。在盘上离中心 $r = 20$ cm 处放一小铁块，如果铁块与木板间的静摩擦因数 $\mu_s = 0.4$，求圆盘转速增大到多少（以 r/min 为单位表示）时，铁块开始在圆盘上移动？

解 对铁块进行受力分析。它在盘上不动时，是作半径为 r 的匀速圆周运动，具有法向加速度 $a_n = r\omega^2$。图 2-11 中示出铁块受力情况，f_s 为静摩擦力。

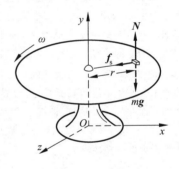

图 2-11 转动圆盘

根据牛顿第二定律，铁块受力的法向分量式为

$$f_s = ma_n = mr\omega^2$$

由于

$$f_s \leqslant \mu_s N = \mu_s mg$$

所以

$$\mu_s mg \geqslant mr\omega^2$$

即

$$\omega \leqslant \sqrt{\frac{\mu_s g}{r}} = \sqrt{\frac{0.4 \times 9.8}{0.2}} \text{ rad/s} = 4.43 \text{ rad/s}$$

$$n = \frac{\omega}{2\pi} \leqslant 42.3 \text{ r/min}$$

这一结果说明，当圆盘转速达到 42.3 r/min 时，铁块即开始在盘上移动。

【例 2-6】 行星运动。 谷神星（最大的小行星，直径约 960 km）的公转周期为 1.67×10^3 d。试以地球公转为参考，求谷神星公转的轨道半径。

解 以 r 表示某一行星轨道的半径，T 为其公转周期。按匀加速圆周运动计算，该行星的法向加速度为 $a_n = \omega^2 r = 4\pi^2 r/T^2$。以 m_1 表示太阳的质量，m_2 表示行星的质量，并忽略其他行星的影响，则由引力定律和牛顿第二定律可得

$$G \frac{m_1 m_2}{r^2} = m_2 \frac{4\pi^2 r}{T^2}$$

由此得

$$\frac{T^2}{r^3} = \frac{4\pi^2}{Gm_1}$$

由于此式等号右侧是与行星无关的常量,所以此结果即说明行星公转周期的平方和它的轨道半径的立方成正比,这一结果称为关于行星运动的**开普勒第三定律**。(由于行星轨道是椭圆,所以,严格地说,上式中的 r 应是轨道的半长轴。)

以 r_1, T_1 分别表示地球的轨道半径和公转周期,以 r_2, T_2 分别表示谷神星的轨道半径和公转周期,则

$$\frac{r_2^3}{r_1^3} = \frac{T_2^2}{T_1^2}$$

由此得

$$r_2 = r_1 \left(\frac{T_2}{T_1}\right)^{2/3} = 1.50 \times 10^{11} \times \left(\frac{1.67 \times 10^3}{365}\right)^{2/3} \text{m} = 4.13 \times 10^{11} \text{ m}$$

这一数值在火星和木星的轨道半径之间。实际上,在火星和木星间存在一个小行星带。

【例 2-7】 **肥皂泡**。直径为 2.0 cm 的球形肥皂泡内部气体的压强 p_{int} 比外部大气压强 p_0 大多少?肥皂液的表面张力系数按 0.025 N/m 计。

解　肥皂泡形成后,其肥皂膜内外表面的表面张力要使肥皂泡缩小。当其大小稳定时,其内部空气的压强 p_{int} 要大于外部的大气压强 p_0,以抵消这一收缩趋势。为了求泡内外压强差,可考虑半个肥皂泡,如图 2-12 中肥皂泡的右半个。泡内压强对这半个肥皂泡的合力应垂直于半球截面,即水平向右,大小为 $F_{\text{int}} = p_{\text{int}} \cdot \pi R^2$,$R$ 为泡的半径。大气压强对这半个泡的合力应为 $F_{\text{ext}} = p_0 \cdot \pi R^2$,方向水平向左。与受到此二力作用的同时,这半个泡还在其边界上受左半个泡的表面张力,边界各处的表面张力方向沿着球面的切面并与边界垂直,即都水平向左。其大小由式(2-17)求得 $F_{\text{sur}} = 2\gamma \cdot 2\pi r$,其中的 2 倍是由于肥皂膜有内外两个表面。对右半个泡的力的平衡要求 $F_{\text{int}} = F_{\text{ext}} + F_{\text{sur}}$,即

$$p_{\text{int}} \pi R^2 = 2\gamma \cdot 2\pi R + p_0 \pi R^2$$

由此得

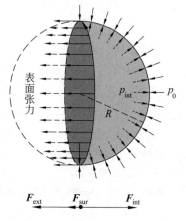

图 2-12　肥皂泡受力分析

$$p_{\text{int}} - p_0 = \frac{4\gamma}{R} = \frac{4 \times 0.025}{1.0 \times 10^{-2}} \text{Pa} = 10.0 \text{ Pa}$$

*2.5　非惯性系与惯性力

在 2.1 节介绍牛顿定律时,特别指出牛顿第二定律只适用于惯性参考系,2.4 节的例题都是相对于惯性系进行分析的。

1. 非惯性系

惯性系有一个重要的性质,即:如果我们确认了某一参考系为惯性系,则相对于此参考系作匀速直线运动的任何其他参考系也一定是惯性系。这是因为,如果一个物体不受力作用时相对于那个"原始"惯性系静止或作匀速直线运动,则在任何相对于这"原始"惯性系作匀速直线运动的参考系中观测,该物体也必然作匀速直线运动(尽管速度不同)或静止。这也是在不受力作用的情况下发生的。因此,根据惯性系的定义,后者也是惯性系。

反过来,也可以说,相对于一个已知惯性系作加速运动的参考系,一定不是惯性参考系,

或者说,它是一个非惯性系。

具体判断一个实际的参考系是不是惯性系,只能根据实验观察。对天体(如行星)运动的观察表明,太阳参考系是个很好的惯性系[①]。由于地球绕太阳公转,地心相对于太阳参考系有法向加速度,所以地心参考系不是惯性系。但地球相对于太阳参考系的法向加速度甚小(约 6×10^{-3} m/s²),不到地球上重力加速度的 0.1%,所以地心参考系可以近似地作为惯性系看待。粗略研究人造地球卫星运动时,就可以应用地心参考系。

由于地球围绕自身的轴相对于地心参考系不断地自转,所以地面参考系也不是惯性系。但由于地面上各处相对于地心参考系的法向加速度最大不超过 3.4×10^{-2} m/s²(在赤道上),所以对时间不长的运动,地面参考系也可以近似地作为惯性系看待。在一般工程技术问题中,都采用相对于地面参考系来描述物体的运动和应用牛顿定律,得出的结论也都足够准确地符合实际,就是因为这个缘故。

下面举两个例子,说明在非惯性系中,牛顿第二定律不成立。

先看一个例子。站台上停着一辆小车,相对于地面参考系进行分析,小车停着,加速度为零。这是因为作用在它上面的力相互平衡,即合力为零的缘故,这符合牛顿定律。如果从加速起动的列车车厢内观察这辆小车,即相对于作加速运动的车厢参考系来分析小车的运动,将发现小车向车厢后方作加速运动。它受力的情况并无改变,合力仍然是零。合力为零而有了加速度,这是违背牛顿定律的。因此,相对于作加速运动的车厢参考系,牛顿定律不成立。

再看例 2-5 中所提到的水平转盘。从地面参考系来看,铁块作圆周运动,有法向加速度。这是因为它受到盘面的静摩擦力作用的缘故,这符合牛顿定律。但是相对于转盘参考系来说,即站在转盘上观察,铁块总保持静止,因而加速度为零。可是,这时它依然受着静摩擦力的作用。合力不为零,可是没有加速度,这也是违背牛顿定律的。因此,相对于转盘参考系,牛顿定律也是不成立的。

2. 惯性力

在实际问题中,常常还需要在非惯性系中观察和处理物体的运动现象。在这种情况下,为了方便起见,也常在形式上应用牛顿第二定律分析与解决问题,为此引入惯性力的概念。

(1) 惯性力的概念

先讨论加速平动参考系的情况。设有一质量为 m 的质点,相对于某一惯性系 S,它在实际的合外力 F 作用下产生加速度 a,根据牛顿第二定律,有

$$F = ma$$

设想另一参考系 S',相对于惯性系 S 以加速度 a_0 平动。在 S' 参考系中,质点的加速度是 a'。由运动的相对性可知

$$a = a' + a_0$$

将此式代入上式,可得

$$F = m(a' + a_0) = ma' + ma_0$$

或写成

$$F + (-ma_0) = ma' \tag{2-22}$$

[①]　现代天文观测结果给出,太阳绕我们的银河中心公转,其法向加速度约为 1.8×10^{-10} m/s²。

此式说明,质点受的合外力 F 并不等于 ma',即牛顿运动定律在参考系 S' 中不成立。但是,如果认为在 S' 系中观察时,除了实际的合外力 F 外,质点还受到一个大小和方向由 $(-ma_0)$ 表示的力,并将此力也计入合力之内,则式(2-22)就可以形式上理解为:在 S' 系内观测,质点所受的合外力也等于它的质量和加速度的乘积。这样就可以在形式上应用牛顿第二定律解决非惯性系的问题。

为了在非惯性系中形式上应用牛顿第二定律而引入的力叫做惯性力。**惯性力**就是在非惯性系中所观察或被感知到的,由于物体的惯性而引起的一种假想力(虚拟力),如式(2-22)的 $(-ma_0)$。例如,前进中的车辆急刹车时,惯性系中的观察者认为车厢中的物体(或乘客)因具有惯性而向前滑行(或前倾),但车内乘客却觉得自己好像受到一种"力",才使自己向前倒去,这样的力就是惯性力。它与摩擦力成"像"似。

值得注意的是,惯性力不是因物质之间的直接相互作用所产生,故不存在反作用力。也就是说,它不是产生加速度的原因,而是加速度造成的结果。

(2) 惯性力的计算方法

由式(2-22)可知,在加速平动参考系中,以 F_i 表示惯性力,则有

$$F_i = -ma_0 \tag{2-23}$$

式中,a_0 为非惯性系相对于惯性系的加速度。

引入了惯性力,在非惯性系中就可以把牛顿第二定律表述为如下形式

$$F + F_i = ma' \tag{2-24}$$

式中,F 是作用在质点上除惯性力以外实际存在的其他各种外力的合力,即"真实力"。真实力是物体之间相互作用的表现,其本质都可以归结为 4 种基本的自然力(见 2.3 节)。

惯性力和引力有一种微妙的关系。静止在地面参考系(视为惯性系)中的物体受到地球引力 mg 的作用,如图 2-13(a)所示,这引力的大小和物体的质量成正比。今设想一个远离星体的太空船正以加速度 $a' = -g$(对某一惯性系)运动,在船内观察一个质量为 m 的物体。由于太空船是非惯性系,依上分析,可以认为物体受到一个惯性力 $F_i = -ma' = mg$ 的作用,这个惯性力也和物体的质量成正比,如图 2-13(b)所示。但是,若只是在太空船内观察,我

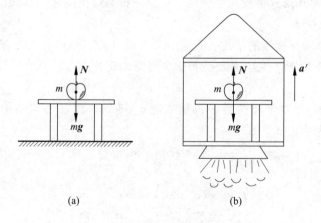

(a)   (b)

图 2-13　等效原理

(a) 在地面上观察,物体受到引力(重力)mg 的作用;

(b) 在太空船内观察,也可认为物体受到引力 mg 的作用

们也可以认为太空船是一静止的惯性系，而物体受到了一个引力 mg。加速系中的惯性力和惯性系中的引力是等效的，这一关系称为**等效原理**（见 6.11 节）。这一思想是爱因斯坦首先提出的，它是爱因斯坦创立广义相对论的基础。

【例 2-8】 加速车厢。 在水平轨道上有一节车厢以加速度 $\boldsymbol{a}_0$ 行进，在车厢中看到有一质量为 m 的小球静止地悬挂在天花板上，试以车厢为参考系求出悬线与竖直方向的夹角。

解 在车厢参考系内观察小球是静止的，即 $a'=0$。它受的力除重力和线的拉力外，还有一惯性力 $\boldsymbol{F}_i=-m\boldsymbol{a}_0$，如图 2-14 所示。

相对于车厢参考系，对小球用牛顿第二定律，则有

x' 方向：
$$T\sin\theta - F_i = ma'_{x'} = 0$$

y' 方向：
$$T\cos\theta - mg = ma'_{y'} = 0$$

由于 $F_i = ma_0$，消去上两式中的 T，可得
$$\theta = \arctan(a/g)$$

读者可以相对于地面参考系（惯性系）再解一次这个问题，并与上面的解法相比较。

（3）转动参考系中的惯性力

下面我们再讨论转动参考系。一种简单的情况是物体相对于转动参考系静止。例如，当汽车拐弯时，乘客体验到的使他离开弯道中心被向外倒向弯道外侧的"力"，这个假想力（虚拟力）称为**惯性离心力**，有时简称**离心力**。作圆周运动的物体好像受到一个使其离开圆周中心向外飞出去的力——惯性离心力。惯性离心力的计算方法与计算惯性力方法相同。

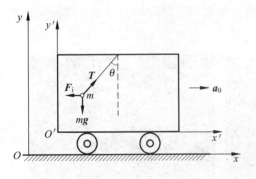

图 2-14 例 2-8 用图

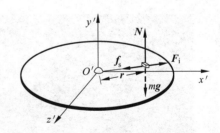

图 2-15 在转盘参考系上观察

仍用例 2-5 加以说明。一个小铁块静止在一个转盘上，如图 2-15 所示。对于铁块相对于地面参考系的运动，牛顿第二定律给出
$$\boldsymbol{f}_s = m\boldsymbol{a}_n = -m\omega^2\boldsymbol{r}$$

式中，$\boldsymbol{r}$ 为由圆心沿半径向外的位矢，ω 为非惯性系相对于惯性系转动的角速度。此式也可写成
$$\boldsymbol{f}_s + m\omega^2\boldsymbol{r} = 0 \tag{2-25}$$

站在圆盘上观察，即相对于转动的圆盘参考系，铁块是静止的，加速度 $\boldsymbol{a}'=0$。如果还要套用牛顿第二定律，则必须认为铁块除了受到静摩擦力这个"真实的"力 $\boldsymbol{f}_s$ 以外，还受到一个惯性力或虚拟力 $\boldsymbol{F}_i$ 与它平衡。这样，相对于圆盘参考系，应有

$$f_s + F_i = 0$$

将此式与式(2-25)对比,可得

$$F_i = m\omega^2 r \tag{2-26}$$

这个惯性力的方向与 r 的方向相同,即沿着圆的半径向外,故名**惯性离心力**。这也是在转动参考系(非惯性系)中观察到的一种惯性力。

由于惯性离心力和在惯性系中观察到的向心力大小相等,方向相反,所以常常有人(特别是那些把惯性离心力简称为离心力的人)认为惯性离心力是向心力的反作用力,这是一种误解。首先,向心力作用在运动物体上使之产生向心加速度。惯性离心力,如上所述,也是作用在运动物体上。既然它们作用在同一物体上,当然就不是相互作用,所以谈不上作用和反作用。其次,向心力是真实力(或它们的合力)作用的表现,它可能有真实的反作用力。图 2-15 中的铁块受到的向心力(即盘面对它的静摩擦力 f_s)的反作用力就是铁块对盘面的静摩擦力。(在向心力为合力的情况下,各个分力也都有相应的真实的反作用力,但因为这些反作用力作用在不同物体上,所以向心力谈不上有一个合成的反作用力。)但惯性离心力是虚拟力,它只是运动物体的惯性在转动参考系中的表现,它没有反作用力,因此,也就不能说向心力和它是一对作用力和反作用力。

以上是物体静止在转动参考系中的情况。如果物体在转动参考系中是运动的,情况要复杂一些。例如,因为地球的自转,地面参考系就是一个转动参考系。空中的大气由高压向低压中心的流动会形成大范围剧烈的大气涡旋,被称为热带气旋,就是这种地面参考系的转动所产生的效果。图 2-16 是两张热带气旋的卫星照片。科里奥利力也是转动参考系中出现的一种惯性力,是转动系统中物体运动(方向不沿转轴)时才感受到的虚拟力。科里奥利力的作用方向与物体的运动方向及转轴相垂直。例如,在北半球,若河水自南向北流淌,则东岸(右岸)受到冲刷较为严重。

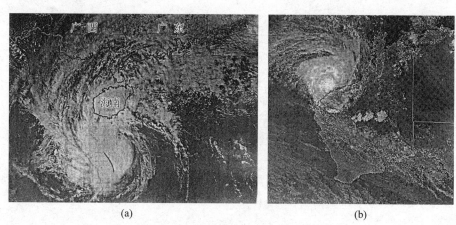

(a) 　　　　　　　　　　　　　　　　　(b)

图 2-16　热带气旋

(a) 2003 年 11 月 17 日"尼伯特"(左旋)登陆海南岛;

(b) 2006 年 1 月 9 口"克莱尔"(右旋)登陆澳大利亚

离心机就是一种采用离心分离法的机械,它利用惯性离心力对悬浮的分离粒状或纤维状的固体和液体,或液体和液体(密度不同,如从牛乳中分出奶油)起到分离或过滤的作用。超高速离心机可用于测定高分子液体中高分子的相对分子质量。气体离心机可用于分离铀的同位素。

*2.6 混沌

牛顿力学只可用于解决线性的问题,而线性问题在自然界中只是一些特例,普遍存在的问题都是非线性的。

1. 机械决定论遇到的挑战

学习了牛顿力学后,往往会得到这样一种印象,或产生这样一种信念:在物体受力已知的情况下,给定了初始条件,物体以后的运动情况(包括各时刻的位置和速度)就完全决定了,并且可以预测了。这种认识被称做**决定论的可预测性**。

所谓**决定论**,是指承认一切事物具有规律性、必然性和因果制约性的哲学学说,一般是唯物主义者的主张。其中,机械决定论(即形而上学决定论)主张自然界有客观规律,但简单地将其归结为机械联系,否认偶然性和人的主观能动性,否认社会领域的规律性。验证这种认识的最简单例子是抛体运动。物体受的重力是已知的,一旦初始条件(抛出点的位置和抛出时的速度)给定了,物体此后任何时刻的位置和速度也就决定了(参考例 1-4)。对于这样的问题都可以解得严格的数学运动学方程,即解析解,从而使运动完全可以预测。

牛顿力学的这种决定论的可预测性,其威力曾扩及宇宙天体。1757 年哈雷彗星在预定的时间回归,1816 年海王星在预言的方位上被发现,都惊人地证明了这种认识。这样的威力曾使伟大的法国数学家拉普拉斯夸下海口:给定宇宙的初始条件,我们就能预言它的未来。当今日食和月食的准确预测,宇宙探测器的成功发射与轨道设计,可以说是在较小范围内实现了拉普拉斯的豪言壮语。牛顿力学在技术中得到了广泛的成功应用,物理教科书中利用典型的例子对牛顿力学进行了定量的严格的讲解,这些都使得人们对自然现象的决定论的可预测性深信不疑。

但是,这种传统的思想信念在 20 世纪 60 年代遇到了严重的挑战。人们发现由牛顿力学支配的系统,虽然其运动是由外力决定的,但是在一定条件下,却是完全不能预测的。原因在于牛顿力学显示出的决定论的可预测性,只是那些受力和位置或速度有线性关系的系统——线性系统才具有的。牛顿力学应用于处理这种线性系统是严格的,也是成功的。对于受力较复杂的非线性系统,情况就不同了。虽然仍受牛顿力学的决定论支配,但后果却是不可预测的,出现了混沌运动。

2. 混沌运动与混沌学

决定论的不可预测性的思想是 19 世纪末由法国数学家、物理学家和天文学家庞加莱(又译彭加勒,H. Poincaré,1854—1912)在研究三体问题时首先提出的。对于三个天体(视为质点)在相互引力作用下的运动,他列出了一组非线性的常微分方程。他研究的结论是:这种方程没有解析解。此系统的轨道非常杂乱,以至于他"甚至于连想也不想要把它们画出来"。当时的数学对此已无能为力,于是他设计了一些新的几何方法来说明这么复杂的运动。但是,他这种思想,部分由于数学的奇特和艰难,长期未引起物理学家的足够关注。

由于非线性系统的决定论微分方程不可能用解析方法求解,所以混沌概念的复苏是和电子计算机的出现分不开的。借助电子计算机可以很方便地对决定论微分方程进行数值解法来研究非线性系统的运动。首先在使用计算机时发现混沌运动(简称混沌)的是美国数学家、气象学家洛伦茨(E. Lorenz,1917—2008)。为了研究大气对流对天气的影响,他抛掉许多次要因素,建立了一组非线性微分方程。解这个方程只能用数值解法——给定初值后一次一次地迭代。他当时使用的是真空管计算机。1961 年冬的一天,他在某一初值的设定下已算出一系列气候演变的数据。当他再次开机想考察这一系列的更长期的演变时,为了省事,不再从头算起,他把该系列的一个中间数据当作初值输入,然后按同样的程序进行计算。他原来希望得到和上次系列后半段相同的结果。但是,出乎意料,经过短时重复后,新的计算很快就偏离了原来的结果,如图 2-17 所示。他很快意识到,并非计算机出了故障,问题出在他这次作为初值输入的数据上。计算机内原储存的是 6 位小数 0.506 127,但他打印出来的却是 3 位小数 0.506。他这次输入的就是这三位数字。原来以为这不到千分之一的误差无关紧要,但就是这初值的微小差别导致了结果序列的逐渐分离。凭数学的直观他感到这里出现了违背原来的经典概念的新现象,其实际重要性可能是惊人的。他的结论是:长期的天气预报是不可能的。他把这种天气对于初值的极端敏感反应用一个很风趣的词——"蝴蝶效应"——来表述。用畅销名著《混沌——开创一门新科学》的作者格莱克的说法,蝴蝶效应指的是"今天在北京一只蝴蝶拍动一下翅膀,可能下月在纽约引起一场暴风雨。"中国有句成语"差之毫厘,失之千里",说的就是这回事。

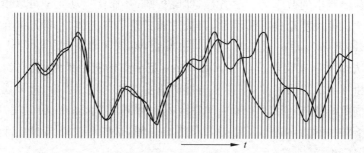

图 2-17　洛伦茨的气候演变曲线

混沌是洛伦茨在研究大气对流确定性模型中发现的非周期的、类似于随机过程的行为。之后,又有许多科学家都在各自的研究领域中发现了"确定性系统中的内在随机性"现象。这种内在随机性——混沌的发现,引发了人们对混沌理论的研究,至 20 世纪 70 年代形成**混沌学**——研究确定性非线性系统的学科。研究和分析混沌的理论,称为**混沌理论**。

3. 混沌运动与初始条件

混沌极端灵敏地依赖于其初始条件,这是混沌运动的普遍的基本特征。两次只是初值不同的混沌运动,它们的差别随时间的推移越来越大,而且是随时间按指数规律增大。不同初值的混沌运动之间的差别的迅速扩大给混沌运动带来严重的后果。混沌理论说的是,环境中的微小变化在日后都会导致截然不同的趋向。

由于从原则上讲,初值不可能完全准确地给定(因为不可能给出无穷多位数的数字),因而在任何实际给定的初始条件下,我们对混沌运动的演变的预测就将按指数规律减小到零。这就是说,我们对稍长时间之后的混沌运动不可能预测。就这样,决定论和可预测性之间的联系被切断了。虽然混沌运动仍是决定论的,但它同时又是不可预测的。混沌就是决定论的混乱。

对于牛顿力学成功地处理过的线性系统,不同初值的诸运动之间的差别只是随时间线性扩大。这种较慢的离异使得实际上的运动对初值不特别敏感,因而实际上可以预测。但即使如此,如果要预测非常远的将来的运动状态,那也是不可能的。

混沌系统是确定的。换句话说,如果知道了准确的起始点,其结果将是可被预测以及可重复的。反过来说,如果只有最终结果,那么想要返回找到起始点几乎是不可能的。因为不同的路径,最终可能都会获得此结果。由于造成两种不同结果的条件之间差别可能非常微小,甚至无法测量,于是差异微小的输入就可能导致截然不同的结果。因此,如果无法确定输入值,那么最终结果的范围就很大了。就像天气预报一样,也只能预测未来几天的天气情况而已,再往后,混沌带来的不确定度将变得更大了。

4. 决定论与混沌理论的关系

对决定论系统的这种认识是对传统的物理学思维习惯的一次巨大冲击。它表明在自然界中,决定与混乱(或随机)并存而且紧密联系。牛顿力学长期以来只是对理想世界(包括物理教科书中那些典型的例子)作了理想的描述,向人们灌输了力学现象普遍存在着决定论的可预测性的思想。混沌的发现和研究,使人们认识到这样的"理想世界"只对应于自然界中实际的力学系统的很小一部分。教科书中那些"典型的"例子,对整个自然界来说,并不典型,由它们得出的结论并不适用于更大范围的自然界。对这更大范围的自然界,必须用新的思想和方法加以重新认识和研究,以便找出适用于它们的新的规律。

混沌理论(混沌学)广泛涉及有序与无序、简单与复杂、确定性与随机性、必然性与偶然性等哲学范畴。目前,对混沌的研究不但在自然科学领域受到人们的极大关注,而且已扩展到人文社科领域,如经济学、社会学等。

思考题

2-1 没有动力的小车通过弧形桥面(图 2-18)时受几个力的作用? 它们的反作用力作用在哪里? 若 m 为车的质量,车对桥面的压力是否等于 $mg\cos\theta$? 小车能否作匀速率运动?

2-2 有一单摆如图 2-19 所示。试在图中画出摆球到达最低点 P_1 和最高点 P_2 时所受的力。在这两个位置上,摆线中张力是否等于摆球重力或重力在摆线方向的分力? 如果用一水平绳拉住摆球,使之静止在 P_2 位置上,绳中张力多大?

2-3 有一个弹簧,其一端连有一小铁球,你能否做一个在汽车内测量汽车加速度的"加速度计"? 根据什么原理?

2-4 当歼击机由爬升转为俯冲时(图 2-20(a)),飞行员会由于脑充血而"红视"(视觉发红);当飞行员由俯冲拉起时(图 2-20(b)),飞行员由于脑部血压降低而"黑视"(视觉模糊)。

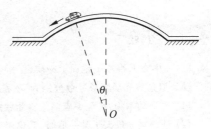

图 2-18 思考题 2-1 用图

这是为什么? 若飞行员穿上一种抗荷服(把身躯和四肢肌肉缠得紧紧的一种衣服),当飞行员由俯冲拉起时,他能经得住相当于 $5g$ 的力而避免黑视,但飞行开始俯冲时,最多经得住 $-2g$ 的力而仍免不了红视。这又是为什么?(g 为当地重力加速度。作定性分析。)

2-5 用天平测出的物体的质量,是引力质量还是惯性质量? 两汽车相撞时,其撞击力的产生是源于引力质量还是惯性质量?

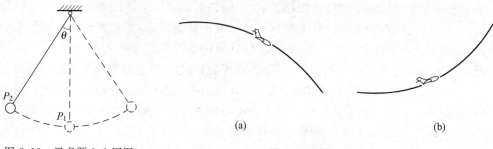

图 2-19　思考题 2-2 用图　　　　　　　　　图 2-20　思考题 2-4 用图

* 2-6　在门窗都关好的开行的汽车内,漂浮着一个氢气球,当汽车向左转弯时,氢气球在车内将向左运动还是向右运动?

* 2-7　设想在地球北极装置一个单摆(图 2-21)。令其摆动后,则会发现其摆动平面,即摆线所扫过的平面,按顺时针方向旋转。摆球受到垂直于这平面的作用力了吗? 为什么这平面会旋转? 试用惯性系和非惯性系概念解释这个现象。

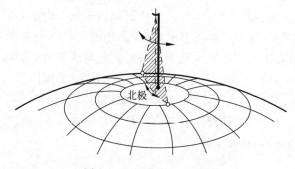

图 2-21　思考题 2-7 用图

2-8　小心缓慢地持续向玻璃杯内倒水,可以使水面鼓出杯口一定高度而不溢流。为什么可能这样?

2-9　不太严格地说,一物体所受重力就是地球对它的引力。据此,联立式(2-9)和式(2-18)导出以引力常量 G、地球质量 M 和地球半径 R 表示的重力加速度 g 的表示式。

习题

2-1　用力 $\boldsymbol{F}$ 推水平地面上一质量为 M 的木箱(图 2-22)。设力 $\boldsymbol{F}$ 与水平面的夹角为 θ,木箱与地面间的滑动摩擦系数和静摩擦系数分别为 μ_k 和 μ_s。

(1) 要推动木箱,F 至少应多大? 此后维持木箱匀速前进,F 应需多大?

(2) 证明当 θ 角大于某一值时,无论用多大的力 $\boldsymbol{F}$ 也不能推动木箱。此 θ 角是多大?

2-2　设质量 $m=0.50\ \mathrm{kg}$ 的小球挂在倾角 $\theta=30°$ 的光滑斜面上(图 2-23)。

(1) 当斜面以加速度 $a=2.0\ \mathrm{m/s^2}$ 沿如图所示的方向运动时,绳中的张力及小球对斜面的正压力各是多大?

(2) 当斜面的加速度至少为多大时,小球将脱离斜面?

2-3　一架质量为 $5\,000\ \mathrm{kg}$ 的直升机吊起一辆 $1\,500\ \mathrm{kg}$ 的汽车以 $0.60\ \mathrm{m/s^2}$ 的加速度向上升起。

(1) 空气作用在螺旋桨上的上举力多大?

(2) 吊汽车的缆绳中张力多大?

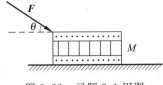

图 2-22 习题 2-1 用图

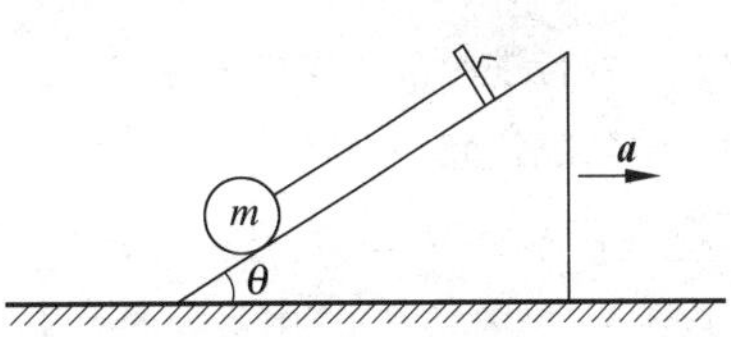

图 2-23 习题 2-2 用图

2-4 如图 2-24 所示,一个擦窗工人利用滑轮-吊桶装置上升。

(1) 要自己慢慢匀速上升,他需要用多大力拉绳?

(2) 如果他的拉力增大 10%,他的加速度将多大? 设人和吊桶的总质量为 75 kg。

2-5 在一水平的直路上,一辆车速 $v = 90$ km/h 的汽车的刹车距离 $s = 35$ m。如果路面相同,只是有 1∶10 的下降斜度,这辆汽车的刹车距离将变为多少?

2-6 桌上有一质量 $M = 1.50$ kg 的板,板上放一质量 $m = 2.45$ kg 的另一物体。设物体与板、板与桌面之间的摩擦系数均为 $\mu = 0.25$。要将板从物体下面抽出,至少需要多大的水平力?

2-7 如图 2-25 所示,在一质量为 M 的小车上放一质量为 m_1 的物块,它用细绳通过固定在小车上的滑轮与质量为 m_2 的物块相连,物块 m_2 靠在小车的前壁上而使悬线竖直。忽略所有摩擦。

图 2-24 习题 2-4 用图

(1) 当用水平力 F 推小车使之沿水平桌面加速前进时,小车的加速度多大?

(2) 如果要保持 m_2 的高度不变,力 F 应多大?

2-8 如图 2-26 所示,质量 $m = 1\,200$ kg 的汽车,在一弯道上行驶,速率 $v = 25$ m/s。弯道的水平半径 $R = 400$ m,路面外高内低,倾角 $\theta = 6°$。

(1) 求作用于汽车上的水平法向力与摩擦力。

(2) 如果汽车轮与轨道之间的静摩擦系数 $\mu_s = 0.9$,要保证汽车无侧向滑动,汽车在此弯道上行驶的最大允许速率应是多大?

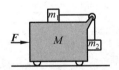

图 2-25 习题 2-7 用图

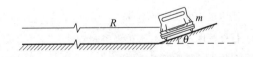

图 2-26 习题 2-8 用图

2-9 铁路经过我家后岭时有一圆弧弯道,在弯道起始处有一块路碑,上面写着“缓和长 40,半径 300,超高 40,加宽 15”,其中“半径”是指圆弧半径 R(m),“超高”是指铁道外、内轨的高度差 h(mm),“加宽”是指外、内轨顶部中线间距 l(mm)比标准轨距(1 435 mm)加宽的距离,“缓和长”是指铁道从直线到弧线间的过渡距离 s(m)。

(1) 为了安全行车和避免乘客不适,要求车厢在圆弧段开行时,其中乘客所受惯性离心力 f(在车厢中观察的)和他所受重力沿水平面的分力之差不能超过其重力的 4%(图 2-27)。根据这一要求和路碑上所示数据,求火车驶过弯道时的最大允许速率(km/h)。

*(2) 轨道如果由直线直接进入圆弧,则车厢(和乘客)的法向加速度将由零突然增大到与圆弧相应的值,这将产生相当大的急动度而使乘客感到不适。因此在轨道由直线进入圆弧之间要加一段**缓和曲线**[①],

① 参见:余守宪.外轨超高与缓和曲线.工科物理,1991,1(2):7～10.

使车厢沿缓和曲线行进时法向加速度逐渐增大(实际上与路径成正比)到圆弧处的要求。试求按上一问的速率开行时,车厢在缓和路段的急动度(最大允许值为 0.5 m/s³)。

2-10　现已知木星有 16 个卫星,其中 4 个较大的是伽利略用他自制的望远镜在 1610 年发现的(图 2-28)。这 4 个"伽利略卫星"中最大的是木卫三,它到木星的平均距离是 1.07×10^6 km,绕木星运行的周期是 7.16 d。试由此求出木星的质量。忽略其他卫星的影响。

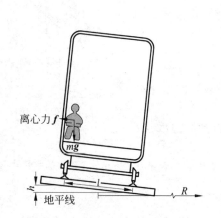

图 2-27　火车厢在圆弧轨道上开行

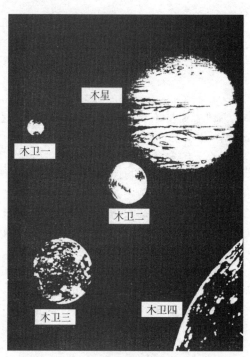

图 2-28　木星和它的最大的 4 个卫星

2-11　星体自转的最大转速发生在其赤道上的物质所受向心力正好全部由引力提供之时。

(1) 证明星体可能的最小自转周期为 $T_{min} = \sqrt{3\pi/(G\rho)}$,其中 ρ 为星体的密度。

(2) 行星密度一般约为 3.0×10^3 kg/m³,求其可能最小自转周期。

(3) 有的中子星自转周期为 1.6 ms,若它的半径为 10 km,则该中子星的质量至少多大(以太阳质量为单位)?

2-12　设想一个三星系统:三个质量都是 M 的星球稳定地沿同一圆形轨道运动,轨道半径为 R,求此系统的运行周期。

2-13　光滑的水平桌面上放置一固定的圆环带,半径为 R。一物体贴着环带内侧运动(图 2-29),物体与环带间的滑动摩擦系数为 μ_k。设物体在某一时刻经 A 点时速率为 v_0,求此后 t 时刻物体的速率以及从 A 点开始所经过的路程。

2-14　一台超级离心机的转速为 5×10^4 r/min,其试管口离转轴 2.00 cm,试管底离转轴 10.0 cm(图 2-30)。

(1) 求管口和管底的向心加速度各是 g 的几倍。

(2) 如果试管装满 12.0 g 的液体样品,管底所承受的压力多大?相当于几吨物体所受重力?

(3) 在管底一个质量为质子质量 10^5 倍的大分子受的惯性离心力多大?

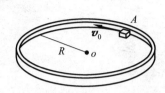

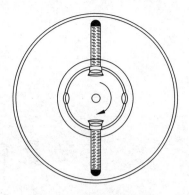

图 2-29 习题 2-13 用图   图 2-30   习题 2-14 用图

2-15   直九型直升机的每片旋翼长 5.97 m。若按宽度一定、厚度均匀的薄片计算,求旋翼以 400 r/min 的转速旋转时,其根部受的拉力为其受重力的几倍?

2-16   如图 2-31 所示,一个质量为 m_1 的物体拴在长为 L_1 的轻绳上,绳的另一端固定在一个水平光滑桌面的钉子上。另一物体质量为 m_2,用长为 L_2 的绳与 m_1 连接。二者均在桌面上作匀速圆周运动,假设 m_1,m_2 的角速度为 ω,求各段绳子上的张力。

2-17   在刹车时卡车有一恒定的减速度 $a=7.0$ m/s^2。刹车一开始,原来停在上面的一个箱子就开始滑动,它在卡车车厢上滑动了 $l=2$ m 后撞上了车厢的前帮。问此箱子撞上前帮时相对卡车的速率为多大?设箱子与车厢底板之间的滑动摩擦系数 $\mu_k=0.50$。请试用车厢参考系式求解。

*2-18   **平流层信息平台**是目前正在研制的一种多用途通信装置。它是在 20～40 km 高空的平流层内放置的充氦飞艇,其上装有信息转发器可进行各种信息传递。由于平流层内有比较稳定的东向或西向气流,所以要固定这种飞艇的位置需要在其上装推进器以平衡气流对飞艇的推力。一种飞艇的设计直径为 50 m,预定放置处的空气密度为 0.062 kg/m^3,风速取 40 m/s,空气阻力系数取 0.016,求固定该飞艇所需的推进器的推力。如果该推进器的推力效率为 10 mN/W,则该推进器所需的功率多大?(能源可以是太阳能。)

2-19   一种简单的测量水的表面张力系数的方法如下。在一弹簧秤下端吊一只细圆环,先放下圆环使之浸没于水中,然后慢慢提升弹簧秤。待圆环被拉出水面一定高度时,可见接在圆环下面形成了一段环形水膜。这时弹簧秤显示出一定的向上的拉力(图 2-32)。以 r 表示细圆环的半径,以 m 表示其质量,以 F 表示弹簧秤显示的拉力的大小。试证明水的表面张力系数可利用下式求出:

$$\gamma = \frac{F - mg}{4\pi r}$$

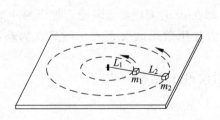

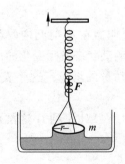

图 2-31 习题 2-16 用图   图 2-32   习题 2-19 用图

青年人正处于学习的黄金时期,应该把学习作为首要任务,作为一种责任、一种精神追求、一种生活方式。

——习近平 2013 年 5 月 4 日同各界优秀青年代表座谈时的讲话

第 3 章

动量和角动量

牛顿第二定律描述力和受力物体的加速度的关系,这一关系具有瞬时性。力对物体运动状态的影响,还具有持续性——对时间或空间的累积作用。在很多问题中,力对物体的作用总要延续一段或长或短的时间。在这段时间内,力的变化复杂,难以细究,而我们往往只关心在这段时间内的力的作用效果。本章主要介绍力对时间的持续作用效果。

本章从牛顿第二定律出发,导出动量定理。利用这一定理,讲述力对时间的累积作用。把动量定理应用于质点系,导出动量守恒定律。对于质点系,引入质心的概念,并说明外力和质心运动的关系。后面几节介绍与动量概念相联系的描述物体转动特征的重要物理量——角动量,在牛顿第二定律的基础上导出角动量变化率和外力矩的关系——角动量定理,并进一步导出另一条守恒定律——角动量守恒定律。

3.1 冲量与动量定理

牛顿第二定律表达式(2-2)反映了力对时间的瞬时作用,但有时还要考虑力的时间累积所产生的效应。把式(2-2)写成微分形式,即

$$\boldsymbol{F}\mathrm{d}t = \mathrm{d}\boldsymbol{p} \tag{3-1}$$

式中,乘积 $\boldsymbol{F}\mathrm{d}t$ 叫做在 $\mathrm{d}t$ 时间内质点所受合外力的**冲量**。此式表明了物体在外力作用下经一定时间后其动动状态发生变化的规律,即在 $\mathrm{d}t$ 时间内质点所受合外力的冲量等于在同一时间内质点的动量的增量。这一表示外力作用效果的关系式叫做质点的**动量定理**(微分形式)。

如果将式(3-1)对 t_1 到 t_2 这段有限时间积分,则有

$$\int_{t_1}^{t_2} \boldsymbol{F}\mathrm{d}t = \int_{p_1}^{p_2} \mathrm{d}\boldsymbol{p} = \boldsymbol{p}_2 - \boldsymbol{p}_1 \tag{3-2}$$

左侧积分表示在 t_1 到 t_2 这段时间内合外力的冲量,以 $\boldsymbol{I}$ 表示,即

$$\boldsymbol{I} = \int_{t_1}^{t_2} \boldsymbol{F}\mathrm{d}t$$

则式(3-2)可写成

$$\boldsymbol{I} = \boldsymbol{p}_2 - \boldsymbol{p}_1 \tag{3-3}$$

式(3-2)或式(3-3)是**动量定理**的积分形式。它表明质点在 t_1 到 t_2 时间段内所受合外力的冲量等于质点在同一时间段内的动量的增量,体现力对时间的累积效果。

值得注意的是,要产生同样的动量增量,力大或力小都可以:力大,时间可短些;力小,时间需长些。只要外力的冲量一样,就可以产生同样的动量增量。

考虑到内力总是成对出现,且大小相等、方向相反,故其矢量和必为零,因此,质点的动量定理也同样适用于质点系。即系统所受合外力的冲量等于系统总动量的增量;内力不改变质点系的动量,即系统总动量的改变仅仅取决于外力的冲量,与内力无关。

动量定理是由牛顿定律导出的,同样仅适用于惯性参考系,其中的 I 是过程量或累积量,F 是瞬时量,p 是状态量。由于冲量和动量均为矢量,动量定理为矢量式,具体应用时,通常写出相应的投影式(分量式)进行解析和求解。

在 xOy 平面直角坐标系中,动量定理可写成两个坐标轴方向的分量式,即

$$\begin{cases} I_x = \int_{t_0}^{t} F_x \, \mathrm{d}t = \int_{t_0}^{t} \left(\sum_{i=1}^{n} F_{ix} \right) \mathrm{d}t = \sum_{i=1}^{n} p_{ix} - \sum_{i=1}^{n} p_{i0x} \\ I_y = \int_{t_0}^{t} F_y \, \mathrm{d}t = \int_{t_0}^{t} \left(\sum_{i}^{n} F_{iy} \right) \mathrm{d}t = \sum_{i=1}^{n} p_{iy} - \sum_{i=1}^{n} p_{i0y} \end{cases}$$

根据力的独立性可知,该分量式表明,系统在某个方向上受到合外力的冲量,只改变该方向上系统的总动量,对与之垂直方向上系统的总动量没有影响。

动量定理不仅适合于碰撞和撞击过程,也适合于解决其他力学过程。例 4-9 逆风行舟也可以用本节内容解释。如果在某一时间间隔 Δt 内,作用力不为常量,则必须用积分形式——式(3-2)计算变力的冲量。

碰撞一般泛指物体间相互作用时间很短的过程(见 4.8 节)。在这一过程中,相互作用力往往很大而且随时间改变。这种力通常叫**冲力**。对于同样的动量增量,利用冲力时,可减小作用时间;为了避免冲力,可增大作用时间。例如,球拍反击乒乓球的力,两汽车相撞实验中的相互撞击的力都是冲力。图 3-1 是清华大学汽车碰撞实验室做汽车撞击固定壁的实验照片以及相应的冲力的大小随时间的变化曲线。

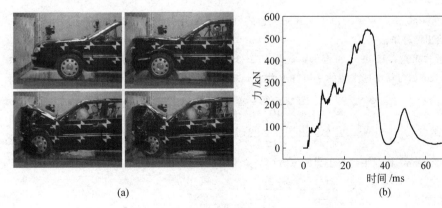

(a) (b)

图 3-1 汽车撞击固定壁实验中汽车受壁的冲力
(a) 实验照片;(b) 冲力-时间曲线

由图 3-1 可见,冲力是碰撞瞬间急剧变化的力,为使问题简化,可用一个平均力代替。对于短时间 Δt 内冲力的作用,通常把式(3-2)改写成

$$\overline{F}\Delta t = \Delta \boldsymbol{p}$$

式中，$\overline{F}$ 称为平均冲力，即

$$\overline{F} = \frac{\int_{t_1}^{t_2} \boldsymbol{F} \mathrm{d}t}{t_2 - t_1} = \frac{\boldsymbol{I}}{t_2 - t_1} = \frac{\Delta \boldsymbol{p}}{\Delta t} \tag{3-4}$$

上式表明，冲力对时间的平均值，即作用在物体上的平均冲力等于物体动量的增量与力的作用时间之比。平均冲力只是根据物体动量的变化计算出的平均值，它和实际的冲力的极大值可能有较大的差别，因此，它不足以完全说明碰撞所可能引起的破坏性。

【例 3-1】 **汽车碰撞实验。**在一次碰撞实验中，一质量为 1 200 kg 的汽车垂直冲向一固定壁，碰撞前速率为 15.0 m/s，碰撞后以 1.50 m/s 的速率退回，碰撞时间为 0.120 s。求：(1)汽车受壁的冲量；(2)汽车受壁的平均冲力。

解　设汽车碰撞前的速度方向为正方向，则碰撞前汽车的速度为 $v_1 = 15.0$ m/s，碰撞后汽车的速度为 $v_2 = -1.50$ m/s。

(1) 由动量定理，汽车受壁的冲量为

$$I = p_2 - p_1 = mv_2 - mv_1 = [1\ 200 \times (-1.50) - 1\ 200 \times 15.0] \text{ N} \cdot \text{s}$$
$$= -1.98 \times 10^4 \text{ N} \cdot \text{s}$$

(2) 由于碰撞时间为 $\Delta t = 0.120$ s，所以汽车受壁的平均冲力为

$$\overline{F} = \frac{I}{\Delta t} = \frac{-1.98 \times 10^4}{0.120} \text{ kN} = -165 \text{ kN}$$

以上两个结果的负号均表明，汽车所受壁的冲量与平均冲力的方向都和汽车碰撞前的速度方向相反。其中，平均冲力的大小为 165 kN，约为汽车本身重力的 14 倍，瞬时最大冲力比这还要大得多。

讨论　如果这是交通事故，当其碰撞时间为毫秒级，如 $\Delta t = 3.3$ ms，则汽车的加速度 $a = 5000$ m/s^2，超过交管部门制定的死亡加速度 $a_d = 500g \approx 4.9 \times 10^3$ m/s^2。

【例 3-2】 **棒击垒球。**一个质量 $m = 140$ g 的垒球以 $v = 40$ m/s 的速率沿水平方向飞向击球手，被击后它以相同速率沿 $\theta = 60°$ 的仰角飞出，求垒球受棒的平均打击力。设球和棒的接触时间 $\Delta t = 1.2$ ms。

解　本题可用式(3-4)求解。由于该式是矢量式，所以可以用分量式求解，也可直接用矢量关系求解。下面分别给出两种解法。

(1) 用分量式求解。已知 $v_1 = v_2 = v$，选取如图 3-2 所示的坐标系，利用式(3-4)的分量式，由于 $v_{1x} = -v$，$v_{2x} = v\cos\theta$，可得垒球受棒的平均打击力的 x 方向分量为

$$\overline{F}_x = \frac{\Delta p_x}{\Delta t} = \frac{mv_{2x} - mv_{1x}}{\Delta t} = \frac{mv\cos\theta - m(-v)}{\Delta t}$$
$$= \frac{0.14 \times 40 \times (\cos 60° + 1)}{1.2 \times 10^{-3}} \text{ N} = 7.0 \times 10^3 \text{ N}$$

由于 $v_{1y} = 0$，$v_{2y} = v\sin\theta$，则此平均打击力的 y 方向分量为

$$\overline{F}_y = \frac{\Delta p_y}{\Delta t} = \frac{mv_{2y} - mv_{1y}}{\Delta t} = \frac{mv\sin\theta}{\Delta t}$$
$$= \frac{0.14 \times 40 \times 0.866}{1.2 \times 10^{-3}} \text{ N} = 4.0 \times 10^3 \text{ N}$$

垒球受棒的平均打击力的大小为

$$\overline{F} = \sqrt{\overline{F}_x^2 + \overline{F}_y^2} = 10^3 \times \sqrt{7.0^2 + 4.0^2} \text{ N} = 8.1 \times 10^3 \text{ N}$$

以 α 表示此力与水平方向的夹角，则

$$\tan \alpha = \frac{\overline{F}_y}{\overline{F}_x} = \frac{4.0 \times 10^3}{7.0 \times 10^3} = 0.57$$

由此得

$$\alpha = 30°$$

(2) 直接用矢量公式(3-4)求解。按式(3-4)，mv_2，mv_1 以及 $\overline{F}\Delta t$ 形成如图 3-3 中的矢量三角形，其中 $mv_1 = mv_2 = mv$。由等腰三角形可知，$\overline{F}$ 与水平面的夹角 $\alpha = \theta/2 = 30°$，且 $\overline{F}\Delta t = 2mv\cos\alpha$，于是

$$\overline{F} = \frac{2mv\cos\alpha}{\Delta t} = \frac{2 \times 0.14 \times 40 \times \cos\alpha}{1.2 \times 10^{-3}} \text{ N} = 8.1 \times 10^3 \text{ N}$$

注意，此打击力约为垒球重力的 5 900 倍。

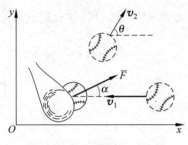
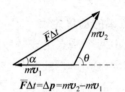

图 3-2 例 3-2 解法(1)图示　　　　图 3-3 例 3-2 解法(2)图示

【例 3-3】 **火车运煤**。轨道上的一辆装煤车以 $v = 3$ m/s 的速率行驶，从煤斗下面通过，如图 3-4 所示。已知每秒钟落入车厢的煤质量为 $\Delta m = 500$ kg，如果车厢的速率保持不变，应该采用多大的牵引力拉动车厢？（装煤车与钢轨间的摩擦忽略不计。）

解 先考虑煤落入车厢后运动状态的改变。如图 3-4 所示，以 dm 表示在 dt 时间内落入车厢的煤的质量。它在车厢对它的力 f 带动下在 dt 时间内沿 x 方向的速率由零增加到与车厢速率 v 相同，而动量也由 0 增加到 $dm \cdot v$。由动量定理式(3-1)，质量为 dm 的煤在 x 方向受到的冲量为

$$f dt = dp = dm \cdot v \tag{3-5}$$

对于车厢，在此 dt 时间内，它受到水平拉力 F 和煤 dm 对它的反作用力 f' 的作用。此二力的合力沿 x 方向，为 $F - f'$。由于车厢速度不变，所以动量也不变，式(3-1)给出

$$(F - f') dt = 0 \tag{3-6}$$

由牛顿第三定律

$$f' = f \tag{3-7}$$

联立解式(3-5)、式(3-6)和式(3-7)可得

$$F = \frac{dm}{dt} \cdot v$$

以 $dm/dt = 500$ kg/s，$v = 3$ m/s 代入，得

$$F = 500 \times 3 \text{ N} = 1.5 \times 10^3 \text{ N}$$

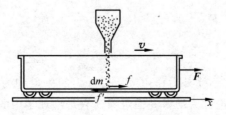

图 3-4 煤 dm 落入车厢被带走

3.2 质点系的动量定理与动量守恒定律

在研究一个问题时,如果考虑的对象包括几个物体,则它们总体上常被称为一个物体系统,或简称为**系统**。系统外的其他物体统称为**外界**。系统内各物体间的相互作用力称为**内力**,外界物体对系统内任意一物体的作用力称为**外力**。例如,把地球与月球看做一个系统,则它们之间的相互作用力就是内力,而系统外的物体,如太阳以及其他行星对地球或月球的引力都是外力。

本节讨论一个系统的动量变化的规律——质点系的动量定理,并通过它导出动量守恒定律。

1. 质点系的动量定理

先讨论由两个质点组成的系统。设这两个质点的质量分别为 m_1 和 m_2。它们除分别受到相互作用力(内力)f 和 f' 外,还受到系统外其他物体的作用力(外力)F_1 和 F_2,如图 3-5 所示。由式(3-1),对这两个质点分别写出其动量定理式,即

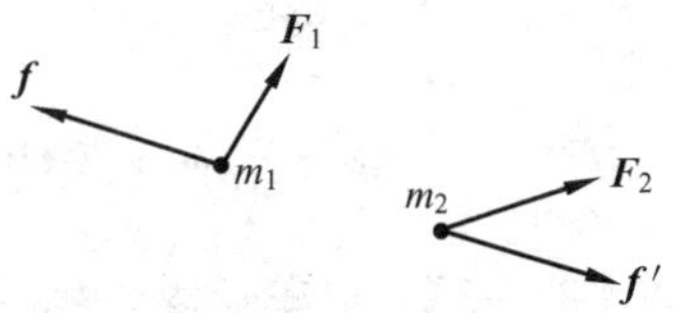

$$(F_1 + f)dt = dp_1, \quad (F_2 + f')dt = dp_2$$

将这二式相加,可得

$$(F_1 + F_2 + f + f')dt = dp_1 + dp_2$$

图 3-5 两个质点的系统

由于系统内力是一对作用力和反作用力,根据牛顿第三定律,则有 $f = -f'$ 或 $f + f' = 0$,因此上式表示为

$$(F_1 + F_2)dt = d(p_1 + p_2)$$

如果系统包含两个以上的质点,可仿照上述步骤对各个(第 i 个)质点分别写出动量定理的表达式,然后相加。由于系统的各个内力总是以作用力和反作用力的形式成对出现的,所以它们的矢量总和等于零。一般地,又可得到

$$\left(\sum_i F_i\right)dt = d\left(\sum_i p_i\right) \tag{3-8}$$

其中,$\sum_i F_i$ 为系统受的合外力;$\sum_i p_i$ 为系统的总动量。式(3-8)可理解为,系统的总动量随时间的变化率等于该系统所受的合外力。这里的"合外力"和"总动量"都是矢量和。内力能使系统内各质点的动量发生变化,但它们对系统的总动量没有影响,所以式(3-8)也就是质点系的**动量定理**(微分形式),它与式(3-1)具有相同的物理意义。

2. 动量守恒定律

在式(3-8)中,如果 $\sum_i F_i = 0$,可得 $d\left(\sum_i p_i\right) = 0$,或

$$\sum_i p_i = \sum_i m_i v_i = C(\text{常矢量}) \quad \left(\sum_i F_i = 0\right) \tag{3-9}$$

这就是说,任何物体系统在不受外力作用或所受外力的矢量和为零时,其总动量为恒量(守恒),或保持不变。这一结论称为**动量守恒定律**。它是物理学中的重要定律之一。

一个不受外界影响的系统,常被称为**孤立系统**。一个孤立系统在运动过程中,其总动量一定保持不变。这也是动量守恒定律的一种表述形式。

应用动量守恒定律分析解决问题时,应该注意以下几点。

(1) 系统动量守恒的条件是合外力为零,即 $\sum_i \boldsymbol{F}_i = 0$,但在外力比内力小得多的情况下,外力对质点系的总动量变化影响甚小,在讨论系统内部各质点的动量变化时,可以认为近似满足守恒条件,也就可以近似地应用动量守恒定律。例如,两物体的碰撞过程,由于相互撞击的内力往往很大,所以此时即使有摩擦力或重力等外力,也常可忽略它们,而认为系统的总动量守恒。又如,爆炸过程属于内力远大于外力的过程,也可以认为在此过程中系统的总动量守恒。

(2) 动量守恒表示式(3-9)是矢量关系式。在实际问题中,常应用其分量式,即如果系统沿某一方向所受的合外力为零,则该系统沿此方向的总动量的分量守恒。例如,一个物体在空中爆炸后碎裂成几块,在忽略空气阻力的情况下,这些碎块受到的外力只有竖直向下的重力,因此,它们的总动量在水平方向的分量是守恒的。

(3) 由于动量守恒定律是由牛顿运动定律导出的,所以它也只适用于惯性系。学习后续章节时将看到,在近代物理和非力学的物理学理论中,即使在牛顿力学不适用的范围内,在一定条件下,动量守恒定律仍然是普遍适用的。

以上从牛顿运动定律出发,导出以式(3-9)表示的动量守恒定律。应该指出的是,更普遍的动量守恒定律并不依赖牛顿运动定律。动量概念不仅适用于以速度 v 运动的质点或粒子,而且也适用于电磁场,只是对于后者,其动量不再只是用 mv 这样的简单形式表示。考虑包括电磁场在内的系统所发生的过程时,其总动量必须也把电磁场的动量计算在内。动量守恒定律不但对可以用作用力和反作用力描述其相互作用的质点系所发生的过程成立,而且对其内部的相互作用不能用力的概念描述的系统所发生的过程也成立,如光子和电子的碰撞,光子转化为电子,电子转化为光子等过程,只要系统不受外界影响,它们的动量都是守恒的。动量守恒定律实际上是关于自然界的一切物理过程的一条最基本的定律之一。

【例 3-4】 冲击摆。 如图 3-6 所示,一质量为 m_1 的物体被静止悬挂着,今有一质量为 m_2 的子弹沿水平方向以速度 v_1 射中物体并停留其中。求子弹刚停在物体内时物体的速度。

解 由于子弹从射入物体到停在其中所经历的时间很短,所以在此过程中物体基本上未动而停在原来的平衡位置。在子弹射入物体 m_1 这一短暂过程中,对子弹和物体这一系统,它们所受的水平方向的外力为零,因此系统水平方向的动量守恒。设子弹刚停在物体中时物体的速度为 v_2,则此系统此时的水平总动量为 $(m_1+m_2)v_2$。由于子弹射入前此系统的水平总动量为 $m_2 v_1$,所以有

$$m_2 v_1 = (m_1 + m_2)v_2$$

由此得

$$v_2 = \frac{m_2}{m_1 + m_2} v_1$$

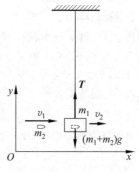

图 3-6　例 3-4 用图

【例 3-5】 反向滑动。 如图 3-7 所示,一个有 1/4 圆弧滑槽的大物体的质量为 m_1,停在光滑的水平面上,另一质量为 m_2 的小物体自圆弧顶点由静止下滑。求当小物体 m_2 滑到圆弧底部时,大物体 m_1 在水平面上移动的距离。

解 选取如图 3-7 所示的坐标系,取 m_1 和 m_2 为系统。在 m_2 下滑过程中,在水平方向上,系统所受的合外力为零,因此水平方向上的动量守恒。由于系统的初动量为零,所以,如果以 v_1 和 v_2 分别表示下滑

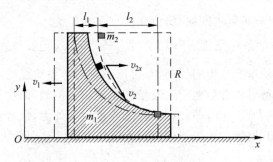

图 3-7　例 3-5 用图

过程中任一时刻 m_1 和 m_2 的速度,则有

$$0 = m_1(-v_1) + m_2 v_{2x}$$

即对任一时刻都有

$$m_1 v_1 = m_2 v_{2x}$$

为了求物体移动的距离,就整个下落的时间 t 对上式的速度求积分,有

$$m_1 \int_0^t v_1 \, \mathrm{d}t = m_2 \int_0^t v_{2x} \, \mathrm{d}t$$

以 l_1 和 l_2 分别表示 m_1 和 m_2 在水平方向移动的距离,则有

$$l_1 = \int_0^t v_1 \, \mathrm{d}t, l_2 = \int_0^t v_{2x} \, \mathrm{d}t$$

因而有

$$m_1 l_1 = m_2 l_2$$

由于位移的相对性,考虑到 $l_2 = R - l_1$,并代入上式,即得

$$l_2 = \frac{m_2}{m_1 + m_2} R$$

值得注意的是,此距离值与弧形槽面是否光滑无关,只要 m_1 下面的水平面光滑就行了。因此,系统的质心位置将保持不变。也可根据这一特点进行求解(参考例 3-10 和例 3-11)。

【例 3-6】　放射性衰变。原子核 ^{147}Sm 是一种放射性核,它衰变时放出 α 粒子,自身变成 ^{143}Nd 核。已测得一静止的 ^{147}Sm 核放出的 α 粒子的速率是 1.04×10^7 m/s,求 ^{143}Nd 核的反冲速率。

解　以原子核 ^{147}Sm 为系统,以 m_0 和 v_0($v_0 = 0$)分别表示 ^{147}Sm 核的质量和速率,m_1 和 v_1 分别表示 ^{143}Nd 核的质量和速率,m_2 和 v_2 分别表示 α 粒子的质量和速率,v_1 和 v_2 的方向如图 3-8 所示。由于衰变只是 ^{147}Sm 核内部的现象,所以系统动量守恒。结合图 3-8 所示坐标的方向,应有 v_1 和 v_2 方向相反,其大小之间的关系为

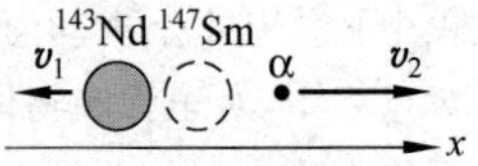

图 3-8　^{147}Sm 衰变

$$m_0 v_0 = m_1(-v_1) + m_2 v_2$$

由此解得,^{143}Nd 核的反冲速率为

$$v_1 = \frac{m_2 v_2 - m_0 v_0}{m_1} = \frac{(m_0 - m_1)v_2 - m_0 v_0}{m_1}$$

代入数值,得

$$v_1 = \frac{(147 - 143) \times 1.04 \times 10^7 - 147 \times 0}{143} \text{ m/s} = 2.91 \times 10^5 \text{ m/s}$$

【例 3-7】　粒子碰撞。在一次 α 粒子散射过程中,质量为 m_1 的 α 粒子和质量为 m_2 静止的氧原子核发生"碰撞"。实验测出,碰撞后 α 粒子沿与入射方向成 $\theta = 72°$ 的方向运动,而

氧原子核沿与 α 粒子入射方向成 $\varphi = 41°$ 的方向"反冲"，如图 3-9 所示。求 α 粒子碰撞后与碰撞前的速率之比。

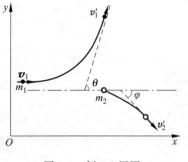

解 粒子的这种"碰撞"过程，实际上是它们在运动中相互靠近，继而由于相互斥力的作用又相互分离的过程。考虑由 α 粒子和氧原子核组成的系统，整个碰撞过程中仅有内力作用，所以系统动量守恒。设 α 粒子碰撞前、后的速度分别为 v_1, v'_1，氧核碰撞后速度为 v'_2。选取 α 粒子的入射方向为 Ox 轴，建立 xOy 坐标系，如图 3-9 所示。根据动量守恒的分量式，有

图 3-9 例 3-7 用图

x 方向：

$$m_1 \boldsymbol{v}_1 = m_1 \boldsymbol{v}'_1 \cos\theta + m_2 \boldsymbol{v}'_2 \cos\varphi$$

y 方向：

$$0 = m_1 \boldsymbol{v}'_1 \sin\theta - m_2 \boldsymbol{v}'_2 \sin\varphi$$

两式联立消去 v'_2，解得 α 粒子碰撞前后的速率关系为

$$v_1 = v'_1 \cos\theta + \frac{v'_1 \sin\theta}{\sin\varphi} \cos\varphi = \frac{\boldsymbol{v}'_1}{\sin\varphi} \sin(\theta + \varphi)$$

整理并代入数据，得

$$\frac{v'_1}{v_1} = \frac{\sin\varphi}{\sin(\theta + \varphi)} = \frac{\sin 41°}{\sin(72° + 41°)} = 0.71$$

即 α 粒子碰撞后的速率约为碰撞前速率的 71%。

*3.3 火箭飞行原理

火箭是一种利用燃料燃烧后喷出的气体产生的反冲推力的发动机，或者说，是一种利用火箭发动机推进的飞行器。它利用自身预先携带的工作所需要的全部能源和工质（燃料和氧化剂），燃烧产生炽热气体，并以巨大的出口速度向后方持续喷射，其质量在不断减少，因而可以在空间任何地方发动，适合于作为外层空间的运输工具。火箭技术在近代有很大的发展，火箭炮以及各种各样的导弹都利用火箭发动机作动力，空间技术的发展更以火箭技术为基础。各式各样的人造地球卫星、飞船和空间探测器都是靠火箭发动机发射并控制航向的。

火箭的推进属于变质量问题，它是建立在反冲原理，或动量定理和动量守恒定律基础上的，火箭的质量在不断减少，无须空气等外界介质（媒质）产生推力，就可以在大气层内和外层空间（真空）飞行。为简单起见，设火箭在自由空间飞行，即它不受引力或空气阻力等任何外力的影响。如图 3-10 所示，把某时刻 t 的火箭（包括火箭体和其中尚存的燃料）作为研究的系统，其总质量为 m_0，以 v 表示此时刻火箭的速率，则此时刻系统的总动量为 $m_0 v$（沿空间坐标 x 轴正向）。此后经过 dt 时间，火箭喷出质量为 dm 的气体，其喷出速率相对于火箭体为定值 u。在 $t + dt$ 时刻，火箭体的速率为 $v + dv$，在此时刻系统的总动量为

$$dm \cdot (v - u) + (m_0 - dm)(v + dv)$$

由于喷出气体的质量 dm 等于火箭质量的减小，即 $-dm_0$，所以上式也可写为

$$-dm_0(v - u) + (m_0 + dm)(v + dv)$$

由动量守恒定律，有

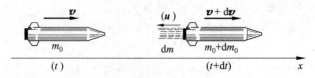

图 3-10　火箭飞行原理说明图

$$m_0 v = - \mathrm{d}m \cdot (v - u) + (m_0 + \mathrm{d}m_0)(v + \mathrm{d}v)$$

展开此等式,并略去二阶无穷小量 $\mathrm{d}m_0 \cdot \mathrm{d}v$,可得

$$u\mathrm{d}m_0 + m_0 \mathrm{d}v = 0$$

或

$$\mathrm{d}v = - u \frac{\mathrm{d}m_0}{m_0}$$

设火箭点火时质量为 m_i,初速为 v_i,燃料燃烧完后火箭质量为 m_f,达到的末速度为 v_f,对上式积分,则有

$$\int_{v_i}^{v_f} \mathrm{d}v = - u \int_{m_i}^{m_f} \frac{\mathrm{d}m_0}{m_0}$$

由此得

$$v_f - v_i = u \ln \frac{m_i}{m_f} \tag{3-10}$$

此式表明,火箭在燃料燃烧后所增加的速率和喷气速率 u 成正比,与火箭的始末质量比(m_i/m_f,简称**质量比**)的自然对数成正比。

如果只以火箭本身作为研究的系统,以 F 表示在 t 到 $t + \mathrm{d}t$ 的时间间隔内喷出气体对质量为 $(m_0 - \mathrm{d}m)$ 火箭体的推力,则根据动量定理,应有

$$F\mathrm{d}t = (m_0 - \mathrm{d}m)[(v + \mathrm{d}v) - v] = m_0 \mathrm{d}v$$

结果略去了二阶无穷小量 $\mathrm{d}m_0 \cdot \mathrm{d}v$。将上面已得结果 $m_0 \mathrm{d}v = -u\mathrm{d}m_0 = u\mathrm{d}m$ 代入,可得

$$F = u \frac{\mathrm{d}m}{\mathrm{d}t} \tag{3-11}$$

此式表明,火箭发动机的推力与燃料燃烧速率 $\mathrm{d}m/\mathrm{d}t$ 以及喷出气体的相对速率 u 成正比。例如,一种火箭的发动机的燃烧速率为 1.38×10^4 kg/s,喷出气体的相对速率为 2.94×10^3 m/s,理论上,它所产生的推力为

$$F = 2.94 \times 10^3 \times 1.38 \times 10^4 \text{ N} = 4.06 \times 10^7 \text{ N}$$

这相当于 4 000 t 海轮所受的浮力。

为满足发射地球人造卫星或其他航天器的要求,还需要进一步提高火箭的末速度。由式(3-10)可见,火箭的质量比越大,其可达到的速率也就越大;但仅靠增加单级火箭的质量比来提高火箭的飞行速率是不够的,实际上,提高单级末速度有一定的极限(目前的技术水平,不超过 6 km/s),因此采用若干单级串联而成的多级火箭。通常三级火箭的性价比最佳。当前一级火箭的燃料完全燃烧后,其壳体自动脱落,后一级开始点火,这样就可以通过有效地增大质量比,以提高火箭的推进速度。由式(3-10)可逐级计算火箭的速率(略)。

火箭一般只能一次性使用。一级火箭完成分离后会坠落到陆上无人区或空旷海域,不

可重复使用。但目前已有极少数国家掌握了回收技术,从而实现了火箭的回收再利用。

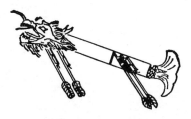

图 3-11 "火龙出水"火箭

火箭最早是中国发明的。公元 970 年,北宋的冯继升发明了原始火箭。南宋时出现了作烟火玩物的"起火",其后就出现了利用起火推动的翎箭。明代茅元仪编辑的《武备志》(1621 年)中记有利用火药发动的"多箭头"(10～100 支)的火箭,以及用于水战的叫做"火龙出水"的二级火箭(见图 3-11,第二级藏在龙体内)。1926 年美国科学家试飞了第一枚液体火箭。

现在,中国火箭技术已达到世界先进水平。例如,长征三号火箭是三级大型运载火箭,全长 43.25 m,最大直径 3.35 m,起飞质量约 202 t,起飞推力为 2.8×10^3 kN。我国不仅利用自制推力强大的火箭发射自主研制的载人宇宙飞船"神舟"号,而且还不断向国际提供航天发射服务,并计划在 2030 年前后实现航天员登月。

3.4 质心

讨论一个物体(或质点系)的运动时,通常还要引入质心的概念。

1. 质心的概念

质点系在力的作用下,其运动状态与质点系的质量及其相互位置的关系,即与质点系质量分布状况有关。**质心**是质量中心的简称,它的位置在一定程度上反映了质点系的质量分布状况,为质点系动力学行为的代表点。

设一个质点系由 n 个质点组成,以 $m_1, m_2, \cdots, m_i, \cdots, m_n$ 分别表示各质点的质量,以 $\boldsymbol{r}_1, \boldsymbol{r}_2, \cdots, \boldsymbol{r}_i, \cdots, \boldsymbol{r}_n$ 分别表示各质点对某一坐标原点 O 的位矢,如图 3-12 所示,则这一质点系的质心的位矢可定义为

$$\boldsymbol{r}_C = \frac{\sum\limits_i m_i \boldsymbol{r}_i}{\sum\limits_i m_i} = \frac{\sum\limits_i m_i \boldsymbol{r}_i}{m} \tag{3-12}$$

式中,$m = \sum\limits_i m_i$ 是质点系的总质量。质心位矢也是位置矢量,它与坐标系的选择有关。可以证明,质心只是相对于质点系本身的一个特定位置,其相对于质点系内各质点的相对位置并不随坐标系的选择而变化。

2. 质心的计算

在直角坐标系 $Oxyz$ 中,利用位矢沿直角坐标系各坐标轴的分量,由式(3-12)可得质心位矢对应的质心坐标表示式为

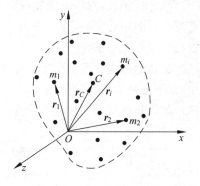

图 3-12 质心的位置矢量

$$x_C = \frac{m_1 x_1 + m_2 x_2 + \cdots + m_n x_n}{m_1 + m_2 + \cdots + m_n} = \frac{\sum_i m_i x_i}{m}$$

$$y_C = \frac{m_1 y_1 + m_2 y_2 + \cdots + m_n y_n}{m_1 + m_2 + \cdots + m_n} = \frac{\sum_i m_i y_i}{m}$$ (3-13)

$$z_C = \frac{m_1 z_1 + m_2 z_2 + \cdots + m_n z_n}{m_1 + m_2 + \cdots + m_n} = \frac{\sum_i m_i z_i}{m}$$

这就是对物体的质量分布用加权平均法求出的平均中心,即质心,它是位置的加权平均值。在图 3-12 的直角坐标系 $Oxyz$ 中,质心坐标就是 $C(x_C, y_C, z_C)$。质心位矢或质心坐标与坐标系的选择有关,但质心位置不依赖于坐标系的选择。

对于一个大的连续质量分布物体,可认为物体是由许多质点(或叫质元)组成的质点系,以 dm 表示其中任一质元的质量,以 r 表示其位矢,则大物体的质心位置可用积分法求得,即

$$r_C = \frac{\int r \, dm}{\int dm} = \frac{\int r \, dm}{m}$$ (3-14)

对应于直角坐标系中的三个坐标分量式为

$$x_C = \int \frac{x \, dm}{m}$$

$$y_C = \int \frac{y \, dm}{m}$$ (3-15)

$$z_C = \int \frac{z \, dm}{m}$$

利用式(3-14)或式(3-15),即可求出均匀的直棒、圆环、圆盘和球体等规则形状的物体的质心;对质量均匀分布的物体,质心就是在其几何对称中心上。

3. 质心与重心的区别

力学上,还常应用到重心的概念。**重心**是一个物体各部分所受重力的合力作用点。由于地球半径很大,对地球表面或附近不太大的物体,其各部分所受重力可看作平行力系,此平行力系的中心为一个点,即为重心,且与物体所在空间位置和如何放置无关,则可认为其重心位置与质心重合。

物体的重心有可能位于物体之外。若物体的质量均匀分布,则质心和重心均在其几何中心(形心);对平面物体,用传统的作图法可求出其重心位置。

如果物体所处的位置不存在重力场(如外太空),则物体也就无所谓重心了,但由于质量守恒,因此,质心仍然存在。

物体的内力不能改变重心的运动,重心的运动就像一个质量与该物体相同的质点(质量集中在质心上)受到全部外力的合力的作用。重力是不可能相对于重心形成力矩的。

【**例 3-8**】 **地月质心**。已知地球质量 $m_E = 5.98 \times 10^{24}$ kg,月球质量 $m_M = 7.35 \times 10^{22}$ kg,它们的中心距离 $l = 3.84 \times 10^5$ km,如图 3-13 所示,求地-月系统的质心位置。

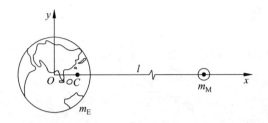

图 3-13 例 3-8 用图

解 把地球和月球都看做均匀球体,则它们的质心位于各自的球心处。这样就可以把地-月系统看做地球与月球质量分别集中在各自的球心的两个质点。选择地球中心为原点,x 轴沿着地球中心与月球中心的连线,由式(3-13)的 x_C 表达式,则系统的质心坐标为

$$x_C = \frac{m_E \cdot 0 + m_M \cdot l}{m_E + m_M} = \frac{m_M \cdot l}{m_E + m_M} \approx \frac{m_M}{m_E} l$$

$$= \frac{7.35 \times 10^{22}}{5.98 \times 10^{24}} \times 3.84 \times 10^5 \text{ km} = 4.72 \times 10^3 \text{ km}$$

这就是地-月系统的质心到地球中心的距离。这一距离约为地球半径(6.37×10^3 km)的 70%,约为地球到月球距离的 1.2%。

【例 3-9】 半圆质心。一段均匀铁丝弯成半圆形,其半径为 R,求此半圆形铁丝的质心。

解 根据半圆形的对称性,选取原点为圆心,建立如图 3-14 所示的 xOy 直角坐标系,则质心的坐标值 $x_C = 0$,y_C 应在 y 轴上。在半圆形铁丝上任取一弧的长度元 ds,对应的质量元 dm 为

$$dm = \rho_l dl$$

式中,ρ_l 为铁丝的线密度(即单位长度铁丝的质量)。根据式(3-15),则有

$$y_C = \frac{\int y \rho_l dl}{m}$$

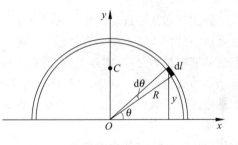

图 3-14 例 3-9 用图

由于 $y = R\sin\theta$,$ds = Rd\theta$,所以

$$y_C = \frac{\int_0^\pi R\sin\theta \cdot \rho_l \cdot Rd\theta}{m} = \frac{2\rho_l R^2}{m}$$

铁丝的质量为

$$m = \rho_l \pi R$$

代入上式,可得

$$y_C = \frac{2}{\pi} R$$

即质心在 y 轴上离圆心 $2R/\pi$ 处。可见,这一弯曲半圆形铁丝的质心并不在铁丝上,但它相对于铁丝的位置是确定的。

讨论 利用本例结论求匀质半圆薄板的质心$\left(答案:y_c = \dfrac{4R}{3\pi}\right)$。

3.5　质心运动定理

将式(3-12)两边对时间 t 求导,可得出质心运动的速度为

$$v_C = \frac{\mathrm{d}\boldsymbol{r}_C}{\mathrm{d}t} = \frac{\sum_i m_i \dfrac{\mathrm{d}\boldsymbol{r}_i}{\mathrm{d}t}}{m} = \frac{\sum_i m_i \boldsymbol{v}_i}{m} \tag{3-16}$$

由此可得

$$m\,\boldsymbol{v}_C = \sum_i m_i \boldsymbol{v}_i$$

上式等号右边就是质点系的总动量 $\boldsymbol{p}$,所以有

$$\boldsymbol{p} = m\boldsymbol{v}_C \tag{3-17}$$

即系统内各质点的动量的矢量和 $\boldsymbol{p}$ 等于系统质量与系统质心的运动速度的乘积,此乘积也称为质心的动量。由式(3-17)可得

$$\frac{\mathrm{d}\boldsymbol{p}}{\mathrm{d}t} = m\frac{\mathrm{d}\boldsymbol{v}_C}{\mathrm{d}t} = m\boldsymbol{a}_C$$

式中, $\boldsymbol{a}_C$ 是系统质心运动的加速度。由式(3-8)又可得,一个质点系的质心的运动和该质点系所受的合外力 $\boldsymbol{F}$ 的关系为

$$\boldsymbol{F} = \frac{\mathrm{d}\boldsymbol{p}}{\mathrm{d}t} = m\boldsymbol{a}_C \tag{3-18}$$

这一公式叫做**质心运动定理**。它反映了该质点系整体运动的特征。式(3-18)表明,一个质点系质心的行为犹如整个质量集中于质心的一个质点的运动,而此质点所受的力是质点系所受的所有外力之和(实际上,在质心位置处可能既无质量,又未受力)。内力不影响质心的运动。由此也可得出结论,动量守恒的系统,其质心作惯性运动。对于一切实际物体,质心运动定理可看成牛顿第二定律的更合理表述。它是描述质点系整体运动的动力学定律。

质心运动定理表明了"质心"这一概念的重要性。这一定理告诉我们,一个质点系内各个质点由于内力和外力的作用,它们的运动情况可能很复杂。但相对于此质点系有一个特殊的点,即质心,它的运动可能相当简单,只由质点系所受的合外力决定。例如,一颗手榴弹可以看做一个质点系。投掷手榴弹时,将看到它一面翻转,一面前进,其中各点的运动情况相当复杂。但由于它受的外力只有重力(忽略空气阻力的作用),它的质心在空中的运动却和一个质点被抛出后的运动一样,其轨迹是一个抛物线。又如,高台跳水运动员离开跳台后,其身体可以作各种优美的翻滚伸缩动作,其合外力为重力,但是其质心运动轨迹却只能沿着一条抛物线运动,如图 3-15 所示。

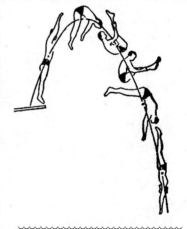

此外,当质点系所受的合外力为零时,该质点系的总动量保持不变。由式(3-18)可知,该质点系的质心的速度也将保持不变。因此,系统的**动量守恒定律**也可以这样表述:当一质点系所受的合外力等于零时,其质心速度保

图 3-15　跳水运动员的运动

持不变。

需要指出的是,在这以前,我们常常用"物体"一词来代替"质点"。在某些问题中,应用质心运动定理,可以把体积较大的物体当成质点处理,但我们还是用了牛顿运动定律来分析研究它们的运动。严格地说,我们是对物体用了式(3-18)那样的质心运动定理,而所分析的运动实际上是物体的质心的运动。在物体作平动的条件下,因为物体中各质点的运动相同,所以,完全可以用质心的运动来代表整个物体的运动而加以研究,用于求解其平动问题。

【例 3-10】 人走船动。一质量 $m_1 = 50$ kg 的人站在一条质量 $m_2 = 200$ kg,长度 $l = 4$ m 的船头上。开始时船静止,求当人走到船尾时船移动的距离。(假定水的阻力不计。)

解 对人和船这一系统,在水平方向上不受外力,因而在水平方向的质心速度不变。又因为原来质心静止,所以在人走动过程中质心始终静止,即质心的坐标值不变。建立如图 3-16 所示的坐标系,图中,C_b 表示船本身的质心,即它的中点。当人站在船的左端时,系统的质心坐标为

$$x_C = \frac{m_1 x_1 + m_2 x_2}{m_1 + m_2}$$

当人走到船的右端时,船的质心如图中 C_b' 所示,船向左移动的距离为 d。这时系统的质心为

$$x_C' = \frac{m_1 x_1' + m_2 x_2'}{m_1 + m_2}$$

由 $x_C = x_C'$ 可得

$$m_1 x_1 + m_2 x_2 = m_1 x_1' + m_2 x_2'$$

即

$$m_2(x_2 - x_2') = m_1(x_1' - x_1)$$

由图 3-16 可知

$$x_2 - x_2' = d, \quad x_1' - x_1 = l - d$$

代入上式,可解得船移动的距离为

$$d = \frac{m_1}{m_1 + m_2} l = \frac{50}{50 + 200} \times 4 \text{ m} = 0.8 \text{ m}$$

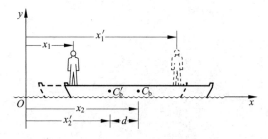

图 3-16 例 3-10 用图

讨论 把坐标原点设在船头,求解更方便。本题也可以采用动量守恒定理求解。以人 m_1、船 m_2 为系统,由于水的阻力不计,则在水平方向上系统动量守恒。设人和船分别对地面的速率为 v_1 和 v_2,有

$$m_1 v_1 + m_2 v_2 = 0$$

则人相对于船的速率为

$$u = v_1 - v_2 = (m_1 + m_2) v_1 / m_2$$

设人在时间 t 内从船头走到船尾,则有

$$l = \int_0^t u \, dt = \int_0^t \frac{m_1 + m_2}{m_2} v_1 \, dt = \frac{m_1 + m_2}{m_2} \int_0^t v_1 \, dt$$

在这段时间内人相对于地面的位移为

$$x_1 = \int_0^t v_1 \mathrm{d}t = \frac{m_2}{m_1 + m_2}l$$

小船相对于地面的位移为

$$x_2 = -l + x_1 = -\frac{m_1}{m_1 + m_2}l = -\frac{50}{50 + 200} \times 4 \text{ m} = -0.8 \text{ m}$$

则船移动的距离为 $d = 0.8$ m。

【**例 3-11**】　**空中炸裂**。一枚炮弹发射的初速度为 v_0，发射角为 θ，在它飞行的最高点炸裂成质量均为 m 的两部分。一部分在炸裂后竖直下落，另一部分则继续向前飞行。求这两部分的着地点以及质心的着地点。（忽略空气阻力。）

　　解　以起始点为原点,建立 xOy 直角坐标系,如图 3-17 所示。如果炮弹没有炸裂,则它的着地点的横坐标就必然等于它的射程,即

$$x_C = \frac{v_0^2 \sin 2\theta}{g}$$

最高点的 x 坐标为 $x_C/2$。由于第一部分在最高点竖直下落,所以着地点应为

$$x_1 = \frac{v_0^2 \sin 2\theta}{2g}$$

炮弹炸裂时,内力使两部分分开,但因外力是重力,始终保持不变,所以质心的运动仍将和未炸裂的炮弹一样,它的着地点的横坐标仍是 x_C,即

$$x_C = \frac{v_0^2 \sin 2\theta}{g}$$

第二部分的着地点 x_2 又可根据质心的定义,由同一时刻第一部分和质心的坐标求出。由于第二部分与第一部分同时着地,所以着地时,

$$x_C = \frac{mx_1 + mx_2}{2m} = \frac{x_1 + x_2}{2}$$

由此得

$$x_2 = 2x_C - x_1 = \frac{3}{2} \frac{v_0^2 \sin 2\theta}{g}$$

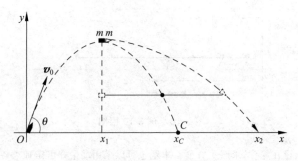

图 3-17　例 3-11 用图

【**例 3-12**】　**拉纸球动**。如图 3-18 所示,水平桌面上铺一张纸,纸上放一个均匀球,球的质量为 $m = 0.5$ kg。将纸向右拉时会有 $f = 0.1$ N 的摩擦力作用在球上。求该球的球心加速度 a_C 以及在从静止开始的 2 s 内,球心相对桌面移动的距离 s_C。

　　解　当拉动纸时,球体除平动外还会转动。它的运动比一个质点的运动复杂。但它的质心的运动比较简单,可以用质心运动定理求解。均匀球体的质心就是它的球心。把整个球体看做一个系统,它在水平

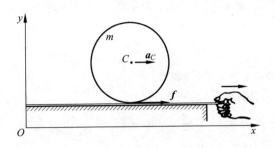

图 3-18　例 3-12 用图

方向只受到一个外力,即摩擦力 f。建立如图 3-18 所示的坐标系,对球用质心运动定理,可得水平方向的分量式为

$$f = ma_C$$

解得球心的加速度为

$$a_C = \frac{f}{m} = \frac{0.1}{0.5} \text{ m/s}^2 = 0.2 \text{ m/s}^2$$

从静止开始 2 s 内球心运动的距离为

$$s_C = \frac{1}{2}a_C t^2 = \frac{1}{2} \times 0.2 \times 2^2 \text{ m} = 0.4 \text{ m}$$

注意,本题中摩擦力的方向和球心位移的方向都和拉纸的方向相同,读者可自己通过实验证实这一点。

【例 3-13】　直九型直升机的每片旋翼长 5.97 m。若按宽度相同,厚度均匀的薄片计算,旋翼以 400 r/min 的转速旋转时,其根部受的拉力为其所受重力的几倍?

解　由于旋翼宽度相同,厚度均匀,所以其质心应在旋翼中心处,即距旋轴 $L/2$ 处,如图 3-19 所示,因此,其质心的加速度为 $a_C = \omega^2 L/2$。由质心运动定理可得,旋轴处的旋翼根部对旋翼的拉力大小为

$$F = ma_C = m\omega^2 L/2$$

此力为翼片所受重力的倍数为

$$\frac{F}{mg} = \frac{\omega^2 L}{2g}$$

将 $\omega = 400$ r/min $= 2\pi \times 400/60 = 41.9$ rad/s,$L = 5.97$ m,$g = 9.8$ m/s^2 代入,可得

$$F/mg = 534$$

【例 3-14】　质量分别为 m_1 和 m_2,速度分别为 $\boldsymbol{v}_1$ 和 $\boldsymbol{v}_2$ 的两质点碰撞后合为一体。求碰撞后二者的共同速度 $\boldsymbol{v}$。在质心参考系中观察,二者的运动如何?

解　这里采用质心的概念和质心运动定理求解。如图 3-20 所示,由式(3-16)可得,两质点碰撞前的质心速度为

$$\boldsymbol{v}_C = \frac{m_1\boldsymbol{v}_1 + m_2\boldsymbol{v}_2}{m_1 + m_2}$$

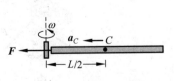

图 3-19　例 3-13 用图

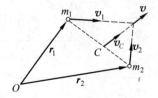

图 3-20　例 3-14 用图

由于碰撞时无外力作用,此质心速度应保持不变。碰撞后二者合为一体,其质心速度也就是二者的共同速度 v,则有

$$v = v_C = \frac{m_1 v_1 + m_2 v_2}{m_1 + m_2}$$

这一结果和用动量守恒定律得出的结果完全相同。

在质心参考系中观察,碰撞前两质点的速度分别为

$$v_1' = v_1 - v_C = \frac{m_2}{m_1 + m_2}(v_1 - v_2) = \frac{m_2}{m_1 + m_2}\frac{\mathrm{d}}{\mathrm{d}t}(r_1 - r_2)$$

$$v_2' = v_2 - v_C = \frac{m_1}{m_1 + m_2}(v_2 - v_1) = \frac{m_1}{m_1 + m_2}\frac{\mathrm{d}}{\mathrm{d}t}(r_2 - r_1)$$

此结果说明,二者速度方向相反,且沿着二者的连线上运动。显然有

$$m_1 v_1' + m_2 v_2' = 0$$

碰撞后,二者合并到它们的质心上,在质心参考系中观察,其速度为零。这说明,质心参考系是零动量参考系。

3.6　质点的角动量和角动量定理

关于物体的圆周运动,可以上溯到纪元前人类对行星及其他天体运动的观察。在实用技术和生活中,圆周运动或转动的应用比比皆是,如各种机器中轮子的转动。圆周运动是物体绕一固定点的转动,称为**定点转动**,也是质点绕中心点的转动,如电子绕原子核的运动等。下面讨论定点转动的运动规律。

1. 力矩

在牛顿力学中,为了研究力对物体产生转动的作用效果,引入力矩的概念。**力矩**是相对于一个参考点定义的。力 F 对参考点 O 的力矩 M 定义为从参考点 O 到力的作用点 P 的径矢 r 与该力的矢量积,即

$$M = r \times F \tag{3-19}$$

由此定义可知,力矩是一个矢量。如图 3-21 所示,力矩的大小为

$$M = rF\sin\varphi = r_\perp F \tag{3-20}$$

式中,$r_\perp$ 称为力臂,是力的作用线与转轴间的垂直距离(即最短距离)。力矩的方向垂直于径矢 r 和力 F 所决定的平面,其指向由右手螺旋定则确定:伸开右手,让拇指与四指垂直,使右手四指从 r 跨越小于 π 的角度转向 F,这时拇指的指向就是 M 的方向。式(3-19)或式(3-20)说明,力矩可使物体作旋转运动(转动),物体的转动不仅与力的方向、大小有关,

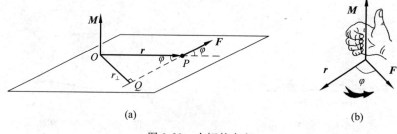

(a)　　　　　　　(b)

图 3-21　力矩的定义

还与力的作用点(参考点)位置有关。

在 SI 中,力矩的量纲为 ML^2T^{-2},单位名称是牛[顿]米,符号是 N·m。

2. 角动量

下面通过说明力矩的作用效果,引入另一个重要的物理量——角动量。角动量是在 18 世纪才在力学中定义和开始利用的,由于它服从守恒定律,后来成为力学中最基本和最重要的概念之一,在近代物理学中也得到了广泛应用。

在一惯性参考系中,设力作用在一个质量为 m 的质点上,此时质点的速度为 v。相对于某一固定点 O,根据力矩的定义式(3-19)和牛顿第二定律,应有

$$M = r \times F = r \times \frac{dp}{dt} = \frac{d}{dt}(r \times p) - \frac{dr}{dt} \times p$$

由于 $v = \dfrac{dr}{dt}$,$p = mv$,则上式中最后一项为 0,由此得

$$M = \frac{d}{dt}(r \times p) \tag{3-21}$$

令 $L = r \times p$ 为质点相对于固定点 O 的角动量,即

$$L = r \times p = r \times mv \tag{3-22}$$

角动量也称动量矩,是一个描述物体转动状态的物理量。角动量也是矢量,其方向垂直于 r 和 p 所决定的平面,指向由右手螺旋定则确定:使右手四指从 r 跨越小于 π 的角度转向 p,这时拇指的指向就是 L 的方向,与角速度的方向相同。由此可见,角动量还取决于位矢,也就取决于固定点位置的选择。因此,说明一个质点的角动量时,必须指明是对哪一个固定点而言的。

引入了角动量的概念后,式(3-21)还可以这样表示

$$M = \frac{dL}{dt} = \frac{d(r \times p)}{dt} = r \times \frac{dp}{dt} + \frac{dr}{dt} \times p = r \times \frac{dp}{dt} = r \times F$$

角动量的定义式(3-22)可用图 3-22 表示。质点 m 对 O 点的角动量的大小为

$$L = rp\sin\alpha = mvr\sin\alpha \tag{3-23}$$

一个质量为 m 的质点作半径为 r 的匀速圆周运动,其动量 $p = mv$,它对圆心 O 的角动量的大小为

$$L = mrv$$

方向如图 3-23 所示。

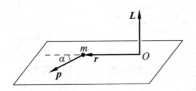

图 3-22 质点的角动量

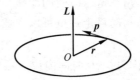

图 3-23 圆周运动对圆心的角动量

在 SI 中,角动量的量纲为 ML^2T^{-1},单位符号是 kg·m²/s,读作千克二次方米每秒,也可写作 J·s。

【例 3-15】 地球的角动量。地球绕太阳的运动可以近似地看作匀速圆周运动,求地球对太阳中心的角动量。

解 已知从太阳中心到地球的距离 $r=1.5\times10^{11}$ m,地球的公转速度 $v=3.0\times10^4$ m/s,而地球的质量为 $m=6.0\times10^{24}$ kg。代入式(3-23),即可得地球对于太阳中心的角动量的大小为

$$L = mrv\sin\alpha = 6.0\times10^{24}\times1.5\times10^{11}\times3.0\times10^4\times\sin\frac{\pi}{2}\ \text{kg}\cdot\text{m}^2/\text{s}$$

$$= 2.7\times10^{40}\ \text{kg}\cdot\text{m}^2/\text{s}$$

角动量不仅是经典力学的重要概念,在近代物理中也用来描述微观粒子的转动状态,如粒子本身的自旋角动量、电子绕原子核运动的轨道角动量等,这些角动量仅具有一定的不连续的量值,称为角动量的量子化。描述这种系统的性质,其角动量起着主要的作用。

【例 3-16】 电子的角动量。根据玻尔假设,氢原子内电子绕核运动的角动量只可能是 $\dfrac{h}{2\pi}$ 的整数倍,其中 h 是普朗克常量,它的大小为 6.63×10^{-34} kg·m²/s。已知电子圆形轨道的最小半径为 $r=0.529\times10^{-10}$ m,求在此轨道上电子运动的频率 v。

解 由于是最小半径,所以有

$$L = mrv = 2\pi mr^2\nu = \frac{h}{2\pi}$$

于是

$$\nu = \frac{h}{4\pi^2 mr^2} = \frac{6.63\times10^{-34}}{4\pi^2\times9.1\times10^{-31}\times(0.529\times10^{-10})^2}\ \text{Hz} = 6.59\times10^{15}\ \text{Hz}$$

角动量只能取某些离散的值,这种现象叫**角动量的量子化**。它是原子系统的基本特征之一。根据量子理论,原子中的电子绕核运动的角动量 L 由下列表达式给出,即

$$L^2 = \hbar^2 l(l+1)$$

式中, $\hbar=\dfrac{h}{2\pi}$ 称为约化普朗克常量, l 为轨道量子数,取值为 $0,1,2,\cdots$。本题中玻尔关于角动量的假设还不是量子力学的正确结果。

3. 角动量定理

根据式(3-22),可把式(3-21)改写成

$$\boldsymbol{M} = \frac{\mathrm{d}\boldsymbol{L}}{\mathrm{d}t} \tag{3-24}$$

上式表示质点所受的合外力矩等于它的角动量对时间的变化率(力矩和角动量都是对于惯性系中同一固定点说的),这一结论称为**质点的角动量定理**。角动量定理也称为**动量矩定理**。它说明物体在外力作用下转动状态发生变化的效果,即力矩使物体的角动量发生改变,等于物体的角动量对时间的变化率。

质点的角动量定理也可以写成微分形式,即

$$\boldsymbol{M}\mathrm{d}t = \mathrm{d}\boldsymbol{L}$$

式中, $\boldsymbol{M}\mathrm{d}t$ 称为在 $\mathrm{d}t$ 时间内质点所受合外力的**冲量矩**。角动量定理的积分形式为

$$\int_{t_1}^{t_2} \boldsymbol{M}\mathrm{d}t = \boldsymbol{L}_2 - \boldsymbol{L}_1 = \Delta\boldsymbol{L}$$

左侧积分表示在 t_1 到 t_2 这段时间内合外力的冲量矩,以 $\boldsymbol{G}$ 表示此冲量矩,即

$$\boldsymbol{G} = \boldsymbol{L}_2 - \boldsymbol{L}_1$$

上述三式与式(3-1)、式(3-2)、式(3-3)具有类似的形式。二者类比,后者趣称为"头长角,尾添矩"。

推广到质点系,**质点系的角动量定理**表述为,质点系绕固定点(或固定轴)的角动量在一段时间内的增量,等于作用于质点系的外力对该点(或该轴)在同一时间内的总冲量矩,而与内力的冲量矩无关(各质点所受的各内力矩的矢量和为零)。这里的 M 只包括外力的力矩,内力矩会影响质点系内某质点的角动量,但对质点系的总角动量并无影响。角动量定理与动量定理一样,也只适用于惯性系。

3.7 质点的角动量守恒定律

根据式(3-24),如果 $M=0$,则 $dL/dt=0$,因而

$$L = C(常矢量) \quad (M = 0) \tag{3-25}$$

这就是说,对于某一固定点,如果质点不受外力矩作用或所受的合外力矩为零,则此质点对该固定点的角动量(角动量矢量)保持不变。这一结论叫做**角动量守恒定律**,也称为**动量矩守恒定律**。

角动量守恒定律和动量守恒定律一样,也是自然界的一条最基本的定律,并且在更广泛情况下,它也不依赖牛顿运动定律。

若质点所受外力矩之和不为零,但在某一方向上的分量之和为零时,总角动量在该方向的分量也保持不变。必须注意的是,由于力矩 $M=r\times F$,所以这种情况既可能是质点所受的外力为零,也可能是外力并不为零,但是,在任意时刻外力总是与质点对于固定点的径矢平行或反平行。下面分别就这两种情况举例说明。

【例 3-17】 直线运动的角动量。 证明:一个质点运动时,如果不受外力作用,则它对于任一固定点的角动量矢量保持不变。

证明 根据牛顿第一定律,质点不受外力作用时,它将作匀速直线运动。以 v 表示这一速度,以 m 表示质点的质量,则质点的线动量为 mv。如图 3-24 所示,以 SS' 表示质点运动的直线轨迹,质点运动经过任一点 P 时,它对于任一固定点 O 的角动量为

$$L = r \times mv$$

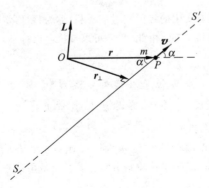

图 3-24 例 3-17 用图

这一矢量的方向垂直于 r 和 v 所决定的平面,也就是固定点 O 与直线轨迹 SS' 所决定的平面。质点沿 SS' 直线运动时,它对于 O 点的角动量在任一时刻总垂直于这同一平面,所以它的角动量的方向不变。这

一角动量的大小为

$$L = rmv\sin\alpha = r_\perp \, mv$$

其中，$r_\perp$ 是从固定点到轨迹直线 SS' 的垂直距离；它只有一个长度值，与质点在运动中的具体位置无关。因此，不管质点运动到何处，角动量的大小也是不变的。

角动量的方向和大小都保持不变，也就是角动量矢量保持不变。

【例 3-18】　开普勒第二定律。证明关于行星运动的开普勒第二定律：行星对太阳的径矢在相等的时间内扫过相等的面积。

解　行星是在太阳的引力作用下沿着椭圆轨道运动的。由于引力的方向在任何时刻总与行星对于太阳的径矢方向反平行，所以行星受到的引力对太阳的力矩等于零。因此，行星在运动过程中，对太阳的角动量将保持不变。我们来看这个不变意味着什么。

首先，由于角动量 L 的方向不变，表明 r 和 v 所决定的平面的方位不变。这就是说，行星总在一个平面内运动，其轨道是一个平面轨道（图 3-25），而 L 就垂直于此平面。

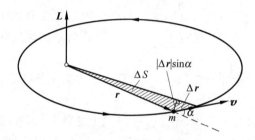

图 3-25　例 3-18 用图

其次，行星对太阳的角动量的大小为

$$L = mrv\sin\alpha = mr\left|\frac{\mathrm{d}r}{\mathrm{d}t}\right|\sin\alpha = m\lim_{\Delta t\to 0}\frac{r\,|\,\Delta r\,|\,\sin\alpha}{\Delta t}$$

由图 3-25 可知，乘积项 $r\,|\,\Delta r\,|\sin\alpha$ 等于阴影三角形的面积（忽略其中的小角面积）的两倍，以 ΔS 表示这一面积，就有

$$r\,|\,\Delta r\,|\,\sin\alpha = 2\Delta S$$

将此式代入上式，可得

$$L = 2m\lim_{\Delta t\to 0}\frac{\Delta S}{\Delta t} = 2m\frac{\mathrm{d}S}{\mathrm{d}t}$$

此处 $\mathrm{d}S/\mathrm{d}t$ 为在单位时间内行星对太阳的径矢扫过的面积，称为行星运动的**掠面速度**。行星运动的角动量守恒又意味着这一掠面速度保持不变。由此，我们可以直接得出行星对太阳的径矢在相等的时间内扫过相等的面积的结论。

【例 3-19】　α 粒子散射。一 α 粒子在远处以速度 v_0 射向一重原子核，瞄准距离（重原子核到 v_0 直线的距离）为 b（图 3-26）。重原子核所带电量为 Ze。求 α 粒子被散射的角度（即它离开重原子核时的速度 v' 的方向偏离 v_0 的角度）。

解　由于重原子核的质量比 α 粒子的质量 m 大得多，所以可以认为重原子核在整个过程中静止。以原子核所在处为原点，可设如图 3-26 的坐标进行分析。在整个散射过程中，α 粒子受到核的库仑力的作用，力的大小为

$$F = \frac{kZe \cdot 2e}{r^2} = \frac{2kZe^2}{r^2}$$

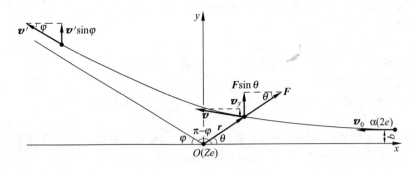

图 3-26　例 3-19 用图

由于此力总沿着 α 粒子的位矢 r 作用，所以此力对原点的力矩为零。于是 α 粒子对原点的角动量守恒。

α 粒子在入射时的角动量为 mbv_0，在其后任一时刻的角动量为 $mr^2\omega = mr^2\dfrac{\mathrm{d}\theta}{\mathrm{d}t}$。角动量守恒给出

$$mr^2\frac{\mathrm{d}\theta}{\mathrm{d}t} = mv_0 b$$

为了得到另一个 θ 随时间改变的关系式，沿 y 方向对 α 粒子应用牛顿第二定律，于是有

$$m\frac{\mathrm{d}v_y}{\mathrm{d}t} = F_y = F\sin\theta = \frac{2kZe^2}{r^2}\sin\theta$$

在以上两式中消去 r^2，得

$$\frac{\mathrm{d}v_y}{\mathrm{d}t} = \frac{2kZe^2}{mv_0 b}\sin\theta\frac{\mathrm{d}\theta}{\mathrm{d}t}$$

对上式从 α 粒子从入射到离开这一过程进行积分；由于入射时 $v_y = 0$，离开时 $v_y' = v'\sin\varphi = v_0\sin\varphi$（α 粒子离开重核到远处时，速率恢复到 v_0），而且 $\theta = \pi - \varphi$，所以有

$$\int_0^{v_0\sin\varphi}\mathrm{d}v_y = \frac{2kZe^2}{mv_0 b}\int_0^{\pi-\varphi}\sin\theta\,\mathrm{d}\theta$$

积分可得

$$v_0\sin\varphi = \frac{2kZe^2}{mv_0 b}(1+\cos\varphi)$$

此式可进一步化成较简洁的形式，即

$$\cot\frac{1}{2}\varphi = \frac{mv_0^2 b}{2kZe^2}$$

1911 年卢瑟福就是利用此式对"卢瑟福 α 散射实验"的结果进行分析，从而建立了以他的名字命名的原子的核式结构模型。但这一模型存在诸多缺陷，如无法解释原子的稳定性和原子有一定的大小等。

思考题

3-1　小力作用在一个静止的物体上，只能使它产生小的速度吗？大力作用在一个静止的物体上，一定能使它产生大的速度吗？

3-2　一人躺在地上，身上压一块重石板，另一人用重锤猛击石板，但见石板碎裂，而下面的人毫无损伤。何故？

3-3　如图 3-27 所示，一重球的上下两面系同样的两根线，今用其中一根线将球吊起，而用手向下拉另一根线，如果向下猛一拖，则下面的线断而球未动。如果用力慢慢拉线，则上面的线断开，为什么？

3-4　汽车发动机内气体对活塞的推力以及各种传动部件之间的作用力能使汽车前进吗？使汽车前进的力是什么力？

3-5　我国东汉时学者王充在他所著《论衡》一书中记有："纍（ào）、育，古之多力者，身能负荷千钧，手能决角伸钩，使之自举，不能离地。"说的是古代大力士自己不能把自己举离地面。这个说法正确吗？为什么？

3-6　你自己身体的质心是固定在身体内某一点吗？你能把你的身体的质心移到身体外面吗？

3-7　天安门前放烟花时，一朵五彩缤纷的烟花的质心的运动轨迹如何？（忽略空气阻力与风力。）为什么在空中烟花总是以球形逐渐扩大？

3-8　人造地球卫星是沿着一个椭圆轨道运行的，地心 O 是这一轨道的一个焦点（图 3-28）。卫星经过近地点 P 和远地点 A 时的速率一样吗？它们和地心到 P 的距离 r_1 以及地心到 A 的距离 r_2 有什么关系？

3-9　一个 α 粒子飞过一金原子核而被散射，金核基本上未动（图 3-29）。在这一过程中，对金核中心来说，α 粒子的角动量是否守恒？为什么？α 粒子的动量是否守恒？

图 3-27　思考题 3-3 用图

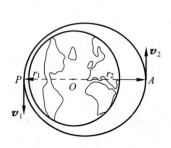

图 3-28　思考题 3-8 用图

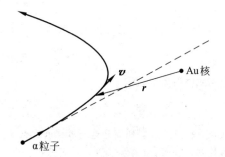

图 3-29　思考题 3-9 用图

习题

3-1　一小球在弹簧的作用下振动（图 3-30），弹力 $F=-kx$，而位移 $x=A\cos\omega t$，其中，k,A,ω 都是常量。求在 $t=0$ 到 $t=\pi/2\omega$ 的时间间隔内弹力施于小球的冲量。

3-2　一个质量 $m=50$ g，以速率 $v=20$ m/s 作匀速圆周运动的小球，在 1/4 周期内向心力加给它的冲量是多大？

图 3-30　习题 3-1 用图

3-3　一跳水练习者一次从 10 m 跳台上跳下时失控，以致肚皮平拍在水面上。如果她起跳时跃起的高度是 1.2 m，触水面后 0.80 s 末瞬时停止，她的身体受到的水的平均拍力多大？设她的体重是 420 N。

3-4　自动步枪连发时每分钟射出 120 发子弹，每发子弹的质量为 $m=7.90$ g，出口速率为 735 m/s。求射击时（以分钟计）枪托对肩部的平均压力。

3-5　水管有一段弯曲成 90°。已知管中水的流量为 3×10^3 kg/s，流速为 10 m/s。求水流对此弯管的压力的大小和方向。

3-6　一个原来静止的原子核，放射性衰变时放出一个动量为 $p_1=9.22\times10^{-21}$ kg·m/s 的电子，同时还在垂直于此电子运动的方向上放出一个动量为 $p_2=5.33\times10^{-21}$ kg·m/s 的中微子。求衰变后原子核的动量的大小和方向。

*3-7　运载火箭的最后一级以 $v_0 = 7\,600$ m/s 的速率飞行。这一级由一个质量为 $m_1 = 290.0$ kg 的火箭壳和一个质量为 $m_2 = 150.0$ kg 的仪器舱扣在一起。当扣松开后,二者间的压缩弹簧使二者分离,这时二者的相对速率为 $u = 910.0$ m/s。设所有速度都在同一直线上,求两部分分开后各自的速度。

3-8　两辆质量相同的汽车在十字路口垂直相撞,撞后二者扣在一起又沿直线滑动了 $s = 25$ m 才停下来。设滑动时地面与车轮之间的滑动摩擦系数为 $\mu_k = 0.80$。撞后两个司机都声明在撞车前自己的车速未超限制(14 m/s),他们的话都可信吗?

3-9　一空间探测器质量为 6 090 kg,正相对于太阳以 105 m/s 的速率向木星运动。当它的火箭发动机相对于它以 253 m/s 的速率向后喷出 80.0 kg 废气后,它对太阳的速率变为多少?

3-10　在太空静止的一单级火箭,点火后,其质量的减少与初质量之比为多大时,它喷出的废气将是静止的?

3-11　水分子的结构如图 3-31 所示。两个氢原子与氧原子的中心距离都是 0.095 8 nm,它们与氧原子中心的连线的夹角为 105°。求水分子的质心。

3-12　求半圆形均匀薄板的质心。

3-13　有一正立方体铜块,边长为 a。今在其下半部中央挖去一截面半径为 $a/4$ 的圆柱形洞(图 3-32)。求剩余铜块的质心位置。

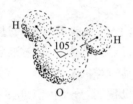

图 3-31　习题 3-11 用图

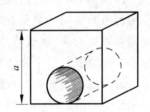

图 3-32　习题 3-13 用图

3-14　哈雷彗星绕太阳运动的轨道是一个椭圆。它离太阳最近的距离是 $r_1 = 8.75 \times 10^{10}$ m,此时它的速率是 $v_1 = 5.46 \times 10^4$ m/s。它离太阳最远时的速率是 $v_2 = 9.08 \times 10^2$ m/s,这时它离太阳的距离 r_2 是多少?

3-15　用绳系一小方块使之在光滑水平面上作圆周运动(图 3-33),圆半径为 r_0,速率为 v_0。今缓慢地拉下绳的另一端,使圆半径逐渐减小。求圆半径缩短至 r 时,小球的速率 v 是多大。

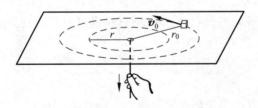

图 3-33　习题 3-15 用图

今日复今日,今日何其少;今日又不为,此事何时了。人生百年几今日,今日不为真可惜。若言姑待明朝至,明朝又有明朝事。为君聊赋今日诗,努力请从今日始。

——(明)文嘉《今日歌》

第**4**章

功 和 能

前 面两章研究力对物体运动的作用,如第 2 章讨论力的瞬时效应,第 3 章讲述力的时间累积效果(冲量、动量)。在很多实际情况中,物体受的力随它的位置而改变。分析这类运动时,通常考虑物体在空间位置发生变化的过程中,力对它的作用会产生什么效果。本章研究持续作用的力对空间的累积效应。

力的空间积累用力的功(机械功)来表示。做功的过程就是能量传递的过程,有时还同时伴随着能量形式的改变。一个物体具有做功的本领或能力,称为具有一定的能量,它反映了物质及其运动的属性。因此,功与能都是描述物体运动过程的基本量,二者是一对紧密相连的物理量。相应于物质运动的不同形式,**能量**可分为机械能、分子内能、电能、化学能和核能等。与机械运动相应的能量——机械能包括动能和势能,动能是由运动引起的能量,而势能是物体的一种潜在的能量。能量传递的多少就是做功的数值。能量是守恒的,表现为各种不同的形式,并能够相互转换。

本章将对上述这些概念进行复习并加以扩充,进一步讨论能量守恒定律。这些内容包括功的概念,保守力的功,势能(如弹性势能、引力势能等)、动能以及动能定理,功能原理和机械能守恒等。最后,本章还将综合动量和动能概念讨论碰撞的规律。能量概念的应用是一种很巧妙而简练地处理物理问题的方法,通过例题可有助于提高这方面的认识与能力。

4.1 功与功率

功是由"工作"一词发展而来的物理学概念。功有不同的定义范围,本章的"功"主要是指量度机械运动能量转换的基本物理量。

1. 功及其计算

质点在力 $\boldsymbol{F}$ 的作用下,发生一元位移(位移元)d$\boldsymbol{r}$ 时,如图 4-1 所示,力对质点做的功 dA 定义为力 $\boldsymbol{F}$ 和位移 d$\boldsymbol{r}$ 的标积(标量积,点积),即元功

$$\mathrm{d}A = \boldsymbol{F} \cdot \mathrm{d}\boldsymbol{r} = F \mid \mathrm{d}\boldsymbol{r} \mid \cos\varphi = F_\mathrm{t} \mid \mathrm{d}\boldsymbol{r} \mid \qquad (4\text{-}1)$$

式中,φ 是力 $\boldsymbol{F}$ 与元位移 d$\boldsymbol{r}$ 之间的夹角,而 $F_\mathrm{t} = F\cos\varphi$ 为力 $\boldsymbol{F}$ 在 d$\boldsymbol{r}$ 方向上的分量。

按式(4-1)定义的功是标量。它没有方向,但其大小有正负。当 $0 \leqslant \varphi < \pi/2$ 时,d$A > 0$,表示力对质点做正功;当 $\varphi = \pi/2$ 时,d$A = 0$,表示

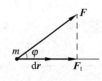

图 4-1 功的定义

力对质点不做功;当 $\pi/2 < \varphi \leqslant \pi, \mathrm{d}A < 0$,表示力对质点做负功,或物体克服该力做功。

在 SI 中,功的量纲是 ML^2T^{-2},它和能量的单位名称均为焦耳(焦,J)。

一般地说,质点沿曲线 L 运动,而且所受的力随质点的位置发生变化,如图 4-2 所示。在这种情况下,质点沿曲线所表示的路径 L 从 A 点到 B 点,力 $\boldsymbol{F}$ 对其做的功 A_{AB} 等于经过各元位移时力所做的功的总和,即

$$A_{AB} = \int_{(A)}^{(B)} \mathrm{d}A = \int_{(A)}^{(B)} \boldsymbol{F} \cdot \mathrm{d}\boldsymbol{r} \tag{4-2}$$

这一积分在数学上叫做力 $\boldsymbol{F}$ 沿路径 L 从 A 到 B 的线积分,为变力做功的一般形式。

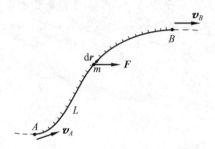

图 4-2 力沿一段曲线做的功

比较简单的情况是质点沿直线运动,受着与速度方向成 φ 角的恒力作用。这种情况下,式(4-2)给出

$$\begin{aligned} A_{AB} &= \int_{(A)}^{(B)} F \mid \mathrm{d}\boldsymbol{r} \mid \cos \varphi = F \int_{(A)}^{(B)} \mid \mathrm{d}\boldsymbol{r} \mid \cos \varphi \\ &= F s_{AB} \cos \varphi \end{aligned} \tag{4-3}$$

式中,s_{AB} 是质点从 A 到 B 经过的位移的大小。式(4-3)的结论是中学物理中学过的公式。

在 xOy 直角坐标系中,若 $\boldsymbol{F} = F_x\boldsymbol{i} + F_y\boldsymbol{j} + F_z\boldsymbol{k}$,$\mathrm{d}\boldsymbol{r} = \mathrm{d}x\boldsymbol{i} + \mathrm{d}y\boldsymbol{j} + \mathrm{d}z\boldsymbol{k}$,由式(4-2),则有

$$A = \int (F_x \, \mathrm{d}x + F_y \mathrm{d}y + F_z \mathrm{d}z)$$

这是变力做功的另一数学表达式,与式(4-2)等同。由于力做功与路径有关,即力沿不同的路径所做的功是不同的。如果用纵坐标表示作用在物体上的力在位移方向上的分量,横坐标表示质点沿曲线运动的路程,则曲线与横坐标围成的几何面积等于力对物体所做的功。这是计算功的图示法。

在自然坐标系中,$\boldsymbol{F} = F_t\boldsymbol{e}_t + F_n\boldsymbol{e}_n$,$\mathrm{d}\boldsymbol{r} = \mathrm{d}r\boldsymbol{e}_t$,则

$$A = \int \boldsymbol{F} \cdot \mathrm{d}\boldsymbol{r} = \int F_t \mathrm{d}r$$

上式相当于式(4-1)的积分形式,即力对质点所做的功等于力的切线分量对路径的线积分。由于法线方向上的力与路径方向垂直,因而它始终不做功,如运动电荷在磁场中的洛伦兹力只改变运动电荷的方向,仅起能量传递作用。

【例 4-1】 推力做功。一超市营业员用 60 N 的力把地板上一箱饮料沿直线匀速地推动了 25 m,他的推力始终与地面保持 $30°$。求:(1)营业员推箱子做的功;(2)地板对箱子的摩擦力做的功。

解 (1)如图 4-3 所示,$F = 60$ N,$s = 25$ m,$\varphi = 30°$。由式(4-3)可得,

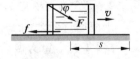

图 4-3 例 4-1 用图

营业员推箱子做的功为

$$A_F = Fs\cos\varphi = 60 \times 25 \times \cos 30° \text{ J} = 1.30 \times 10^3 \text{ J}$$

（2）箱子还受到地面摩擦力 f，它在水平方向上受的合力为 $\boldsymbol{F}_{\text{net}} = \boldsymbol{F} + \boldsymbol{f}$。由于箱子作匀速运动，所以 $\boldsymbol{F}_{\text{net}} = 0$，则此合力做的功为 0，即

$$A_{\text{net}} = \int \boldsymbol{F}_{\text{net}} \cdot \text{d}\boldsymbol{r} = \int \boldsymbol{F} \cdot \text{d}\boldsymbol{r} + \int \boldsymbol{f} \cdot \text{d}\boldsymbol{r} = A_F + A_f = 0$$

由此可得，摩擦力对箱子做的功为

$$A_f = -A_F = -1.30 \times 10^3 \text{ J}$$

【例 4-2】　摩擦力做功。 在水平雪地上，马拉爬犁并沿一弯曲道路行走，如图 4-4 所示。爬犁总质量为 3 t，它和地面的滑动摩擦因数为 $\mu_k = 0.12$。求马拉爬犁行走 2 km 的过程中，路面摩擦力对爬犁做的功。

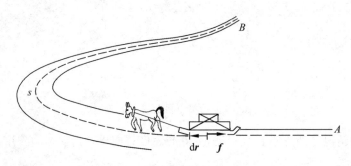

图 4-4　马拉爬犁在雪地上行进

解　这是一个物体沿曲线运动但力的大小不变的例子。爬犁在水平雪地上移动任一元位移 $\text{d}\boldsymbol{r}$ 的过程中，它受的滑动摩擦力的大小为

$$f = \mu_k N = \mu_k mg$$

由于滑动摩擦力的方向总与位移 $\text{d}\boldsymbol{r}$ 的方向相反（图 4-4），所以相应的元功表示为

$$\text{d}A = \boldsymbol{f} \cdot \text{d}\boldsymbol{r} = -f|\text{d}\boldsymbol{r}|$$

以 $\text{d}s = |\text{d}\boldsymbol{r}|$ 表示元位移的大小，即相应的路程，则

$$\text{d}A = -f\text{d}s = -\mu_k mg\text{d}s$$

爬犁从 A 运动到 B 的过程中，摩擦力对其做的功为

$$A_{AB} = \int_{(A)}^{(B)} \boldsymbol{f} \cdot \text{d}\boldsymbol{r} = -\int_{(A)}^{(B)} \mu_k mg\text{d}s$$

$$= -\mu_k mg \int_{(A)}^{(B)} \text{d}s$$

上式中最后一积分为从 A 到 B 过程中爬犁实际经过的路程 s，所以

$$A_{AB} = -\mu_k mgs = -0.12 \times 3\,000 \times 9.81 \times 2\,000 \text{ J}$$

$$= -7.06 \times 10^6 \text{ J}$$

此结果中的负号表示滑动摩擦力对爬犁做负功。做功的大小和物体经过的路径形状（轨道）有关。如果爬犁是沿直线从 A 到 B 的，由于路程变短，因此滑动摩擦力做的功要比上面的值小。

2. 保守力与保守力的功

下面通过两个例子引入保守力，介绍保守力及其做功的特点。

【例 4-3】　重力做功。 质量为 m 的滑雪运动员，沿滑雪道从 A 点滑行到 B 点的过程中，重力对他做了多少功？

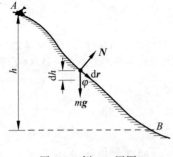

图 4-5 例 4-3 用图

解 由式(4-2)可得,运动员从高处往下滑行过程中,重力对其做的功为

$$A_g = \int_{(A)}^{(B)} m\boldsymbol{g} \cdot \mathrm{d}\boldsymbol{r}$$

由图 4-5 可知

$$\boldsymbol{g} \cdot \mathrm{d}\boldsymbol{r} = g \mid \mathrm{d}\boldsymbol{r} \mid \cos \varphi = - g\mathrm{d}h$$

其中,$\mathrm{d}h$ 为与 $\mathrm{d}\boldsymbol{r}$ 对应的运动员下滑降低的高度。以 h_A 和 h_B 分别表示运动员起始和终了的高度(以滑雪道底为参考零高度),则重力做的功为

$$A_g = \int_{(A)}^{(B)} mg \mid \mathrm{d}\boldsymbol{r} \mid \cos \varphi = -m\int_{(A)}^{(B)} gh = mgh_A - mgh_B \tag{4-4}$$

此式表示重力的功只与运动员下滑过程的始末位置(以高度表示)有关,而与下滑过程经过的具体路径形状无关。

【例 4-4】 弹力做功。一劲度系数为 k 的弹簧水平放置,其一端固定,另一端系一小球,如图 4-6 所示。当弹簧的伸长量从 x_A 变化到 x_B 的过程中,求弹力对小球做的功。

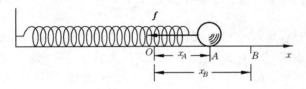

图 4-6 例 4-4 用图

解 这是一个路径为直线而力随位置改变的例子。取 x 轴与小球运动的直线平行,而原点对应于小球的平衡位置,则小球在任一位置 x 时,弹力表示为

$$f_x = - kx$$

小球的位置由 A 运动到 B 的过程中,弹力做的功为

$$A_{\mathrm{ela}} = \int_{(A)}^{(B)} \boldsymbol{f} \cdot \mathrm{d}\boldsymbol{r} = \int_{x_A}^{x_B} f_x \, \mathrm{d}x = \int_{x_A}^{x_B} (- kx) \mathrm{d}x$$

计算此积分,可得

$$A_{\mathrm{ela}} = \frac{1}{2} k x_A^2 - \frac{1}{2} k x_B^2 \tag{4-5}$$

这一结果说明,如果 $x_B > x_A$,即弹簧伸长时,弹力对小球做负功;如果 $x_B < x_A$,即弹簧缩短时,弹力对小球做正功。这与式(4-1)对功进行定义时的说明是相同的。

值得注意的是,例 4-3 和例 4-4 说明了重力做的功和弹力做的功都只决定于做功过程系统的始末位置或形状(如弹簧以伸长量表示),而与过程的具体路径或形式(如弹簧伸长的中间过程)无关。这种做功与作用点所经具体路径无关,只决定于系统作用点的始末位置的力称为**保守力**。后面还将学习到,万有引力、弹簧的弹力以及静电力等都是保守力。例 4-2 说明摩擦力做的功与路径直接有关,所以摩擦力不是保守力,或者说它是非保守力。

保守力还有另一个等价定义:如果力作用在物体上,当物体沿闭合路径移动一周时,力做的功为零,这样的力就称为**保守力**。这可证明如下。

如图 4-7 所示,力沿任意闭合路径 A_{abcda} 做的功为

$$A_{abcda} = A_{abc} + A_{cda}$$

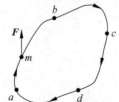

图 4-7 保守力沿闭合路径做功

因为对同一力 $\boldsymbol{F}$，当位移方向相反时，该力做的功应改变符号，所以 $A_{cda} = -A_{adc}$，则有

$$A_{abcda} = A_{abc} - A_{adc}$$

如果 $A_{abcda} = 0$，则 $A_{abc} = A_{adc}$。这一结果说明，物体由 A 点到 B 点沿任意两条不同路径做的功都相等。这符合前述定义，所以图中的这一作用力 $\boldsymbol{F}$ 是保守力。作用力 $\boldsymbol{F}$ 做的功也可表示为沿闭合路径 A_{abcda}（记为 L）的线积分，即

$$A = \oint_L \boldsymbol{F} \cdot \mathrm{d}\boldsymbol{r} = 0$$

3. 功率

功率是反映做功快慢程度的物理量，通常用单位时间内所做的功或消耗的功来表示，即

$$P = \frac{\mathrm{d}A}{\mathrm{d}t}$$

功率是标量。对平动问题，力 $\boldsymbol{F}$ 做功提供的功率为 $P = \dfrac{\mathrm{d}A}{\mathrm{d}t} = \boldsymbol{F} \cdot \boldsymbol{v}$；对转动问题，力矩 $\boldsymbol{M}$ 做功提供的功率为 $P = \dfrac{\mathrm{d}A}{\mathrm{d}t} = \boldsymbol{M} \cdot \boldsymbol{\omega}$。

在 SI 中，功率的单位名称为瓦特（瓦，W），$1\ \mathrm{W} = 1\ \mathrm{J} \cdot \mathrm{s}^{-1}$。功率以前还用马力为单位，为非国际单位制单位，现已废除。米制 1 马力（ch，cv，ps，匹）$\approx 735.5\ \mathrm{W}$，英制 1 马力（hp，匹）$\approx 745.7\ \mathrm{W}$。

顺便指出，电子设备的功耗，指的是功率的损耗，一般指设备使用中转变为热能的功率。在电工技术中，电功常用 VIt（V 为电压，I 为电流，t 为通电时间）表示，功率还有组合单位，电能的 1 度 $= 1\ \mathrm{kW} \cdot \mathrm{h}$（千瓦·时）$= 3.6 \times 10^6\ \mathrm{J}$。此外，无功功率和视在功率用 VA（伏安）做单位，$1\ \mathrm{VA} = 1\ \mathrm{W}$。它们都是非国际单位制计量单位。

4.2 动能定理

下面讨论外力对质点所做的功。物体由于做机械运动而具有的能量称为**动能**。功与运动状态变化之间的关系就是质点的**动能定理**。动能定理描述了物体动能的变化与力做功的关系。一个质点所受的力都是外力，而对于质点系，每个质点所受的力还要考虑质点间的相互作用，由此进一步把质点的动能定理推广到质点系受力与做功的关系。

1. 质点的动能　动能定理

将牛顿第二定律表达式代入功的定义式（4-1），可得

$$\mathrm{d}A = \boldsymbol{F} \cdot \mathrm{d}\boldsymbol{r} = F_t \,|\mathrm{d}\boldsymbol{r}| = m a_t \,|\mathrm{d}\boldsymbol{r}|$$

由于

$$a_t = \frac{\mathrm{d}v}{\mathrm{d}t}, \quad |\,\mathrm{d}\boldsymbol{r}\,| = v\mathrm{d}t$$

所以

$$\mathrm{d}A = mv\mathrm{d}v = \mathrm{d}\left(\frac{1}{2}mv^2\right) \tag{4-6}$$

令

$$E_k = \frac{1}{2}mv^2 = \frac{p^2}{2m} \tag{4-7}$$

则式（4-7）称为质点在速度为 v 时的**动能**。动能的量纲为 $\mathrm{ML}^2\mathrm{T}^{-2}$，单位为 J。在一般条件下，式（4-6）就是平动物体的动能表达式（微分形式），则

$$dA = dE_k \tag{4-8}$$

将式(4-6)和式(4-8)沿从 $A \sim B$ 的路径(参见图 4-2)积分,则有

$$\int_{(A)}^{(B)} dA = \int_{v_A}^{v_B} d\left(\frac{1}{2}mv^2\right)$$

可得

$$A_{AB} = \frac{1}{2}mv_B^2 - \frac{1}{2}mv_A^2 = E_{kB} - E_{kA} \tag{4-9}$$

式中,v_A 和 v_B 分别是质点经过 A 和 B 时的速率,而 E_{kA} 和 E_{kB} 分别是相应时刻质点的动能。

式(4-8)和式(4-9)表明,物体在外力作用下,若机械运动状态发生改变,则其动能的增量(增加或减少)等于合外力对物体(或物体对外界)所做的机械功。或者说,力对质点做的功是质点动能改变的量度。这一描述力在一段路程上作用效果的结论称为质点的**动能定理**(或**功—动能定理**),有时也称为质点动能变化定理。

动能定理也是牛顿定律的直接推论,它提供了计算功的一种方法。动能定理的表达式是一个标量方程,只涉及质点运动的初态和终态,不涉及运动过程的细节;在求解质点位置与速率关系的力学问题时,应用动能定理比应用牛顿运动定律方便。当质点只受保守力作用时,从该定理还可导出质点的机械能守恒定律(见 4.6 节)。

【例 4-5】 冰面上滑动。将一石块以 30 m/s 的速率扔到一结冰的湖面上,设石块与冰面间的滑动摩擦因数为 $\mu_k = 0.05$,求石块向前滑行的距离。

解 以 m 表示石块的质量,它在冰面上滑行时受到的摩擦力为 $f = \mu_k mg$。以 s 表示石块能滑行的距离,则滑行时摩擦力对它做的总功为 $A = \boldsymbol{f} \cdot \boldsymbol{s} = -fs = -\mu_k mg s$。已知石块的初速率为 $v_A = 30$ m/s,末速率为 $v_B = 0$,且在石块滑动时只有摩擦力对它做功,则根据动能定理公式(4-9),可得

$$-\mu_k mg s = 0 - \frac{1}{2}mv_A^2$$

由此得

$$s = \frac{v_A^2}{2\mu_k g} = \frac{30^2}{2 \times 0.05 \times 9.8} \text{ m} = 918 \text{ m}$$

此题也可以直接用牛顿第二定律和运动学公式求解,但相比之下,用动能定理求解更为简便。虽然这两种方法依据的基本定律相同,但引入新概念后往往可使解决问题更为简捷。

【例 4-6】 珠子下落又解。利用动能定理重解例 2-3,求线摆下 θ 角时珠子的速率。

解 如图 4-8 所示,珠子从 A 下摆到 B 的过程中,合外力($\boldsymbol{T} + m\boldsymbol{g}$)对它做的功为(注意,线的张力 $\boldsymbol{T}$ 总垂直于珠子的位移 $d\boldsymbol{r}$)

$$A_{AB} = \int_{(A)}^{(B)} (\boldsymbol{T} + m\boldsymbol{g}) \cdot d\boldsymbol{r} = \int_{(A)}^{(B)} m\boldsymbol{g} \cdot d\boldsymbol{r} = \int_{(A)}^{(B)} mg \, |d\boldsymbol{r}| \cos\varphi$$

由于 $|d\boldsymbol{r}| = l d\varphi$,所以

$$A_{AB} = \int_0^\theta mg \cos\varphi l \, d\varphi = mgl \sin\theta$$

根据动能定理,由于珠子 $v_A = 0, v_B = v_\theta$,则有

$$mgl \sin\theta = \frac{1}{2}mv_\theta^2$$

由此得

$$v_\theta = \sqrt{2gl \sin\theta}$$

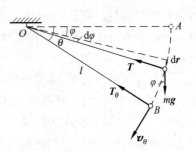

图 4-8 例 4-6 用图

这和例 2-3 所得结果相同。这里的解法应用了功和动能这两个新概念;应用动能定理求功时,只需对力的一侧进行积分,另一侧为运动一侧不必进行积分运算,直接写出动能之差即可,从而简化了解题过程。2.4 节中的解法是应用牛顿第二定律进行单纯的数学运算,对公式的两侧都需要进行积分运算。

2. 质点系的动能定理

下面把质点的动能定理推广到质点系。设由两个有相互作用的质点组成质点系,考察它们受力所做的功和其动能变化的关系。

如图 4-9 所示,以 m_1,m_2 分别表示两质点的质量,以 $\boldsymbol{f}_1$,$\boldsymbol{f}_2$ 和 $\boldsymbol{F}_1$,$\boldsymbol{F}_2$ 分别表示它们所受的内力和外力,以 $\boldsymbol{v}_{1A}$,$\boldsymbol{v}_{2A}$ 和 $\boldsymbol{v}_{1B}$,$\boldsymbol{v}_{2B}$ 分别表示它们在起始和终了状态的速度。

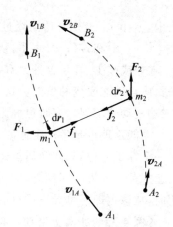

由质点的动能定理式(4-9)可得,两质点分别受的合外力做的功为

对 m_1:

$$\int_{(A_1)}^{(B_1)} (\boldsymbol{F}_1 + \boldsymbol{f}_1) \cdot \mathrm{d}\boldsymbol{r}_1 = \int_{(A_1)}^{(B_1)} \boldsymbol{F}_1 \cdot \mathrm{d}\boldsymbol{r}_1 + \int_{(A_1)}^{(B_1)} \boldsymbol{f}_1 \cdot \mathrm{d}\boldsymbol{r}_1$$

$$= \frac{1}{2} m_1 v_{1B}^2 - \frac{1}{2} m_1 v_{1A}^2$$

对 m_2:

$$\int_{(A_2)}^{(B_2)} (\boldsymbol{F}_2 + \boldsymbol{f}_2) \cdot \mathrm{d}\boldsymbol{r}_2 = \int_{(A_2)}^{(B_2)} \boldsymbol{F}_2 \cdot \mathrm{d}\boldsymbol{r}_2 + \int_{(A_2)}^{(B_2)} \boldsymbol{f}_2 \cdot \mathrm{d}\boldsymbol{r}_2$$

$$= \frac{1}{2} m_2 v_{2B}^2 - \frac{1}{2} m_2 v_{2A}^2$$

图 4-9　质点系的动能定理

两式相加,得

$$\int_{(A_1)}^{(B_1)} \boldsymbol{F}_1 \cdot \mathrm{d}\boldsymbol{r}_1 + \int_{(A_2)}^{(B_2)} \boldsymbol{F}_2 \cdot \mathrm{d}\boldsymbol{r}_2 + \int_{(A_1)}^{(B_1)} \boldsymbol{f}_1 \cdot \mathrm{d}\boldsymbol{r}_1 + \int_{(A_2)}^{(B_2)} \boldsymbol{f}_2 \cdot \mathrm{d}\boldsymbol{r}_2$$

$$= \frac{1}{2} m_1 v_{1B}^2 + \frac{1}{2} m_2 v_{2B}^2 - \left(\frac{1}{2} m_1 v_{1A}^2 + \frac{1}{2} m_2 v_{2A}^2 \right)$$

上式中等号左侧前两项是外力(用 F_{ext} 表示)对质点系所做的功之和,用 A_{ext} 表示;等号左侧后两项是质点系内力(用 f_{int} 表示)所做功之和,用 A_{int} 表示;等号右侧是质点系总动能的增量,用 $E_{kB} - E_{kA}$ 表示,则上式可改写为

$$A_{\mathrm{ext}} + A_{\mathrm{int}} = \frac{1}{2} mv_2^2 - \frac{1}{2} mv_1^2 = E_{kB} - E_{kA} \tag{4-10}$$

式(4-10)表明,所有外力对质点系做的功 A_{ext} 与所有内力对质点系做的功 A_{int} 之和等于质点系总动能的增量。显然,这一结论很容易推广到由任意多个质点组成的质点系,它就是质点系的动能定理。**质点系的动能定理**指出,质点系的动能增量等于外力、内力对体系所做功的总和。

这里应该注意的是,系统内力的功之和可以不为零,也就是说,它可以改变系统的总动能。例如,地雷爆炸后,弹片四向飞散,它们的总动能显然比爆炸前增加了,这是内力(火药的爆炸力)对各弹片做正功的结果。又如,两个都带正电荷的粒子,在运动中相互靠近时总动能会减少,这是因为它们之间的内力(相互的斥力)对粒子都做负功的结果。还需要特别注意区别的是,内力可以改变系统的总动能,但不能改变系统的总动量。

*3. 柯尼希定理

一个质点系的动能,通常相对于其质心参考系(即质心在其中静止的参考系)加以计算。设 v_i 表示第 i 个质点相对某一惯性系的速度,v'_i 表示该质点相对于质心参考系的速度,v_C 表示质心相对于惯性系的速度,由于 $v_i = v'_i + v_C$,则相对于惯性系,质点系的总动能应为

$$E_k = \sum_i \frac{1}{2} m_i v_i^2 = \sum_i \frac{1}{2} m_i (v_C + v'_i)^2$$

$$= \frac{1}{2} m v_C^2 + v_C \sum_i m_i v'_i + \sum_i \frac{1}{2} m_i v'^2_i$$

式中,等号右侧第一项表示质量相当于质点系总质量的一个质点以质心速度运动时的动能,称为质点系的**轨道动能**(即质心的动能),以 E_{kC} 表示;第二项中 $\sum_i m_i v'_i = \dfrac{\mathrm{d}}{\mathrm{d}t}\sum_i m_i r'_i = m\dfrac{\mathrm{d}r'_c}{\mathrm{d}t}$,由于 v'_c 是质心在质心参考系中的位矢,它不随时间变化,所以 $\dfrac{\mathrm{d}r'_c}{\mathrm{d}t} = 0$,即这第二项也等于零;第三项是质点系相对于其质心参考系的总动能,称为质点系的**内动能**,以 $E_{k,\mathrm{int}}$ 表示。因此,上式就可写成

$$E_k = E_{kC} + E_{k,\mathrm{int}} \tag{4-11}$$

此式说明,一个质点系相对于某一惯性系的总动能等于该质点系的轨道动能与内动能之和。这一关系叫做**柯尼希定理**。例如,以一个篮球为例,它在空中运动时,球内气体相对于地面的总动能等于其中气体分子的轨道动能与它们相对于这气体的质心的动能——内动能——之和。这气体的内动能也就是它的所有分子无规则运动的动能之和。

4.3 势能

根据保守力做功的特点,可引入一种由物体位置决定的能量——势能来度量保守力做的功。物质系统由于各物体之间(或物体内各部分之间)存在保守力的相互作用而具有的能量,称为**势能**。以保守力相互作用的物体系统具有势能。由于作用性质的不同,势能包括引力势能、弹性势能,还有电磁势能和核势能等。

1. 重力势能

地球与地面附近物体之间的引力势能叫**重力势能**(万有引力是保守力,见 4.4 节证明)。质量为 m 的物体在高度 h 处的重力势能为

$$E_p = mgh \tag{4-12}$$

对于这一概念,应明确以下几点。

(1) 以保守力相互作用的物体系,具有势能。重力是保守力,所以才有重力势能的概念,表现为式(4-4),即

$$A_g = mgh_A - mgh_B$$

此式说明,重力做的功只决定于物体的位置(以高度表示)。而正因为如此,才能定义一个由物体位置决定的物理量——重力势能。重力势能是由其差按下式规定的

$$A_g = -\Delta E_p = E_{pA} - E_{pB} \tag{4-13}$$

式中,A,B 分别代表重力做功的起点和终点。此式表明,重力做的功等于物体重力势能的

减少。对比式(4-13)和式(4-4),即可得出重力势能表示式(4-12)。

(2) 式(4-12)表示的重力势能只有在预先选定参考高度或重力势能零点时才有意义。如果在该参考高度时物体的重力势能为零,式(4-12)中的 h 就是从该高度向上计算的。如果要定出各位置势能的绝对值,就必须首先规定一个作为标准的零点,通常把物体在地面上时的势能取作零。

(3) 式(4-12)中的 h 是地球和物体之间的相对距离的一种表示,重力势能的值相对于所选用的任一参考系都是一样的。因此,在一定的相互作用下,系统的势能由各物体的相对位置决定。

(4) 重力是地球和物体之间的引力,重力势能应属于物体和地球这一系统,"物体的重力势能"只是一种简略的说法。例如,地面附近物体与地球之间存在万有引力作用,要把两者分开,就必须克服引力做功。物体在离开地面较远时,具有较大的势能。

2. 弹簧的弹性势能

由式(4-5)可见,弹簧的弹力也是保守力。由式(4-5),有

$$A_{\text{ela}} = \frac{1}{2}kx_A^2 - \frac{1}{2}kx_B^2$$

因此,可以定义一个由弹簧的伸长量 x 所决定的物理量——弹簧的弹性势能。这一势能的差表示为

$$A_{\text{ela}} = -\Delta E_p = E_{pA} - E_{pB} \tag{4-14}$$

即弹簧的弹力做的功等于弹簧的弹性势能的减少。

对比式(4-14)和式(4-5)可得,弹簧的弹性势能为

$$E_p = \frac{1}{2}kx^2 \tag{4-15}$$

当 $x=0$ 时,式(4-15)给出 $E_p=0$,由此可知,由式(4-15)得出的弹性势能的"零点"对应于弹簧的伸长为零,即它处于原长的形状。

弹簧的弹性势能属于弹簧的整体,而且由于其伸长 x 是弹簧的长度相对于自身原长的变化量,所以其弹性势能也与所选用的参考系无关。表示势能随位形变化的曲线叫做**势能曲线**。弹簧的弹性势能曲线如图 4-10 所示,是一条抛物线。

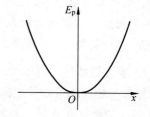

图 4-10　弹簧的弹性势能曲线

由以上关于两种势能的说明可知,势能的概念一般应了解以下几点。

(1) 只有对保守力才能引入势能概念,且规定保守力做的功等于系统势能的减少,即

$$A_{AB} = -\Delta E_p = E_{pA} - E_{pB} \tag{4-16}$$

(2) 势能的具体数值要求预先选定系统的某一位形为势能零点。

(3) 势能属于有保守力相互作用的系统整体。

(4) 系统的势能与参考系无关。

对于非保守力,如摩擦力,不能引入势能概念。

【**例 4-7**】　**砝码压弹簧**。一轻弹簧的劲度系数 $k=200$ N/m,竖直静止在桌面上,如

图 4-11 所示。今在其上端轻轻地放置一质量为 $m = 2.0$ kg 的砝码后松手。

（1）求此后砝码下降的最大距离 y_{max}；

（2）求砝码下降 $\frac{1}{2} y_{max}$ 时的速度 v。

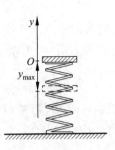

解 砝码的运动受重力和弹力的共同作用。

（1）以弹簧静止时其上端位置为势能零点，则由式（4-12）和式（4-13）得，砝码在下降过程中重力做的功为

$$A_g = 0 - mg(-y_{max}) = mgy_{max}$$

图 4-11 例 4-7 用图

由式（4-14）和式（4-15）得，弹簧弹力做的功为

$$A_{ela} = 0 - \frac{1}{2}k(-y_{max})^2 = -\frac{1}{2}ky_{max}^2$$

根据动能定理，对砝码有

$$A_g + A_{ela} = \frac{1}{2}mv_2^2 - \frac{1}{2}mv_1^2$$

由于砝码在 O 处时的速度 $v_1 = 0$，下降到最低点时速度 v_2 也等于 0，所以

$$A_g + A_{ela} = mgy_{max} - \frac{1}{2}ky_{max}^2 = 0$$

解此方程，得

$$y_{max,1} = 0, \quad y_{max,2} = 2mg/k$$

其中的 $y_{max,1}$ 值表示砝码在 O 处，故舍去；取第二个解，即

$$y_{max} = \frac{2mg}{k} = \frac{2 \times 2 \times 9.8}{200} \text{ m} = 0.20 \text{ m}$$

（2）在砝码下降 $y_{max}/2$ 的过程中，重力做的功为

$$A_g' = 0 - mg\left(-\frac{y_{max}}{2}\right) = \frac{1}{2}mgy_{max}$$

弹力做的功为

$$A_{ela}' = 0 - \frac{1}{2}k\left(-\frac{y_{max}}{2}\right)^2 = -\frac{1}{8}ky_{max}^2$$

根据动能定理，对砝码有

$$A_g' + A_{ela}' = \frac{1}{2}mgy_{max} - \frac{1}{8}ky_{max}^2 = \frac{1}{2}mv^2 - 0$$

解得

$$v = \left(gy_{max} - \frac{k}{4m}y_{max}^2\right)^{1/2}$$

$$= \left(9.8 \times 0.20 - \frac{200}{4 \times 2} \times 0.20^2\right)^{1/2} \text{ m/s}$$

$$= 0.98 \text{ m/s}$$

本题计算重力和弹力的功时都应用了势能的概念，因此，就可以只计算其代数差而不必积分。这里要注意弄清楚，初始和终了状态时系统各处于什么状态。

4.4 引力势能

下面首先证明万有引力是保守力。

1. 万有引力与引力势能

根据牛顿的引力定律，质量分别为 m_1 和 m_2 的两质点相距 r 时相互间引力 f 的大小为

$$f = \frac{Gm_1m_2}{r^2}$$

方向沿两质点的连线。如图 4-12 所示,以 m_1 所在处为原点,当 m_2 由 A 点沿任意路径 L 移动到 B 点时,引力做的功为

$$A_{AB} = \int_{(A)}^{(B)} f \cdot dr = \int_{(A)}^{(B)} \frac{Gm_1m_2}{r^2} |dr| \cos\varphi$$

在图 4-12 中,径矢 OB' 和 OA' 长度之差为 $B'C' = dr$。由于 $|dr|$ 为微小长度,所以可视为 $A'C' \perp B'C'$,于是 $|dr|\cos\varphi = -|dr|\cos\varphi' = -dr$。将此关系代入上式,可得

$$A_{AB} = -\int_{r_A}^{r_B} \frac{Gm_1m_2}{r^2} dr = \frac{Gm_1m_2}{r_B} - \frac{Gm_1m_2}{r_A} \tag{4-17}$$

此式表明,引力的功只决定于两质点间的始末位置而与移动的路径无关。所以,引力是保守力。

由于引力是保守力,所以可以引入势能概念。将式(4-17)和势能差的定义式(4-16) $(A_{AB} = E_{pA} - E_{pB})$ 相比较,则两质点相距 r 时的引力势能(有时也称**引力能**)表示为

$$E_p = -\frac{Gm_1m_2}{r} \tag{4-18}$$

当 $r \to \infty$ 时,$E_p = 0$。由此可知,与式(4-18)相应的引力势能的"零点"参考位形为两质点相距为无限远时。

由于式(4-18)中的 m_1, m_2 都是正数,因此式中负号的物理意义为:两质点从相距 r 的位形改变到势能零点的过程中,引力总做负功。根据式(4-18)画出的引力势能曲线如图 4-13 所示。

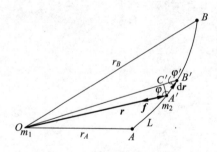

图 4-12　引力势能公式的推导

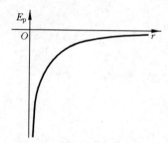

图 4-13　引力势能曲线

由式(4-18)可明显地看出,引力势能属于 m_1 和 m_2 两质点系统。由于 r 是两质点间的距离,所以引力势能也就与参考系无关。

【例 4-8】 陨石坠地。一颗重 5 t 的陨石从天外落到地球上,它和地球间的引力做功多少? 已知地球质量为 6×10^{21} t,半径为 6.4×10^6 m。

解　"天外"可理解为陨石和地球相距无限远。利用保守力的功和势能变化的关系可得

$$A_{AB} = E_{pA} - E_{pB}$$

再利用式(4-18),可得

$$A_{AB} = -\frac{Gmm_E}{r_A} - \left(-\frac{Gmm_E}{r_B}\right)$$

以 $m = 5 \times 10^3$ kg,$m_E = 6.0 \times 10^{24}$ kg,$G = 6.67 \times 10^{-11}$ N $\cdot$ m^2/kg^2,$r_A \to \infty$,$r_B = 6.4 \times 10^6$ m 代入上式,

可得

$$A_{AB} = \frac{Gmm_E}{r_B} = \frac{6.67 \times 10^{-11} \times 5 \times 10^3 \times 6.0 \times 10^{24}}{6.4 \times 10^6} \text{J}$$

$$= 3.1 \times 10^{11} \text{ J}$$

这一例子说明,在已知势能公式的条件下,求保守力的功时,可以不管路径如何,也就可以不作积分运算,从而简化了计算过程。

*2. 重力势能和引力势能的关系

由于重力是引力的一个特例,所以重力势能公式就是引力势能公式的一个特例。这个结论的证明如下。

质量为 m 的物体在地面上某一不大的高度 h 时,求它和地球系统的引力势能。如图 4-14 所示,以 m_E 表示地球的质量,r 表示物体到地心的距离,由式(4-17)可得

$$E_{pA} - E_{pB} = G\frac{m_E m}{r_B} - G\frac{m_E m}{r_A}$$

以物体在地球表面上时为势能零点,即规定 $r_B = R$(地球半径)时,$E_{pB} = 0$,则由上式可得,物体在地面以上其他高度时的势能为

$$E_{pA} = G\frac{m_E m}{R} - G\frac{m_E m}{r_A}$$

物体在地面以上的高度为 h 时,$r_A = R + h$,这时

$$E_{pA} = G\frac{m_E m}{R} - G\frac{m_E m}{R+h} = Gm_E m\left(\frac{1}{R} - \frac{1}{R+h}\right)$$

$$= Gm_E m\frac{h}{R(R+h)}$$

设 $h \ll R$,则 $R(R+h) \approx R^2$,因而有

$$E_{pA} = G\frac{m_E mh}{R^2}$$

由于在地面附近,重力加速度 $g = P/m = Gm_E/R^2$,所以最后得到,物体在地面上高度 h 处时重力势能为(去掉下标 A,表示为一般式)

$$E_p = mgh$$

这正是式(4-12)。需要注意的是,它和引力势能公式(4-18)在势能零点选择上是不同的。

重力势能的势能曲线如图 4-15 所示。实际上,它是图 4-13 中一小段引力势能曲线的放大(加上势能零点的改变)。

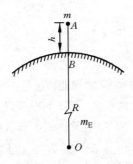

图 4-14 重力势能的推导用图

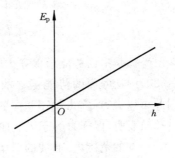

图 4-15 重力势能曲线

*4.5　由势能求保守力

在 4.3 节中,用保守力的功定义了势能。从数学上讲,是用保守力对路径的线积分定义了势能。反过来,也可以从势能函数对路径的导数求出保守力。下面对此加以说明。

如图 4-16 所示,以 $\mathrm{d}\boldsymbol{l}$ 表示质点在保守力 $\boldsymbol{F}$ 作用下沿某一给定的 $\boldsymbol{l}$ 方向从 A 到 B 的元位移,以 $\mathrm{d}E_\mathrm{p}$ 表示从 A 到 B 对应的势能变化。根据势能定义式(4-16),有

$$-\mathrm{d}E_\mathrm{p} = A_{AB} = \boldsymbol{F} \cdot \mathrm{d}\boldsymbol{l} = F\cos\varphi\,\mathrm{d}l$$

由于 $F\cos\varphi = F_l$ 是力 $\boldsymbol{F}$ 在 $\boldsymbol{l}$ 方向的分量,所以上式可写为

$$-\mathrm{d}E_\mathrm{p} = F_l\mathrm{d}l$$

由此可得

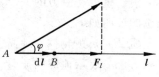

图 4-16　由势能求保守力

$$F_l = -\frac{\mathrm{d}E_\mathrm{p}}{\mathrm{d}l} \tag{4-19}$$

此式说明,保守力沿某一给定的 $\boldsymbol{l}$ 方向的分量等于与此保守力相应的势能函数沿 $\boldsymbol{l}$ 方向的空间变化率(即经过单位距离时的变化)的负值。

可以用引力势能公式验证式(4-19)。这时取 $\boldsymbol{l}$ 方向为从此质点到另一质点的径矢 $\boldsymbol{r}$ 的方向。引力沿 $\boldsymbol{r}$ 方向的空间变化率应为

$$F_r = -\frac{\mathrm{d}}{\mathrm{d}r}\left(-\frac{Gm_1m_2}{r}\right) = -\frac{Gm_1m_2}{r^2}$$

实际上,这就是引力公式。

对于弹簧的弹性势能,可取 $\boldsymbol{l}$ 方向为伸长 x 的方向,则弹力沿伸长方向的空间变化率为

$$F_x = -\frac{\mathrm{d}}{\mathrm{d}x}\left(\frac{1}{2}kx^2\right) = -kx$$

这正是关于弹簧弹力的**胡克定律**的数学表达式。

一般而言,E_p 可以是位置坐标 (x,y,z) 的多元函数。这时式(4-19)中 $\boldsymbol{l}$ 的方向可依次取 x,y 和 z 轴的方向而得到,相应的保守力沿各轴方向的分量为

$$F_x = -\frac{\partial E_\mathrm{p}}{\partial x}, \quad F_y = -\frac{\partial E_\mathrm{p}}{\partial y}, \quad F_z = -\frac{\partial E_\mathrm{p}}{\partial z}$$

式中的导数分别是 E_p 对 x,y 和 z 的偏导数。这样,保守力就可表示为

$$\begin{aligned}
\boldsymbol{F} &= F_x\boldsymbol{i} + F_y\boldsymbol{j} + F_z\boldsymbol{k} \\
&= -\left(\frac{\partial E_\mathrm{p}}{\partial x}\boldsymbol{i} + \frac{\partial E_\mathrm{p}}{\partial y}\boldsymbol{j} + \frac{\partial E_\mathrm{p}}{\partial z}\boldsymbol{k}\right)
\end{aligned} \tag{4-20}$$

这是在直角坐标系中由势能求保守力的一般公式。

式(4-20)中括号内的势能函数的空间变化率叫做势能的**梯度**,它是一个矢量表示为 ∇E_p。因此可以说,保守力等于相应的势能函数的梯度的负值,即 $\boldsymbol{F} = -\nabla E_\mathrm{p}$。

式(4-20)表明,保守力等于势能曲线斜率的负值。例如,在图 4-10 所示的弹性势能曲线图中,在 $x>0$ 的范围内,曲线的斜率为正,弹力即为负,这表示弹力与 x 正方向相反。在 $x<0$ 的范围内,曲线的斜率为负,弹力即为正,这表示弹力与 x 正方向相同。在 $x=0$ 的点,曲线斜率为零,即没有弹力。这正是弹簧处于原长的情况。

在许多实际问题中,往往可以通过实验首先得出系统的势能曲线,这样便可以根据势能曲线来分析受力情况。例如,图 4-17 画出了一个双原子分子的势能曲线,r 表示两原子间的距离,r_0 为两原子的平衡间距。由图可知,当两原子间的距离等于 r_0 时,曲线的斜率为零,即两原子之间没有相互作用力。在 $r > r_0$ 时,曲线斜率为正,而力为负,表示原子相吸;距离越大,吸力越小。在 $r < r_0$ 时,曲线的斜率为负而力为正,表示两原子相斥,距离越小,斥力越大(参考图 7-14)。

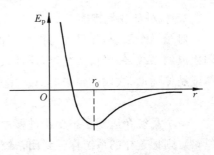

图 4-17 双原子分子的势能曲线

4.6 功能原理 机械能守恒定律

在考察质点系组成的系统时,如果从系统的内部和外部来区分,作用于物体系统的力有内力和外力之分。系统内部各质点间的相互作用力为内力;来自系统外的物体对系统的作用力为外力。4.2 节的动能定理反映了物体所受的力做功与运动状态变化之间的关系。

无论是内力还是外力,都可以是保守力或非保守力。因此,有必要对内力的做功特点加以区分。根据牛顿第三定律,作用在质点系内所有质点的内力的矢量和为零,而作用在质点系内所有质点的内力的功的代数和一般并不为零,这是由内力(保守内力和非保守内力)的做功特点所决定的。

下面由质点系的动能定理出发,把它推广到质点系组成的物体系统,给出功能定理,从而进一步建立机械能守恒定律。

1. 功能原理

在 4.2 节中,质点系的动能定理式(4-10)表明,质点系的动能增量等于外力、内力对体系所做功的总和。内力中可能既有保守力,也有非保守力,因此,内力的功可以写成保守内力的功 $A_{int,cons}$ 和非保守内力的功 $A_{int,n-cons}$ 之和。于是有

$$A_{ext} + A_{int,cons} + A_{int,n-cons} = E_{kB} - E_{kA} \tag{4-21}$$

在 4.3 节中,对保守内力定义了势能,即式(4-16),则有

$$A_{int,cons} = E_{pA} - E_{pB}$$

因此,式(4-21)可写为

$$A_{ext} + A_{int,n-cons} = (E_{kB} + E_{pB}) - (E_{kA} + E_{pA}) \tag{4-22}$$

系统的总动能和势能之和叫做**系统的机械能**,通常用 E 表示,即

$$E = E_k + E_p \tag{4-23}$$

以 E_A 和 E_B 分别表示系统初始和终了(始末)状态时的机械能,则式(4-22)又可写为

$$A_{ext} + A_{int,n-cons} = E_B - E_A = \Delta E \tag{4-24}$$

此式表明,质点系在运动过程中,它所受的外力的功 A_{ext} 与系统内非保守力的功 $A_{int,n-cons}$ 的总和等于它的机械能的增量。这一关于功和能的关系的结论称为**功能原理**。这是质点系动能定理的一种表示形式,用它解决质点系动力学问题,求解过程更为简便。在经典力学中,它是牛顿定律的一个推论,因此也只适用于惯性系。

2. 机械能守恒定律

对于一个系统,如果内力中只有保守力,即相互作用力均为保守力的情况,如地球与太阳组成的系统、静电荷系统等,这种系统称为**保守系统**,简称**保守系**。对于保守系,如自由落体或抛体运动,式(4-24)中的 $A_{int,n\text{-cons}}$ 于零,于是有

$$A_{ext} = E_B - E_A = \Delta E \quad (保守系) \tag{4-25}$$

一个系统在运动状态变化过程中,如果没有任何外力对它做功(或外力对它做的功可以忽略),则把这样的系统称为**封闭系统**(或**孤立系统**)。自然界不存在这样的孤立系统,但当系统与外界相互作用可忽略不计时,这个系统就可以看成一个封闭的保守系,则式(4-25)中的 $A_{ext}=0$,于是有 $\Delta E=0$,即

$$E_B = E_A \quad (封闭的保守系, A_{ext} = 0) \tag{4-26}$$

式(4-26)表明,当物体系统内部的非保守力所做的功和一切外力所做的功均为零时,系统内物体的动能和势能可互相转换,但它们的总和——机械能保持不变。这一陈述称为**机械能守恒定律**,即保守力体系的机械能守恒。如自由落体运动或抛体运动的情况就服从机械能守恒定律。

如果一个封闭系统状态发生变化时,有非保守内力做功,根据式(4-24),它的机械能必然不守恒。例如,地雷爆炸时它(变成了碎片)的机械能会增加,两汽车相撞时它们的机械能要减少。但在这种情况下,对更广泛的物理现象,包括电磁现象、热现象、化学反应以及原子内部的变化等的研究表明,如果引入更广泛的能量概念,如电磁能、内能、化学能或原子核能等,则有大量实验证明:一个封闭系统经历任何变化时,该系统的所有能量的总和是不改变的,它只能从一种形式转化为另一种形式或从系统内的此一物体传给彼一物体。这就是**能量守恒定律**,它是自然界中一条普遍适用的、最基本也是最重要的定律之一。自然界的一切过程都服从能量守恒定律。它的意义远远超出了机械能守恒定律的范围,后者只不过是前者的一个特例。

为了对能量有个量级的概念,表 4-1 列出了一些典型的能量值。

表 4-1　一些典型的能量值

能量变化的典型实例	能量值/J
1987A 超新星爆发	约 1×10^{46}
太阳的总核能	约 1×10^{45}
地球上矿物燃料总储能	约 2×10^{23}
1994 年彗木相撞释放总能量	约 1.8×10^{23}
2004 年我国全年发电量	7.3×10^{18}
1976 年唐山大地震	约 1×10^{18}
1 kg 物质-反物质湮灭	9.0×10^{16}
百万吨级氢弹爆炸	4.4×10^{15}
1 kg 铀裂变	8.2×10^{13}
一次闪电	约 1×10^{9}
1 L 汽油燃烧	3.4×10^{7}

续表

能量变化的典型实例	能量值/J
1 人每日需要	约 1.3×10^7
1 kg TNT 爆炸	4.6×10^6
1 个馒头提供	2×10^6
地球表面每平方米每秒接受太阳能	1×10^3
一次俯卧撑	约 3×10^2
一个电子的静止能量	8.2×10^{-14}
一个氢原子的电离能	2.2×10^{-18}
一个黄色光子	3.4×10^{-19}
HCl 分子的振动能	2.9×10^{-20}

【**例 4-9**】　**珠子下落再解**。利用机械能守恒定律再解例 2-3，求线摆下 θ 角时珠子的速率。

解　如图 4-18 所示，取珠子和地球作为被研究的系统。以线的悬点 O 所在高度为重力势能零点，并相对于地面参考系（或实验室参考系）来描述珠子的运动。在珠子下落过程中，绳拉珠子的外力 T 总垂直于珠子的速度 v，此外力不做功，因此所讨论的系统是一个封闭的保守系统，其机械能守恒。此系统初态的机械能为 0，表示为

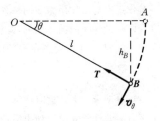

图 4-18　例 4-9 用图

$$E_A = mgh_A + \frac{1}{2}mv_A^2 = 0$$

线摆下 θ 角时系统的机械能为

$$E_B = mgh_B + \frac{1}{2}mv_B^2$$

由于 $h_B = -l\sin\theta, v_B = v_\theta$，所以

$$E_B = -mgl\sin\theta + \frac{1}{2}mv_\theta^2$$

由机械能守恒定律，有 $E_B = E_A$，可得

$$-mgl\sin\theta + \frac{1}{2}mv_\theta^2 = 0$$

解得

$$v_\theta = \sqrt{2gl\sin\theta}$$

与例 2-3 和例 4-6 得出的结果相同。

　　本例题分别用了三种不同的方法求解，可以清楚地比较三种解法的不同。例 2-3 的第一种解法直接应用了牛顿第二定律，在定律公式的两侧，即"力侧"和"运动侧"，都用纯数学方法进行积分运算。例 4-6 的第二种解法应用了功和动能的概念，这时还需要对力侧进行积分求来功，但是运动侧已简化为只需要计算动能增量了；这一简化是由于对运动侧用积分进行了预处理的结果。现在，例 4-9 的第三种解法没有涉及任何积分，只是进行代数的运算，因而进一步简化了计算；这是因为这种解法又用积分预处理了力侧，也就是引入了势能的概念，并用计算势能差来代替用线积分去计算功的结果。

　　从以上三种解题方法的比较可以看出，即使基本定律还是一个，但是引入新概念和建立新的定律形式，也能对解决实际问题大有益处，使得求解过程更加便捷。可以说，以牛顿运动定律为基础的整个牛顿力学理论体系都是在这种思想的指导下建立的。

【例 4-10】 **球车互动**。如图 4-19 所示，一辆实验小车可在光滑水平桌面上自由运动。

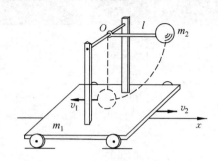

图 4-19　例 4-10 用图

车的质量为 m_1，车上装有长度为 l 的细杆（质量不计），杆的一端可绕固定于车架上的光滑轴 O 在竖直面内摆动，另一端固定一钢球，球质量为 m_2。把钢球托起使杆处于水平位置，这时车保持静止，然后放手，使球无初速地下摆。求当杆摆至竖直位置时，钢球及小车的运动速度。

解　设当杆摆至竖直位置时小车与钢球相对于桌面的速度分别为 v_1 与 v_2，如图 4-19 所示。因为这两个速度都是未知的，所以必须找到两个方程式才能求解。

先看功能关系。把钢球、小车、地球看做一个系统。此系统所受外力为光滑水平桌面对小车的作用力，此力和小车运动方向垂直，所以不做功。有一个内力为杆与小车在光滑轴 O 处的相互作用力。由于这一对作用力与反作用力在同一处作用，位移大小相同方向相反，因而它们做功之和为零。钢球、小车可以看做一个封闭的保守系统，其机械能守恒。以球的最低位置为重力势能的势能零点，则钢球的最初势能为 m_2gl。由于小车始终在水平桌面上运动，所以小车的重力势能不变。由系统的机械能守恒，则

$$\frac{1}{2}m_1v_1^2 + \frac{1}{2}m_2v_2^2 = m_2gl$$

再看动量关系。这时取钢球和小车为系统，因桌面光滑，此系统所受的水平合外力为零，因此系统在水平方向的动量守恒。列出沿图示水平 x 轴的分量式，可得

$$m_1v_1 - m_2v_2 = 0$$

以上两个方程式联立，解得

$$v_1 = \sqrt{\frac{2m_2^2}{m_1(m_1+m_2)}gl}$$

$$v_2 = \frac{m_1}{m_2}v_1 = \sqrt{\frac{2m_1}{m_1+m_2}gl}$$

上述结果均为正值，这表明所设的速度方向是正确的。

【例 4-11】 **弹簧-泥球与盘**。一端固定的轻弹簧，另一端悬挂一金属盘，如图 4-20 所示，这时弹簧伸长了 $l_1 = 10$ cm。一个质量和盘相同的泥球，从高于盘面 $h = 30$ cm 处由静止下落到盘面上。求此盘向下运动的最大距离 l_2。

解　本题可分为三个过程进行分析。

首先是泥球自由下落过程。它落到盘上时的速度为

$$v_1 = \sqrt{2gh}$$

接着是泥球和盘的碰撞过程。把盘和泥球看做一个系统，因二者之间的冲力远大于它们所受的外力（包括弹簧的拉力和重力），而且作用时间很短，所以可以认为系统的动量守恒。设泥球与盘的质量都是 m，它们碰撞后刚黏合在一起时的共同速度为 v_2，按图 4-20 写出沿竖直方向（y 轴方向向下）的动量守恒的分量式，可得

$$mv_1 = (m+m)v_2$$

由此得

$$v_2 = \frac{v_1}{2} = \sqrt{\frac{1}{2}gh}$$

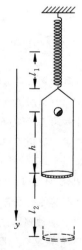

图 4-20　例 4-11 用图

最后是泥球和盘共同下降的过程。选弹簧、泥球和盘以及地球为系统,以泥球和盘开始共同运动时为系统的初态,二者到达最低点时为末态。在此过程中,系统是一封闭的保守系统,所以其机械能守恒。以弹簧的自然伸长为它的弹性势能零点,以盘的最低位置为重力势能零点,则系统的机械能守恒表示为

$$\frac{1}{2}(2m)v_2^2 + (2m)gl_2 + \frac{1}{2}kl_1^2 = \frac{1}{2}k(l_1 + l_2)^2$$

上式中弹簧的劲度系数 k 可通过最初时盘的平衡状态求出,即

$$k = mg/l_1$$

将此值以及 v_2 和 $l_1 = 10$ cm 代入上式,化简后为

$$l_2^2 - 20l_2 - 300 = 0$$

解得

$$l_2 = 30, -10$$

由于泥球和盘碰撞后共同下降,应取正数解,即盘向下运动的最大距离为 $l_2 = 30$ cm。

【例 4-12】 **逃逸速率**。求物体从地面出发的逃逸速率,即物体从地面出发、逃脱地球引力束缚所需要的最小速率(第二宇宙速率,逃逸速率)。地球半径取 $R = 6.4 \times 10^6$ m。

解 选地球和物体作为被研究的系统,它是封闭的保守系统。当物体离开地球向宇宙空间飞去时,这一系统的机械能守恒。设物体和地球的质量分别为 m 和 m_E,以 v 表示物体离开地面时的速率,v_∞ 表示物体远离地球时的速度(相对于地面参考系),由于将物体和地球分离无穷远时作为引力势能的零点,根据机械能守恒定律,则有

$$\frac{1}{2}mv^2 + \left(-G\frac{m_E m}{R}\right) = \frac{1}{2}mv_\infty^2 + 0$$

逃逸速率应为 v 的最小值,这和在无穷远时物体的速率 $v_\infty = 0$ 相对应。由上式可得,逃逸速率为

$$v_e = \sqrt{\frac{2Gm_E}{R}}$$

由于在地面上 $g = G\dfrac{m_E}{R^2}$,所以

$$v_e = \sqrt{2Rg}$$

代入已知数据,可得

$$v_e = \sqrt{2 \times 6.4 \times 10^6 \times 9.8} \text{ m/s} = 1.12 \times 10^4 \text{ m/s}$$

在物体以 v_e 的速度离开地球表面到无穷远的过程中,它的动能逐渐减小直至零,它的势能(负值)大小也逐渐减小到零,在任意时刻机械能总等于零。如图 4-21 所示的势能曲线显示了它的运动规律。

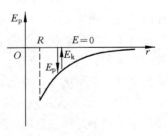

图 4-21 例 4-12 用图

以上计算出的 v_e 称为**第二宇宙速率**,也称为**逃逸速率**。第一宇宙速率是使物体可以摆脱地球引力束缚而环绕地球表面作匀速圆周运动所需的最小速率,用牛顿第二定律即可直接求得,其值为 7.90×10^3 m/s。按照机械能守恒定律还可计算**第三宇宙速率**,它是使物体脱离太阳系所需的在地面的最小发射速率,其计算稍为复杂,其值为 1.67×10^4 m/s(相对于地球)。

【例 4-13】 **水星运行**。水星绕太阳运行轨道的近日点到太阳的距离为 $r_1 = 4.59 \times 10^7$ km,远日点到太阳的距离为 $r_2 = 6.98 \times 10^7$ km。求水星越过近日点和远日点时的速率 v_1 和 v_2。

解 以 m_S 和 m 分别表示太阳和水星的质量,由于在近日点和远日点处,水星的速度方向与它对太阳的径矢方向垂直,所以它对太阳的角动量分别为 $mr_1 v_1$ 和 $mr_2 v_2$。由角动量守恒定律,得

$$mr_1v_1 = mr_2v_2$$

又由机械能守恒定律,得

$$\frac{1}{2}mv_1^2 + \left(-G\frac{m_s m}{r_1}\right) = \frac{1}{2}mv_2^2 + \left(-G\frac{m_s m}{r_2}\right)$$

联立解上面两个方程,故有

$$v_1 = \left[2GM_s - \frac{r_2}{r_1(r_1+r_2)}\right]^{1/2}$$

$$= \left[2 \times 6.67 \times 10^{-11} \times 1.99 \times 10^{30} \times \frac{6.98}{4.59 \times (4.59+6.98) \times 10^{10}}\right]^{1/2} \text{ m/s}$$

$$= 5.91 \times 10^4 \text{ m/s}$$

$$v_2 = v_1 \frac{r_1}{r_2} = 5.91 \times 10^4 \times \frac{4.59}{6.98} \text{ m/s} = 3.88 \times 10^4 \text{ m/s}$$

*4.7　守恒定律的意义

　　第 3 章和 4.6 节介绍了动量守恒定律、角动量守恒定律和能量守恒定律及其一些应用的例题。自然界中还存在着其他的守恒定律,例如,质量守恒定律,电磁现象中的电荷守恒定律,粒子反应中的重子数、轻子数、奇异数、宇称的守恒定律等。它们有的是普遍有效的,甚至不限于物理过程,如质量守恒、电荷守恒和能量守恒等,有的则是关于变化过程的规律,只要过程满足一定的整体条件,就可以不必考虑过程的细节而对系统的初、末状态的某些特征下结论。不究过程细节而能对系统的状态下结论,这是各个守恒定律的特点和优点。在物理学中分析问题时常常用到守恒定律。对于一个待研究的物理过程,物理学家通常首先用已知的守恒定律出发来研究其特点,而先不涉及其细节,这是因为很多过程的细节有时不知道,有时因太复杂而难以处理。只是在守恒定律都用过之后,还未能得到所要求的结果时,才对过程的细节进行细致而复杂的分析。这就是守恒定律在方法论上的意义。

　　正是由于守恒定律的这一重要意义,所以物理学家们总是想方设法在所研究的现象中找出哪些量是守恒的。一旦发现了某种守恒现象,他们就首先用以整理过去的经验并总结出定律。然后,在新的事例或现象中对它进行检验,并且借助于它作出有把握的预见。如果在新的现象中发现某一守恒定律不对,人们就会更精确地或更全面地对现象进行观察研究,以便寻找那些被忽视了的因素,从而再认定该守恒定律的正确性。在有些看来守恒定律失效的情况下,人们还千方百计地寻求"补救"的方法,比如扩大守恒量的概念,引进新的形式,从而使守恒定律更加普遍化。但这也并非都是有效的。曾经有物理学家看到有的守恒定律无法"补救"时,便大胆地宣布了这些守恒定律不是普遍成立的,认定它们是有缺陷的守恒定律。不论是上述哪种情况,都能使人们对自然界的认识进入一个新的更深入的阶段。事实上,每一守恒定律的发现、推广和修正,在科学史上的确都曾对人类认识自然的过程起过巨大的推动作用。

　　在前面的章节中,我们都是从牛顿运动定律出发来导出动量守恒定律、角动量守恒定律和机械能守恒定律的,也曾指出这些守恒定律都有更广泛的适用范围。的确,在牛顿运动定律已不适用的物理现象中,这些守恒定律仍然保持正确,这说明这些定律有更普遍、更深刻的根基。现代物理学已确定地认识到,这些守恒定律是和自然界的更为普遍的属性——时空对称性——相联系着的。任一给定的物理实验(或物理现象)的发展过程和该实验所在的空间位置无关,即换一个地方做,该实验进展的过程完全一样。这个事实叫**空间平移对称性**,也叫**空间的均匀性**。动量守恒定律就是这种对称性的表现。任一给定的物理实验的发展过程和该实验装置在空间的取向无关,即把实验装置转一个方向,该实验进展的过程完全一样。这个事实叫**空间转动对称性**,也叫**空间的各向同性**。角动量守恒定律就是这种对称性的表现。任一给定的物理实验的进展过程和该实验开始的时间无关,例如,迟三天开始做实验,或现在就开始做,该实验的进展过程完全一样。这个事实叫**时间平移对称性**,也叫**时间的均匀性**。能量守恒定律就是时间的这种对称性的表现。在现代物理理论中,可以由上述对称性导出相应的守恒定律,而且可进一步导出牛顿定律来。这种推导过程已超出本书的范围。但可以进一步指出的是,除上述三种对称性外,自然界还存在着一些其他的对称性。而且,相应于每一种对称性,都存在着一个守恒定律。这是多么美妙的自然规律啊!

4.8 碰撞

碰撞是物体间相互作用最直接的一种形式,一般是指物体在相对运动中相互靠近,或发生接触时而相互作用,在相对较短的时间内运动状态发生显著变化的过程。它的特点是作用力强,作用时间短。一般两个物体的碰撞最为常见,碰撞会使其中一个物体或两个物体的运动状态同时发生明显的变化。例如,网球和球拍的碰撞(图 4-22)、两个台球的碰撞(图 4-23)、两个质子的碰撞(图 4-24)、探测器与彗星的相撞(图 4-25)、两个星系的相撞(图 4-26)等。

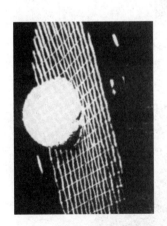

图 4-22 网球和球拍的碰撞

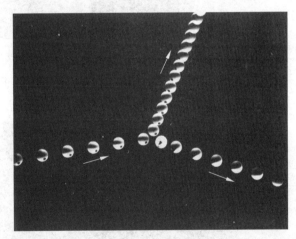

图 4-23 一个运动的台球和一个静止的台球碰撞

碰撞过程一般都非常复杂,难以对其过程进行仔细分析。但由于我们通常只需要了解物体在碰撞前后运动状态的变化,而对发生碰撞的物体系来说,外力的作用又往往可以忽略,因而就可以利用动量、角动量以及能量守恒定律求解有关碰撞的问题。

碰撞分为弹性碰撞和非弹性碰撞两类。

1. 弹性碰撞

碰撞体速度大小和方向均发生改变,但它们的内部状态不变。由于碰撞前后物体总动能没有损失,因而总动量守恒和总机械能守恒。

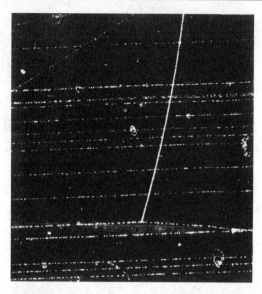

图 4-24   气泡室内一个运动的质子和一个静止的质子碰撞前后的径迹

图 4-25   2005 年 7 月 4 日"深度撞击"探测器行经 $4.31×10^8$ km 后在距地球
$1.3×10^8$ km 处释放的 372 kg 的撞击器准确地撞上坦普尔 1 号彗星。
小图为探测器发回的撞击时的照片

图 4-26   螺旋星系 NGC5194(10^{41} kg)和年轻星系 NGC5195(右,质量小到约为前者的 1/3)的碰撞

2. 非弹性碰撞

碰撞体的内部状态发生变化,如物体变热、变形或破裂等。碰撞前后物体总动量守恒,
但其中部分机械能转变为其他形式的能量,因而机械能将不守恒。

若物体相碰后不再分离,则称为完全非弹性碰撞,它属于非弹性碰撞的特殊情况。

各类碰撞都遵守动量守恒定律和能量守恒定律。

前面已经举过几个利用守恒定律求解碰撞问题的例子(如例 3-4,例 3-7,例 4-11 等),下面再举三个例子。

【例 4-14】　完全非弹性碰撞。设有两个质量分别为 m_1 和 m_2 的物体作完全非弹性碰撞,碰撞前二者速度分别为 v_1 和 v_2,碰撞后合在一起,求由于碰撞而损失的动能。

解　对于这样的两物体组成的系统,由于无外力作用,所以总动量守恒。以 v 表示碰撞后合二为一的共同速度,由动量守恒定律,则有

$$m_1 v_1 + m_2 v_2 = (m_1 + m_2)v$$

由此求得

$$v = \frac{m_1 v_1 + m_2 v_2}{m_1 + m_2}$$

根据质心的位矢公式 (3-12) 可得,m_1 和 m_2 的质心位矢 $\boldsymbol{r}_C = \dfrac{m_1 \boldsymbol{r}_1 + m_2 \boldsymbol{r}_2}{m_1 + m_2}$,其质心速度 $\boldsymbol{v}_C = \dfrac{\mathrm{d}\boldsymbol{r}_C}{\mathrm{d}t} = \dfrac{m_1 \boldsymbol{v}_1 + m_2 \boldsymbol{v}_2}{m_1 + m_2}$,可见 $\boldsymbol{v}_C = \boldsymbol{v}$。因此,这共同速度 v 也就是碰撞前后质心的速度 $\boldsymbol{v}_C$。

两物体作完全非弹性碰撞而损失的动能为碰撞前后的总动能之差,即

$$E_{\text{loss}} = \frac{1}{2} m_1 v_1^2 + \frac{1}{2} m_2 v_2^2 - \frac{1}{2}(m_1 + m_2)v^2 \tag{4-27}$$

由柯尼希定理公式 (4-11) 可知,两物体碰撞前的总动能等于其内动能 $E_{\text{k,int}}$ 和轨道动能 $\frac{1}{2}(m_1 + m_2)v_C^2$ 之和,所以上式给出

$$E_{\text{loss}} = E_{\text{k,int}} \tag{4-28}$$

即完全非弹性碰撞中物体系损失的动能等于该物体系的内动能,即相对于其质心系的动能,而轨道动能保持不变。

在完全非弹性碰撞中所损失的动能转换为其他形式的能量,如转换为分子运动的能量(即物体的内能)。在高能粒子实验中,通常利用对撞机使粒子碰撞引发粒子的转化。对撞机是一种可使两束高能带电粒子对撞的加速器,是一种研究粒子的行为及其规律的重要实验装置。引起粒子转变的能量就是碰撞前粒子的内动能,这一能量称为引起转变的**资用能**。早期的粒子碰撞大多是利用一个高速的粒子去撞击另一个静止的靶粒子。在这种情况下,入射粒子的动能只有一部分作为资用能被利用。

若入射粒子和靶粒子的质量分别为 m_1 和 m_2,则资用能只占入射粒子动能的 $m_2/(m_1 + m_2)$。为了充分利用碰撞前粒子的能量,就应尽可能减少碰撞前粒子系的轨道动能。现代高能粒子加速器都造成对撞机(如正负电子对撞机、质子—质子对撞机、质子—反质子对撞机等)就是基于这样的原因。在这类对撞机里,使质量和速率都相同的粒子发生对撞,由于它们的轨道动能为零,所以粒子碰撞前的总动能都可以用来作为资用能而引起粒子的转化(见例 6-13)。

【例 4-15】　弹性碰撞。两物体碰撞前后的总动能没有损失的碰撞叫做弹性碰撞,如两个台球的碰撞近似于这种碰撞;两个分子或两个粒子的碰撞,如果没有引起内部的变化,也都是弹性碰撞。设质量分别为 m_1 和 m_2 的两个球,沿同一条直线分别以速度 v_{10} 和 v_{20} 运动,碰撞后两球仍沿同一直线运动,这样的碰撞叫**对心碰撞**(图 4-27)。求两球发生弹性的对心碰撞后的速度各如何。

解　以 v_1 和 v_2 分别表示两球碰撞后的速度。由于碰撞后二者仍沿着原来的直线运动,根据动量守恒定律,有

$$m_1 v_{10} + m_2 v_{20} = m_1 v_1 + m_2 v_2 \tag{4-29}$$

由于是弹性碰撞,总动能应保持不变,即

$$\frac{1}{2} m_1 v_{10}^2 + \frac{1}{2} m_2 v_{20}^2 = \frac{1}{2} m_1 v_1^2 + \frac{1}{2} m_2 v_2^2 \tag{4-30}$$

联立解这两个方程,可得

$$v_1 = \frac{m_1 - m_2}{m_1 + m_2} v_{10} + \frac{2m_2}{m_1 + m_2} v_{20} \tag{4-31}$$

$$v_2 = \frac{m_2 - m_1}{m_1 + m_2} v_{20} + \frac{2m_1}{m_1 + m_2} v_{10} \tag{4-32}$$

下面通过两个特例来说明这一结果的意义。

特例 1:两个球的质量相等,即 $m_1 = m_2$。这时以上两式给出

$$v_1 = v_{20}, \quad v_2 = v_{10}$$

即碰撞结果为两球互相交换速度。如果原来一个球是静止的,则碰撞后它将接替原来运动的那个球继续运动。打台球或打克朗棋时常常会看到这种情况,同种气体分子的相撞也常设想为这种情况。

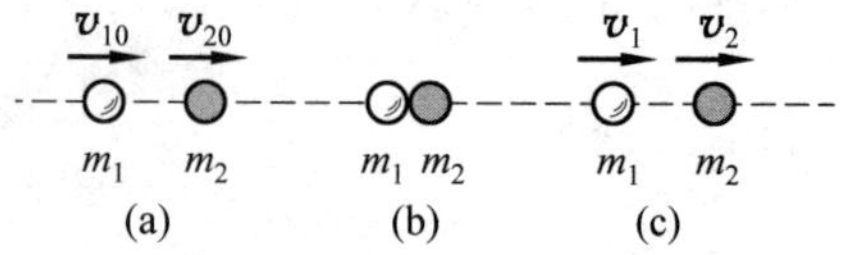

图 4-27　两个球的对心碰撞

(a) 碰撞前;(b) 碰撞时;(c) 碰撞后

特例 2:一球的质量远大于另一球,如 $m_2 \gg m_1$,而且大球的初速为零,即 $v_{20} = 0$。这时,式(4-31)和式(4-32)给出

$$v_1 = -v_{10}, \quad v_2 \approx 0$$

即碰撞后大质量球几乎不动而小质量球以原来的速率返回。乒乓球撞铅球,网球撞墙壁(这时大质量球相当于墙壁,也可理解为地球)及拍皮球时,皮球与地面的碰撞都是这种情形;气体分子与容器壁的垂直碰撞,反应堆里的中子与重核的完全弹性对心碰撞也是这样的实例。

【例 4-16】　弹弓效应。如图 4-28 所示,土星的质量为 5.68×10^{26} kg,以相对于太阳的轨道速率 9.7 km/s 运行;一空间探测器质量为 150 kg,以相对于太阳的速率 10.4 km/s 迎向土星飞行。由于土星的引力,探测器绕过土星沿和原来速度相反的方向离去。求它离开土星后的速度。

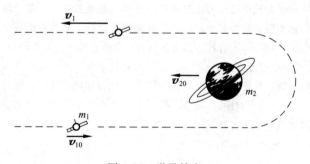

图 4-28　弹弓效应

解　如图 4-28 所示,探测器从土星旁飞过的过程可视为一种无接触的"碰撞"过程。它们遵守量守恒定律的情况和例 4-15 两球的弹性碰撞相同,因而速度的变化可用式(4-31)求得。由于土星质量 m_2 远大于探测器的质量 m_1,在式(4-31)中可忽略 m_1 而得出探测器离开土星后的速度为

$$v_1 = -v_{10} + 2v_{20}$$

如图 4-28 所示,以 v_{10} 的方向为正,$v_{10} = 10.4$ km/s,$v_{20} = -9.7$ km/s,因而

$$v_1 = -10.4 - 2 \times 9.7 = -29.8 \text{ (km/s)}$$

此结果表明,探测器从土星旁绕过后由于引力的作用而速率增大了。这种现象叫做**弹弓效应**。本例是一种最有利于探测器速率增大的情况。实际上,探测器飞近的速度不一定和行星的速度正好反向,但由于引力的作用,它绕过行星后的速率还是要增大的。

　　弹弓效应是航天技术中增大宇宙探测器速率的一种有效办法,又被称为**引力助推**,俗称秋千效应。美国国家航空与航天局(英文缩写为 NASA,又称宇航局、太空总署)在 1989 年 10 月 18 日发射的伽利略号木星探测器(1995 年 12 月 7 日进入环木星轨道,并用了两年时间探测木星大气及其主要的卫星,2003 年 9 月 21 日坠落)就利用了这种助推技术;如图 4-29 所示,它的轨道设计成一次从金星旁绕过,两次从地球旁绕过,都因为这种助推技术而增加了速率。这种轨道设计技术有效地减少了它从航天飞机上发射时所需要的能量。另一种设计技术可缩短探测器到达木星的时间(只需两年半),但因为采用液氢和液氧作燃料的强大推进器,因而对航天飞机来说是比较昂贵且危险的。

(a)

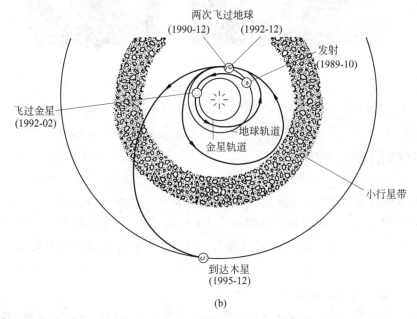

(b)

图 4-29　伽利略号木星探测器

(a)飞临木星;(b)飞行轨道

美国宇航局在 1997 年 10 月 15 日发射了一颗探测土星的卡西尼——惠更斯号核动力航天器。它重达 6.4 t,两次掠过金星,1999 年 8 月在 900 km 上空掠过地球,然后掠过木星,如图 4-30 所示。在掠过这些行星时都利用了引力助推技术来加速并改变航行方向,因而节省了 77 t 燃料。在经历 6 年 8 个月 3.5×10^9 km 的漫长航程后,它于 2004 年 7 月 1 日按计划进入土星轨道,开始人类有史以来对土星的光环系统及其 31 颗卫星进行为时 4 年的考察。2004 年 12 月卡西尼号携带的子探测器——惠更斯号探测器与卡西尼号分离,奔向土星最大的卫星——土卫六,以考察这颗和地球早期(45 亿年前)极其相似的天体。20 天后,惠更斯号飞临土卫六上空,打开降落伞下降并进行拍照和大气监测,随后在土卫六的表面着陆,继续工作约 90 min 后就永远留在了那里。卡西尼号直到 2017 年 9 月 15 日进入土星大气层才结束了任务。

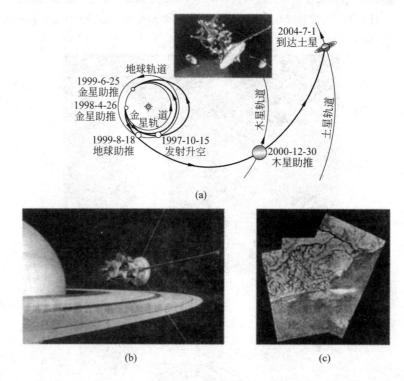

图 4-30　土星探测

(a)"卡西尼"号运行轨道;(b)"卡西尼"号越过土星光环;(c)惠更斯拍摄的土卫六表面照片

*4.9　流体的稳定流动

液体和气体合称为**流体**。液体和气体一样,都富于流动性,具有相似的运动规律,它们属于流体力学的内容。实际流体的运动往往是非常复杂的,作为初步介绍,本节和 4.10 节将介绍液体运动的一些知识,但只讨论其最简单和最基本的情况,主要为理想流体的运动和平衡规律及其基本应用。

1. 理想流体及其基本概念

流体的压强和密度的变化并不是相互独立的。当流体运动时,又有流速的问题。因此,处理问题时需要先选定理论模型,对不同情况进行适当的简化,使问题的处理变得简单。

实际液体具有如下的一些特征:①一定的黏滞性。即液体中相邻的层面相互拽拉从而阻止它们的相对运动。黏滞性反映液体流动难易的程度,越难流动的物质黏度越大。胶水、蜂蜜等都是黏度较大的物质。②液体只是在很大的压强下才能被少量地压缩。例如,水的压缩性是很小的,压强每增加 10^5 Pa,其体积变化率不到万分之一。③实际液体的运动,特别是越过障碍物时,可能出现**湍流**。图 4-31 中就有这样的情形。

图 4-31 稳定流和湍流

新疆喀纳斯河卧龙湾,近处湾面宽广,水流缓慢,各处水流速度不随时间改变,水面平静稳定,一如镜面。此处水流为稳流。远处水流通道截面缩小,水流速度变大而且各处水流速度不断随时间改变,形成湍流。

在不少问题中,黏滞性和压缩性对流体的影响很小,是问题的次要因素,流动性才是主要因素。为使处理问题的方式简单化,我们假定流动具有**不可压缩性**(密度为常量)、**无黏滞性**(无内摩擦力)和无旋性(无闭合流线出现),则流体各部分均可自由稳定地流动或流体各层面之间、流体与管道壁之间都没有相互拽拉的作用力,这样的理想化流体模型称为**理想流体**。或者说,理想流体是指完全不可压缩且无黏滞性的流体。当气体的流速较低(如远小于声速,约为声速的 1/3)时,在实际处理中,可把气体近似当作不可压缩的。理想气体的压缩性遵从理想气体定律,其流动一般来说不是理想流动。

所谓**流线**,就是指某一瞬时流体各点流动方向的假想曲线。曲线上任一点的切线与该点的流速方向相重合。流线密的地方流速大,稀疏的地方流速小。因此,流线是空间流速分布的形象化,是流场的几何描述。它类似于电磁学中的电场线和磁感应线。如果流体中任一处的运动要素(如流速、压强、密度等)均不随时间改变,则这样的流动称为**定常流**,也称稳定流或恒定流,有时也简称稳流。在定常流情况下,流线不随时间而变,且与迹线重合,即流速场中每点都有确定的流速方向,流线是不会相交的。若流线随时间而变,则为**非定常流**(非恒定流)情况。

虽然严格的稳定流并不多见,但大多数液体运动可近似当做稳定流来处理。下面我们只讨论理想流体的稳定流,图 4-31 就有类似的情况。在这种流动中,流道中流过各点的流体元的速度不随时间改变。例如,缓慢流过渠道的水流或流过水管的水流的中部可认为接近稳流,血管中血液的流动也近似稳定流。稳定流中流体元速度的分布常用流线描绘,图 4-32 显示了这种流线图。理想流体的各条流线都是连续的且不会相交。

由于真实流动有内摩擦存在,因此流动运动的速度变得杂乱无序。真实流动的运动存

图 4-32   用染色示踪剂显示的流体流过一圆筒的稳定流流线图

在层流和湍流两种情况,层流有速度的变化,湍流不是一种稳定流动。

2. 稳定流的连续性原理(方程)

下面我们根据理想流体的稳定流动,给出流速与流体截面的关系。

河流中流水的速率随河道宽窄而变化的景象随处可见,河道越窄,流动越快;河道越宽,流动越慢。为了求出它们的定量关系,考虑流体在粗细有变化的管道中流动的情形,如图 4-33 所示。以 v_1 和 v_2 分别表示流体流过管道截面 S_1 较粗处和流过截面 S_2 较细处的速率,$S_1 v_1 \Delta t$ 和 $S_2 v_2 \Delta t$ 分别表示流体在时间间隔 Δt 内流过两截面处的体积,ρ 表示流体的

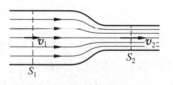

图 4-33   流体在管道中流动

密度,对于稳定流情况下的理想流体,流体就不可能在 S_1 和 S_2 之间发生积聚或短缺,因此,流入 S_1 的流量(流体体积或质量)必然等于同一时间内从 S_2 流出的流体的流量(体积或质量),即

$$S_1 v_1 \Delta t = S_2 v_2 \Delta t$$

或

$$\rho S_1 v_1 \Delta t = \rho S_2 v_2 \Delta t$$

将上式化简,则有

$$S_1 v_1 = S_2 v_2 \qquad (4\text{-}33)$$

这一关系式称为稳定流的**连续性原理**或**连续性方程**。它表明,管中的流速和管道的横截面积成反比,即管道截面积越小,管内流体的流速越快。例如,用橡皮管给花草洒水时,要想橡皮管出水口的流速快一些,就把管口用手指堵住一些就是这个道理。

上述所说的**流量**是指单位时间内通过过流断面的流体量。以体积计的流体量,称为**体积流量**,以 Q 表示,单位为 m^3/s 或 L/s;以质量计的流体量,称为**质量流量**,单位为 kg/s 或 t/h(吨/时)等。由于密度不随时间而改变,这段流管内的流体质量为常量,因此连续性原理也体现了流体在流动中的质量守恒。

*4.10 伯努利方程

伯努利方程是由瑞士数学家伯努利(D. Bernoulli,1700—1782)于1738年通过实验和推理首先建立的,故名。它不是一个新的基本原理,而是把功能原理与机械能守恒定律相结合表述为适合于流体力学应用的形式,建立了管道截面与压强之间的关系。

4.9节的连续性原理说明,流体流动时横截面积的变化将引起速度的变化。根据牛顿第二定律可知,流体速度的变化是与流体内各部分的相互作用力或压强相联系的。同时,随着流体流动时高度的变化,重力也会引起速度的变化。因此,试图把流体作为质点系看待,直接应用牛顿定律来分析流体的运动是非常复杂而繁难的工作。于是,下面利用功能原理导出理想流体稳定流动的运动和力的关系。

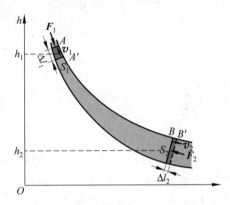

图 4-34　推导伯努利方程用图

假设一理想流体沿着一横截面变化的流管作稳定流动,且流管各处的高度不同,如图 4-34 所示。选取在时刻 t 流管中的两截面 A 和 B 之间的一段流体(如水)作为研究的系统。由于流体由 A 向 B 流动,经过时间 Δt,系统的后方和前方分别达到截面 A' 和 B'。在 Δt 内,它的后方和前方的横截面积分别是 S_1 和 S_2,流率分别是 v_1 和 v_2,而通过的距离分别是 Δl_1 和 Δl_2。截面 A 后方的流体以力 $\boldsymbol{F}_1$ 把这段流体由 AB 位置推向 $A'B'$ 位置,则力 $\boldsymbol{F}_1$ 对这段流体做的功是

$$\Delta A_1 = F_1 \Delta l_1 = p_1 S_1 \Delta l_1 = p_1 \Delta V_1 \tag{4-34}$$

式中,p_1 是作用在截面积 S_1 上的压强,$\Delta V_1 = S_1 \Delta l_1$ 是在 Δt 内流入截面 A 的流体的体积。在同一时间内,在截面 B 前方的流体对 AB 段流体的作用力 $\boldsymbol{F}_2$ 对该段流体做功,其值应为

$$\Delta A_2 = -F_2 \Delta l_2 = -p_2 S_2 \Delta l_2 = -p_2 \Delta V_2 \tag{4-35}$$

式中,p_2 是作用在截面积 S_2 上的压强,$\Delta V_2 = S_2 \Delta l_2$ 是在 Δt 内流出截面 B 的流体的体积。对被当作系统的那一段流体来说,根据连续性方程,AB 间的流体体积应等于 $A'B'$ 间流体的体积 ΔV_2,表示为 $\Delta V = \Delta V_1 = \Delta V_2$。

当流体在流管中流动时,其动能和势能都随时间改变。但是,对于稳定流动,在时间 Δt 内,截面 A' 和 B 之间的那段流体的状态没有发生变化。整段流体系统的机械能的变化也就等于 ΔV_l 内的流体移动到 ΔV_2 时机械能的变化。若令 ρ 表示流体的密度,考虑到理想流体的不可压缩性,ρ 处处相同,则 ΔV_1 和 ΔV_2 的流体的质量可表示为 $\Delta m = \rho \Delta V$。在 Δt 内系统的机械能的变化为

$$\Delta E = \frac{1}{2} \Delta m \cdot v_2^2 + \Delta m \cdot gh_2 - \left(\frac{1}{2} \Delta m \cdot v_1^2 + \Delta m \cdot gh_1 \right)$$

$$= \left[\frac{1}{2} \rho v_2^2 + \rho gh_2 - \left(\frac{1}{2} \rho v_1^2 + \rho gh_1 \right) \right] \Delta V \tag{4-36}$$

式中,h_1 和 h_2 分别为管道中 ΔV_l 和 ΔV_2 所在的高度。

由于理想流体是无黏滞的,流体各部分之间以及流体与管壁之间不存在黏滞力作用,因而没有非保守内力做功。流管外的流体对这段流体的压力与其运动速度垂直,因而不做功。根据系统的功能原理可知,Δm 从截面 S_1 流动到 S_2 的过程中,压强差所做的功等于机械能的变化,即

$$\Delta A_1 + \Delta A_2 = \Delta E$$

代入上面各相应的表示式,并考虑到 $\Delta V = \Delta V_l = \Delta V_2$,可得

$$p_1 - p_2 = \frac{1}{2}\rho v_2^2 + \rho g h_2 - \frac{1}{2}\rho v_1^2 - \rho g h_1$$

即

$$p_1 + \frac{1}{2}\rho v_1^2 + \rho g h_1 = p_2 + \frac{1}{2}\rho v_2^2 + \rho g h_2 \tag{4-37}$$

或表示为

$$p + \frac{1}{2}\rho v^2 + \rho g h = C(\text{常量}) \tag{4-38}$$

式(4-37)或式(4-38)称为**伯努利方程(或伯努利原理)**。式(4-38)中的 p、v 分别为流体在同一流线上任意点的压强和速度,方程左边第一项为静压强,第二项为动压强,第三项为重力引起的单位体积流体的势能,它会随高度 h 而改变,三者之和为常量 C。常量 C 对不同流线有不同的值,对于无旋的流动,在整个定常流流场中,方程中的常量 C 保持恒定。

伯努利方程是流体力学的基本规律之一,适用于定常流同一流管(流线)上的理想流体。对具有摩擦的真实流动,上述方程应加以修正,但实际上,它对黏度不是极大的流体也是基本适用的。

对式(4-37)中 $v_1 = v_2 = 0$ 的特殊情况,如一大容器中的水(图 4-35),则有

$$p_1 + \rho g h_1 = p_2 + \rho g h_2$$

用液体深度 D 代替高度 h,由于 $D = H - h$,所以又可得

$$p_2 - p_1 = \rho g(D_2 - D_1) \tag{4-39}$$

此式表明,静止的流体内两点的压强差与它们之间的深度差成正比。这就是中学物理课程中学过的流体静压强的公式。

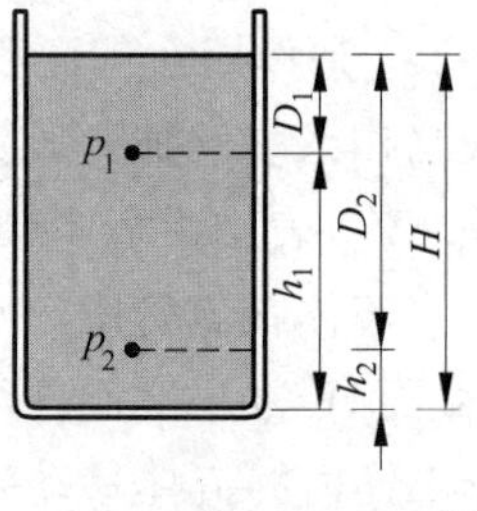

如果式(4-37)中 $h_1 = h_2$,则有

$$p_1 + \frac{1}{2}\rho v_1^2 = p_2 + \frac{1}{2}\rho v_2^2 \tag{4-40}$$

此式表明,在水平管道内流动的流体在流速大处其压强小,而在流速小处其压强大。

图 4-35　静止流体的压强

在水力学工程上,伯努利方程常写成如下形式

$$\frac{p}{\rho g} + \frac{v^2}{2g} + h = C_1(\text{常量})$$

此式左边三项依次称为压力头、速度头和高度头(水头),三者之和统称为总水力水头,简称总头。对作定常流的理想流体,此方程对于确定流体内部压力和流速有很大的实际意义,它是水利、化工、造船和航空等领域相关测量手段的理论基础。例如,当两艘船并排航行时,如

果两船相邻一侧的流道较窄,则其水流流速将比两船外侧快,两船相邻一侧受到水的压力比外侧小,容易造成两船相互"吸引"而发生碰撞事件。这是一种**空吸作用**,也称卷吸作用,它是流体流速增加时所产生的对周围流体的吸入作用。因此,对航速和容许靠近的距离应有明确规定。水流抽气机、喷雾器、内燃机中用的汽化器等都是根据伯努利方程和流体连续性方程,利用空吸作用制成的。当流体以较大流速通过流管时,在管道狭窄处流速很大,使该处压强小于其他区域,就会产生了对其他流体的空吸作用。

"弧线球"会使足球沿一弯曲轨道呈弧线行进,俗称"香蕉球"。它是足球场的一种踢球技术,可用式(4-40)加以解释。为使球的轨道弯曲,必须把球踢得"溜"——在它向前飞行的同时还绕自己的轴旋转,由于球向前运动,在球上看来,球周围的空气就向后流动,如图 4-36 所示(其中球向左飞行,气流向右)。由于旋转,球表面附近的空气就被球表面拽拉得随表面旋转。图 4-36 中球按顺时针方向旋转,其外面空气也按顺时针方向旋转,速度合成的结果使得球左方空气的流速就小于其右方空气的流速,其流线的疏密大致如图 4-36 所示。根据式(4-40)可知,球左侧所受空气的压强就大于球运动前方较远处的压强,而球右侧所受空气的压强将小于球运动前方较远处的压强,但在其前方较远处的压强是一样的。所以球左侧受空气的压强就大于其右侧受空气的压强,球左侧受的力也就大于右侧受的力。正是这一压力差迫使球偏离直线轨道而转向右方作曲线运动了。

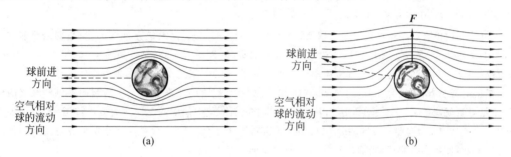

图 4-36 "香蕉球"轨道弯曲的解释

(a) 不旋转的球直进;(b) 旋转的球偏斜

乒乓球赛事中的弧圈球,是将速度与旋转相结合的一种旋转快、冲力大、变化多的进攻技术。最常见的上旋、下旋、左旋或右旋球的弯曲轨道也都是基于同样的原理产生的。

【**例 4-17**】 **水箱放水**。一水箱底部在其内水面下深度为 D 处安置一水龙头,如图 4-37 所示。当水龙头打开时,箱中的水以多大速率流出?

解 箱中水的流动可看成从一段非常粗的管子流向一段细管而从出口流出,在粗管中的流速,也就是箱中液面下降的速率非常小,可认为式(4-37)中的 $v_1 = 0$。另外,由于箱中液面和从龙头中流出的水所受的空气压强都是大气压强,则 $p_1 = p_2$。由式(4-37),有

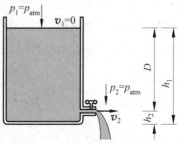

$$\rho g h_1 = \rho g h_2 + \frac{1}{2}\rho v_2^2$$

由此可得

$$v_2 = \sqrt{2g(h_1 - h_2)} = \sqrt{2gD} \qquad (4\text{-}41)$$

这一结果与水自由降落同一高度 D 所获得的速率一样。也可以设想一些水从水箱中水面高度直接自由降落到出水口高度,利用

图 4-37 例 4-17 用图

机械能守恒定律将给出同样结果。

【例 4-18】　文丘里流速计。文丘里流速计是根据流体连续性方程和空吸作用制成的，用于测定管道中流体流速或流量的仪器。它是一段具有一狭窄"喉颈"的喉形管，如图 4-38 所示，此喉颈和管道分别与一压强计的两端相通，试用压强计所示的压强差表示管道中流体的流速。

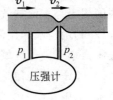

解　以 S_1 和 S_2 分别表示管道和喉颈的横截面积，以 v_1 和 v_2 分别表示对应通过它们的流速。根据连续性方程，有

$$v_2 = \frac{S_1}{S_2} v_1$$

由于管子平放，则管道和喉颈平均高度相同，即 $h_1 = h_2$，伯努利方程给出

$$p_1 - p_2 = \frac{1}{2}\rho v_2^2 - \frac{1}{2}\rho v_1^2 = \frac{1}{2}\rho v_1^2 \left[(S_1/S_2)^2 - 1 \right]$$

求得管道中的流速为

图 4-38　文丘里流速计

$$v_1 = \sqrt{\frac{2(p_1 - p_2)}{\rho\left[(S_1/S_2)^2 - 1\right]}} \tag{4-42}$$

其中的文丘里管由意大利物理学家文丘里（G. B. Venturi，1746—1822）创制，故名。

【例 4-19】　逆风行舟。俗话说："好船家会使八面风"，有经验的水手能够使用风力开船逆风行进，试用伯努利原理说明其中的道理。

解　利用伯努利原理可说明这一现象。设风沿 v 的方向吹来，以 V 表示船头的指向，即船要前进的方向，如图 4-39(a)所示。AB 为帆，注意帆并不是纯平面的，而是弯曲的弧面，如图 4-39(b)所示。因此，气流经过帆时，在帆凸起的一侧，气流速率要大些，而在凹进的一侧，气流的速率要小些。

根据伯努利方程（这时 $h_1 = h_2$）可知，在帆凹进的一侧，气流的压强要大于帆凸起的一侧的气流的压强，于是对帆就产生了一个气动压力 f，其方向垂直于帆面而偏向船头的方向。此力可按图 4-39(c)那样分解为两个分力：指向船头方向的分力 f_f 和指向船侧的分力 f_s。分力 f_s 被船在水中的龙骨受水的侧向阻力所平衡，使船不致侧移，船就在分力 f_f 的推动下向前行进了。

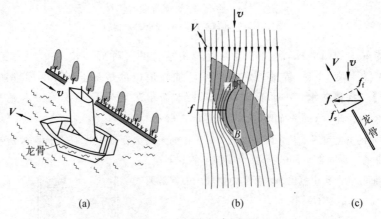

(a)　　　　　　　　　　(b)　　　　　　　　(c)

图 4-39　逆风行舟原理

(a) 逆风行驶；(b) 空气流线示意图；(c) 推进力 f_f 的产生

由以上分析可知，船并不能正对着逆风前进，而是要偏一个角度。在逆风正好沿着航道吹来的情况下，船就只能沿"之"字形轨道曲折前进了，帆的形状和方向对船的"逆风"前进是有关键性的影响的。

逆风行舟也可用 3.1 节的质点的冲量和动量定理来解释。根据物体所受冲量和动量变化的关系进行分析，冲量的方向为动量增量的方向。

思 考 题

4-1　一辆卡车在水平直轨道上匀速开行,你在车上将一木箱向前推动一段距离。在地面上测量,木箱移动的距离与在车上测得的是否一样长? 你用力推动木箱做的功在车上和在地面上测算是否一样? 一个力做的功是否与参考系有关? 一个物体的动能呢? 动能定理呢?

4-2　你在相当于五层楼高的悬崖向外扔石块。一次水平扔出,一次斜向上扔出,一次斜向下扔出。如果三个石块质量一样,在下落到地面的过程中,重力对哪一个石块做的功最多?

4-3　一质点的势能随 x 变化的势能曲线如图 4-40 所示。在 $x=2,3,4,5,6,7$ 诸位置时,质点受的力各是 $+x$ 还是 $-x$ 方向? 哪个位置是平衡位置? 哪个位置是稳定平衡位置(质点稍微离开平衡位置时,它受的力指向平衡位置,则该位置是稳定的;如果受的力是指离平衡位置,则该位置是不稳定的)?

4-4　向上扔一石块,其机械能总是由于空气阻力不断减小。试根据这一事实说明石块上升到最高点所用的时间总比它回落到抛出点所用的时间要短些。

4-5　评价一种产品的生产效率时,"能耗"常作为一个指标,在该产品的生产过程中能量真的消耗掉了吗?

4-6　对比引力定律和库仑定律的形式,你能直接写出两个电荷(q_1,q_2)相距 r 时的电势能公式吗? 这个势能可能有正值吗?

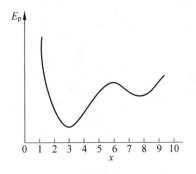

图 4-40　思考题 4-3 用图

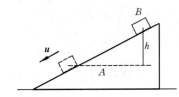

图 4-41　思考题 4-7 用图

4-7　如图 4-41 所示,物体 B(质量为 m)放在光滑斜面 A(质量为 M)上。二者最初静止于一个光滑水平面上。有人以 A 为参考系,认为 B 下落高度 h 时的速率 u 满足

$$mgh = \frac{1}{2}mu^2$$

其中 u 是 B 相对于 A 的速度。这一公式为什么错了? 正确的公式应如何写?

4-8　如图 4-42 所示的两个由轻质弹簧和小球组成的系统,都放在水平光滑平面上,今拉长弹簧然后松手。在小球来回运动的过程中,对所选的参考系,两系统的动量是否都改变? 两系统的动能是否都改变? 两系统的机械能是否都改变?

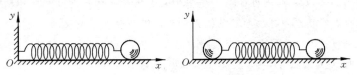

图 4-42　思考题 4-8 用图

4-9　行星绕太阳 S 运行时(图 4-43),从近日点 P 向远日点 A 运行的过程中,太阳对它的引力做正功还是负功? 再从远日点向近日点运行的过程中,太阳的引力对它做正功还是负功? 由功判断,行星的动能以及引力势能在这两阶段的运行中各是增加还是减少? 其机械能呢?

4-10　飞机机翼断面形状如图 4-44 所示。当飞机起飞或飞行时机翼的上下两侧的气流流线如图。试据此图说明飞机飞行时受到"升力"的原因。这和气球上升的原因有何不同?

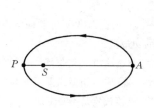

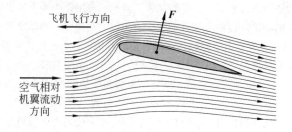

图 4-43　行星的公转运行　　　　　图 4-44　飞机"升力"的产生

4-11　两条船并排航行时(图 4-45)容易相互靠近而致相撞发生事故。这是什么原因?

4-12　在漏斗中放一乒乓球,颠倒过来,再通过漏斗管向下吹气(图 4-46),则发现乒乓球不但不被吹掉,反而牢牢地留在漏斗内,这是什么原因?

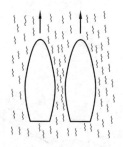

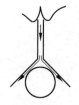

图 4-45　并排开行的船有相撞的危险　　　　图 4-46　乒乓球吹不掉

习题

4-1　电梯由一个起重间与一个配重组成。它们分别系在一根绕过定滑轮的钢缆的两端(图 4-47)。起重间(包括负载)的质量 $M=1\,200\,\text{kg}$,配重的质量 $m=1\,000\,\text{kg}$。此电梯由和定滑轮同轴的电动机所驱动。假定起重间由低层从静止开始加速上升,加速度 $a=1.5\,\text{m/s}^2$。

(1) 这时滑轮两侧钢缆中的拉力各是多少?

(2) 加速时间 $t=1.0\,\text{s}$,在此时间内电动机所做功是多少? (忽略滑轮与钢缆的质量)

(3) 在加速 $t=1.0\,\text{s}$ 以后,起重间匀速上升。求它再上升 $\Delta h=10\,\text{m}$ 的过程中,电动机又做了多少功?

4-2　一匹马拉着雪橇沿着冰雪覆盖的圆弧形路面极缓慢地匀速移动。设圆弧路面的半径为 R (图 4-48),马对雪橇的拉力总是平行于路面,雪橇的质量为 m,与路面的滑动摩擦系数为 μ_k。当把雪橇由底端拉上 $45°$ 圆弧时,马对雪橇做功多少? 重力和摩擦力各做功多少?

4-3　2001 年 9 月 11 日美国纽约世贸中心双子塔遭恐怖分子劫持的飞机撞毁(图 4-49)。据美国官方发表的数据,撞击南楼的飞机是波音 767 客机,质量为 132 t,速度为 942 km/h。求该客机的动能,这一能量相当于多少 TNT 炸药的爆炸能量?

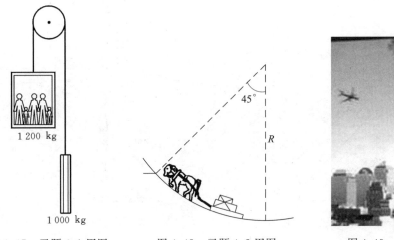

图 4-47　习题 4-1 用图　　　　图 4-48　习题 4-2 用图　　　　图 4-49　习题 4-3 用图

4-4　矿砂由料槽均匀落在水平运动的传送带上,落砂流量 $q=50$ kg/s。传送带匀速移动,速率为 $v=1.5$ m/s。求电动机拖动皮带的功率,这一功率是否等于单位时间内落砂获得的动能? 为什么?

4-5　如图 4-50 所示,A 和 B 两物体的质量 $m_A=m_B$,物体 B 与桌面间的滑动摩擦系数 $\mu_k=0.20$,滑轮摩擦不计。试利用功能概念求物体 A 自静止落下 $h=1.0$ m 时的速度。

4-6　如图 4-51 所示,一木块 M 静止在光滑地平面上。一子弹 m 沿水平方向以速度 v 射入木块内一段距离 s' 而停在木块内,而使木块移动了 s_1 的距离。

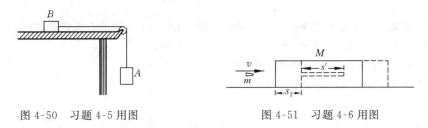

图 4-50　习题 4-5 用图　　　　　图 4-51　习题 4-6 用图

(1) 相对于地面参考系,在这一过程中子弹和木块的动能变化各是多少? 子弹和木块间的摩擦力对子弹和木块各做了多少功?

(2) 证明子弹和木块的总机械能的增量等于一对摩擦力之一沿相对位移 s' 做的功。

4-7　如图 4-52 所示,物体 A(质量 $m=0.5$ kg)静止于光滑斜面上。它与固定在斜面底 B 端的弹簧上端 C 相距 $s=3$ m。弹簧的劲度系数 $k=400$ N/m,斜面倾角 $\theta=45°$。求当物体 A 由静止下滑时,能使弹簧长度产生的最大压缩量是多大?

4-8　图 4-53 表示质量为 72 kg 的人跳蹦极。弹性蹦极带原长 20 m,劲度系数为 60 N/m。忽略空气阻力。

(1) 此人自跳台跳出后,落下多高时速度最大? 此最大速度是多少?

(2) 已知跳台高于下面的水面 60 m。此人跳下后会不会触到水面?

*4-9　如图 4-54 所示,一轻质弹簧劲度系数为 k,两端各固定一质量均为 M 的物块 A 和 B,放在水平光滑桌面上静止。今有一质量为 m 的子弹沿弹簧的轴线方向以速度 v_0 射入一物块而不复出,求此后弹簧的最大压缩长度。

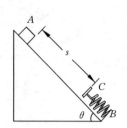

图 4-52　习题 4-7 用图

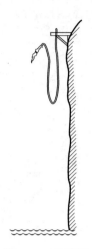

图 4-53　跳蹦极

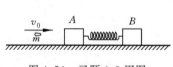

图 4-54　习题 4-9 用图

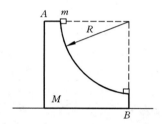

图 4-55　习题 4-10 用图

*4-10　一质量为 m 的物体,从质量为 M 的圆弧形槽顶端由静止滑下,设圆弧形槽的半径为 R,张角为 $\pi/2$(图 4-55)。如所有摩擦都可忽略,求:

(1) 物体刚离开槽底端时,物体和槽的速度各是多少?

(2) 在物体从 A 滑到 B 的过程中,物体对槽所做的功 A。

(3) 物体到达 B 时对槽的压力。

4-11　证明:一个运动的小球与另一个静止的质量相同的小球作弹性的非对心碰撞后,它们将总沿互成直角的方向离开。(参看图 4-23 和图 4-24)

4-12　一质量为 m 的人造地球卫星沿一圆形轨道运动,离开地面的高度等于地球半径的 2 倍(即 $2R$)。试以 m,R,引力恒量 G,地球质量 M 表示出:

(1) 卫星的动能;

(2) 卫星在地球引力场中的引力势能;

(3) 卫星的总机械能。

*4-13　证明:行星在轨道上运动的总能量为

$$E = -\frac{GMm}{r_1 + r_2}$$

式中 M,m 分别为太阳和行星的质量,r_1,r_2 分别为太阳到行星轨道的近日点和远日点的距离。

4-14　两颗中子星质量都是 10^{30} kg,半径都是 20 km,相距 10^{10} m。如果它们最初都是静止的,试求:

(1) 当它们的距离减小到一半时,它们的速度各是多大?

(2) 当它们就要碰上时,它们的速度又将各是多大?

4-15　一个星体的逃逸速度为光速时,亦即由于引力的作用光子也不能从该星体表面逃离时,该星体就成了一个"黑洞"。理论证明,对于这种情况,逃逸速度公式($v_e = \sqrt{2GM/R}$)仍然正确。试计算太阳要是成为黑洞,它的半径应是多大(目前半径为 $R = 7 \times 10^8$ m)? 质量密度是多大? 比原子核的平均密度(2.3×10^{17} kg/m³)大到多少倍?

4-16　^{238}U 核放射性衰变时放出的 α 粒子时释放的总能量是 4.27 MeV,求一个静止的 ^{238}U 核放出的 α 粒子的动能。

*4-17　已知某双原子分子的原子间相互作用的势能函数为

$$E_p(x) = \frac{A}{x^{12}} - \frac{B}{x^6}$$

其中 A,B 为常量,x 为两原子间的距离。试求原子间作用力的函数式及原子间相互作用力为零时的距离。

*4-18　在实验室内观察到相距很远的一个质子(质量为 m_p)和一个氦核(质量 $M = 4m_p$)相向运动,速率都是 v_0。求二者能达到的最近距离。(忽略质子和氦核间的引力势能,但二者间的电势能需计入。电势能公式可根据引力势能公式猜出。)

4-19　有的黄河区段的河底高于堤外田地。为了用河水灌溉堤外田地就用虹吸管越过堤面把河水引入田中。虹吸管如图 4-56 所示,是倒 U 形,其两端分别处于河内和堤外的水渠口上。如果河水水面和堤外管口的高度差是 5.0 m,而虹吸管的半径是 0.20 m,则每小时引入田地的河水的体积是多少 m³?

4-20　喷药车的加压罐内杀虫剂水的表面的压强是 $p_0 = 21$ atm,管道另一端的喷嘴的直径是 0.8 cm(图 4-57)。求喷药时,每分钟喷出的杀虫剂水的体积。设喷嘴和罐内液面处于同一高度。

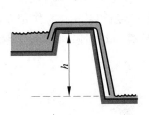

图 4-56　习题 4-19 用图

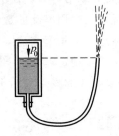

图 4-57　习题 4-20 用图

不登高山,不知天之高也;不临深溪,不知地之厚也。

——(先秦)《荀子·劝学》

第 5 章

刚体的定轴转动

本章在质点的牛顿运动定律及其延伸的概念与原理的基础上,引入刚体的概念,讲解刚体转动的一般规律。把刚体看成一个特殊的质点系,而不需要引入新的动力学规律即可解决刚体的动力学问题,其运动规律是牛顿运动定律对这种质点系的应用。

刚体运动是其他复杂运动的基础。刚体的定轴转动可以类比线性运动进行描述。因此,我们可以将 5.1 节～5.4 节分别与第 1～4 章相对应,用类比法学习本章内容,即从如何描述刚体的运动,到"用准确的数学语言"进行逻辑推理,进而演绎出刚体转动的一般规律。

下面先从运动学角度描述刚体转动,然后通过牛顿第二定律导出力的作用对刚体转动的直接影响——转动定律,进一步说明刚体转动惯量的计算,以及刚体转动角动量及其守恒,最后讲解功与能的概念应用于刚体转动的情况。

5.1 刚体转动的描述

前几章,所研究的对象及其适用范围限于理想化模型——质点。在实际问题中,很多物体的大小和形状是不能忽略的;一般地,实物固体在受力作用时,其形状和体积总要发生或大或小的改变。在讨论一个固体的运动时,如果其形状或体积的改变可以忽略,就可把此固体当作刚体处理。把构成刚体的全部质点的运动加以综合,即可得到它的运动规律。

1. 刚体及其转动的描述

刚体可以看成由许多质点组成,每一个质点称为刚体的一个质元,物体内各质点(质元)间的相对位置(或距离)始终保持不变的特殊质点系;或者说,在受力作用下,其各部分体积和形状始终保持不变的物体。**刚体**是在一定条件下从实物固体抽象出来的理想化模型。

刚体在运动过程中,还可能伴随着转动。转动是机械运动的一种形式。3.6 节介绍的定点转动是转动中最简单的情况。当物体绕某一固定轴线转动时,称为定轴转动,如门的运动等。在定轴转动中,各质元均做圆周运动,而且各圆周的圆心都在一条固定不变的直线上,这条直线叫做**转轴**。力的大小、方向和作用线是作用力于刚体上力的三要素。

刚体的一般运动可认为是质心的平动和绕某一转轴(定轴)转动的结合,它们都是刚体最基本、最简单的运动形式。平动也称为平移或平行移动,是机械运动的一种特殊形式。在平动过程中,物体内任意两点连成的直线始终与其初位置平行,物体内各点具有相同的运动状态。作为基础,本章只讨论刚体的定轴转动。其他较复杂的运动可看成是这两种运动——平动与转动的合成,或两种转动的叠加。

2. 描述刚体转动的状态量——角量和线量

刚体绕某一固定转轴转动时,如图 5-1(a)所示,各质元的线速度、加速度一般是不同的。由于刚体中各质元的相对位置保持不变,组成刚体的每一质元(质点)对同一转轴均有共同的角速度和角加速度,所以各质元运动的角量,如角位移、角速度和角加速度的描述方法都是相同的。因此,描述刚体整体的运动时,用角量较为方便。

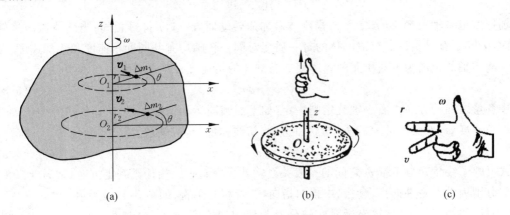

图 5-1　刚体的定轴转动与角速度 $\boldsymbol{\omega}$ 方向的确定

(a) 刚体的定轴转动;(b) 角速度 $\boldsymbol{\omega}$ 方向的确定;(c) 右手三指定则

用角位置(角坐标)描述刚体在任一时间 t 的转动位置。在不同的时刻,刚体对应不同的角位置量 θ,它是时间的函数,即 $\theta = \theta(t)$。设刚体在 t 时刻的角坐标为 θ_1,$t + \Delta t$ 时刻角坐标为 θ_2,则 $\Delta\theta = \theta_2 - \theta_1$;若对应的弧坐标增量为 Δs,则有 $\Delta s = r\Delta\theta$,其微分关系为 $\mathrm{d}s = r\mathrm{d}\theta$。可以证明(证明略),有限大的 $\Delta\theta$ 不是矢量,因为它的合成不满足矢量运算法则;无限小的 $\Delta\theta$ 称为刚体在 Δt 时间内的角位移,它反映了刚体在 Δt 时间内的位置变化,其方向由右手螺旋定则判定,规定为沿逆时针方向转动的角位移取正值。在 SI 中,其单位为弧度(rad)。

类似 1.7 节圆周运动的描述方法,以 $\mathrm{d}\theta$ 表示刚体在 $\mathrm{d}t$ 时间内转过的角位移量,则刚体的角速度 ω 为

$$\omega = \frac{\mathrm{d}\theta}{\mathrm{d}t} \tag{5-1}$$

角速度为矢量,以 $\boldsymbol{\omega}$ 表示,其方向规定为沿轴的方向,由右手螺旋定则或右手三指定则则确定,如图 5-1(b)或(c)所示。例如,地球自西向东转动,其角速度方向指向北极。

由于角速度为轴矢量,其方向只能沿转轴取向,因此,在分析转动问题时,通常把类似 ω 这样的轴矢量看成像直流电流那样的双向标量,用代数方法处理,以正或负来区别两个旋转方向。基于这样的处理方式,式(5-1)和后面的式(5-2)、式(5-13)等一般不表示为矢量式,而是类似于使用分量式,以简化分析过程。

工程上也用转速衡量物体旋转的快慢程度,它是转动物体在单位时间内绕定轴转过的转数,也是描述机器运转部件性能的重要参数之一,其单位为 r/min(转/分)或 r/s(转/秒),有时也用 rad/s 或非国际单位制 rpm(转/分)表示,如硬盘转速 7 200 rpm。角速度 ω 与转

速 n 的换算关系为 $\omega = 2\pi n$ 或 $\omega = \dfrac{2\pi n}{60}$。若转速选用 r/s 为单位，数值上与频率相等，因此，有时也把单位 r/s 中的 r 省略。它们之间的换算关系为 1 rpm＝1 r/min＝$\dfrac{1}{60}$s^{-1} 或 1 r/min＝$\dfrac{2\pi}{60}$ rad/s。

刚体的角加速度 α 的大小为

$$\alpha = \frac{\mathrm{d}\omega}{\mathrm{d}t} = \frac{\mathrm{d}^2\theta}{\mathrm{d}t^2} \tag{5-2}$$

角加速度也是轴矢量，以 $\boldsymbol{\alpha}$ 表示。当刚体做加速转动时，$\boldsymbol{\alpha}$ 与 $\boldsymbol{\omega}$ 符号相同；当刚体做减速转动时，$\boldsymbol{\alpha}$ 与 $\boldsymbol{\omega}$ 符号相反。组成刚体的每一质元对同一转轴均有共同的角速度和角加速度。

离转轴的距离为 r 的质元的线速度 v 与刚体的角速度 ω 的关系为

$$v = \omega r \tag{5-3}$$

式中各量之间的方向由右手螺旋定则决定，如平面圆周运动情况。

角速度 $\boldsymbol{\omega}$、半径矢量 $\boldsymbol{r}$（径矢）与轨道速度（切线速度）v 的关系为

$$\boldsymbol{v} = \boldsymbol{\omega} \times \boldsymbol{r} \tag{5-3a}$$

此式反映了线量 v 与角量 $\boldsymbol{\omega}$ 之间的一般关系。若采用右手三指法则判定方向，则 $\boldsymbol{\omega}$、$\boldsymbol{r}$、v 的方向分别为沿着右手拇指、食指、中指的指向，三者相互垂直，如图 5-1(c)所示。

对应的加速度 a（自然坐标系中的分量为切向加速度 a_t 和法向加速度 a_n，$\boldsymbol{a} = \boldsymbol{a}_\mathrm{t} + \boldsymbol{a}_\mathrm{n}$，$\boldsymbol{a}_\mathrm{t} = \boldsymbol{\alpha} \times \boldsymbol{r}$，$\boldsymbol{a}_\mathrm{n} = -\omega^2 \boldsymbol{r}$）和刚体的角加速度 α、角速度 ω 的关系分别为

$$a_\mathrm{t} = \frac{\mathrm{d}v}{\mathrm{d}t} = r\frac{\mathrm{d}\omega}{\mathrm{d}t} = r\alpha \tag{5-4}$$

$$a_\mathrm{n} = r\omega^2 = \frac{v^2}{r} \tag{5-5}$$

可见，角量（$\Delta\theta$，ω 和 α）描述了刚体转动的共性，线量（v，a_n 和 a_t）反映了各点运动情况的差别。角量与线量通过 $v = r\omega$、$a_\mathrm{n} = r\omega^2$、$a_\mathrm{t} = r\alpha$ 相联系。

刚体定轴转动的一种简单情况是匀加速转动，其角加速度 $\boldsymbol{\alpha}$ 保持不变，为常矢量。以 ω_0 和 ω 分别表示刚体在时刻 $t = 0$ 和 t 时的角速度，以 θ 表示它在从 0 到 t 时刻这一段时间内的角位移，类比匀加速直线运动，可推导出匀加速转动的相应公式

$$\omega = \omega_0 + \alpha t \tag{5-6}$$

$$\theta = \omega_0 t + \frac{1}{2}\alpha t^2 \tag{5-7}$$

$$\omega^2 - \omega_0^2 = 2\alpha\theta \tag{5-8}$$

【例 5-1】　缆索绕过滑轮。一条不可伸长的轻缆索绕过一定滑轮，且缆索与滑轮之间不打滑，并拉动一升降机，如图 5-2 所示。已知滑轮半径 $r = 0.5$ m，若升降机从静止开始以加速度 $a = 0.4$ m/s^2 匀加速上升，求：

（1）滑轮的角加速度；

（2）开始上升后，$t = 5$ s 末滑轮的角速度；

（3）在这 5 s 内滑轮转过的圈数。

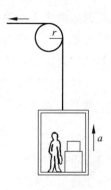

解 （1）由于升降机的加速度 a 和滑轮边缘上一点的切向加速度 a_t 相等，根据式（5-4），可得滑轮的角加速度为

$$\alpha = \frac{a_t}{r} = \frac{a}{r} = \frac{0.4}{0.5} \text{ rad/s}^2 = 0.8 \text{ rad/s}^2$$

（2）利用匀加速转动公式（5-6），由于 $\omega_0 = 0$，所以 5 s 末滑轮的角速度为

$$\omega = \alpha t = 0.8 \times 5 \text{ rad/s} = 4 \text{ rad/s}$$

（3）利用式（5-7），滑轮转过的角度为

$$\theta = \frac{1}{2}\alpha t^2 = \frac{1}{2} \times 0.8 \times 5^2 \text{ rad} = 10 \text{ rad}$$

滑轮与此对应转过的圈数（单位：r，转）为

$$n = \frac{10}{2\pi} \text{ r} = 1.6 \text{ r}$$

图 5-2 例 5-1 用图

5.2 刚体转动定律 转动惯量的计算

下面考虑力对刚体定轴转动的影响。首先利用牛顿第二定律，导出力的作用对刚体转动的直接影响——转动定律，然后进一步说明刚体转动惯量的概念及其计算方法。

1. 刚体转动定律

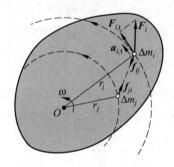

图 5-3 推导转动定律用图

如图 5-3 所示，刚体的一个垂直于轴的截面与轴相交于 O 点。刚体转动时，质元 Δm_i 做半径为 r_i 的圆周运动。设一外力作用在质元 Δm_i 上，此外力平行于转轴的分力不可能影响刚体绕轴的转动，所以只考虑此外力垂直于轴的分力的作用，以 F_i 表示此分力，以 f_{ij} 表示质元 Δm_i 受另一质元 Δm_j 的力，则 Δm_i 受本刚体所有其他质元的合力为 $\sum_j f_{ij}$。此力对刚体来说，是内力。以 $F_{i,t}$ 和 $\sum_j f_{ij,t}$ 分别表示外力和内力沿 Δm_i 的转动轨道的切向分力，则沿此切向应用牛顿第二定律，有

$$F_{i,t} + \sum_j f_{ij,t} = \Delta m_i a_{i,t} = \Delta m_i \frac{\mathrm{d}v_i}{\mathrm{d}t} = \Delta m_i r_i \frac{\mathrm{d}\omega}{\mathrm{d}t} \tag{5-9}$$

式中，ω 是刚体及其各质元的共有的角速度。

以 Δm_i 到轴的垂直距离 r_i 乘式（5-9）的首末各项，可得

$$r_i F_{i,t} + r_i \sum_j f_{ij,t} = \Delta m_i r_i^2 \frac{\mathrm{d}\omega}{\mathrm{d}t} = \Delta m_i r_i^2 \alpha \tag{5-10}$$

式中，$r_i F_{i,t}$ 是力 F_i 对轴的力矩（此处的 r_i 是力 F_i 对轴的力臂），而 $r_i \sum_j f_{ij,t}$ 是 Δm_i 所受的所有其他质元的内力对轴的力矩。刚体内所有质元都具有式（5-10）的形式，而整个刚体相当于由刚体内所有质元组成的质点系，因此有

$$\sum_i (r_i F_{i,t}) + \sum_i \left(r_i \sum_j f_{ij,t} \right) = \left(\sum_i \Delta m_i r_i^2 \right)\alpha \tag{5-11}$$

式中，第 1 项是刚体（各质元）所受的外力矩之和，称为合外力矩，以 M 表示。对刚体的定轴转动来说，力矩只可能是沿轴的一个方向或其相反方向，分别对应于绕轴的两个转向，因而

力矩的这两个方向也可用正负加以区别。第 2 项是刚体内各质元受其他所有质元的内力对轴的力矩之和。可以证明(证明略),这一内力矩的总和等于零,即刚体内各质元受其他所有质元的内力对轴的力矩之和等于零。

式(5-11)等号右侧括号内的求和因子只由刚体的质量及其对轴的分布决定,与刚体的运动状态无关。这一因子被定义为刚体对该转轴的**转动惯量**,以 J 表示。即

$$J = \sum_i \Delta m_i r_i^2 \quad (\text{刚体对轴的}) \tag{5-12}$$

式中,J 的 SI 单位为 kg · m²。转动惯量为标量,对于由质点系组成的转动系统,其转动惯量等于各质点对同一固定点转动的转动惯量的总和。这也说明转动惯量具有叠加性。

根据式(5-12),式(5-11)可改写为

$$M = J\alpha \tag{5-13}$$

这是由牛顿运动定律导出的又一基本规律——**刚体绕定轴转动的转动定律**,简称**转动定律**。此定律表明,定轴转动的刚体所受的合外力矩 M 等于刚体对此轴的转动惯量 J 与所获得的角加速度 α 的乘积。或者说,刚体在合外力矩 M 的作用下,所获得的角加速度 α 与合外力矩 M 的大小成正比,与刚体的转动惯量 J 成反比。

值得注意的是,力矩是力对物体产生转动效应的物理量,$M = J\alpha$ 是力矩的瞬时作用规律,M、J、α 都是对同一转轴而言的。将式(5-13)和牛顿第二定律 $F = ma$ 对比可知,前者的外力矩 M 相当于后者的外力 F,前者的角加速度 α 相当于后者的加速度 a,前者的转动惯量 J 相当于后者的惯性质量 m。这也是转动惯量命名的由来。

应用转动定律公式(5-13)解题时,建议也采用类似 2.4 节介绍的"三字经"所设计的分析思路和解题步骤。不过,这里要特别注意转轴的位置及其指向,以及力矩、角速度和角加速度的正负(即区别旋转方向)。下面举例说明。

【例 5-2】 **闸瓦制动飞轮**。一个飞轮的质量为 $m = 60$ kg,半径为 $R = 0.25$ m,正以 $\omega_0 = 1\,000$ r/min 的角速度转动着。现用闸瓦制动飞轮,如图 5-4 所示,要求在 $t = 5.0$ s 内使它均匀减速而最后停下来。求闸瓦对轮子的压力 N 为多大? 假定闸瓦与飞轮之间的滑动摩擦因数为 $\mu_k = 0.8$,且飞轮的质量可看做全部均匀分布在轮的外缘上(对其轴的转动惯量为 $J = mR^2$)。

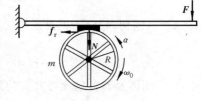

图 5-4　例 5-2 用图

解　飞轮在制动时一定有角加速度,这一角加速度 α 可用下式求出

$$\alpha = \frac{\omega - \omega_0}{t}$$

以 $\omega_0 = 1\,000$ r/min $= 104.7$ rad/s,$\omega = 0$,$t = 0$ 代入,可得

$$\alpha = \frac{0 - 104.7}{5}\text{rad/s} = -20.9 \text{ rad/s}$$

式中,α 为负值,表示它与 ω_0 的方向相反,与减速转动相对应。

飞轮的角加速度为负值是外力矩作用的结果,这一外力就是当用力 F 将闸瓦压紧到轮缘上时对缘面产生的摩擦力的力矩;若以 ω_0 方向为正,则此摩擦力矩应为负值。以 f_r 表示摩擦力的数值,则它对轮的

转轴的力矩为

$$M = -Rf_r = -\mu_k RN$$

根据刚体定轴转动定律 $M = J\alpha$，可得

$$-\mu_k RN = J\alpha$$

将 $J = mR^2$ 代入，解得

$$N = -\frac{mR\alpha}{\mu}$$

代入已知数值，求得

$$N = -\frac{60 \times 0.25 \times (-20.9)}{0.8}\text{N} = 392 \text{ N}$$

【例 5-3】 滑轮与物体联动。如图 5-5 所示，质量为 m_1，半径为 R 的均匀定滑轮（O 轴垂直圆盘，其转动惯量 $J = 1/2 m_1 R^2$）上盘绕有不可伸长的轻绳。绳的一端固定在滑轮边上，另一端挂一质量为 m_2 的物体而下垂。忽略转轴的摩擦，求物体 m_2 下落时的加速度。

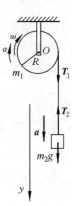

解 以圆盘和物体为研究对象，物体降落使圆盘转动。图中细绳上的一对拉力 T_1 和 T_2 的大小相等，方向相反，以 T 表示。

对轴 O 的定滑轮，转动惯量为 J，由转动定律列方程，有

$$RT = J\alpha$$

对物体 m_2，由牛顿第二定律，沿 y 方向列方程，有

$$m_2 g - T = m_2 a$$

滑轮和物体的运动学关系为

$$a = R\alpha$$

图 5-5 例 5-3 用图

联立解以上三式，并代入转动惯量 J，可得物体下落的加速度为

$$a = \frac{m_2}{m_2 + \dfrac{J}{R^2}}g = \frac{m_2}{m_2 + \dfrac{m_1}{2}}g = \frac{2m_2 g}{m_1 + 2m_2}$$

2. 刚体转动惯量的计算

转动惯量是物体在转动中惯性大小的量度，它由刚体本身的性质所决定。本节介绍计算物体转动惯量的方法，同时说明如何利用平行轴定理求出一些均匀刚体的转动惯量。

（1）转动惯量的计算方法

定轴转动定律公式（5-13）$M = J\alpha$ 的形式类似于牛顿第二定律，二者各物理量相互对应。刚体在相同的合外力矩作用下，J 越大，要使它开始转动或改变转动速度，也就越困难；若对转轴的 J 大，对应的 α 就小。可见，转动惯量反映了刚体转动惯性的大小。

应用定轴转动定律时，需要先求出刚体时对固定转轴（取为 z 轴）的转动惯量。根据式（5-12）可知，转动惯量的定义为

$$J = J_z = \sum_i \Delta m_i r_i^2$$

对质量连续分布的刚体，上述求和以积分代替，即

$$J = \int r^2 \,\mathrm{d}m \tag{5-14}$$

式中，r 为刚体质元 $\mathrm{d}m$ 到转轴的垂直距离。

由上面两式可知，刚体对某转轴的转动惯量等于刚体中各质元的质量和它们各自离该

转轴的垂直距离的平方的乘积的总和。转动惯量不仅与刚体的总质量有关,而且与刚体的形状、质量相对于轴的分布(材料的性质)以及转轴的位置有关,也就是说,它只与绕定轴转动的刚体本身的性质和转轴的位置有关。因此,我们在讲转动惯量时,必须明确针对哪一转轴。

根据转动惯量的叠加性可知,如果一个运动系统由多个物体(刚体或质点)组成,则各部分物体对同一转轴的转动惯量之和就是系统对该转轴的转动惯量。

对于质量集中于一点时的物体,其转动惯量的计算式为

$$J = mr^2$$

对于物体为分立(离散)的质点,其转动惯量的计算式为

$$J = \sum_i \Delta m_i r_i^2$$

对于刚体的质量分布为均匀连续情况,其转动惯量的计算表达式为 $\mathrm{d}J = r^2 \mathrm{d}m$,整个刚体对相应转轴的转动惯量就是求式(5-14)的积分。

当刚体的质量均匀分布在同一条直线上,即质量线分布时,$\mathrm{d}m = \rho_l \mathrm{d}l$,则有

$$J = \int_l r^2 \mathrm{d}m = \int_l r^2 \rho_l \mathrm{d}l$$

进一步推广到质量面分布,$\mathrm{d}m = \rho_A \mathrm{d}S$,则有

$$J = \int_s r^2 \mathrm{d}m = \int_s r^2 \rho_A \mathrm{d}S$$

推广到质量体分布,$\mathrm{d}m = \rho_V \mathrm{d}V$,则有

$$J = \int_V r^2 \mathrm{d}m = \int_V r^2 \rho_V \mathrm{d}V$$

下面举例说明如何求三种典型刚体绕定轴的转动惯量,其结果在求解转动问题时经常用到。

【例 5-4】　圆环的转动惯量。质量为 m,半径为 R 的匀实薄圆环,如图 5-6 所示,圆环的转轴通过其圆心且与圆环平面垂直,求其转动惯量。

解　在薄圆环上取质元 $\mathrm{d}m$,薄环上各质元到轴的垂直距离均为 R,由 $\mathrm{d}J = r^2 \mathrm{d}m$,则整个薄圆环的转动惯量为

$$J = \int_{(m)} \mathrm{d}J = \int r^2 \mathrm{d}m = R^2 \int \mathrm{d}m$$

后一积分的意义是薄圆环的总质量 m,所以有

$$J = mR^2$$

根据转动惯量的叠加性,任一质量为 m,半径为 R 的薄壁圆筒,不管其高度如何,对通过圆筒圆心的中心轴,其转动惯量也是 mR^2。

【例 5-5】　圆盘的转动惯量。质量为 m,半径为 R,厚度为 h 的均匀圆盘,圆盘的转轴通过盘心且与盘面垂直,求其转动惯量。

解　如图 5-7 所示,取任一半径为 r,宽度为 $\mathrm{d}r$ 的圆环元,认为圆盘由许多这样的圆环元组成。按例 5-4 的结果,圆环元的转动惯量为

$$\mathrm{d}J = r^2 \mathrm{d}m$$

其中,$\mathrm{d}m$ 为圆环元对应的质量元。以 ρ 表示圆盘的质量体密度(单位体积的质量),h 表示圆盘的厚度(高度),则有

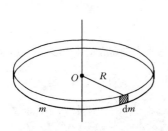

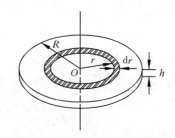

图 5-6 例 5-4 用图 　　　　　　　　图 5-7 例 5-5 用图

$$dm = \rho dV = \rho h dS = \rho h(2\pi r dr)$$

代入上式，可得

$$dJ = 2\pi\rho h r^3 dr$$

对整个圆盘的转动惯量，积分可得

$$J = \int dJ = \int_0^R 2\pi\rho h r^3 dr = \frac{1}{2}\pi\rho h R^4$$

因为圆盘的质量体密度为

$$\rho = \frac{m}{\pi R^2 h}$$

所以

$$J = \frac{1}{2}mR^2 \tag{5-15}$$

　　根据转动惯量的叠加性，任一质量为 m，半径为 R 的均匀实心圆柱，不管其高度 h 如何，对通过圆柱圆心的中心轴的转动惯量都具有式(5-15)的形式，即 $J = \frac{1}{2}mR^2$。

　　上述 dS 也可以这样得出：$dS = \pi(r+dr)^2 - \pi r^2 \approx 2\pi r dr$（忽略高次项）。

【**例 5-6**】　**直棒的转动惯量**。均匀细棒 AB，长度为 l，质量为 m，求下列情况的转动惯量：①对通过棒的一端与棒垂直的轴；②对通过棒的中点与棒垂直的轴。

　　解　① 如图 5-8(a)所示，选取轴所在的棒的一端 A 为原点 O，沿棒长方向为 Ox 轴，在距离 O 为 x 处取长度元 dx，以 ρ_l 表示单位长度的质量（线质量），则长度元 dx 对应的质量元为 $dm = \rho_l dx$。对通过棒的一端 A 与棒垂直的轴来说，有

$$J_A = \int x^2 dm = \int_0^l x^2 \rho_l dx = \frac{1}{3}\rho_l l^3$$

由于质量线密度为

$$\rho_l = \frac{m}{l}$$

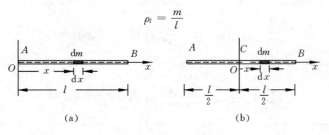

(a)　　　　　　　　　　(b)

图 5-8 例 5-6 用图

所以转动惯量为

$$J_A = \frac{1}{3}ml^2 \tag{5-16}$$

② 对于通过棒的中点的垂直轴来说，Ox 轴的坐标原点改取在轴所在的棒中心点 C 处，如图 5-8(b)所示，采用同样的方法，可得出棒的转动惯量

$$J_C = \int x^2\,\mathrm{d}m = \int_{-\frac{l}{2}}^{+\frac{l}{2}} x^2 \rho_l\,\mathrm{d}x = \frac{1}{12}\rho_l l^3$$

代入质量线质量 ρ_l，可得

$$J_C = \frac{1}{12}ml^2 \tag{5-17}$$

*（2）平行轴定理

平行轴定理可以用来计算刚体在某些转动情况的转动惯量。

设通过刚体质心的轴线为 z_C，刚体相对于此轴线的转动惯量为 J_{z_C}，另一轴线 z 与 z_C 平行，二者间距为 d（z 轴与质心 C 的最短距离），如图 5-9 所示，则刚体对转轴 z 的转动惯量 J_z 等于绕通过质心 C 并与该轴平行的转轴的转动惯量 J_{z_C}，加上刚体质量 m 和两平行轴之间距离 d 平方的乘积，表示为

$$J_z = J_{z_C} + md^2 \tag{5-18}$$

上式称为**平行轴定理**。可见，J_z 可以分解为两部分，一部分是平行于 z 轴并穿过质心的线为轴的转动惯量 J_{z_C}，另一部分是假设全部质量集中于质心并绕 z 轴的转动惯量 md^2。

根据平行轴定理可知，刚体对各平行轴而言，以通过质心 C 的轴 z_C 的转动惯量 J_{z_C} 为最小。由于 J_{z_C} 相对容易求出，因此，为求转动惯量 J_z，平行轴定理提供了一种简便方法。

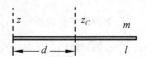

图 5-9 平行轴定理

对例 5-6 的两种情况，因为 $d = \frac{1}{2}l$，A 轴与 C 轴平行，若已知 $J_C = \frac{1}{12}ml^2$，由平行轴定理，可求出 J_A，即 $J_A = J_C + md^2 = \frac{1}{12}ml^2 + m\left(\frac{l}{2}\right)^2 = \frac{1}{3}ml^2$。

表 5-1 中给出了一些常见的均匀刚体的定轴转动惯量。

表 5-1 一些均匀刚体绕某一定轴的转动惯量

刚 体 形 状		轴 的 位 置	转 动 惯 量
细杆	$O \vdash l \dashv m$	通过一端垂直于杆	$\frac{1}{3}ml^2$
细杆	$\vdash l \dashv m$ O	通过中点垂直于杆	$\frac{1}{12}ml^2$
薄圆环 （或薄圆筒）	$O\, R\, m$	通过环心垂直于环面（或中心轴）	mR^2

续表

刚 体 形 状		轴 的 位 置	转 动 惯 量
细杆圆盘 （或圆柱体）		通过盘心垂直于盘面 （或中心轴）	$\frac{1}{2}mR^2$
薄球壳		直径	$\frac{2}{3}mR^2$
球体		直径	$\frac{2}{5}mR^2$

5.3 刚体转动的角动量定理和角动量守恒定律

3.6 节介绍了质点绕某一固定点（圆心）旋转的角动量（$L=mrv$）以及角动量定理。把它们推广到质点系，应用到刚体的情形，即把刚体看成特殊的质点系，则刚体对某一定轴的角动量就是刚体中的各质点（质元）对该定轴的角动量的总和。

1. 刚体的角动量与角动量定理

刚体绕定轴转动时，具有角动量。当刚体绕一定轴以角速度 ω 转动时，它绕该轴的角动量 L 为

$$L = \sum_i \Delta m_i r_i v_i = \sum_i \Delta m_i r_i^2 \omega = \left(\sum_i \Delta m_i r_i^2 \right)\omega$$

由于 $\sum_i \Delta m_i r_i^2$ 为刚体对定轴的转动惯量 J，所以角动量 L 表示为

$$L = J\omega \tag{5-19}$$

对定轴转动，$\boldsymbol{L}$ 与 $\boldsymbol{\omega}$ 方向一致。利用角动量这一表达式，式(5-13)的刚体定轴转动定律改写为

$$M = J\frac{\mathrm{d}\omega}{\mathrm{d}t} = \frac{\mathrm{d}(J\omega)}{\mathrm{d}t} = \frac{\mathrm{d}L}{\mathrm{d}t} \quad \text{（微分形式）} \tag{5-20}$$

式(5-20)称为刚体绕定轴转动的**角动量定理**，也称为**动量矩定理**。这一定理表明，刚体所受的外力矩 M 等于刚体角动量 L 的变化率。式中的物理量 M 和 L 可正或可负，相当于双值标量，所以式(5-20)一般不用矢量形式，类似于使用分量式，以简化解题分析过程。

式(5-20)是式(5-13)的另一种表示形式，都是描述物体在外力作用下转动状态发生变化的规律。由于引入了微积分，此式较 $M=J\alpha$ 更具普遍性。当转动惯量 J 因内力作用而发生变化时，$M=J\alpha$ 就不适用了，但式(5-20)仍然成立，对非定轴转动也成立。

把式(5-20)改写为 $M\mathrm{d}t=\mathrm{d}L$，则力矩 $\boldsymbol{M}$ 与作用时间 $\mathrm{d}t$ 的乘积 $\boldsymbol{M}\mathrm{d}t$ 称为**冲量矩**，用 $\boldsymbol{G}$

表示。刚体绕定轴转动的角动量定理的积分形式表示为

$$G = \int_{t_1}^{t_2} M \mathrm{d}t = L_2 - L_1 = \Delta L \quad \text{（积分形式）} \tag{5-21}$$

即冲量矩等于角动量的增量。

　　刚体的角动量定理与质点的角动量定理在形式上是一样的。不同的是，后者的式(3-24)中的 M 和 L 是对固定点而言的，而这里的式(5-20)中的 M 和 L 是对固定轴来说的。它们都是由牛顿运动定律推出的，因而都仅在惯性参照系成立。需要注意的是，角动量不是一种力，但它能描述物体旋转时的状态。

2. 刚体的角动量守恒定律

　　若式(5-20)的外力矩 $M=0$，则刚体绕定轴转动的角动量增量等于零，因此有

$$J\omega = J_0 \omega_0 \tag{5-22}$$

即 $L=J\omega$ 为常量，称为刚体绕定轴转动的**角动量守恒定律**，也称为**动量矩守恒定律**。角动量守恒定律是物理学的一个基本规律，其结论也适用于一个物体系统。在研究天体运动和微观粒子运动时，角动量守恒定律都起着重要的作用。

　　应该注意的是，物体系统内各个刚体或质点的角动量必须是对同一个固定轴而言的。对一个转动惯量可以改变的物体，若它所受的外力矩为零时，由于内力矩不改变系统的角动量，则其角动量 $L=J\omega$ 也将保持不变，满足角动量守恒定律。若所受外力矩之和不为零，但在某一方向上的分量为零时，则总角动量在该方向的分量保持不变，即该分量方向的角动量也守恒。

3. 角动量守恒定律的应用

　　在有竖直光滑轴的转椅上坐着一个人，他手持哑铃，两臂伸平，如图 5-10(a)所示。用手推他，使他和转椅自由旋转起来。当他在较短时间内把两臂收回使哑铃贴在胸前时，如图 5-10(b)所示，他的转速明显地加快了。这个现象可以用角动量守恒加以解释。把人在两臂伸平时和收回后都当成一个刚体，分别以 J_1 和 J_2 表示他对转椅固定竖直轴的转动惯量，以 ω_1 和 ω_2 分别表示他处于两种状态时的角速度，由于他在两臂收回时对竖直轴而言并没有受到外力矩的作用，所以其角动量一定守恒，即 $J_1\omega_1 = J_2\omega_2$。由于 $J_2 < J_1$，则 $\omega_2 > \omega_1$，即他收臂后的旋转速度加快了。

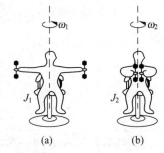

图 5-10　角动量守恒演示

　　在他收臂前后，其动能增量为

$$\Delta E_k = \frac{1}{2} J_2 \omega_2^2 - \frac{1}{2} J_1 \omega_1^2 = \frac{1}{2} J_2 \omega_2^2 - \frac{1}{2} J_2 \omega_2 \omega_1$$

$$= \frac{1}{2} J_2 \omega_2 (\omega_2 - \omega_1)$$

可见，收臂后动能增加了，即 $\Delta E_k > 0$。内力不能对系统做功，$\Delta E_k > 0$ 是因为他在收臂前和收臂后的这两个阶段，我们把其身体分别视为刚体和非刚体进行研究的缘故。

　　惯性导航是刚体的角动量守恒在现代技术中的一个重要应用，其所用的装置叫陀螺螺仪，俗称回转仪。它的核心部分是装置在常平架上的一个质量较大的转子，如图 5-11 所示。常

平架由套在一起,分别具有竖直轴和水平轴的两个圆环组成。转子装在内环上,其轴与内环的轴垂直。转子是精确地对称于其转轴的圆柱,各轴承均高度润滑。这样转子就具有可以绕其自由转动的三个相互垂直的轴。因此,不管常平架如何移动或转动,转子都不会受到任何力矩的作用。所以,一旦使转子高速转动起来,根据角动量守恒定律,它将保持其对称轴在空间的指向不变。安装在船、飞机、导弹或宇宙飞船上的这种回转仪就能指出这些船或飞行器的航向相对于空间某一定向的方向,从而起到导航的作用。在这种应用中,往往用三个这样的回转仪并使它们的转轴相互垂直,从而提供一套绝对的笛卡儿直角坐标系。读者可以想一下,这些转子竟能在浩瀚的太空中认准一个确定的方向并且使自己的转轴始终指向它而不改变。多么不可思议的自然界啊!

上述惯性导航装置出现不过 100 年,但常平架在我国早就出现了。如图 5-12 所示是东晋葛洪撰的《西京杂记》中记载的"被中香炉",它是西汉时(公元 1 世纪)长安巧匠丁缓设计制造的,但后来失传了。香炉别称"火通""滚灯"和"熏球"等,是用两个套在一起的环形支架(平衡环,平衡陀)架住的小香炉。不管支架如何转动,由于重力,香炉总是悬着,且保持一个方向而不会倾倒。遗憾的是,这种装置在古代中国只是用来保证被中取暖时的安全,而没有得到任何技术上的实际应用。虽然如此,它也闪现了我们祖先的智慧之光。后来平衡环技术传入日本和欧洲,在欧洲被称为"卡丹吊环"(卡丹环,常平架),但意大利工程师卡丹(J. Cardan,1501—1576)在其著作《精妙事物》中并未宣称是自己的发明。

图 5-11 回转仪   图 5-12 被中香炉

角动量守恒定律和动量守恒定律、能量守恒定律都是在不同的理想条件下,用牛顿运动定律推导出来的,但它们的使用范围却远远超出原有条件的限制,也应用于量子力学和相对论中。这三条守恒定律也是近代物理理论的基础,是普遍适用的物理定律。

下面通过实例对角动量守恒定律的应用加以说明。值得注意的是,刚体转动的同一个方程中的转动惯量、力矩、角动量都是相对于同一转轴而言,因此,方程中这些量相当于双值标量,采用代数式求解更为简捷,类似于牛顿定律中对同一坐标系建立平动方程。

【例 5-7】 子弹击中直棒。 一根长 l,质量为 m_1 的均匀直棒,其一端悬挂在一个水平光滑轴上并处于静止下垂的竖直位置。现有一个质量为 m_2 的子弹,以水平速度 v_0 射入棒的下端而不复出。求棒和子弹开始一起运动时的角速度。

解   考虑到子弹速度较快,其嵌入直棒经历的时间极短,认为此过程中直棒的位置不变,仍保持竖直状态,如图 5-13 所示。对于直棒和子弹组成的系统,在子弹射入过程中,系统所受的外力(重力和轴的支持力)对于轴 O 的力矩均为零。因此,系统对轴 O 的角动量守恒。

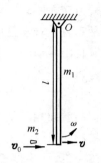

当子弹和直棒一起开始运动时,直棒端点的速度和角速度分别以 v 和 ω 表示,根据角动量守恒,有

$$lm_2 v_0 = lm_2 v + \frac{1}{3} m_1 l^2 \omega$$

利用关系式 $v = \omega l$,可解得

$$\omega = \frac{3m_2}{m_1 + 3m_2} \cdot \frac{v_0}{l}$$

图 5-13   例 5-7 用图

将此题和例 3-4"冲击摆"比较,可以得到一些启发。这里要注意是,在子弹射入直棒的过程中,因轴 O 处有横向力作用,直棒和子弹组成的系统的总动量并不守恒。

【例 5-8】   人走圆盘转。一个质量为 m_2,半径为 R 的水平均匀圆盘,可绕通过圆心且垂直于盘面的光滑竖直轴自由转动。在盘缘上站着一个质量为 m_1 的人,二者最初都相对地面静止。当人在盘上沿盘边走一周时,盘对地面转过的角度多大?

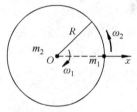

解   如图 5-14 所示,对人和圆盘组成的系统,在人走动时系统所受的对竖直轴的外力矩为零,因此系统对此轴的角动量守恒。

当人在盘缘走动时,人和圆盘分别以 ω_1 和 ω_2 的角速度绕该轴转动,且方向相反;以 J_1 和 J_2 表示人和圆盘分别对该轴的转动惯量,且有 $J_1 = m_1 R^2$,$J_2 = \frac{1}{2} m_2 R^2$。由于起始的角动量为零,根据角动量守恒,有

图 5-14   例 5-8 用图

$$J_1 \omega_1 + J_2 (-\omega_2) = 0$$

以 $d\theta_1$ 和 $d\theta_2$ 分别表示人和盘对地而发生的角位移,由于 $\omega_1 = \dfrac{d\theta_1}{dt}$,$\omega_2 = \dfrac{d\theta_2}{dt}$,则

$$m_1 R^2 \frac{d\theta_1}{dt} = \frac{1}{2} m_2 R^2 \frac{d\theta_2}{dt}$$

积分得

$$\int_0^{\theta_1} m_1 R^2 \, d\theta_1 = \int_0^{\theta_2} \frac{1}{2} m_2 R^2 \, d\theta_2$$

由此得

$$m_1 \theta_1 = \frac{1}{2} m_2 \theta_2$$

人在盘上走一周时,人和盘对地面发生的角位置的关系为

$$\theta_1 = 2\pi - \theta_2$$

代入上式,可解得

$$\theta_2 = 2\pi \times \frac{2m_1}{2m_1 + m_2} = \frac{4\pi m_1}{2m_1 + m_2}$$

将此例题与例 3-5"反向滑动"、例 3-10"人走船动"比较,也能得到一些启发。

【例 5-9】   飞船制动。如图 5-15 所示,宇宙飞船对其中心轴的转动惯量为 $J = 5 \times 10^3 \text{ kg} \cdot \text{m}^2$,正以 $\omega_0 = 0.1 \text{ rad/s}$ 的角速度绕该轴旋转着。宇航员想用两个切向的控制喷管使飞船停止旋转。每个喷管的位置与轴线距离都是 $r = 1.5 \text{ m}$。两喷管的喷气流量恒定,共

是 $q=2$ kg/s。废气的喷射速率 u（相对于飞船周边）恒定，为 $u=50$ m/s。问喷管应喷射多长时间才能使飞船停止旋转。

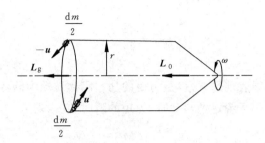

图 5-15 例 5-9 用图

解 把飞船和排出的废气 m 当作研究系统，可以认为废气质量远小于飞船质量，所以原来系统对于飞船中心轴的角动量近似地等于飞船自身的角动量，即

$$L_0 = J\omega$$

在喷气过程中，以 dm 表示 dt 时间内喷出的气体的质量，这些气体对中心轴的角动量为 $dL = dm \cdot r(u+v)$，方向与飞船的角动量方向相同。由于废气的喷射速率 u 远大于飞船周边的速率 $v(v=r\omega)$，则有 $dL \approx dm \cdot ru$。

在整个喷气过程中，喷出的废气的总角动量 L_g 应为

$$L_g = \int_0^m dm \cdot ru = mru$$

式中，m 是喷出废气排出的总质量。当宇宙飞船停止旋转时，其角动量为零，系统的总角动量 L_1 就是全部排出废气的总角动量。

$$L_1 = L_g = mru$$

在整个喷射过程中，系统所受的对于飞船中心轴的外力矩为零，所以系统对于此轴的角动量守恒，即 $L_0 = L_1$。由此得，$J\omega = mru$，即

$$m = \frac{J\omega}{ru}$$

所求的时间为

$$t = \frac{m}{q} = \frac{J\omega}{qru} = \frac{5 \times 10^3 \times 0.1}{2 \times 1.5 \times 50} \text{s} = 3.3 \text{ s}$$

5.4 转动中的功和能

先说明如何计算力做的功。如图 5-16 所示，刚体的一个截面与转轴正交于 O 点，$\boldsymbol{F}$ 为作用在刚体上的一个外力。当刚体转动一角位移 $d\theta$（相当于 $\Delta t \to 0$）时，受此外力作用的质元沿圆周的位移 $d\boldsymbol{r}$ 的大小为 $|d\boldsymbol{r}| = ds = rd\theta$。

由功的定义式(4-1)可得，外力 $\boldsymbol{F}$ 做的元功为

$$dA = \boldsymbol{F} \cdot d\boldsymbol{r} = F_t |d\boldsymbol{r}| = F_t rd\theta$$

式中，F_t 为外力 $\boldsymbol{F}$ 沿切向的分量，则 $M = F_t r$ 为 $\boldsymbol{F}$ 对转轴的力矩，所以有

$$dA = Md\theta \tag{5-23}$$

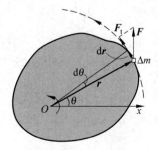

图 5-16 力矩做功

式(5-23)表示力矩 M 在刚体的微小角位移 $\mathrm{d}\theta$ 内对其所做的元功。

对于有限的角位置变化,刚体从状态 A 到状态 B,经历了角位置由 θ_A 到 θ_B 的变化,力矩做的功采用下式计算

$$A_{AB} = \int_{\theta_A}^{\theta_B} M \mathrm{d}\theta \tag{5-24}$$

式中,功与角位移相联系,力矩的功与力的功等价,此式称为力矩的功,体现了力矩在空间的累积效应。它是功的不同表现形式,也是力做的功在刚体转动中的特殊计算公式。

刚体在恒定力矩作用下绕定轴转动时,力矩的瞬时功率(功率)为

$$P = \frac{\mathrm{d}A}{\mathrm{d}t} = M\frac{\mathrm{d}\theta}{\mathrm{d}t} = M\omega$$

此式描述了力矩做功的快慢。可见,当功率一定时,转速越低,力矩越大;反之亦然。

下面我们把外力做的功和刚体转动动能的变化联系起来。由式(5-24)可得

$$A_{AB} = \int_{\theta_A}^{\theta_B} M \mathrm{d}\theta = \int_{\theta_A}^{\theta_B} J\alpha \, \mathrm{d}\theta = J\int_{\theta_A}^{\theta_B} \frac{\mathrm{d}\omega}{\mathrm{d}t}\mathrm{d}\theta = J\int_{\omega_A}^{\omega_B} \omega \, \mathrm{d}\omega$$

即

$$A_{AB} = \frac{1}{2}J\omega_B^2 - \frac{1}{2}J\omega_A^2 \tag{5-25}$$

其中

$$E_k = \frac{1}{2}J\omega^2 \tag{5-26}$$

表示转动惯量为 J 的刚体以角速度 ω 转动时的**转动动能**。

对任意质点系,其动能为 $E_k = \dfrac{1}{2}\sum_i \Delta m_i r_i^2 \omega^2 = \dfrac{1}{2}J\omega^2$。可见,式(5-26)的表达形式更为简洁,这也说明刚体是一种"特殊质点系"的体现。将式(5-26)代入式(5-25),则式(5-25)改写为

$$A_{AB} = E_{kB} - E_{kA} \tag{5-27}$$

此式说明,合外力矩对一个绕固定轴转动的刚体所做的功等于它的转动动能的增量。类比式(4-9)质点运动的动能定理,式(5-27)称为**刚体定轴转动的动能定理**,它也可表示为

$$A = \int_{\theta_1}^{\theta_2} M \mathrm{d}\theta = \frac{1}{2}J\omega^2 - \frac{1}{2}J\omega_0^2 \tag{5-28}$$

【**例 5-10**】　**冲床打孔**。机械加工常利用转动的飞轮作为储存能量的装置。某一冲床利用飞轮的转动动能通过曲柄连杆机构的传动,带动冲头在铁板上打孔。已知飞轮的质量为 $m = 600 \text{ kg}$,半径为 $R = 0.4 \text{ m}$,可看成均匀圆盘,转动惯量为 $\frac{1}{2}mR^2$。飞轮的正常转速是 $n_1 = 240 \text{ r/min}$,冲一次孔转速减低 20%。求冲一次孔,冲头做了多少功?

解　以 ω_1 和 ω_2 分别表示冲孔前后飞轮的角速度,则

$$\omega_1 = 2\pi n_1/60, \quad \omega_2 = (1-0.2)\omega_1 = 0.8\omega_1$$

由刚体转动动能定理公式(5-28),或式(5-25)、式(5-26)可得,冲一次孔时铁板阻力对冲头(与飞轮)做的功为

$$A = E_{k2} - E_{k1} = \frac{1}{2}J\omega_2^2 - \frac{1}{2}J\omega_1^2$$

$$= \frac{1}{2}J\omega_1^2(0.8^2-1) = \frac{1}{4}mR^2\omega_1^2(0.8^2-1)$$

$$= \frac{1}{3\,600}\pi^2 mR^2 n_1^2(0.8^2-1)$$

代入已知数值,可得

$$A = \frac{1}{3\,600} \times \pi^2 \times 600 \times 0.4^2 \times 240^2 \times (0.8^2-1)\mathrm{J} = -5.45 \times 10^3\ \mathrm{J}$$

这是冲一次孔时铁板阻力对冲头所做的功,其大小也是冲一次孔时冲头克服此阻力做的功。

若一个刚体受到保守力的作用,就可以对该刚体引入势能的概念。例如,在重力场中的刚体就具有一定的重力势能,其重力势能等于刚体上各质元重力势能的总和。如图 5-17 所示,对于一个体积不太大,质量为 m 的刚体,其重力势能为

$$E_p = \sum_i \Delta m_i g h_i = g\sum_i \Delta m_i h_i = mg\,\frac{\sum_i \Delta m_i h_i}{m} = mgh_C$$

式中,h_C 为刚体的质心的高度,$h_C = \dfrac{\sum_i \Delta m_i h_i}{m}$ 就是质心定义的表达式,则重力势能写成

$$E_p = mgh_C \tag{5-29}$$

这一结果说明,一个体积不太大的刚体,其重力势能表达式和全部质量集中在质心时的物体(如质点)所具有的重力势能的表达式是一样的,都可以用式(5-29)表示。

掌握了力矩的功、刚体定轴转动的动能和重力势能的计算公式后,就可以利用动能定理和机械能守恒定律来解决刚体定轴转动的运动问题。对于包含有刚体的封闭的保守系统,在刚体运动过程中,其包括转动动能在内的机械能一定守恒。下面通过两个实例加以说明。

【例 5-11】 滑轮物块联动。 如图 5-18 所示,以一个质量为 m_1,半径为 R 的均匀圆盘作为定滑轮,其上盘绕有不可伸长的细绳,且绳不打滑。绳的一端固定在滑轮边上,另一端挂一质量为 m_2 的物体而下垂。忽略轴处摩擦,求物体 m_2 由静止下落 h 高度时的速度和此时滑轮的角速度。

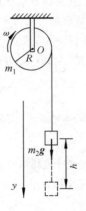

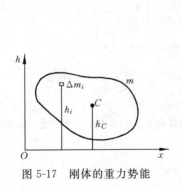

图 5-17　刚体的重力势能

图 5-18　例 5-11 用图

解 本例与例 5-3 都是滑轮物块联动,但待求的量不同。以滑轮、物体和地球作为研究系统,在质量为 m_2 的物体下落过程中,滑轮随同转动。滑轮轴对滑轮的支持力(外力)不做功(因为无位移)。因所考虑

的系统是封闭的保守系统,所以机械能守恒。

在物体 m_2 下落过程中,滑轮的重力势能始终保持不变,计算时可不必考虑。取物体的初始位置为重力势能零点,对应的系统初态的机械能为零,则末态的机械能为

$$\frac{1}{2}J\omega^2 + \frac{1}{2}m_2 v^2 + m_2 g(-h)$$

式中,ω 为定滑轮转动的角速度,v 为物体下落的速度大小,也是滑轮上绳子的线速度大小,且 $\omega = \dfrac{v}{R}$;定滑轮为均匀圆盘,其转动惯量为 $J = \dfrac{1}{2}m_1 R^2$。根据机械能守恒定律,有

$$\frac{1}{2}J\omega^2 + \frac{1}{2}m_2 v^2 - m_2 gh = 0$$

求得物体下落高度 h 时的速度 v 为

$$v = \sqrt{\frac{4m_2 gh}{m_1 + 2m_2}}$$

此时滑轮的角速度 ω 为

$$\omega = \frac{v}{R} = \frac{1}{R}\sqrt{\frac{4m_2 gh}{m_1 + 2m_2}}$$

本题也可用刚体转动的动能定理求解,有 $M\theta = \dfrac{1}{2}J\omega^2 + \dfrac{1}{2}m_2 v^2$。代入式 $M = m_2 gR$,$\theta = h/R$,$J = \dfrac{1}{2}m_1 R^2$,$v = R\omega$,可得出相同的结果。

【例 5-12】　直棒下摆。 如图 5-19 所示,一根长 l,质量为 m 的均匀细直棒,其一端有一固定的垂直于棒的光滑水平轴,使之可在竖直平面内自由转动。开始时,棒静止在水平位置,求棒由此自由下摆 θ 角时的角加速度 α 和角速度 ω。

解　棒的下摆运动涉及转动问题,不能把棒看成质点,应作为刚体处理,因此需要应用转动定律求解。棒的下摆运动是加速转动过程,所受外力矩为重力对转轴 O 的力矩。

如图 5-19 所示,建立 Ox 坐标系,选取直棒上一长度元,对应的质量元为 dm。在直棒自水平位置自由下摆任意角度 θ 时,dm 所受重力对轴 O 的力矩为 $dM = x\,dm \cdot g$,其中的 x 是 dm 对轴 O 的水平坐标。

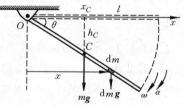

图 5-19　例 5-12 用图

整个棒所受的重力对轴 O 的力矩为

$$M = \int x\,dm \cdot g = g\int x\,dm$$

根据质心的定义,$\int x\,dm = mx_C$,其中的 x_C 是质心对于轴 O 的水平坐标。因而可得

$$M = mgx_C$$

这一结果说明重力对整个直棒的合力矩与全部重力集中作用于质心所产生的力矩是一样的。

由于质心的水平坐标为

$$x_C = \frac{1}{2}l\cos\theta$$

所以直棒所受重力对轴 O 的力矩为

$$M = \frac{1}{2}mgl\cos\theta$$

根据转动定律公式(5-13)可得,直棒的角加速度 α 为

$$\alpha = \frac{M}{J} = \frac{\frac{1}{2}mgl\cos\theta}{\frac{1}{3}ml^2} = \frac{3g\cos\theta}{2l}$$

利用机械能守恒定律可进一步求棒下摆 θ 角时的角速度 ω。取棒和地球为系统,由于在棒的下摆过程中,外力(轴对棒的支持力)不做功,所以系统可视为封闭的保守系统而其机械能守恒。取棒的水平初始位置为势能零点,机械能守恒给出

$$\frac{1}{2}J\omega^2 + mg(-h_C) = 0$$

代入棒的转动惯量 $J = \frac{1}{3}ml^2$,质心的竖直位置 $h_C = \frac{1}{2}l\sin\theta$,可解得

$$\omega = \sqrt{\frac{3g\sin\theta}{l}}$$

【例 5-13】 球碰棒端。如图 5-20 所示,在一光滑水平面上静止放置一根长为 l,质量为 m_1 的均匀直棒,且在棒的中点有一竖直于水平面的光滑固定轴。一个质量为 m_2 的小球以垂直于棒的水平速度 v_0 冲击棒端而粘上。求碰撞后球的速度 v 和棒的角速度 ω,以及由此碰撞而损失的机械能。

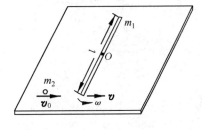

图 5-20 例 5-13 用图

解 对竖直光滑轴 O,棒和球组成的系统在碰撞过程中外力矩为零,则角动量守恒,即

$$0 + \frac{1}{2}lm_2v_0 = \frac{1}{12}m_1l^2\omega + \frac{1}{2}lm_2v$$

由于 $v = \omega\dfrac{l}{2}$,所以上式可写为

$$\frac{1}{2}lm_2v_0 = \frac{1}{4}l^2m_2\omega + \frac{1}{12}m_1l^2\omega$$

解得 ω,并求出 v,分别为

$$\omega = \frac{6m_2v_0}{(m_1 + 3m_2)l}, \quad v = \frac{3m_2v_0}{m_1 + 3m_2}$$

由于碰撞而损失的机械能为

$$\Delta E = \frac{1}{2}m_2v_0^2 - \frac{1}{2}J\omega^2 = \frac{1}{2}m_2v_0^2 - \frac{1}{2}\left[m_2\left(\frac{l}{2}\right)^2 + \frac{1}{12}m_2l^2\right]\omega^2$$

$$= \frac{m_1}{m_1 + 3m_2} \cdot \frac{1}{2}m_2v_0^2$$

＊5.5 旋进

本节介绍一种刚体的转动轴不固定的情况。如图 5-21 所示,一个飞轮(如自行车轮)的轴的一端做成球形,放在一根固定竖直杆顶上的凹槽内。先使飞轮的轴保持水平,如果这时松手,飞轮必然要下落。如果使飞轮绕自己的对称轴高速地旋转起来(这种旋转叫自转),当松手后,则出乎意料地飞轮并不下落,但它的轴会在水平面内以杆顶为中心转动起来。转动物体高速自转的同时,其自转轴在空间绕另一轴旋转的运动称为**旋进**,旧称**进动**。

飞轮的自转轴不下落而不停地转动的现象可以用角动量定理加以解释。根据

式(5-19)可得,在 dt 时间内飞轮对支点的自转角动量矢量 $\boldsymbol{L}$ 的增量为

$$d\boldsymbol{L} = \boldsymbol{M}dt \tag{5-30}$$

式中,$\boldsymbol{M}$ 为飞轮所受的对支点的外力矩。设图 5-21 所示的飞轮自转轴为水平状态,以 m 表示飞轮的质量,r_C 表示飞轮质心与竖直杆顶上凹槽的垂直距离,则这一力矩的大小为

$$M = r_C mg$$

在图中状态对应的时刻,$\boldsymbol{M}$ 的方向为水平向里且垂直于 $\boldsymbol{L}$ 的方向,顺着 $\boldsymbol{L}$ 方向看去指向 $\boldsymbol{L}$ 左侧,如图 5-22 所示,则 $d\boldsymbol{L}$ 的方向也水平向左。既然这增量是水平方向的,$\boldsymbol{L}$ 的方向就是自转轴的方向,也就不会向下倾斜,而是产生沿水平向左偏转了;转轴继续不断地向左偏转,就形成了自转轴的转动。因此,自转现象正是自转的物体在外力矩的作用下沿外力矩方向改变其角动量矢量的结果。或者说,旋进的产生是由于转动物体受到垂直于其角动量方向的外力矩作用的结果。原子磁矩绕外磁场方向的转动也是一种自转。

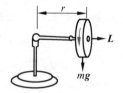

图 5-21　自转现象

图 5-22　$\boldsymbol{L}$,$\boldsymbol{M}$ 和 $d\boldsymbol{L}$ 方向关系图(俯视)

在图 5-21 中,由于飞轮所受的力矩大小不变,方向总是水平地垂直于 $\boldsymbol{L}$,所以自转是匀速的。从图 5-22 可见,在 dt 时间内飞轮自转轴转过的角度为

$$d\Theta = \frac{|d\boldsymbol{L}|}{L} = \frac{Mdt}{L}$$

相应的角速度,称为**旋进角速度**,用于表示飞轮旋进的快慢。旋进角速度为

$$\Omega = \frac{d\Theta}{dt} = \frac{M}{L} = \frac{M}{J\omega} \tag{5-31}$$

上式说明,旋进角速度与外力矩成正比,与飞轮自转角速度 ω 及其转动惯量 J 成反比。

常见的自转实例是陀螺的运动。当陀螺不旋转时,就躺在地面上,如图 5-23(a)所示的情形。当使陀螺绕自己的对称轴高速旋转时,即使轴线已倾斜,它也不会倒下来,如图 5-23(b)所示。它的轴要沿一个圆锥面转动,即绕 O 的定点转动。这一圆锥面的轴线是竖直的,锥顶就在陀螺尖顶与地面接触处。陀螺的这种自转也是重力矩作用的结果。虽然此时其重力方向与陀螺轴线的方向并不垂直,但不难证明,这时陀螺自转的角速度,即它的自转轴绕竖直轴转动的角速度,可按下式求出,即

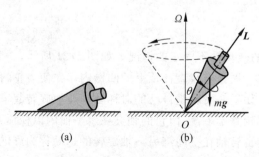

(a)　　　(b)

图 5-23　陀螺的自转

$$\Omega = \frac{M}{L \sin\theta} \tag{5-32}$$

其中,θ 为陀螺的自转轴与圆锥的轴线之间的夹角。

技术上,自转应用的一个实例是炮弹在空中的飞行。如图 5-24 所示,炮弹飞行时,受到空气阻力 f 的作用,其方向总与炮弹质心的速度 v_C 方向相反,但其合力不一定通过质心。阻力对质心的力矩就会使炮弹在空中翻转。这样,当炮弹射中目标时,就有可能是弹尾先触及目标而不引爆,从而丧失作用和威力。为了避免这种事故,在炮筒内壁上刻出螺旋线,这种螺旋线叫来复线,即膛线。"来复"就是英语"refle"(膛线)的音译。当炮弹由于发射药的爆炸被强力推出炮筒时,飞行中还同时绕自己的对称轴高速

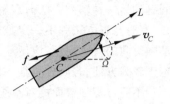

图 5-24　泡弹飞行时的自转

旋转。有膛线的炮管或枪管能使被发射的弹头像陀螺一样在飞行中旋转,以保持飞行的稳定性,提高精度,并增大射程。来复枪就是枪管内有膛线的一种步枪。由于这种旋转,它在飞行中受到的空气阻力的力矩将不能使它翻转,而只是使它绕着质心前进的方向旋进。因此,它的轴线将会始终只与前进的方向存在很小的偏离,而弹头就总是大致指向前方的目标了。

应该指出的是,在图 5-21 的实验中,如果飞轮自转的角速度不是太大,则它的轴线在自转时还会上下摇摆着做周期性的运动。这种摆动称为**章动**。章动是转动物体旋进时,自转轴绕另一轴线(旋进轴)旋转的同时,自转轴与旋进轴之间的夹角也发生变化的现象。式(5-31)或式(5-32)并没有给出这种摆动的效果。这是因为在推导式(5-31)时做了一个简化,即认为飞轮的总角动量就是它绕自己的对称轴自转的角动量。实际上,它的总角动量 L 应是自转角动量与其自转的角动量的矢量和。当其高速旋转时,总角动量近似地等于飞轮的自转角动量,这样就得出了式(5-31)和式(5-32)。更详尽的分析比较复杂,这里我们不再深入讨论。

*5.6　经典力学总结与评述

本篇的经典力学是研究宏观物体机械运动规律的学科,通常指由牛顿运动定律与万有引力定律构成的力学体系,主要包括运动学和动力学两部分内容。运动学描述了系统的即时状态,动力学则告诉人们如何进行这样的描述以及为什么会随时间变化。

1. 质点动力学的体系与解决问题的方法

在牛顿力学体系中,质点力学的知识构架是以牛顿运动定律为公理,首先由它导出质点力学的三个基本定理——动量定理、角动量定理和动能定理;再由这三个定理导出相应的三个守恒定律——动量守恒定律、角动量守恒定律和机械能守恒定律,它们是三个定理的推论。

在演绎过程中,我们力图以"用准确的数学语言"进行逻辑推理,展示其"纯理论的思考体系"。当读者掌握了矢量与微积分的基本知识后,由三个定理的物理量矢量微分形式就可以自然而然地得到其分量形式和积分形式,逐渐领悟物理学"既简单又净洁,既精确又包罗万象"之美。

在质点动力学中,根据牛顿第二定律列写运动方程是解决问题的基本方法,理论上可解

决质点动力学的所有问题。从牛顿第二定律的微分形式看,动量定理与牛顿第二定律完全等价;而角动量定理和动能定理在导出过程中已丢失了运动的某些信息,不能与牛顿第二定律等价;但是,这三个定理提供了解决问题的辅助方法,把它们合称为动力学普遍定理。对于三个守恒定律,需要在满足守恒条件的情况下方可应用,它们提供了在有限制条件下解决问题的另一种辅助方法。当解决一个具体问题时,采用基本方法是人们的习惯性思维。但是,有时基本方法并不一定是好的方法,采用辅助方法可能更为优越。一般地,如果讨论运动随时间的变化问题,应用动量定理较为有利;如果讨论运动随位置的变化问题,采用动能定理较为方便;若质点绕某一固定点或固定轴转动时,采用角动量定理更为简捷。

不究过程细节而能对系统的状态下结论,这是各个守恒定律的特点或优点。只要根据守恒定律直接找到初态与末态间的关系,无需了解中间过程的细节,就可进行求解。有时由于问题复杂而不可能了解,而应用守恒定律就显示出这样的优势。尽管应用守恒定律解决问题是有条件限制的,但对于一个具体问题,可先判断所研究的系统是否存在守恒量,若存在守恒量,优先选择守恒定律求解是解决问题的一个原则,因为这样的方法更为简捷。虽然以上内容仅限于在牛顿力学体系内的讨论,但在近代物理和非力学的物理学理论中,即使在牛顿力学不适用的范围内,三个守恒定律仍然是普遍适用的。守恒定律的普遍适用性反映了物理学整体的和谐与统一。

在对应的一些定理公式中,只需对定理的微分形式作一次积分,就可以得到其积分形式。相对于定理的微分形式而言,积分形式并不重要,但对于计算变力的冲量和变力的功,它却是十分重要的。应用微积分知识讨论变量问题,也是研究问题的一种重要方法。

2. 关于牛顿力学及其思想方法的学习

人类几千年来的文明史表明,用原始直接经验引申为个人片面的观念有时不过是错误的偏见,而有时偏见比无知离真理更远。经典力学作为自然科学中最早发展起来的分支,经历了伽利略和开普勒时代,到牛顿时到达了成熟阶段。牛顿通过总结前人(特别是伽利略)和同时代人(包括牛顿本人)的科学成果,以及伽利略和自己开创的科学研究方法,构建了经典力学的基本理论体系。由牛顿首创的数学表述(微积分)和理论结构(公理化模式)的方法,沿用至今。

1687 年,牛顿发表了《自然哲学的数学原理》。该书的篇章结构完全以古希腊数学家欧几里得(Euclid,约前 330—前 275)的《初探》(中译本名为《几何原本》)为样本:定义、公理、定理、推论、证明,……形成了物理学理论的公理化模式。从科学思想上讲,经典力学的建立离不开自然哲学思想的指导;而从科学方法上看,它更是和科学实验与数学的引入分不开的,可以说,离不开归纳法和演绎法二者的密切配合。在牛顿以前,两种方法被认为是互相排斥的。从牛顿万有引力定律建立到被公认的过程可以看到,牛顿将这两种方法有机地结合起来,说明这两种方法是相辅相成的。这也是牛顿哲学思想的体现。

牛顿力学的创立被视为物理学的诞生,也就是近代科学的开端,意义非同寻常。正如在本篇的开篇语中提到的,后来的许多理论的形成也都受到经典力学概念和思想的影响而得到发展或改造。物理学之所以被公认为一门重要的科学,不仅仅在于它对客观世界的规律作出了深刻的揭示,还因为其在发展、成长的过程中,形成了一套独特而卓有成效的思想方法体系。这也是我们现在学习大学物理从经典力学开始的一个原因。

本篇从开始的几个公式出发,演绎出牛顿力学篇的全部内容。虽然并非每个人都会从事与物理学研究直接关联的工作,但是我们可以像物理学家一样以那样的思维方式进行思考,分析和解决问题。物理学的思想方法是指在研究物理问题时,从发现问题,搜集积累资料和实验事实,经分析并建立模型,综合论证,提出假说,到建立概念和规律等过程中所运用的方法和手段。认识一种正确的研究方法,对科学的发展,并不比发现本身的价值低;因此,我们在学习物理学时,学习物理学的思想方法则比学习物理、知识更为重要。同时,由于物理学的思想方法,早已在自然科学乃至人文科学中被广泛运用,所以学习物理学中思想方法的意义,也早已不存在专业的界限。

通过物理学课程的学习,读者应逐步掌握力学、热学、电磁学、光学和和量子物理学的知识。如果单纯从素质教育角度看,对这些知识的掌握并不是最重要的,虽然这些知识有助于读者正确地认识客观世界,但不一定都可以直接应用于未来的专业工作之中,而且随着时间的流逝,知识会不可避免地被遗忘。但是,如果读者在学习物理的过程中,注意逐步提高学习能力,自我知识更新的能力,灵活运用高等数学知识解决问题的能力,通过建立模型去研究实际问题的能力……特别是注重对物理学思想方法的领悟和把握,则物理学课程的学习可以对未来的工作产生积极的意义乃至深远的影响。

跟上推理的思路和顺序,搞清楚其中的逻辑关系,这是学习大学物理学的关键。在本篇的学习中,模型法、元过程法、理想实验法和类比法等思想方法,读者应细心总结并在今后的学习中更加注重对物理学思想方法的学习,只要坚持用心领悟,必定大有收获。

3. 经典力学的成就及其局限性

经典力学(牛顿力学)概括了宏观低速物体机械运动的客观规律,其核心是牛顿运动定律。这些规律的正确性经受了大量实践的检验。到了 19 世纪后半叶,随着物理学各个领域所取得的巨大成就,一种普遍的观点认为物理学的大厦已经基本建成,绝大多数重要的物理学基本原理已经确立,理论上的一些根本性的、原则性的问题都已得到解决。在这些理论中,力学具有特殊重要的地位,因为它是一门理论严密、体系完整、应用广泛的科学,被认为是物理学各门学科的理论基础。例如,它作为经典电磁学和经典统计力学的基础,不仅促进了蒸汽机和电机的发明,也为产业革命和电力技术奠定了基础。因此,它也是现代科学技术的基础。当然,牛顿力学像物理学的其他理论一样都有一定的适用范围,它适用于研究惯性系中宏观物体在低速、弱引力场中运动的客观规律。

牛顿力学是建立在绝对时间、绝对空间和质点运动满足机械决定论(见 2.6 节)的三个基本假设上的。绝对时空集中体现在伽利略变换式(见 6.1 节)中;在伽利略变换下,时间与空间互不关联,时间和空间的测量均与参考系的运动状态无关。例如,机械决定论认为,质点同时具有确定的坐标和动量,按照确定的轨道运动,只要知道了质点运动的初始状态和运动规律,就能确定任意时刻质点在轨道上的运动状态,即位置和速度。牛顿力学具有内在随机性,其可解的问题只是线性的,这在自然界中只是一些特例,普遍存在的问题都是非线性的。对于受力较复杂的非线性系统,情况就不同了。虽然它仍受牛顿力学的决定论支配,但后果却是不可预测的,从而出现了混沌现象。自 20 世纪 60 年代发现混沌现象(见 2.6 节)以来,对它的研究已发展成一门新兴的学科——**混沌学**。它是研究确定性非线性系统的学科,涉及生物学、天文学、社会学等领域。

此外,这种传统的思想信念在 20 世纪 60 年代遇到了严重的挑战。在 19 世纪末到 20 世纪初的十多年时间里,一系列实验的发现在人们面前展现出一片新奇世界,同时也出现经典物理学无法克服的一些困难。X 射线、电子和放射性的发现,以及卢瑟福(E. Rutherford, 1871—1937)α 粒子散射实验等,有力地冲击了原子不可分、质量不可变的传统观念;光电效应、原子光谱和黑体辐射等实验事实,表现出与经典物理学理论的尖锐矛盾,揭示了经典力学的局限性。当物体运动速率很高(与光速可比拟),或所描述的体系很小(微观领域)或物质系统很大(引力很强)时,牛顿的万有引力定律、运动定律和牛顿的时空观就不完全正确了,由于牛顿力学没有考虑量子现象和相对论效应,故不宜直接用于微观粒子和接近光速运动粒子的物理现象,将由新的理论——量子力学或相对论代替。

尽管如此,牛顿力学在现代工程技术中仍然有很大的实用价值,牛顿力学所确立的动量守恒定律、角动量守恒定律和能量守恒定律在物理学的各个领域包括高能粒子领域仍然成立,是自然界最基本和最普遍的运动定律,在实际应用中起了极为重要的作用。牛顿力学和其他科学一样,反映了人类在一定历史阶段已经认识到的部分真理。

4. 定则、定律、定理和原理的概念概述

大学物理学的知识体系涉及各种定则、定律、定理和原理等,下面简要介绍它们的含义。

(1) **定则**(法则)。为了表达事物之间的内在联系,所制定的一种公认的方法,以帮助理解对应的物理规律和便于记忆,这样的规定称为**定则**(或**法则**)。例如,数学上的平行四边形定则是矢量合成的规则,可方便地推广到两个以上矢量的叠加;反过来,矢量的分解就是它的逆运算。右手螺旋定则(法则)是本书下册第 4 篇电磁学的第 15 章介绍的内容,它为判定载流导线激发的磁场的方向提供了一种灵活简便的方法,安培定则也是它的一种特殊应用。

(2) **定律**。用以反映事物在一定条件下客观规律的一种表达形式,称为**定律**。它是通过大量具体事实归纳而成的,为实践和实验事实所证明,是可验证的结论。例如,伽利略开创了实验方法,通过实验事实,逐渐明确了加速度的概念,牛顿总结伽利略和同时代人(包括牛顿本人)的科学成果建立的力学运动定律,成为经典力学的理论基础。

定律也可以是用以描述特定情况、特定尺度下的现实世界的一种理论模型,在其他尺度下可能会失效或者不准确。例如,机械能守恒定律是由质点的动能定理出发,把它推广到质点系组成的物体系统,给出功能定理后再建立的。它仅适合于受保守力作用的力学体系。

(3) **公理与定理**。如果是经过长期实践后公认为正确的命题称为**公理**。公理是不证自明的真理,是建立科学的基础。

在物理学中,许多定理是建立在公理、定义和假设基础上,经过数学工具(如微积分)严格的逻辑推理得来的。因此,**定理**就是基于逻辑论证,其真实性已证明的叙述、用自然语言表达的确定的命题或公式。这些公式或运用变形规则得到的公式,也称"可证公式",能描述事物之间内在关系,具有内在的严密性,其正确性需要逻辑推理来证明。例如,动量定理、角动量定理、动能定理等,它们都是基于牛顿运动定律和质点模型,以数学为工具导出的,也都有相对应的数学表达式。把这些定理进一步与实验事实相结合,又可分别演绎出动量守恒定律、角动量守恒定律和机械能守恒定律。

(4) **原理**。在大量观察与实践基础上通过归纳、概括抽象,所得到的科学理论——**原理**通常指科学的某一领域或部门中具有普遍意义的基本规律。在理论体系内,它一般是不能证明的,是经得起实践检验的。如伽利略相对性原理、光速不变性原理和爱因斯坦相对性原理等。

原理与定理具有极其近似的意义,但又稍有区别。原理只要求用自然语言表达(也并不排除数学表达),定理则更侧重于反映原理的数学性。例如,从原理出发,可以推演出各种具体的定理、命题等,从而对有关理论的认识和发展及进一步的实践起指导作用。因此,原理也可能是对整个叙述内容的梳理和总结。

思考题

5-1　一个有固定轴的刚体,受有两个力的作用。当这两个力的合力为零时,它们对轴的合力矩也一定是零吗? 当这两个力对轴的合力矩为零时,它们的合力也一定是零吗? 举例说明之。

5-2　就自身来说,你作什么姿势和对什么样的轴,转动惯量最小或最大?

5-3　走钢丝的杂技演员,表演时为什么要拿一根长直棍(图 5-25)?

5-4　两个半径相同的轮子,质量相同。但一个轮子的质量聚集在边缘附近,另一个轮子的质量分布比较均匀,试问:

(1) 如果它们的角动量相同,哪个轮子转得快?

(2) 如果它们的角速度相同,哪个轮子的角动量大?

5-5　假定时钟的指针是质量均匀的矩形薄片。分针长而细,时针短而粗,两者具有相等的质量。哪一个指针有较大的转动惯量? 哪一个有较大的动能与角动量?

5-6　花样滑冰运动员想高速旋转时,她先把一条腿和两臂伸开,并用脚蹬冰使自己转动起来,然后再收拢腿和臂,这时她的转速就明显地加快了。这是利用了什么原理?

5-7　一个站在水平转盘上的人,左手举一个自行车轮,使轮子的轴竖直(图 5-26)。当他用右手拨动轮缘使车轮转动时,他自己会同时沿相反方向转动起来。解释其中的道理。

图 5-25　阿迪力走钢丝跨过北京野生动物园上空　　　　图 5-26　思考题 5-7 用图
(引自新京报)

5-8　刚体定轴转动时,它的动能的增量只决定于外力对它做的功而与内力的作用无关。对于非刚体也是这样吗? 为什么?

5-9　一定轴转动的刚体的转动动能等于其中各质元的动能之和,试根据这一理由推导转动动能 $E_k = \dfrac{1}{2} J \omega^2$。

习题

5-1 掷铁饼运动员手持铁饼转动 1.25 圈后松手,此刻铁饼的速度值达到 $v=25$ m/s。设转动时铁饼沿半径为 $R=1.0$ m 的圆周运动并且均匀加速,求:

(1) 铁饼离手时的角速度;

(2) 铁饼的角加速度;

(3) 铁饼在手中加速的时间(把铁饼视为质点)。

5-2 一汽车发动机的主轴的转速在 7.0 s 内由 200 r/min 均匀地增加到 3 000 r/min。求:

(1) 这段时间内主轴的初角速度和末角速度以及角加速度;

(2) 这段时间内主轴转过的角度和圈数;

5-3 地球自转是逐渐变慢的。在 1987 年完成 365 次自转比 1900 年长 1.14 s。求在 1900 年到 1987 年这段时间内,地球自转的平均角加速度。

5-4 求位于北纬 40°的颐和园排云殿(以图 5-27 中 P 点表示)相对于地心参考系的线速度与加速度的数值与方向。

5-5 水分子的形状如图 5-28 所示。从光谱分析得知水分子对 AA' 轴的转动惯量是 $J_{AA'}=1.93\times10^{-47}$ kg·m²,对 BB' 轴的转动惯量是 $J_{BB'}=1.14\times10^{-47}$ kg·m²。试由此数据和各原子的质量求出氢和氧原子间的距离 d 和夹角 θ。假设各原子都可当质点处理。

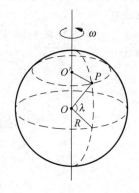

图 5-27 习题 5-4 用图

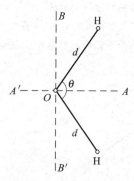

图 5-28 习题 5-5 用图

5-6 C_{60}(Fullerene,富勒烯)分子由 60 个碳原子组成,这些碳原子各位于一个球形 32 面体的 60 个顶角上(图 5-29),此球体的直径为 71 nm。

(1) 按均匀球面计算,此球形分子对其一个直径的转动惯量是多少?

(2) 在室温下一个 C_{60} 分子的自转动能为 6.21×10^{-21} J。求它的自转频率。

5-7 一个氧原子的质量是 2.66×10^{-26} kg,一个氧分子中两个氧原子的中心相距 1.21×10^{-10} m。求氧分子相对于通过其质心并垂直于二原子连线的轴的转动惯量。如果一个氧分子相对于此轴的转动动能是 2.06×10^{-21} J,它绕此轴的转动周期是多少?

5-8 在伦敦的英国议会塔楼上的大本钟的分针长 4.50 m,质量为 100 kg;时针长 2.70 m,质量为 60.0 kg。二者对中心轴的角动量和

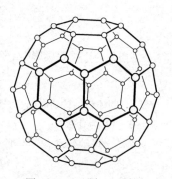

图 5-29 习题 5-6 用图

转动动能各是多少？将二者都当成均匀细直棒处理。

*5-9　从一个半径为 R 的均匀薄板上挖去一个直径为 R 的圆板,所形成的圆洞中心在距原薄板中心 $R/2$ 处(图5-30);所剩薄板的质量为 m。求此时薄板对于通过原中心而与板面垂直的轴的转动惯量。

5-10　如图 5-31 所示,两物体质量分别为 m_1 和 m_2,定滑轮的质量为 m,半径为 r,可视作均匀圆盘。已知 m_2 与桌面间的滑动摩擦系数为 μ_k,求 m_1 下落的加速度和两段绳子中的张力各是多少?设绳子和滑轮间无相对滑动,滑轮轴受的摩擦力忽略不计。

5-11　一根均匀米尺,在 60 cm 刻度处被钉到墙上,且可以在竖直平面内自由转动。先用手使米尺保持水平,然后释放。求刚释放时米尺的角加速度和米尺到竖直位置时的角速度各是多大?

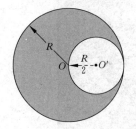
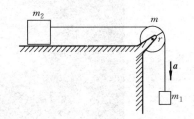

图 5-30　习题 5-9 用图　　　　图 5-31　习题 5-10 用图

5-12　坐在转椅上的人手握哑铃(图 5-10)。两臂伸直时,人、哑铃和椅系统对竖直轴的转动惯量为 $J_1 = 2 \text{ kg} \cdot \text{m}^2$。在外人推动后,此系统开始以 $n_1 = 15 \text{ r/min}$ 转动。当人的两臂收回,使系统的转动惯量变为 $J_2 = 0.80 \text{ kg} \cdot \text{m}^2$ 时,它的转速 n_2 是多大?两臂收回过程中,系统的机械能是否守恒?什么力做了功?做功多少?设轴上摩擦忽略不计。

5-13　图 5-32 中均匀杆长 $L = 0.40 \text{ m}$,质量 $M = 1.0 \text{ kg}$,由其上端的光滑水平轴吊起而处于静止。今有一质量 $m = 8.0 \text{ g}$ 的子弹以 $v = 200 \text{ m/s}$ 的速率水平射入杆中而不复出,射入点在轴下 $d = 3L/4$ 处。求:

(1) 子弹停在杆中时杆的角速度;

(2) 杆的最大偏转角。

5-14　一转台绕竖直固定轴转动,每转一周所需时间为 $t = 10 \text{ s}$,转台对轴的转动惯量为 $J = 1\,200 \text{ kg} \cdot \text{m}^2$。一质量为 $M = 80 \text{ kg}$ 的人,开始时站在转台的中心,随后沿半径向外跑去,当人离转台中心 $r = 2 \text{ m}$ 时转台的角速度是多大?

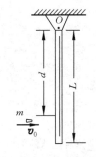

图 5-32　习题 5-13 用图

5-15　两辆质量都是 1 200 kg 的汽车在平直公路上都以 72 km/h 的高速迎面开行。由于两车质心轨道间距离太小,仅为 0.5 m,因而发生碰撞,碰后两车扣在一起,此残体对于其质心的转动惯量为 2 500 kg·m²,求:

(1) 两车扣在一起时的旋转角速度;

(2) 由于碰撞而损失的机械能。

5-16　宇宙飞船中有三个宇航员绕着船舱环形内壁按同一方向跑动以产生人造重力。

(1) 如果想使人造重力等于他们在地面上时受的自然重力,那么他们跑动的速率应多大?设他们的质心运动的半径为 2.5 m,人体当质点处理。

(2) 如果飞船最初未动,当宇航员按上面速率跑动时,飞船将以多大角速度旋转?设每个宇航员的质量为 70 kg,飞船船体对其纵轴的转动惯量为 $3 \times 10^5 \text{ kg} \cdot \text{m}^2$。

(3) 要使飞船转过 30°,宇航员需要跑几圈?

5-17　把太阳当成均匀球体,试由本书的"数值表"给出的有关数据计算太阳的角动量。太阳的角动量是太阳系总角动量($3.3 \times 10^{43} \text{ J} \cdot \text{s}$)的百分之几?

*5-18   蟹状星云(图 5-33)中心是一颗脉冲星,代号 PSR 0531+21。它以十分确定的周期(0.033 s)向地球发射电磁波脉冲。这种脉冲星实际上是转动着的中子星,由中子密聚而成,脉冲周期就是它的转动周期。实测还发现,上述中子星的周期以 1.26×10^{-5} s/a 的速率增大。

图 5-33   蟹状星云现状(箭头所指处是一颗中子星,
它是 1054 年爆发的超新星的残骸)

(1) 求此中子星的自转角速度。

(2) 设此中子星的质量为 1.5×10^{30} kg(近似太阳的质量),半径为 10 km。求它的转动动能以多大的速率(以 J/s 计)减小。(这减小的转动动能就转变为蟹状星云向外辐射的能量)

(3) 若这一能量变化率保持不变,该中子星经过多长时间将停止转动。设此中子星可作均匀球体处理。

*5-19   地球对自转轴的转动惯量是 $0.33MR^2$,其中 M 是地球的质量,R 是地球的半径。求地球的自转动能。

由于潮汐对海岸的摩擦作用,地球自转的速度逐渐减小,每百万年自转周期增加 16 s。这样,地球自转动能的减小相当于摩擦消耗多大的功率? 一年内消耗的能量相当于我国 2004 年发电量 7.3×10^{18} J 的几倍? 潮汐对地球的平均力矩多大?

5-20   太阳的热核燃料耗尽时,它将急速塌缩成半径等于地球半径的一颗白矮星。如果不计质量散失,那时太阳的转动周期将变为多少? 太阳和白矮星均按均匀球体计算,目前太阳的自转周期按 26 d 计。

历史从不眷顾因循守旧、满足现状者,机遇属于勇于创新、永不自满者。
　　　　　　　——习近平 2018 年 4 月 13 日在庆祝海南省办经济特区 30 周年大会上的讲话

第1篇 力学(下)——相对论

第1篇力学(上)(第1～5章)介绍了牛顿力学最基本的内容,牛顿力学的基础就是以牛顿的名字命名的三条定律。它是在17世纪形成的,在以后的两个多世纪里,牛顿力学对科学和技术的发展起了很大的推动作用,自身也得到了很大的发展。

从17世纪至20世纪初,为解释光的传播以及电磁和引力现象,西方自然科学界流行"以太"假说。当时认为,光是一种机械弹性波,其传播媒介是被称为以太的弹性介质。例如,惠更斯(C. Huygens,1629—1695)在笛卡儿(R. Descartes,1596—1650)、胡克(R. Hooke,1635—1703)等人理论的基础上认为"光是发光体中微小粒子的振动在弥漫于宇宙空间的完全弹性的介质(以太)中的传播过程。"并称这种波为以太波,以此作为真空中传播电磁波的媒质(介质)。19世纪以来,所有寻找以太的实验都归于失败,因此科学家逐渐认识到根本不存在以太这种物质。例如,1881年,迈克耳孙(A. A. Michelson,1852—1931)与助手莫雷(E. W. Morley,1938—1923)开始谋划检测地球相对于以太的运动,为此设计了高精密度的干涉仪,并于1887年在不同条件下进行了多次观测,企图验证物体和以太各方向上光速不同的相对运动现象,但都得到否定的结果。

19世纪后半叶,科学家不满足于用麦克斯韦方程组来解释电磁现象,热衷于采用机械模型来说明问题,即使是麦克斯韦(J. C. Maxwell,1831—1879)本人也不例外。为解释迈克耳孙-莫雷实验的结果,斐兹杰惹(G. F. FitzGerald,1851—1901)和洛伦兹(H. A. Lorentz,1853—1928)先后独立地提出一种后来被称为"洛伦兹-斐兹杰惹收缩"的假说,但其解释并不正确。迈克耳孙-莫雷实验和其他方面的研究都否定"以太"的存在,确证光速在不同惯性系和不同方向上都是相同的(光速不变原理),这为爱因斯坦创立狭义相对论奠定了实验基础。

真空中的光速不变,不同惯性系之间的变换关系称为洛伦兹变换。牛顿绝对时空观是经典时空观的主要理论。牛顿力学对于惯性参考系才成立,不同惯性系之间的变换关系集中表现为伽利略变换。经典时空观指出,长度和时间的测量与参考系无关,且两者相互独立,但用此理论解释光的传播等问题时产生了一系列尖锐的矛盾。如此这般,经典力学和经典电磁学之间就存在矛盾了。另一根本性的问题是它对万有引力的存在没有任何理论解释。

当历史跨入 20 世纪时,物理学开始深入扩展到微观高速和强引力场领域。物理学的发展促使人们对牛顿力学以及某些长期认为是不言自明的基本概念作出根本性的改革。当物体运动速率很高(与光速大小可比拟),或所描述的体系很小(微观领域)或物质系统很大(引力很强)时,牛顿的万有引力定律、力学运动定律和牛顿的时空观在这些领域就不完全正确了,将由新的理论代替——这就是量子力学和相对论的相继建立。在这场变革中建立的这两个理论迅速发展成为 20 世纪物理学的两个主流,开创了物理学的新纪元。

1905 年,爱因斯坦(A. Einstein,1879—1955)创立了狭义相对论,他在总结实验事实基础上摒弃了不必要的"以太"假设,摒弃了牛顿的绝对时空观,对经典力学作了相应的修正,认为空间、时间与运动有关,将牛顿力学修正后成功地应用于高速运动的情形,并创造性地提出了质量与能量的对等关系。但是,电磁学的规律对于一切惯性参考系都是成立的,而且具有相同的形式,麦克斯韦电磁理论成为经典物理学中最出色的成就之一。

1916 年,爱因斯坦的广义相对论应运而生,被认为是物理学与天文学的又一场革命。这一理论的出发点在于肯定惯性质量与引力质量等同的等效原理(这已为实验所证实),将非惯性参考系中观测到的惯性力与局域的引力等同起来,进而提出一切参考系均有相同的物理规律这一广义相对性原理。广义相对论成功地预言了一些效应,如强引力场中光线的弯曲,引力强度与光谱线频移的关系,并用空间弯曲很自然地解释了引力的存在。由于广义相对论是针对强引力场和大质量物体而提出来的,因而广泛应用于天体物理学,也构成了现代宇宙论的基础,开创了当代科学对于宇宙起源与演化的探究。当时,爱因斯坦的思想远远超前于那个时代的所有科学家,除在数学上曾得到格罗斯曼(M. Grossmann,1878—1936)和希尔伯特(D. Hilbert,1862—1943)的有限帮助之外,他几乎单枪匹马奋斗了 9 年。爱因斯坦曾自豪地说:"如果我不发现狭义相对论,5 年内就会有人发现它。如果我不发现广义相对论,50 年内也不会有人发现它。"

2005 年是与爱因斯坦有关的关键性科学发现 100 周年,这些发现为现代物理学奠定了基础,其中狭义相对论的建立具有划时代意义。相对论是现代物理学的重要基石。它的建立是 20 世纪自然科学最伟大的发现之一,对物理学、天文学乃至哲学思想都有深远的影响。为纪念 1905 年这一奇迹年,国际纯粹物理与应用物理联合会把 2005 年的主题确定为"世界物理年",并通过了如下决议:①承认物理学为人类了解自然界提供了重要基础;②注意到物理学及其应用是当今众多技术进步的基石;③确信物理教育提供了建设人类发展所必需的科学基础设施的工具。同时,此次大会还开展了全球性的纪念活动。

本篇知识结构思维导图

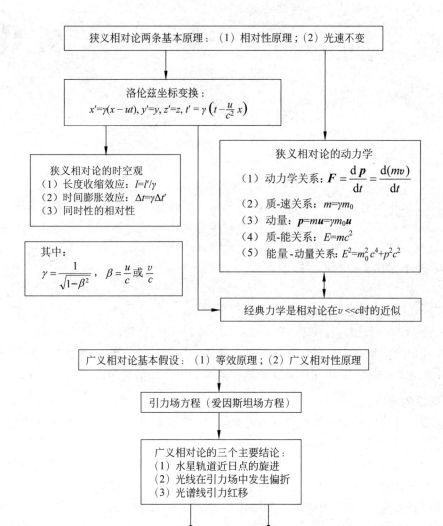

狭义相对论两条基本原理：（1）相对性原理；（2）光速不变

洛伦兹坐标变换：
$x'=\gamma(x-ut), y'=y, z'=z, t'=\gamma\left(t-\dfrac{u}{c^2}x\right)$

狭义相对论的时空观
（1）长度收缩效应：$l=l'/\gamma$
（2）时间膨胀效应：$\Delta t=\gamma\Delta t'$
（3）同时性的相对性

其中：
$\gamma=\dfrac{1}{\sqrt{1-\beta^2}}$，$\beta=\dfrac{u}{c}$或$\dfrac{v}{c}$

狭义相对论的动力学
（1）动力学关系：$\boldsymbol{F}=\dfrac{\mathrm{d}\boldsymbol{p}}{\mathrm{d}t}=\dfrac{\mathrm{d}(mv)}{\mathrm{d}t}$
（2）质-速关系：$m=\gamma m_0$
（3）动量：$\boldsymbol{p}=mu=\gamma m_0\boldsymbol{u}$
（4）质-能关系：$E=mc^2$
（5）能量-动量关系：$E^2=m_0^2 c^4+p^2 c^2$

经典力学是相对论在$v\ll c$时的近似

广义相对论基本假设：（1）等效原理；（2）广义相对性原理

引力场方程（爱因斯坦场方程）

广义相对论的三个主要结论：
（1）水星轨道近日点的旋进
（2）光线在引力场中发生偏折
（3）光谱线引力红移

引力波　　　黑洞

以铜为镜,可以正衣冠;以古为镜,可以知兴替;以人为镜,可以明得失。
——(唐)吴兢《贞观政要·任贤》

第 6 章

相 对 论

相对论是关于宏观物质运动与时间空间关系及其相互作用的理论,分为狭义相对论和广义相对论两部分。它们是现代物理学的理论基础之一。本章主要介绍狭义相对论的基础知识。6.1 节～6.6 节主要为相对论运动学,6.7 节～* 6.10 节主要为相对论动力学的内容,* 6.11 节对广义相对论做简单介绍。

6.1 力学相对性原理和伽利略变换

力学是研究宏观物体机械运动规律及其应用的一个分支学科。运动物体的位置是随时间而发生变化的,时间、空间和运动着的物质具有不可分割的联系。

1. 问题的提出

为了定量地研究力学中的以上这种变化,必须选定适当的参考系,而力学中的概念,如速度、加速度等,以及力学规律都是对一定的参考系才有意义,因此,在处理实际问题时,视问题的方便,可以选用不同的参考系,同时,也离不开长度和时间的测量。相对于任一参考系分析研究物体的运动时,都要应用基本力学定律,这就引发我们思考这样的两个问题:①对于不同的参考系,基本力学定律的形式是完全一样的吗? ②相对于不同的参考系,长度和时间的测量结果是一样的吗?

物理学对于这些紧密联系的根本性问题的解答,经历了从牛顿力学到相对论的发展。本节先说明牛顿力学是怎样理解这些问题的,后续再着重介绍狭义相对论最基本的内容。

2. 伽利略相对性原理(力学相对性原理)

对于上面问题①,牛顿力学指出,对于任何惯性参考系(惯性系),牛顿运动定律都成立。或者说,对于不同的惯性系,力学的基本定律——牛顿运动定律都具有相同形式。因此,在任何惯性系中观察,同一力学现象将按同样的形式发生和演变。这个思想首先是伽利略表述的,此结论称为**力学相对性原理**,即**伽利略相对性原理**或**伽利略不变性**,它是经典力学的基本原理之一。在宣扬哥白尼的日心说时,为了解释地球的表观上的静止,伽利略曾以大船作比喻,生动地指出:在"以任何速度前进,只要运动是匀速的,同时也不这样那样摆动"的大船船舱内,观察各种力学现象,如人的跳跃,抛物,水滴的下落,烟的上升,鱼的游动,甚至蝴蝶和苍蝇的飞行等,你会发现,它们都会和船静止不动时一样地发生。人们并不能通过这些现象来判断大船是否在运动。无独有偶,这种关于相对性原理的思想,《尚书纬·考灵曜》也有这样的记述:"地恒动不止而人不知,譬如人在大舟中,闭牖(注:牖指门窗)而坐,舟行而不觉也"(图6-1)。此著作成书于东汉时代,这一表述比伽利略要早约1 500年。

图 6-1　舟行而不觉

在作匀速直线运动的大船内观察任何力学现象,都不能据此判断船本身的运动。只有打开船窗向外看,当看到岸上灯塔的位置相对于船不断地变化时,才能判定船相对于地面是在运动的,并由此确定航速。即使这样,也只能做出相对运动的结论,并不能肯定"究竟"是地面在运动,还是船在运动。只能确定两个惯性系的相对运动速度,谈论某一个惯性系的绝对运动(或绝对静止)是没有意义的。这是力学相对性原理的一个重要结论。

3. 牛顿的绝对时空观

前面问题②,属于时间和空间的根本观点。在牛顿力学范围内,时间和空间的测量与参考系的选取无关,这就是时间的绝对性和空间的绝对性。

经典时空观指出,在两个作相对直线运动的参考系中,时间是自身均匀流逝着的,其测量与参考系无关(即绝对时间),长度的量度与参考系无关(即绝对空间)。也就是说,同样两点间的距离或同样的前后两个事件之间的时间,无论在哪个惯性系中测量都是一样的。牛顿本人曾说过:"绝对空间,就其本性而言,与外界任何事物无关,而永远是相同的和不动的。"他还说过:"绝对的、真正的和数学的时间自己流逝着,并由于它的本性而均匀地与任何外界对象无关地流逝着。"此外,在经典力学中,时间和空间的量度是相互独立的,绝对时间与绝对空间互不相干。

牛顿的这种绝对空间与绝对时间的概念是和大量日常生活经验相符合的,是一般人对空间和时间概念的理论总结。唐代诗人李白《春夜宴桃李园序》中的词句:"夫天地者,万物之逆旅;光阴者,百代之过客",也表达了相同的意思。

4. 伽利略变换

力学相对性原理和牛顿的绝对时空观的概念是有直接联系的,经典时空观集中表现为伽利略变换(坐标变换、速度变换和加速度变换)。下面我们来说明这种联系。

设想两个相对作匀速直线运动的参考系,分别以直角坐标系 $S(O, x, y, z)$ 和 $S'(O', x', y', z')$ 表示,如图6-2所示,二者的坐标轴分别相互平行,且 x 轴和 x' 轴重合在一起,S' 相对于 S 沿 x 轴方向以速度 $\boldsymbol{u} = u\boldsymbol{i}$ 运动,u 为二者作匀速直线运动的相对速率。

为了测量时间,设想在 S 和 S' 系中各处各有自己的钟,所有的钟的结构完全相同,而且同一参考系中的所有的钟都是校准好且同步的,它们分别指示时刻 t 和 t'。为了对比两个参考系中所测的时间,我们假定两个参考系中的钟都以原点 O 和 O' 重合的时刻作为计算时间的零点。下面我们来找出两个参考系测出的同一质点到达某一位置 P 的时刻以及该位置的空间坐标之间的关系。

由于时间量度的绝对性,质点到达 P 时,两个参考系中 P 点附近的钟给出的时刻数值

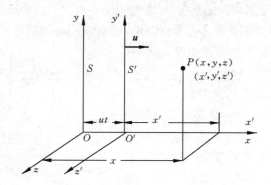

图 6-2　相对作匀速直线运动的两个参考系 S 和 S'

必然相等,即

$$t = t' \tag{6-1}$$

由于空间量度的绝对性,由 P 点到 xz 平面(也是 $x'z'$ 平面)的距离,由两个参考系测出的数值也是一样的,即

$$y = y' \tag{6-2}$$

同理

$$z = z' \tag{6-3}$$

至于 x 和 x' 的值,由 S 系测量,x 应该等于此时刻两原点之间的距离 ut 加上 $y'z'$ 平面到 P 点的距离,这后一距离由 S' 系测量得为 x'。若由 S 系测量,根据绝对空间概念,这后一距离应该一样,即也等于 x'。所以,在 S 系中测量就应该有

$$x = x' + ut$$

或

$$x' = x - ut \tag{6-4}$$

将式(6-2)～式(6-4)合并在一起,就得到下面一组变换公式,即

$$x' = x - ut, \quad y' = y, \quad z' = z, \quad t' = t \tag{6-5}$$

这组公式称为**伽利略坐标变换**。它是牛顿力学关于绝对时空观的数学表述,其特点是时间和空间相对独立,时空与物质运动无关。

由式(6-5)可进一步求得速度变换公式。将其坐标变量对时间求导,并考虑到 $t = t'$,可得

$$\frac{\mathrm{d}x'}{\mathrm{d}t'} = \frac{\mathrm{d}x}{\mathrm{d}t} - u, \quad \frac{\mathrm{d}y'}{\mathrm{d}t'} = \frac{\mathrm{d}y}{\mathrm{d}t}, \quad \frac{\mathrm{d}z'}{\mathrm{d}t'} = \frac{\mathrm{d}z}{\mathrm{d}t}$$

式中

$$\frac{\mathrm{d}x'}{\mathrm{d}t'} = v_x', \quad \frac{\mathrm{d}y'}{\mathrm{d}t'} = v_y', \quad \frac{\mathrm{d}z'}{\mathrm{d}t'} = v_z'$$

与

$$\frac{\mathrm{d}x}{\mathrm{d}t} = v_x, \quad \frac{\mathrm{d}y}{\mathrm{d}t} = v_y, \quad \frac{\mathrm{d}z}{\mathrm{d}t} = v_z$$

分别为 S' 系与 S 系中的各个速度分量。因此,速度变换公式为

$$v_x' = v_x - u, \quad v_y' = v_y, \quad v_z' = v_z \tag{6-6}$$

式(6-6)中的三个分量式合并为一个矢量式,即

$$\boldsymbol{v}' = \boldsymbol{v} - \boldsymbol{u} \tag{6-7}$$

这正是在第 1 章中已导出的**伽利略速度变换**式(1-48)。由上面的推导可以看出,它是以绝对的时空概念为基础的。

将式(6-7)对时间求导,可求得伽利略加速度变换公式。考虑到 $\boldsymbol{u}$ 与时间无关,则

$$\frac{\mathrm{d}\boldsymbol{v}'}{\mathrm{d}t'} = \frac{\mathrm{d}\boldsymbol{v}}{\mathrm{d}t}$$

即

$$\boldsymbol{a}' = \boldsymbol{a} \tag{6-8}$$

上式称为**伽利略加速度变换**。它表明,同一质点的加速度在不同的惯性系内测得的结果是一样的。

在牛顿力学里,质点的质量和运动速度没有关系,因而不受参考系的影响。牛顿力学中的力只与质点的相对位置或相对运动有关,也是和参考系无关的。因此,只要 $\boldsymbol{F}=m\boldsymbol{a}$ 在参考系 S 中是正确的,那么,对于参考系 S' 来说,由 $\boldsymbol{F}'=\boldsymbol{F}$,$m'=m$ 以及式(6-8),则必然有

$$\boldsymbol{F}' = m'\boldsymbol{a}' \tag{6-9}$$

即对参考系 S' 来说,牛顿运动定律也是正确的。一般地说,它对任何惯性系都是正确的。

至此,由牛顿的绝对时空概念(以及"绝对质量"概念)和伽利略变换得到了力学相对性原理。力学相对性原理就可以严格表述为,描述力学规律的微分方程式在伽利略变换下的形式是不变的(只需用 x',y',z',t' 代替 x,y,z,t,反之亦然)。

6.2　狭义相对论两个基本假设

在牛顿力学建立之后,人们对其他物理现象,如光和电磁现象的研究也逐步深入。19世纪中叶,便形成了比较严整的麦克斯韦电磁理论,它预言光是一种电磁波,并在不久之后为赫兹实验所证实。在分析与物体运动有关的电磁现象时,也发现有符合相对性原理的实例,例如,在电磁感应现象中,只是磁体和线圈的相对运动决定线圈内产生的感生电动势。因此,人们提出同样的问题,对于不同的惯性系,电磁现象的基本规律的形式是一样的吗?如果用伽利略变换对电磁现象的基本规律进行变换,发现这些规律对不同的惯性系并不具有相同的形式。如此一来,伽利略变换和电磁现象符合相对性原理的设想发生了矛盾。

1. 光速不变原理

在以上问题中,光速的数值起了特别重要的作用。以 c 和 c' 分别表示在某一参考系 S 和另一参考系 S' 中测得的光在真空中的速率,如果根据伽利略变换,就应该有

$$c' = c \pm u$$

式中,u 为 S' 相对于 S 的速度,其正负号依 c 和 u 的方向相同或相反而定。然而,麦克斯韦电磁场理论给出的结果与此不相符,该理论给出的光在真空中的速率为

$$c = \frac{1}{\sqrt{\varepsilon_0 \mu_0}} \tag{6-10}$$

其中，$\varepsilon_0 \approx 8.85 \times 10^{-12}$ C² · N⁻¹ · m⁻²（或 F/m），$\mu_0 \approx 1.26 \times 10^{-6}$ N · s² · C⁻²（或 H · m⁻¹），它们是两个常用的电磁学常量。将这两个值代入上式，可得

$$c \approx 2.99 \times 10^8 \text{ m/s}$$

由于 ε_0, μ_0 与参考系无关，因此，c 也应该与参考系无关，这就是说，在任何参考系内测得的光在真空中的速率都应为同一数值。这一结论已被后来的很多精确的实验（最著名的是 1887 年 **迈克耳孙-莫雷实验**）和观察所证实。迈克耳孙-莫雷实验明确无误地否定了"以太"的存在，证实光速的测量结果和光源与测量者的相对运动无关，也就是与参考系无关。在所有惯性系中，光在真空中的速率恒为 c，这一结论称为**光速不变原理**。它表明，光或电磁波的运动不服从伽利略变换。**以太**是古希腊哲学家所设想的一种媒质，17 世纪时为解释光的传播以及电磁和引力现象，它又被重新提出。"以太"假说认为，光的传播靠的是一种弥漫宇宙，无所不在，没有重量、弹性极大而又"绝对静止"的媒质，并称这种波为以太波。

正是根据光在真空中的速度与参考系无关这一性质，在精密的激光测量技术的基础上，现在把光在真空中的速率规定为一个基本的物理常量，其值规定为

$$c = 2.997\ 924\ 58 \times 10^8 \text{ m/s}$$

在 SI 中，长度的单位 m 就是在光速的这一规定的基础上进行定义的（见 1.9 节）。

2. 爱因斯坦相对性原理（相对性原理）

光速与参考系无关这一原理是与人们的预计不同的，日常经验总是使人们相信，伽利略变换是正确的。但要知道的是，人们通常遇到的物体运动的速率都远远小于光速，即使是炮弹飞出炮口的速率不过 10^3 m/s 的量级，人造卫星的发射速率也不过 10^4 m/s，不及光速的万分之一。我们本来不能，也不应该轻率地期望，在低速情况下适用的规律在高速的情况下也一定适用。最早对牛顿的这一绝对时空观提出质疑和批判的是马赫（E. Mach，1838—1916），还有庞加莱。他们的一些科学思想和哲学思考对爱因斯坦有着深刻的影响。

伽利略变换和电磁规律的矛盾促使人们思考下述问题：是伽利略变换正确，而电磁现象的基本规律不符合相对性原理呢？还是已发现的电磁现象的基本规律符合相对性原理的，而伽利略变换，实际上是绝对时空观，应该修正呢？

针对牛顿绝对时空观存在的问题，爱因斯坦建立了物理学中新的时空观和（可与光速比拟的）高速物体的运动规律——狭义相对论。他对这个问题进行深入的研究，并在 1905 年发表了《论动体的电动力学》这篇著名的论文，对此问题做出了对整个物理学都有根本变革意义的回答。在该文中，他把下述"思想"提升为其中的一个"公设"，即基本假设。

物理规律对所有惯性系都是一样的，不存在任何一个特殊的（如"绝对静止"的）惯性系，即物理定律对所有惯性系都是等价的。这一假设称为爱因斯坦相对性原理，简称**相对性原理**。

把爱因斯坦相对性原理和经典力学中的力学相对性原理加以比较，可以看出前者是后者的推广，使相对性原理不仅适用于力学现象，而是适用于所有物理现象，包括电磁现象在内。根据上述假设可以得到，在任一个惯性系内，不仅是力学实验，而是任何物理实验都不能用来确定本参考系的运动速度。绝对运动或绝对静止的概念，从整个物理学中被摒弃了。

在把相对性原理作为基本假设的同时，爱因斯坦在那篇著名论文中还有另一论断，即前面介绍的光速不变原理。在这两个假设的基础上，爱因斯坦建立一套完整的理论——狭义

相对论,并把物理学推进到了一个新的阶段。由于在这里涉及的只是无加速运动的惯性系,所以称为**狭义相对论**,以区别于后来爱因斯坦推广到非惯性系的广义相对论,在那里讨论加速运动的参考系。

根据以上这两个基本假设,可以导出狭义相对论的一些重要结论。这些结论与大量实验事实相符合,但只有在高速运动时相对论效应才显著。

6.3 同时性的相对性 时间延缓

爱因斯坦在对物理规律和参考系的关系进行研究时,不仅注意到了物理规律的具体形式,而且注意到了更根本更普遍的问题——关于时间和长度的测量问题,首先是时间的概念。他对牛顿的绝对时间概念提出了怀疑,并且据他说,从 16 岁起就开始思考这个问题了,经过 10 年的思考,终于得到了他的异乎寻常的结论:时间的量度是相对的。对于不同的参考系,同样的先后两个事件之间的时间间隔是不同的。

1. 同时性的相对性

爱因斯坦的论述是从讨论"同时性"概念开始的。在 1905 年发表的《论动体的电动力学》那篇著名论文中,他写道:"如果我们要描述一个质点的运动,我们就以时间的函数来给出它的坐标值。现在我们必须记住,这样的数学描述,只有在我们十分清楚懂得'时间'在这里指的是什么之后才有物理意义。我们应该考虑到,凡是时间在里面起作用的,我们的一切判断总是关于同时的事件的判断。比如我们说,'那列火车 7 点钟到达这里',这大概是说,'我的表的短针指到 7 同火车到达是同时的事件'。"

注意到了同时性,我们就会发现,和光速不变紧密联系在一起的是:在某一个惯性系中同时发生的两个事件,在相对于此惯性系运动的另一个惯性系中观察,不一定是同时发生的。这可由下面的理想实验看出来。

仍以如图 6-2 所示两个参考系 S 和 S' 来说明。设在坐标系 S' 中的 x' 轴上的 A', B' 两点各放置一个接收器,每个接收器旁各有一个静止于 S' 的钟,在 $A'B'$ 的中点 M' 上有一闪光光源(图 6-3)。设光源发出一道闪光,由于 $M'A' = M'B'$,而且向各个方向的光速是一样的,所以闪光必将同时传到两个接收器,或者说,光到达 A' 和到达 B' 这两个事件在 S' 系中观察是同时发生的。

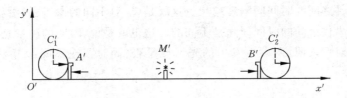

图 6-3 在 S' 系中观察,光同时到达 A' 和 B'

在 S 系中观察这两个同样的事件,其结果又如何呢? 如图 6-4 所示,在光从 M' 发出到达 A' 这一段时间内,A' 已迎着光线走了一段距离,而在光从 M' 出发到达 B' 这段时间内,B' 却背着光线走了一段距离。

显然,光线从 M' 发出到达 A' 所走的距离比到达 B' 所走的距离要短,因为这两个方向的光速还是一样的(光速和光源与观察者的相对运动无关),所以光必定先到达 A' 而后到达 B',或者说,光到达 A' 和到达 B' 这两个事件在 S 系中观察并不是同时发生的。这就说明,同时性是相对的,即同时性的相对性。

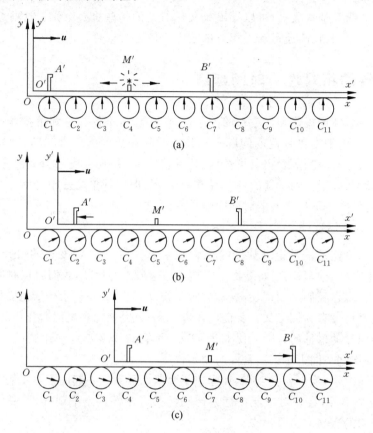

图 6-4   在 S 系中观察
(a) 光由 M' 发出;(b) 光到达 A';(c) 光到达 B'

如果 M,A,B 是固定在 S 系的 x 轴上的一套类似装置,同样地,可分析得出,在 S 系中同时发生的两个事件,在 S' 系中观察,也不是同时发生的。

由图 6-4 也很容易了解,S' 系相对于 S 系的速度越大,在 S 系中所测得的沿相对速度方向发生的两事件之间的时间间隔就越长。这就是说,对不同的参考系,沿相对速度方向发生的同样的两个事件之间的时间间隔是不同的。这也就是说,时间的测量是相对的。

同时性的相对性表明,两事件发生的先后或是否"同时",在不同参考系看来是不同的(但因果律仍成立)。

2. 时间延缓

下面我们通过光速不变原理导出时间量度和参考系相对速度之间的关系,说明量度时间进程时,将看到运动的时钟要比静止的时钟行进得慢——时间延缓效应。在相对论范畴内,时间延缓效应已被无数实验所证实。

如图 6-5(a)所示,设在 S' 系中 A' 点有一闪光光源,它近旁有一只钟 C',在平行于 y' 轴方向离 A' 距离为 d 处放置一反射镜,镜面向 A'。今令光源发出一闪光射向镜面又反射回

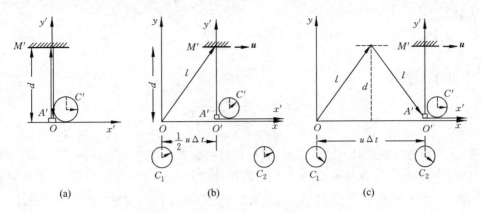

图 6-5 时间量度与参考系相对速度的关系

(a) 在 S' 系中测量；(b)、(c) 在 S 系中测量

A'，光从 A' 发出到再返回 A' 这两个事件相隔的时间由钟 C' 给出，它应该是

$$\Delta t' = \frac{2d}{c} \tag{6-11}$$

在 S 系中测量，光从 A' 发出再返回 A' 这两个事件相隔的时间又是多长呢？首先，我们看到，由于 S' 系的运动，这两个事件并不发生在 S 系中的同一地点。为了测量这一时间间隔，必须利用沿 x 轴配置的许多静止于 S 系的经过校准而同步的钟 C_1，C_2 等，而待测时间间隔由光从 A' 发出和返回 A' 时，A' 所邻近的钟 C_1 和 C_2 给出。我们还可以看到，在 S 系中测量时，光线由发出到返回并不沿同一直线进行，而是沿一条折线。为了计算光经过这条折线的时间，需要算出在 S 系中测得的斜线 l 的长度。为此，先说明在 S 系中测量，沿 y 方向从 A' 到镜面的距离也是 d（这里应当怀疑一下牛顿的绝对长度的概念），这可以由下述火车钻洞的假想实验得出。

设在山洞外停有一列火车，车厢高度与洞顶高度相等。现在使车厢匀速地向山洞开去。这时它的高度是否和洞顶高度相等呢？或者说，高度是否和运动有关呢？假设高度由于运动而变小了，这样，在地面上观察，由于运动的车厢高度减小，它当然能顺利地通过山洞。如果在车厢上观察，则山洞是运动的，由相对性原理，洞顶的高度应减小，这样车厢势必在山洞外被阻住。这就发生了矛盾。但车厢能否穿过山洞是一个确定的物理事实，应该和参考系的选择无关，因而上述矛盾不应该发生。这说明上述假设是错误的。因此，在满足相对性原理的条件下，车厢和洞顶的高度不应因运动而减小。这也就是说，垂直于相对运动方向的长度测量与运动无关，因而在图 6-5(c) 中，由 S 系观察，A' 和反射镜之间沿 y 方向的距离仍是 d。

以 Δt 表示在 S 系中测得的闪光由 A' 发出到返回 A' 所经过的时间。由于在这段时间内，A' 移动了距离 $u\Delta t$，所以

$$l = \sqrt{d^2 + \left(\frac{u\Delta t}{2}\right)^2} \tag{6-12}$$

由光速不变原理，又有

$$\Delta t = \frac{2l}{c} = \frac{2}{c}\sqrt{d^2 + \left(\frac{u\Delta t}{2}\right)^2}$$

由此式解出

$$\Delta t = \frac{2d}{c} \frac{1}{\sqrt{1 - u^2/c^2}}$$

和式(6-11)比较可得

$$\Delta t = \frac{\Delta t'}{\sqrt{1 - \left(\dfrac{u}{c}\right)^2}} \tag{6-13}$$

式中的 $\Delta t'$ 为固有时或原时。此式说明,如果在某一参考系 S' 中发生在同一地点的两个事件相隔的时间是 $\Delta t'$,则在另一参考系 S 中测得的这两个事件相隔的时间 Δt 总是要长一些,二者之间差一个 $\sqrt{1 - u^2/c^2}$ 因子。这就从数量上表明了时间测量的相对性。

在某一参考系中同一地点先后发生的两个事件之间的时间间隔叫**固有时**或**原时**,它是静止于此参考系中的一只钟测出的持续时间,又称为**本征时间**。在上面的例子中,$\Delta t'$ 就是光从 A' 发出又返回 A' 所经历的固有时。由式(6-13)可看出,固有时最短。固有时和在其他参考系中测得的时间的关系,如果用钟走得快慢来说明,就是 S 系中的观察者把相对于其运动的 S' 系中的那只钟和自己的许多同步的钟对比,发现那只钟慢了,那只运动的钟的一秒对应于这许多静止的同步钟的好几秒。这个效应叫做运动的钟**时间延缓**。

时间延缓是一种相对效应。也就是说,S' 系中的观察者会发现静止于 S 系中而相对于自己运动的任一只钟,比自己的参考系中的一系列同步的钟走得慢。这时 S 系中的一只钟给出固有时,S' 系中的钟给出的不是固有时。

由式(6-13)还可以看出,当 $u \ll c$ 时,$\sqrt{1 - u^2/c^2} \approx 1$,而 $\Delta t \approx \Delta t'$。这种情况下,同样的两个事件之间的时间间隔在各参考系中测得的结果都是一样的,即时间的测量与参考系无关。这就是牛顿的绝对时间概念。由此可知,牛顿的绝对时间概念实际上是相对论时间概念在参考系的相对速度很小时的近似。

【例 6-1】 飞船飞行。一飞船以 $u = 9 \times 10^3$ m/s 的速率相对于地面(假定为惯性系)匀速飞行。飞船上的钟走了 5 s 的时间,用地面上的钟测量,其经过了多少时间?

解 已知 $u = 9 \times 10^3$ m/s,$\Delta t' = 5$ s,要求的时间是式(6-13)的 Δt 的值。

因为 $\Delta t'$ 为固有时,所以

$$\Delta t = \frac{\Delta t'}{\sqrt{1 - u^2/c^2}} = \frac{5}{\sqrt{1 - [(9 \times 10^3)/(3 \times 10^8)]^2}} \text{s}$$

$$\approx 5 \left[1 + \frac{1}{2} \times (3 \times 10^{-5})^2 \right] \text{s} = 5.000\,000\,002 \text{ s}$$

此结果说明,即使是像飞船如此之大的运动速率来说,时间延缓效应实际上还是很难测量出来的。

【例 6-2】 粒子衰变。带正电的 π 介子是一种不稳定的粒子。当它静止时,平均寿命为 2.5×10^{-8} s,之后即衰变为一个 μ 介子和一个中微子。今产生一束 π 介子,实验室测得其速率为 $u = 0.99c$,并测得它在衰变前通过的平均距离为 52 m。这些测量结果是否一致?

解 如果用速率 u 乘以平均寿命 $\Delta t' = 2.5 \times 10^{-8}$ s,则移动了距离 $u\Delta t'$ 为

$$0.99 \times 3 \times 10^8 \times 2.5 \times 10^{-8} \text{ m} = 7.4 \text{ m}$$

显然,这和题目中的实验结果不符。若考虑相对论时间延缓效应,$\Delta t'$ 是静止 π 介子的平均寿命,为固有时,则当 π 介子运动时,在实验室测得的平均寿命应是

$$\Delta t = \frac{\Delta t'}{\sqrt{1 - u^2/c^2}} = \frac{2.5 \times 10^{-8}}{\sqrt{1 - 0.99^2}}\, s = 1.8 \times 10^{-7}\ s$$

对应于此时间,实验室测得它通过的平均距离就是

$$u\Delta t = 0.99 \times 3 \times 10^8 \times 1.8 \times 10^{-7}\, m = 53\ m$$

和实验结果很好地符合。

这个例子是相对论与实验符合的一个高能粒子实验。实际上,近代高能粒子的每个实验都在考验着相对论,而相对论也都经受住了这种考验。

6.4 长度收缩

现在讨论长度的测量。6.3 节指出,垂直于运动方向的长度测量是与参考系无关的。那么,沿运动方向的长度测量会怎么样呢?

应该明确的是,长度测量是和同时性概念密切相关的。在某一参考系中测量一直棒的长度,就是要测量它的两端点在同一时刻的位置之间的距离。关于这一点,在测量静止的棒的长度时是不需要考虑的,因为它的两端位置不变,不管是否同时记录两端的位置,结果总是一样的。但在测量运动的棒的长度时,同时性的考虑就带有决定性的意义了。如图 6-6(a) 所示,要测量正在行进的汽车在 x 轴方向的长度 l,就必须在同一时刻记录车头的位置 x_2 和车尾的位置 x_1,求出 $l = x_2 - x_1$。如果两个位置不是在同一时刻记录的,如在记录了 x_1 之后过一会再记录 x_2,如图 6-6(b) 所示,则 $x_2 - x_1$ 就和两次记录的时间间隔有关系,其数值显然不代表汽车的长度。

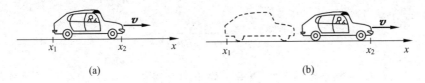

(a)　　　　　　　　　　　　　　(b)

图 6-6　测量运动的汽车的长度

(a) 同时记录 x_1 和 x_2;(b) 先记录 x_1,后记录 x_2

根据爱因斯坦的观点,既然同时性是相对的,那么长度的测量也必定是相对的。长度测量和参考系的运动有什么关系呢?

仍以如图 6-2 所示的两个参考系 S 和 S' 来说明。在 S' 系中,设有一直棒 $A'B'$ 固定在 x' 轴上,测得其长度为 l'。为了求出它在 S 系中的长度 l,假想在 S 系中某一时刻 t_1,B' 端经过 x_1,如图 6-7(a) 所示,在其后 $t_1 + \Delta t$ 时刻 A' 经过 x_1。由于棒的运动速度为 u,在 $t_1 + \Delta t$ 这一时刻 B' 端的位置一定在 $x_2 = x_1 + u\Delta t$ 处,如图 6-7(b) 所示。根据上面所说长度测量的规定,在 S 参考系中棒的长度就应该是

$$l = x_2 - x_1 = u\Delta t \tag{6-14}$$

现在再看 Δt,它是 B' 端和 A' 端相继通过 x_1 点这两个事件之间的时间间隔。由于 x_1 是 S 系中一个固定地点,所以 Δt 是这两个事件之间的固有时。

从 S' 系看来,棒是静止的,由于 S 系相当于向左运动,x_1 这一点相继经过 B' 和 A' 端,如图 6-8 所示。由于棒长为 l',所以 x_1 经过 B' 和 A' 这两个事件之间的时间间隔 $\Delta t'$,在 S' 系中测量为

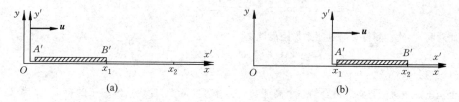

图 6-7　在 S 系中测量运动的棒 $A'B'$ 长度

(a) 在 t_1 时刻 $A'B'$ 的位置；(b) 在 $t_1+\Delta t$ 时刻 $A'B'$ 的位置

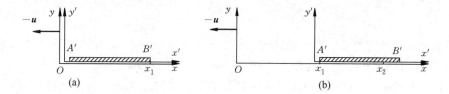

图 6-8　在 S' 系中观察的结果

(a) x_1 经过 B' 点；(b) x_1 经过 A' 点

$$\Delta t' = \frac{l'}{u} \tag{6-15}$$

Δt 和 $\Delta t'$ 都是指同样两个事件之间的时间间隔，根据时间延缓关系，有

$$\Delta t = \Delta t' \sqrt{1 - u^2/c^2} = \frac{l'}{u} \sqrt{1 - u^2/c^2}$$

将此式代入式(6-14)，得

$$l = l' \sqrt{1 - \left(\frac{u}{c}\right)^2} \tag{6-16}$$

此式说明，如果在某一参考系(S')中，测得一静止的直棒长度为 l'，则在另一参考系中测得的同一直棒的长度 l 总要短些，二者之间相差一个因子 $\sqrt{1-u^2/c^2}$。这就是说，长度的测量也是相对的。

静止时测得直棒的长度叫做**固有长度**或**静长**，如上例中的 l'。由式(6-16)可看出，固有长度最长。显然，这种长度测量值的不同只适用于棒沿着运动方向放置的情况。量度物体长度时，将测得运动的物体在其运动方向上的长度要比静止时的短，这种效应叫做运动的棒(纵向)的**长度收缩**。

长度收缩关系式(6-16)也叫**洛伦兹收缩**，全称**洛伦兹-斐兹杰惹收缩**。为解释迈克耳孙-莫雷实验的结果，斐兹杰惹和洛伦兹先后独立地提出这种假说，但他们的解释并不正确；这里是从狭义相对论的正确观点导出的，这种假说即被相对论的理论所取代，现常用作长度收缩的同义词。

必须指出，长度收缩也是一种相对效应，并非物体产生了形变或发生了结构性质的变化。静止于 S 系中沿 x 方向放置的棒，在 S' 系中测量，其长度也要收缩。此时反过来，l 是固有长度，而 l' 不是固有长度。

由式(6-16)可以看出，当 $u \ll c$ 时，$l \approx l'$。这时又回到了牛顿的绝对空间的概念，即空间的量度与参考系无关。这也说明，牛顿的绝对空间概念是相对论空间概念在相对速度很小时的近似。

【例 6-3】　飞船飞行。固有长度为 5 m 的飞船以 $u＝9×10^3$ m/s 的速率相对于地面匀速飞行时,从地面上测量,它的长度是多少?

解　设 l' 为固有长度,即 $l'＝5$ m;已知 $u＝9×10^3$ m/s,由式(6-16),则从地面上测量得的长度为

$$l = l'\sqrt{1-u^2/c^2} = 5\sqrt{1-[(9×10^3)/(3×10^8)]^2}\ \text{m}$$

$$\approx 5\left[1-\frac{1}{2}×(3×10^{-5})^2\right]\text{m} = 4.999\,999\,998\ \text{m}$$

这个结果与静止时的长度(静长)5 m 的差别是难以测出的。

【例 6-4】　介子寿命。试从 π 介子在其中静止的参考系来考虑 π 介子的平均寿命(参照例 6-2)。

解　从 π 介子所在参考系看来,其在实验中的运动速率为 $u＝0.99c$,实验室测得的距离 $l＝52$ m 为固有长度。在 π 介子所在参考系中测量此距离应为

$$l' = l\sqrt{1-u^2/c^2} = 52×\sqrt{1-0.99^2}\ \text{m} = 7.3\ \text{m}$$

而在实验室中,π 介子飞过这一段距离所用的时间为

$$\Delta t' = l'/u = 7.3/0.99c = 2.5×10^{-8}\ \text{s}$$

这也就是静止 π 介子的平均寿命。

6.5　洛伦兹坐标变换

既然选择爱因斯坦相对性原理,从一个惯性参考系变换到另一个惯性参考系时,时间和空间各量不满足伽利略变换,也就必须修改伽利略变换。1903 年,洛伦兹在研究电磁场理论时提出洛伦兹变换式,当时未能给出正确的解释。1905 年,爱因斯坦赋予其新的意义,从考虑同时性的相对性开始,独立导出了一套新的时空变换公式——洛伦兹变换。但在相对论中,为尊重洛伦兹的贡献,仍沿用"洛伦兹变换"的名称,包括坐标变换和速度变换等。

1. 洛伦兹坐标变换——正变换

在 6.1 节中,我们根据牛顿的绝对时空概念导出了伽利略坐标变换。下面根据爱因斯坦的相对论时空概念导出相应的另一组坐标变换式——洛伦兹坐标变换。

仍以如图 6-9 所示的 S,S' 两个参考系来说明。设 S' 以速度 u 相对于 S 运动,二者的原点 O 和 O' 在 $t＝t'＝0$ 时重合。我们求由两个坐标系测出的在某时刻发生在 P 点的一个事件(如一次爆炸)的两套坐标值之间的关系。此时刻在如图 6-9(b)所示的 S' 系中测量时刻为 t',从 $y'z'$ 平面到 P 点的距离为 x'。在如图 6-9(a)所示的 S 系中测量,该同一时刻为 t,从 yz 平面到 P 点的距离 x 应等于此时刻两原点之间的距离 ut 加上 $y'z'$ 平面到 P 点的距离。但这后一段距离在 S 系中测量,其数值不再等于 x',根据长度收缩,应等于 $x'\sqrt{1-u^2/c^2}$,因此在 S 系中测量的结果应为

$$x = ut + x'\sqrt{1-u^2/c^2} \tag{6-17}$$

或者

$$x' = \frac{x-ut}{\sqrt{1-u^2/c^2}} \tag{6-18}$$

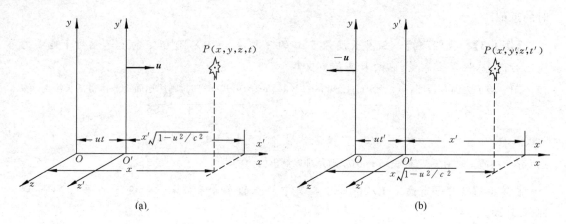

图 6-9   洛伦兹坐标变换的推导

(a) 在 S 系中测量；(b) 在 S' 系中测量

为了求得时间变换公式,可以先求出以 x 和 t' 表示的 x' 的表示式。在 S' 系中观察时,yz 平面到 P 点的距离应为 $x\sqrt{1-u^2/c^2}$,而 OO' 的距离为 ut',这样就有

$$x' = x\sqrt{1-u^2/c^2} - ut' \tag{6-19}$$

在式(6-17)、式(6-19)中消去 x',可得

$$t' = \frac{t - \dfrac{u}{c^2}x}{\sqrt{1-u^2/c^2}} \tag{6-20}$$

在 6.3 节中已经指出,垂直于相对运动方向的长度测量与参考系无关,即 $y'=y, z'=z$,将上述变换式列到一起,有

$$x' = \frac{x-ut}{\sqrt{1-u^2/c^2}}, \quad y'=y, \quad z'=z, \quad t'=\frac{t-\dfrac{u}{c^2}x}{\sqrt{1-u^2/c^2}} \tag{6-21}$$

式(6-21)称为**洛伦兹坐标变换**,为正变换式。

可以明显地看出,当 $u \ll c$ 时,洛伦兹坐标变换就约化为伽利略坐标变换。这也正如前所述,牛顿的绝对时空概念是相对论时空概念在参考系相对速度很小时的近似。

与伽利略坐标变换相比,洛伦兹坐标变换中的时间坐标明显和空间坐标有关。这说明,在相对论中,时间与空间的测量互相不能分离,它们以一个整体联系在一起。因此,在相对论中,常把一个事件发生时的位置和时刻联系起来,称为它的**时空坐标**。

2. 洛伦兹坐标变换——逆变换

对式(6-21)解出 x, y, z 和 t,即可得到洛伦兹坐标变换的逆变换式。为了简化表达式,在现代相对论的文献中,通常采用以下两个恒等符号

$$\beta \equiv \frac{u}{c}$$

或

$$\beta \equiv \frac{v}{c}, \quad \gamma \equiv \frac{1}{\sqrt{1-\beta^2}} \tag{6-22}$$

其中，γ 称为相对论因子，有时也称洛伦兹因子。据此，式(6-21)的洛伦兹坐标变换改写为

$$x' = \gamma(x - \beta ct), \quad y' = y, \quad z' = z, \quad t' = \gamma\left(t - \frac{\beta}{c}x\right) \tag{6-23}$$

对此式解出 x, y, z, t，则其逆变换式为

$$x = \gamma(x' + \beta ct'), \quad y = y', \quad z = z', \quad t = \gamma\left(t' + \frac{\beta}{c}x'\right) \tag{6-24}$$

此逆变换公式也可以根据相对性原理，在正变换式(6-23)中把带"'"(带撇)的量和不带撇的量相互交换，同时把 β 换成 $-\beta$ 得出。

还应指出的是，在式(6-21)中，当 $t=0$ 时，有

$$x' = \frac{x}{\sqrt{1 - \left(\dfrac{u}{c}\right)^2}} = \frac{x}{\sqrt{1 - \beta^2}} = \gamma x$$

如果 $u \geqslant c$，则对于各 x 值，x' 值将只能以无穷大值或虚数值和它对应，这显然是没有物理意义的，因此，两参考系的相对速度不可能等于或大于光速。由于参考系总是借助于一定的物体(或物体组)而确定的，所以也可以说，根据狭义相对论的基本假设，任何物体相对于另一物体的速度不能等于或超过真空中的光速，即在真空中的光速 c 是一切实际物体运动速度的极限。其实，这一点从式(6-13)已经可以看出了，在 6.8 节中还将介绍关于这一结论的直接实验验证。

洛伦兹坐标变换式(6-21)在理论上的重要意义在于，基本的物理定律，包括电磁学和量子力学的基本定律，都在洛伦兹坐标变换下保持不变。这种不变性表明了物理定律对匀速直线运动的对称性，这也是自然界的一种基本特征——**相对论性对称性**。

【**例 6-5**】 **长度收缩验证**。用洛伦兹坐标变换验证长度收缩公式(6-16)。

解 设在 S' 系中沿 x' 轴放置一根静止的棒，其长度为 $l' = x_2' - x_1'$。由洛伦兹坐标变换，可得

$$l' = \frac{x_2 - ut_2}{\sqrt{1 - u^2/c^2}} - \frac{x_1 - ut_1}{\sqrt{1 - u^2/c^2}} = \frac{x_2 - x_1}{\sqrt{1 - u^2/c^2}} - \frac{u(t_2 - t_1)}{\sqrt{1 - u^2/c^2}}$$

按照测量运动直棒的长度时，棒两端的位置必须同时记录的规定，要使 $x_2 - x_1 = l$ 表示 S 系中测得的棒长，就必须有 $t_2 = t_1$。因此，上式给出

$$l' = \frac{l}{\sqrt{1 - u^2/c^2}}$$

或

$$l = l'\sqrt{1 - u^2/c^2}$$

这就是式(6-16)。

【**例 6-6**】 **同时性的相对性验证**。用洛伦兹坐标变换说明同时性的相对性。

解 从根本上说，赋予新的意义的洛伦兹坐标变换来源于爱因斯坦同时性的相对性，它自然也能反过来把这一相对性表现出来。例如，对于 S 系中的两个事件 $A(x_1, 0, 0, t_1)$ 和 $B(x_2, 0, 0, t_2)$，在 S' 系中，它的时空坐标将是 $A(x_1', 0, 0, t_1')$ 和 $B(x_2', 0, 0, t_2')$。由洛伦兹变换，得

$$t_1' = \frac{t_1 - \dfrac{u}{c^2}x_1}{\sqrt{1 - u^2/c^2}}, \quad t_2' = \frac{t_2 - \dfrac{u}{c^2}x_2}{\sqrt{1 - u^2/c^2}}$$

因此

$$t_2' - t_1' = \frac{(t_2 - t_1) - \dfrac{u}{c^2}(x_2 - x_1)}{\sqrt{1 - u^2/c^2}} \tag{6-25}$$

如果在 S 系中，A，B 位于不同的地点（即 $x_2 \neq x_1$），但在同一时刻（即 $t_2 = t_1$）发生，则由上式可得，$t_2' \neq t_1'$，即在 S' 系中观察，A，B 并不是同时发生的。这就说明了同时性的相对性。

*3. 关于事件发生的时间顺序

由式(6-25)还可以看出，如果 $t_2 > t_1$，即在 S 系中观察，B 事件迟于 A 事件发生，则对于不同的 $(x_2 - x_1)$ 值，$(t_2' - t_1')$ 可以大于、等于或小于零，即在 S' 系中观察，B 事件可能迟于、同时或先于 A 事件发生。这就是说，两个事件发生的时间顺序，在不同的参考系中观察，有可能颠倒。不过，应该注意，这只限于两个互不相关的事件。

对于有因果关系的两个事件，它们发生的顺序，在任何惯性系中观察，都是不应该颠倒的。所谓的 A，B 两个事件有因果关系，就是说 B 事件是 A 事件引起的。例如，在某处的枪口发出子弹算作 A 事件，在另一处的靶上被此子弹击穿一个洞算作 B 事件，这 B 事件当然是 A 事件引起的。又例如，在地面上某雷达站发出一雷达波算作 A 事件，在某人造地球卫星上接收到此雷达波算作 B 事件，这 B 事件也是 A 事件引起的。一般地说，A 事件引起 B 事件的发生，必然是从 A 事件向 B 事件传递了一种"作用"或"信号"，如上面例子中的子弹或无线电波。这种"信号"在 t_1 时刻到 t_2 时刻这段时间内，从 x_1 到达 x_2 处，因而传递的速度 v_s 的大小为

$$v_s = \frac{x_2 - x_1}{t_2 - t_1}$$

这个速度就叫**"信号速度"**。由于信号实际上是一些物体或无线电波、光波等，因而信号速度总不能大于光速。对于这种有因果关系的两个事件，式(6-25)可改写成

$$t_2' - t_1' = \frac{t_2 - t_1}{\sqrt{1 - u^2/c^2}} \left(1 - \frac{u}{c^2} \frac{x_2 - x_1}{t_2 - t_1}\right)$$

$$= \frac{t_2 - t_1}{\sqrt{1 - u^2/c^2}} \left(1 - \frac{u}{c^2} v_s\right)$$

由于 $u < c$，$v_s \leqslant c$，所以 uv_s/c^2 总小于 1。这样，$(t_2' - t_1')$ 的符号就总与 $(t_2 - t_1)$ 相同。这就是说，在 S 系中观察，如果 A 事件先于 B 事件发生（即 $t_2 > t_1$），则在任何其他参考系 S' 中观察，A 事件也总是先于 B 事件发生，时间顺序不会颠倒。狭义相对论在这一点上是符合因果关系的要求的。

【例 6-7】 谁先谁后。北京和上海直线相距 $1\,000$ km，在某一时刻从两地同时各开出一列火车。现有一艘飞船，沿北京到上海的方向在高空掠过，速率恒为 $u = 9$ km/s。求宇航员测得的两列火车开出时刻的间隔，哪一列先开出？

解 取地面为 S 系，坐标原点在北京，以北京到上海的方向为 x 轴正方向，北京和上海的位置坐标分别是 x_1 和 x_2。取飞船为 S' 系。

现已知两地距离是

$$\Delta x = x_2 - x_1 = 10^6 \text{ m}$$

而两列火车开出时刻的间隔是

$$\Delta t = t_2 - t_1 = 0$$

以 t_1' 和 t_2' 分别表示在飞船上测得的从北京发车的时刻和从上海发车的时刻,则由洛伦兹变换可知

$$t_2' - t_1' = \frac{(t_2 - t_1) - \dfrac{u}{c^2}(x_2 - x_1)}{\sqrt{1 - u^2/c^2}} = \frac{-\dfrac{u}{c^2}(x_2 - x_1)}{\sqrt{1 - u^2/c^2}}$$

$$= \frac{-\dfrac{9 \times 10^3}{(3 \times 10^8)^2} \times 10^6}{\sqrt{1 - \left(\dfrac{9 \times 10^3}{3 \times 10^8}\right)^2}} \, \text{s} \approx -10^{-7} \, \text{s}$$

这一负的结果表明,宇航员发现从上海发车的时刻比从北京发车的时刻早 10^{-7} s。

6.6 相对论速度变换

在讨论速度变换时,我们首先注意到,速度的各个分量的定义如下:

在 S 系中
$$v_x = \frac{dx}{dt}, \quad v_y = \frac{dy}{dt}, \quad v_z = \frac{dz}{dt}$$

在 S' 系中
$$v_x' = \frac{dx'}{dt'}, \quad v_y' = \frac{dy'}{dt'}, \quad v_z' = \frac{dz'}{dt'}$$

在洛伦兹变换公式(6-23)中,对 t' 求导,可得

$$\frac{dx'}{dt'} = \frac{\dfrac{dx'}{dt}}{\dfrac{dt'}{dt}} = \frac{\dfrac{dx}{dt} - \beta c}{1 - \dfrac{\beta}{c}\dfrac{dx}{dt}}$$

$$\frac{dy'}{dt'} = \frac{\dfrac{dy'}{dt}}{\dfrac{dt'}{dt}} = \frac{\dfrac{dy}{dt}}{\gamma\left(1 - \dfrac{\beta}{c}\dfrac{dx}{dt}\right)}$$

$$\frac{dz'}{dt'} = \frac{\dfrac{dz'}{dt}}{\dfrac{dt'}{dt}} = \frac{\dfrac{dz}{dt}}{\gamma\left(1 - \dfrac{\beta}{c}\dfrac{dx}{dt}\right)}$$

利用上面的速度分量定义公式,这三个式子可写作

$$\left. \begin{aligned} v_x' &= \frac{v_x - \beta c}{1 - \dfrac{\beta}{c}v_x} = \frac{v_x - u}{1 - \dfrac{uv_x}{c^2}} \\[3mm] v_y' &= \frac{v_y}{\gamma\left(1 - \dfrac{\beta}{c}v_x\right)} = \frac{v_y}{1 - \dfrac{uv_x}{c^2}}\sqrt{1 - u^2/c^2} \\[3mm] v_z' &= \frac{v_z}{\gamma\left(1 - \dfrac{\beta}{c}v_x\right)} = \frac{v_z}{1 - \dfrac{uv_x}{c^2}}\sqrt{1 - u^2/c^2} \end{aligned} \right\} \tag{6-26}$$

这就是**相对论速度变换公式**。可以明显地看出,当 u 和 v 都比光速 c 小很多时,它们就约化为伽利略速度变换公式(6-6)。

对于光,设在 S 系中一束光沿 x 轴方向传播,其速率为 c,则在 S' 系中,$v_x = c$,$v_y = v_z = 0$,按式(6-26),光的速率应为

$$v' = v_x' = \frac{c - u}{1 - \dfrac{cu}{c^2}} = c$$

仍然是 c。这一结果和相对速率 u 无关。也就是说,光在任何惯性系中速率都是 c,这也是相对论的一个出发点。

在式(6-26)中,将带撇的量和不带撇的量互相交换,同时把 u 换成 $-u$,可得速度的逆变换式为

$$\left.\begin{aligned}
v_x &= \frac{v_x' + \beta c}{1 + \dfrac{\beta}{c}v_x'} = \frac{v_x' + u}{1 + \dfrac{uv_x'}{c^2}} \\[2mm]
v_y &= \frac{v_y'}{\gamma\left(1 + \dfrac{\beta}{c}v_x'\right)} = \frac{v_y'}{1 + \dfrac{uv_x'}{c^2}}\sqrt{1 - u^2/c^2} \\[2mm]
v_z &= \frac{v_z'}{\gamma\left(1 + \dfrac{\beta}{c}v_x'\right)} = \frac{v_z'}{1 + \dfrac{uv_x'}{c^2}}\sqrt{1 - u^2/c^2}
\end{aligned}\right\} \qquad (6\text{-}27)$$

【例 6-8】 速度变换。在地面上测到有两个飞船分别以 $+0.9c$ 和 $-0.9c$ 的速度向相反方向飞行。求一飞船相对于另一飞船的速度有多大?

解 如图 6-10 所示,设参考系 S 为速度是 $-0.9c$ 的飞船在其中静止的参考系,则地面对此参考系以速度 $u = 0.9c$ 运动。以地面为参考系 S',则另一飞船相对于 S' 系的速度为 $v_x' = 0.9c$,由公式(6-27)可得,所求速度即为二者的相对速度大小,即

$$v_x = \frac{v_x' + u}{1 + uv_x'/c^2} = \frac{0.9c + 0.9c}{1 + 0.9 \times 0.9} = \frac{1.80}{1.81}c = 0.994c$$

由上式可见 $v_x < c$,因此通过速度合成也不能实现超光速。这和伽利略变换给出的结果是不同的。

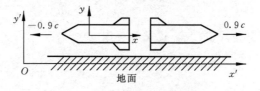

图 6-10 例 6-8 用图

值得指出的是,相对于地面来说,两飞船之间的距离等于 $1.8c$。这就是说,由地面上的观察者测量,两飞船的速率是按 $2 \times 0.9c$ 增加的。但是,就一个物体来讲,它对任何其他物体或参考系,其速度的大小是不可能大于 c 的。求得的结果也说明了速度这一概念的真正含义。如果采用伽利略变换计算,则 $v_x = v_x' + u = 1.8c$,从地面上观察,这已经超光速了。爱因斯坦根据"追光佯谬"早就断言,用伽利略变换计算是错误的,必须采用洛伦兹变换计算。在 u 和 v' 都小于 c 的情况下,v 是不可能大于 c 的。

"人永远也追不上光"是"光速不变原理"和"光速与光源速度无关"的严格数学表述得出的结论。正如"爱因斯坦的飞马"诗句的描述:"爱因斯坦骑着一根光线,一面镜子持在手中,镜子里他看不到自己飞行中的尊容,这个原因我现在已懂。……"

【例 6-9】 星光照耀。 在太阳参考系中观察,一束星光垂直射向地面,速率为 c,而地球以速率 u 垂直于光线运动。求在地面上测量,这束星光的速度的大小与方向各如何?

解 图 6-11(a)以太阳参考系为 S 系,图 6-11(b)以地面参考系为 S' 系。S' 系以速度 u 向右运动。在 S 系中,星光的速度为 $v_x=0,v_y=-c,v_z=0$。根据式(6-26),在 S' 系中,星光的速度应为

$$v_x'=-u$$

$$v_y'=v_y\sqrt{1-u^2/c^2}=-c\sqrt{1-u^2/c^2}$$

$$v_z'=0$$

由此可得,星光速度的大小为

$$v'=\sqrt{v_x'^2+v_y'^2+v_z'^2}=\sqrt{u^2+c^2-u^2}=c$$

即仍为 c。星光速度的方向用光线方向与竖直方向(即 y' 轴)之间的夹角 α 表示,则有

$$\tan\alpha=\frac{|v_x'|}{|v_y'|}=\frac{u}{c\sqrt{1-u^2/c^2}}$$

由于 $u=3\times10^4$ m/s(地球公转速率)远远小于光速,所以有

$$\tan\alpha\approx\frac{u}{c}$$

将 u 和 c 值代入,可得

$$\tan\alpha\approx\frac{3\times10^4}{3\times10^8}=10^{-4}$$

即

$$\alpha\approx20.6''$$

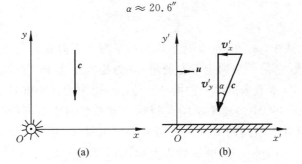

图 6-11 例 6-9 用图

6.7 相对论质量(质速公式) 相对论动量

上面讲述的是相对论运动学,下面进一步介绍相对论动力学的内容。

1. 相对论质量

质量是动力学中一个基本概念,在牛顿力学中,它是通过物体受到的合作用力除以此时物体的加速度来量度的(见 2.1 节)。在高速情况下,$F=ma$ 不再成立,以至于牛顿力学中质量的概念失去了意义。这时我们注意到动量这一概念。在牛顿力学中,一质点以一定速度 v 运动,其动量按下式定义为

$$p=mv \tag{6-28}$$

式中的质量与质点的速率无关,即质点静止时的质量可称为**静止质量**。根据式(6-28),一

个质点的动量 p 是与其速率 v 成正比的。实验发现,在高速情况下,质点(如电子)的动量也随其速率增大而增大,但比正比增大要快得多。此时,如果继续以式(6-28)定义质点的动量,就必须把这种非正比的增大归之于质点的质量随其速率的增大而增大。以 m 表示一般的质量,以 m_0 表示静止质量。实验给出的质点的动量比 p/m_0v,也就是质量比 m/m_0 随质点的速率 v 变化的图线如图 6-12 所示。

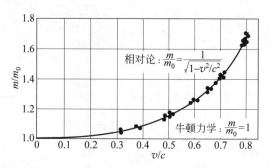

图 6-12 电子质量随速率变化的曲线

动量守恒定律是比牛顿运动定律更为基本的自然规律(见 3.2 节和 4.7 节)。根据这一定律的要求,采用式(6-28)定义动量,利用洛伦兹变换可以导出,物体的相对论质量 m 和其运动速率 v 之间的关系为

$$m = \frac{m_0}{\sqrt{1 - v^2/c^2}} = \gamma m_0 \tag{6-29}$$

上式称为**质速公式**。式中,m_0 为 $v=0$ 时质点相对于参考系静止时的质量,即静止质量(牛顿质量),简称**静质量**,它是一个确定不变的量;m 为**相对论质量**,有时也叫动质量,它具有比 m_0 更为广泛的意义(本节末给出一种推导),是相对论中的一个重要公式。

要注意的是,式(6-29)中的速率是质点相对于参考系的速率,而不是两个参考系的相对速率。同一质点相对于不同的参考系可以有不同的速率,因此也可以有不同的质量。式(6-29)中的 $\gamma = (1 - v^2/c^2)^{-1/2}$,虽然形式上和式(6-22)中的 $\gamma = (1 - u^2/c^2)^{-1/2}$ 相同,但 v 和 u 的意义是有区别的。

当 $v \ll c$ 时,式(6-29)给出 $m \approx m_0$,这时可以认为物体的质量与速率无关,等于其静质量。这就是牛顿力学中物体的质量,它是一个与运动无关,不随参考系变化的量,仅由物体内部结构决定。从这里也可以看出牛顿力学的质量是相对论力学在速度非常小时的近似。

在一般情况下,宏观物体所能达到的速度范围内,质量随速率的变化非常小,因而可以忽略不计。例如,当 $v = 10^4$ m/s 时,物体的质量和静质量相比的相对变化为

$$\frac{m - m_0}{m_0} = \frac{1}{\sqrt{1 - \beta^2}} - 1 \approx \frac{1}{2}\beta^2$$
$$= \frac{1}{2} \times \left(\frac{10^4}{3 \times 10^8}\right)^2 = 5.6 \times 10^{-10}$$

但是,在关于微观粒子的实验中,粒子的速率经常会达到接近光速的程度,这时质量随速率的改变就非常显著了。相对论质量与物体运动的速度有关,这个新的质量概念正是相对论的最重要的结果之一。例如,当电子的速率达到 $v = 0.98c$ 时,按式(6-29)可算出,此时电子的质量为

$$m = 5.03m_0$$

有一种粒子,如光子(也称光量子,一种稳定且不带电的粒子),具有质量,但总是以速度 c 运动。根据式(6-29)可知,在 m 不能无限大、只能有限的情况下,只能是 $m_0=0$。这就是说,以光速运动的粒子,一旦出现就会以光速运动,而不会停止,所以其静止质量为零。光子不仅具有能量,也具有动量和质量(光子的质量由爱因斯坦质能关系及其能量公式 $E=h\nu$ 共同确定)。

由式(6-29)也可以看到,当 $v>c$ 时,m 将成为虚数而无实际意义,这也说明,在真空中的光速 c 是一切物体运动速度的极限。

2. 相对论动量

利用相对论质量表示式(6-29),相对论动量可表示为

$$p = mv = \frac{m_0 v}{\sqrt{1 - \left(\dfrac{v}{c}\right)^2}} = \gamma m_0 v \tag{6-30}$$

在相对论力学中,质点受的力仍然用动量变化率定义,即

$$\boldsymbol{F} = \frac{\mathrm{d}\boldsymbol{p}}{\mathrm{d}t} = \frac{\mathrm{d}}{\mathrm{d}t}(m\boldsymbol{v}) \tag{6-31}$$

仍是正确的。由于 m 是随 v 变化的,因而质点受的力也是随时间变化的,则

$$\boldsymbol{F} = \frac{\mathrm{d}\boldsymbol{p}}{\mathrm{d}t} = m\frac{\mathrm{d}\boldsymbol{v}}{\mathrm{d}t} + \frac{\mathrm{d}m}{\mathrm{d}t}\boldsymbol{v} = m\boldsymbol{a} + \frac{\mathrm{d}m}{\mathrm{d}t}\boldsymbol{v}$$

上式表明,在高速运动的粒子所受的力还要考虑质量变化产生的效果。仅当 $\mathrm{d}m/\mathrm{d}t \to 0$ 时,式(6-31)与牛顿运动定律表示式

$$\boldsymbol{F} = m\frac{\mathrm{d}\boldsymbol{v}}{\mathrm{d}t} = m\boldsymbol{a}$$

等效。这就是说,用加速度表示的牛顿第二定律公式 $\boldsymbol{F}=m\boldsymbol{a}$,在相对论力学中不再成立。

*3. 相对论质量和速率关系式(质速关系)的推导

如图 6-13 所示,设在 S' 系中有一粒子,原来静止于原点 O',在某一时刻此粒子分裂为完全相同的两半 A 和 B,分别沿 x' 轴的正向和反向运动。根据动量守恒定律,这两半的速率应该相等,这里都以 u 表示。

设另一参考系 S,以 u 的速率沿 $-\boldsymbol{i}$ 方向运动。在此参考系中,A 将是静止的,而 B 是运动的。我们以 m_A 和 m_B 分别表示二者的质量。由于 O' 的速度为 $u\boldsymbol{i}$,所以根据相对论速度变换,B 的速度应是

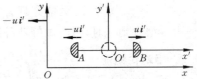

图 6-13 在 S' 系中观察粒子的分裂和 S 系的运动

$$v_B = \frac{2u}{1 + u^2/c^2} \tag{6-32}$$

方向沿 x 轴正向。在 S 系中观察,粒子在分裂前的速度,即 O' 的速度为 $u\boldsymbol{i}$,因而它的动量为 $m_P u\boldsymbol{i}$,此处,m_P 为粒子分裂前的总质量。在分裂后,两个粒子的总动量为 $m_B v_B \boldsymbol{i}$。根据动量守恒,应有

$$m_P u\boldsymbol{i} = m_B v_B \boldsymbol{i} \tag{6-33}$$

在此,我们合理地假定在 S 参考系中粒子在分裂前后质量也是守恒的,即 $m_P = m_A + m_B$,上式可改写成

$$(m_A + m_B)u = \frac{2m_B u}{1 + u^2/c^2} \tag{6-34}$$

如果用牛顿力学中质量的概念,其质量与速率无关,应有 $m_A = m_B$,则式(6-34)不成立,动量也不再守恒了。为了使动量守恒定律在任何惯性系中都成立,而且动量定义仍然保持式(6-28)的形式,就不能再认为 m_A 与 m_B 都和速率无关,而必须认为它们都是各自速率的函数,因此,m_A 将不再等于 m_B。由式(6-34)可解得

$$m_B = m_A \frac{1 + u^2/c^2}{1 - u^2/c^2}$$

再由式(6-32),可得

$$u = \frac{c^2}{v_B}\left(1 - \sqrt{1 - v_B^2/c^2}\right)$$

代入上式消去 u,得

$$m_B = \frac{m_A}{\sqrt{1 - v_B^2/c^2}} \tag{6-35}$$

这一公式说明,在 S 系中观察,m_A,m_B 有了差别。由于 A 是静止的,它的质量叫**静质量**,以 m_0 表示。如果粒子 B 静止,质量也一定等于 m_0,因为这两个粒子是完全相同的。B 是以速率 v_B 运动的,它的质量不等于 m_0。以 v 代替 v_B,并以 m 代替 m_B 表示粒子以速率 v 运动时的质量,则式(6-32)可写作

$$m = \frac{m_0}{\sqrt{1 - \left(\dfrac{v}{c}\right)^2}}$$

这正是我们要推导的式(6-29)。

6.8　相对论动能

在相对论动力学中,动能定理公式(4-9)仍被应用,即力 $\boldsymbol{F}$ 对一质点做的功,使质点的速率由零增大到 v 时,力所做的功等于质点最后的动能。

1. 相对论动能

以 E_k 表示质点速率为 v 时的动能,由质速关系式(6-29)可导出(见本节末的推导)

$$E_k = mc^2 - m_0 c^2 \tag{6-36}$$

这就是**相对论动能**表达式。式中,m 和 m_0 分别是质点的相对论质量和静质量。

由式(6-36)可见,质点的相对论动能表示式和牛顿力学中的表示式 $\left(E_k = \dfrac{1}{2}mv^2\right)$ 明显不同。但是,考虑到式(6-29)的相对论因子,由泰勒幂级数展开式可得

$$\gamma = \frac{1}{\sqrt{1 - \left(\dfrac{v}{c}\right)^2}} = \frac{1}{\sqrt{1 - \beta^2}} = 1 + \frac{1}{2}\beta^2 + \frac{1 \times 3}{2 \times 4}\beta^4 + \cdots$$

当 $v \ll c$ 时,由式(6-29)和式(6-36),则可得

$$E_k = (m - m_0)c^2 \approx \frac{1}{2}\beta^2 m_0 c^2 = \frac{1}{2}m_0 v^2, \quad v \ll c$$

这又自然地过渡到牛顿力学中的动能公式。上式只是全部动能在 $v \ll c$ 时的一种近似,只对低速运动的物体才成立。此时,$\gamma \to 1, m \to m_0$。

注意,相对论动量公式(6-28)和相对论动量变化率公式(6-31),在形式上都与牛顿力学公式一样,只是其中 m 要换成相对论质量。但相对论动能公式(6-36)和牛顿力学动能公式形式上不一样,如果只是把后者中的 m 换成相对论质量,并不能得到前者。

把式(6-29)代入式(6-36),粒子的速率可用其动能表示为

$$v^2 = c^2 \left[1 - \left(1 + \frac{E_k}{m_0 c^2} \right)^{-2} \right] \tag{6-37}$$

此式表明,由于力对粒子做的功使它的动能 E_k 增大时,其速率也相应地逐渐增大。但无论 E_k 增大到多大,速率 v 都不能无限地增大,而有趋向于一极限值 c。我们又一次看到,对粒子来说,存在着一个极限速率,它就是光在真空中的速率 c。

*2. 粒子极限速率的实验验证

1962 年,贝托齐(W. Bertozzi)用实验直接证实了粒子有一极限速率的结论。他的实验装置示意图大致如图 6-14 所示,电子由静电加速器加速后进入一无电场区域,然后打到铝靶上;铝靶装有检测温度的热电偶。电子通过无电场区域的时间可以由示波器测出,因而可算出电子的速率。电子获得的动能就是它在加速器中获得的电势能,等于电子电荷量与加速电压的乘积。这一能量还可以通过测定铝靶因电子撞击而获得的热量加以计算,结果表明二者相符。

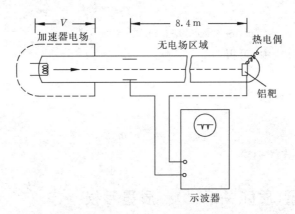

图 6-14 贝托齐极限速率实验示意图

贝托齐的实验结果如图 6-15 所示,它明确地显示出电子动能增大时,其速率趋近于极限速率 c,而按牛顿力学的公式,电子速率将会很快地无限制地增大的。

*3. 相对论动能公式的推导

在外力 F 作用下,静止质量为 m_0 的质点,运动速率由零增大到 v 时,应用动能定理式(4-8)可知,此力所做的功等于质点的动能 E_k,即

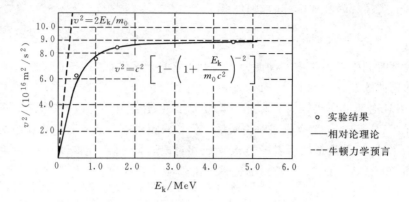

图 6-15   贝托齐极限速率实验结果

$$E_k = \int_{(v=0)}^{(v)} \boldsymbol{F} \cdot \mathrm{d}\boldsymbol{r} = \int_{(v=0)}^{(v)} \frac{\mathrm{d}(m\boldsymbol{v})}{\mathrm{d}t} \cdot \mathrm{d}\boldsymbol{r} = \int_{(v=0)}^{(v)} \boldsymbol{v} \cdot \mathrm{d}(m\boldsymbol{v})$$

$$= \int_{(v=0)}^{(v)} \boldsymbol{v} \cdot \mathrm{d}(m\boldsymbol{v}) = \int_{(v=0)}^{(v)} (m\boldsymbol{v} \cdot \mathrm{d}\boldsymbol{v} + \boldsymbol{v} \cdot \boldsymbol{v}\mathrm{d}m)$$

$$= \int_{(v=0)}^{(v)} (mv\mathrm{d}v + \boldsymbol{v}^2 \mathrm{d}m)$$

式中 m，v 均为变量，上式还不能直接积分求出。考虑到质速公式(6-29)，变换为

$$m^2 c^2 - m^2 v^2 = m_0 c^2$$

两边求微分，有

$$2mc^2 \mathrm{d}m - 2mv^2 \mathrm{d}m - 2m^2 v\mathrm{d}v = 0$$

即

$$c^2 \mathrm{d}m = v^2 \mathrm{d}m + mv\mathrm{d}v = v \cdot \mathrm{d}(mv)$$

代入上面求 E_k 的积分式中，可得

$$E_k = \int_{m_0}^{m} c^2 \mathrm{d}m$$

由此得

$$E_k = mc^2 - m_0 c^2$$

这正是相对论动能公式(6-36)。

6.9   相对论能量(质能关系式)   质量亏损

在相对论中，由已知受力求粒子运动的问题不占主要地位。此外，对于高能粒子的碰撞、裂变和衰变等过程，一般测量的是反应前和反应后的能量。而反应前、后粒子间的距离相对较远，因此，粒子之间的相互作用势能通常总是忽略。

1. 相对论能量(质能关系式)

在相对论动能公式(6-36)中，等号右端两项都具有能量的量纲，可以认为 $m_0 c^2$ 表示粒子静止时具有的能量，叫**静能**或**静质能**。而 mc^2 表示粒子以速率 v 运动时所具有的能量，这个能量是在相对论意义上粒子的总能量，以 E 表示此相对论能量，则物体的质量 m 与能量

E 之间满足质能关系式

$$E = mc^2 \qquad (6-38)$$

这就是著名的**相对论质能关系式**,也称**爱因斯坦质能方程**,或表示为

$$E = mc^2 = \frac{1}{\sqrt{1 - \left(\dfrac{v}{c}\right)^2}} m_0 c^2 = \gamma m_0 c^2$$

上式表明,一切能量都有质量,有质量就有能量,二者通过因子 c^2 相联系。从实用意义上讲,能量反映了做功的本领,而质量是惯性大小的量度,则能量为 E 的系统,其惯性为 E/c^2。例如,光子有能量,所以也具有质量,其质量就是 E/c^2。科学家发现了物质-反物质湮没过程,此理论的正确性得到验证。在牛顿力学中,质量是惯性质量,也是产生引力的基础。从牛顿质量到爱因斯坦质量是物理概念发展的重要事例之一。

式(6-38)还说明,任何能量的改变同时,也有相应的质量变化,即 $\Delta E = \Delta m c^2$;而任何质量改变的同时,必有相应的能量变化,这两种改变总是同时发生的。但绝不可以把质能关系式错误地理解为"质量转化为能量"或"能量转化为质量",因为它已经是能量——只是将一种类型的能量转换成了另一种类型的能量。

在粒子速率 $v = 0$ 时,总能量就是静能

$$E_0 = m_0 c^2 \qquad (6-39)$$

即粒子的静质量 $m_0 = 0$,其静能为 0,即不存在处于静止状态的这种粒子。

式(6-36)也可以写成

$$E_k = E - E_0 \qquad (6-40)$$

即粒子的动能等于粒子该时刻的总能量和静能之差。

把粒子的能量 E 及其质量 m(甚至是静质量 m_0)直接联系起来的结论是相对论最有意义的结论之一。既然质量对应于能量,二者只差一个恒定的 c^2 因子,在粒子物理学中,粒子的静质量就可以用 MeV/c^2 为单位来表示。例如,按式(6-39)计算,一个电子的静质量 0.911×10^{-30} kg 对应的静能为 8.19×10^{-14} J 或 0.511 MeV,其静质量表示为 0.511 MeV/c^2;一个质子的静质量 1.673×10^{-27} kg 对应的静能为 1.503×10^{-10} J 或 938 MeV,其静质量为 938.3 MeV/c^2;中子静质量为 939.6 MeV/c^2(参见附录的数值表)。这样,质量就被赋予了新的意义,即物体所含能量的量度。同样地,动量也可以用 MeV/c 为单位来表示。

静质量为 m_0 的物体具有 $E_0 = m_0 c^2$ 的能量,这个公式是制造原子弹和原子反应堆的理论基础。可以说,相对论为人类开辟了无止境的能量源泉。原子能的利用代替了可贵的石油资源。门捷列夫曾对燃油取暖方式表示了惋惜:"要知道,钞票也是可以用来生火的。"

按相对论的概念,几个粒子在相互作用(如碰撞)过程中,其能量守恒一般表示为

$$\sum_i E_i = \sum_i (m_i c^2) = C_1 (常量) \qquad (6-41)$$

若有光子参与作用,需计入光子的能量 $E = h\nu$ 及其质量 $m = h\nu/c^2$(见 22.1 节)。由此公式即可得出,在相互作用过程中

$$\sum_i m_i = C_2 (常量) \qquad (6-42)$$

这表示质量守恒。历史上,**能量守恒定律和质量守恒定律是分别发现的两条相互独立的自然规律**,由于质量与能量相差一个因子 c^2,因此,二者在相对论中完全可以统一为一个定律,

习惯上仍叫能量守恒定律。能量总是在几种不同形式中转化,而不能凭空产生或湮灭,这就是能量守恒定律。

2. 质量亏损

应该指出,在科学史上,质量守恒只涉及粒子的静质量,它只是相对论质量守恒在粒子能量变化很小时的近似。一般情况下,当涉及的能量变化比较大时,以上质量守恒给出的粒子的静质量也是可以改变的。爱因斯坦在 1905 年首先指出:"就一个粒子来说,如果由于自身内部的过程使它的能量减小了,它的静质量也将相应地减小。"他又接着指出:"用那些所含能量是高度可变的物体(比如用镭盐)来验证这个理论,不是不可能成功的。"后来的事实正如他预料的那样,在放射性蜕变、原子核反应以及高能粒子实验中,结果都证明了式(6-38)所表示的质能关系的正确性。随同这一关系的发现,人类开启了原子核发生反应时释放的能量——核能利用的原子能时代。

在核反应中,以 m_{10} 和 m_{20} 分别表示反应粒子和生成粒子的总的静质量,以 E_{k1} 和 E_{k2} 分别表示反应前和反应后它们的总动能。利用能量守恒定律式(6-40),有

$$m_{10}c^2 + E_{k1} = m_{20}c^2 + E_{k2}$$

由此得

$$E_{k2} - E_{k1} = (m_{10} - m_{20})c^2 \qquad (6\text{-}43)$$

$E_{k2} - E_{k1}$ 表示核反应前后粒子总动能的增量,也就是核反应所释放的能量,通常以 ΔE 表示;$m_{10} - m_{20}$ 表示经过反应前后粒子的总的静质量的减小,即原子核所含各核子独自存在时的总质量与原子核质量的差额,称为**质量亏损**,以 Δm_0 表示。这样式(6-43)就可以表示为

$$\Delta E = \Delta m_0 c^2 \qquad (6\text{-}44)$$

上式表明,由于核反应可发生很大的质量亏损,释放出巨大的能量,也就是说,当核子集合而组成原子核时要放出结合能。式(6-44)是关于原子能的一个基本公式。在利用此式解释原子核的质量亏损现象时,科学家发现其核内蕴藏着巨大的能量,看到了利用原子能的可能性和重要性。任何物质均具有静能,据此关系可知,1 g 质量约相当于 9×10^{13} J 的能量,说明质量实际上是能量非常密集的形式。

【例 6-10】 粒子合并。如图 6-16 所示,在同一参考系中,对撞机上两个静质量均为 m_0 的粒子 A,B 以相同速率 v 相向而行而对撞,对撞后合并在一起成为静质量为 m_{C_0} 的复合粒子,求 m_{C_0}。

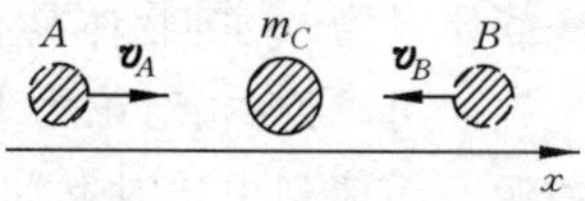

图 6-16 例 6-10 用图

解 设粒子 A,B 的质量分别为 m_A 和 m_B,对撞后合并的复合粒子质量为 m_C,速度为 v_C,则根据动量守恒定理,有

$$m_A v_A + m_B v_B = m_C v_C$$

由于粒子 A,B 的静质量相同,速度大小均为 v,且方向相反,所以上式给出 $v_C = 0$,即复合粒子是静止的,于是有

$$m_C = m_{C_0}$$

由于 $v_C = 0$,复合粒子只有静能,根据能量守恒定律,有

$$m_{C_0}c^2 = m_A c^2 + m_B c^2$$

即

$$m_{C_0} = m_A + m_B = \frac{2m_0}{\sqrt{1 - \left(\dfrac{v}{c}\right)^2}}$$

若设粒子 A,B 碰撞时的动能均为 E_k，根据能量守恒定律，也有

$$m_{C_0} c^2 = 2(E_k + m_0 c^2)$$

即

$$m_{C_0} = 2\left(m_0 + \frac{E_k}{c^2}\right)$$

由两个结果的表达式均可以看出，m_{C_0} 并不等于 $2m_0$，而是比它大。增加的静质量称为**质量过剩**，它是由入射粒子的动能转化而来的。此结果也说明，对撞比靶粒子静止的碰撞更为有效，明显地提高了动能转化为静能的效率。

【例 6-11】　热核反应。 在一种热核反应

$$^2_1\text{H} + ^3_1\text{H} \longrightarrow ^4_2\text{He} + ^1_0\text{n}$$

中，各种粒子的静质量如下：

$$\text{氘核}(^2_1\text{H})\qquad m_D = 3.343\ 7 \times 10^{-27}\ \text{kg}$$
$$\text{氚核}(^3_1\text{H})\qquad m_T = 5.004\ 9 \times 10^{-27}\ \text{kg}$$
$$\text{氦核}(^4_2\text{He})\qquad m_{He} = 6.642\ 5 \times 10^{-27}\ \text{kg}$$
$$\text{中子}(\text{n})\qquad m_n = 1.675\ 0 \times 10^{-27}\ \text{kg}$$

求这一热核反应释放的能量是多少？

解　这一热核反应的质量亏损为

$$\Delta m_0 = (m_D + m_T) - (m_{He} + m_n)$$
$$= [(3.343\ 7 + 5.004\ 9) - (6.642\ 5 + 1.675\ 0)] \times 10^{-27}\ \text{kg}$$
$$\approx 0.031\ 1 \times 10^{-27}\ \text{kg}$$

相应释放的能量为

$$\Delta E = \Delta m_0 c^2 = 0.031\ 1 \times 10^{-27} \times 9 \times 10^{16}\ \text{J} = 2.799 \times 10^{-12}\ \text{J}$$

例如，1 kg 的这种核燃料所释放的能量为

$$\frac{\Delta E}{m_D + m_T} = \frac{2.799 \times 10^{-12}}{8.348\ 6 \times 10^{-27}}\text{J/kg} \approx 3.35 \times 10^{14}\ \text{J/kg}$$

【例 6-12】　中微子飞行。 大麦哲伦云中的超新星 1 987 A 爆发时发出大量中微子。以 m_ν 表示中微子的静质量，以 E 表示其能量($E \gg m_\nu c^2$)。已知大麦哲伦云离地球的距离为 d（约 1.6×10^5 l. y.），求中微子发出后到达地球所用的时间。

解　由式(6-38)，有

$$E = mc^2 = \frac{1}{\sqrt{1 - \left(\dfrac{v}{c}\right)^2}} m_\nu c^2$$

$$v = c\left[1 - \left(\frac{m_\nu c^2}{E}\right)^2\right]^{1/2}$$

由于 $E \gg m_\nu c^2$，则由幂级数展开公式，可得

$$t = \frac{d}{v} \approx \frac{d}{c}\left[1 - \frac{(m_\nu c^2)^2}{2E^2}\right]^{-1} \approx \frac{d}{c}\left[1 + \frac{(m_\nu c^2)^2}{2E^2}\right]$$

此式曾用于测定超新星 1 987 A 发出的中微子的静质量。实际上它是测出了两束能量相近的中微子到达地球上接收器的时间差（约几秒）以及能量 E_1 和 E_2，再根据式

$$\Delta t = t_2 - t_1 = \frac{c}{d} \frac{(m_v c^2)^2}{2} \left(\frac{1}{E_2^2} - \frac{1}{E_1^2} \right)$$

求出中微子的静质量。用这种方法估算出的结果是 $m_v c^2 \leqslant 20$ eV。

*6.10　动量和能量的关系

将相对论能量公式 $E = mc^2$ 和动量公式 $\boldsymbol{p} = m\boldsymbol{v}$ 相比,可得

$$\boldsymbol{v} = \frac{c^2}{E} \boldsymbol{p} \tag{6-45}$$

将 $\boldsymbol{v}$ 值代入能量公式 $E = mc^2 = m_0 c^2 / \sqrt{1 - v^2/c^2}$ 中,整理后可得

$$E^2 = m_0^2 c^4 + p^2 c^2 \tag{6-46}$$

这就是相对论动量和能量关系式。如果以 E,pc 和 $m_0 c^2$ 分别表示一个三角形三边的长度,则它们正好构成一个直角三角形,如图 6-17 所示。当动量 p 很小时,$E \approx m_0 c^2 + p^2/(2m_0)$,为经典力学的动能加上常数项 $m_0 c^2$。因此,低速粒子的相对论能量为经典力学的动能加上常数项 $m_0 c^2$。如果粒子静止,动量 $p = 0$,则 $E = mc^2$,这就是式(6-38)。

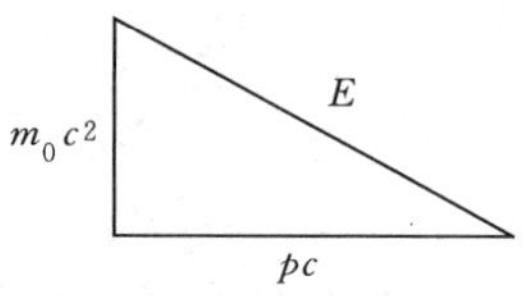

值得注意的是,质能公式 $E = mc^2$ 中的质量不是静质量,而是动质量,它并不表明"质量与能量会相互转换"。实际上,只说明动质量与能量的关系,它们是同一事物的两个方面。我们认为"有多少质量就有多少能量"中的质量是静质量,此时,$p = 0$,因此它与 $E = mc^2$ 根本不是一回事。

对动能是 E_k 的粒子,用 $E = E_k + m_0 c^2$ 代入式(6-46)可得

$$E_k^2 + 2E_k m_0 c^2 = p^2 c^2$$

当 $v \ll c$ 时,粒子的动能 E_k 要比其静能 $m_0 c^2$ 小得多,因而上式中第一项可以略去,于是得

$$E_k = \frac{p^2}{2m_0}$$

又自然地过渡到了牛顿力学的动能表达式。

图 6-17　相对论动量与能量三角形关系

【例 6-13】　资用能。 在高能粒子加速器实验里,一静质量为 m_{10},动能为 E_{k1}($E_{k1} \gg m_1 c^2$)的高能粒子撞击另一静止的、静质量为 m_{20} 的靶粒子时,它可以引发后者发生转化的资用能为多大?

解 在例 4-14 求出结果后,还可得出结论:在完全非弹性碰撞中,碰撞系统的机械能总会损失一部分而转变为其他形式的能量,而这损失的能量等于碰撞系统在其质心系中的能量。在高能粒子碰撞过程中,这一部分能量就转变为其他粒子的能量。由于粒子速度一般很大,所以要用相对论动量、能量的相关公式求解。

粒子碰撞时,先是形成一个复合粒子,此复合粒子迅即分裂并转化为其他粒子。设入射粒子的能量 E_1,动量为 p_1;以 m_{30} 表示此复合粒子的静质量。下面考虑碰撞开始到形成复合粒子的过程。

碰撞前,入射粒子的能量 E_1 为

$$E_1 = E_{k1} + m_{10} c^2$$

根据式(6-46),则

$$E_1 = \sqrt{p_1^2 c^2 + m_{10}^2 c^4}$$

比较上述两式,可得

$$p_1^2 c^2 = E_{k1}^2 + 2m_{10} c^2 E_{k1}$$

两个粒子碰撞前的总能量为

$$E = E_1^2 + E_2^2 = E_{k1} + m_{10} c^2 + m_{20} c^2 = E_{k1} + (m_{10} + m_{20}) c^2$$

碰撞所形成的复合粒子的能量 E_3 为

$$E_3 = \sqrt{p_3^2 c^2 + m_{30}^2 c^4}$$

其中,p_3 表示复合粒子的动量。由动量守恒定律,$p_1 = p_3$,因而上式改写为

$$E_3 = \sqrt{p_1^2 c^2 + m_{30}^2 c^4} = \sqrt{E_{k1}^2 + 2m_{10} c^2 E_{k1} + m_{30}^2 c^4}$$

由能量守恒定律,$E_3 = E$,则有

$$\sqrt{E_{k1}^2 + 2m_{10} c^2 E_{k1} + m_{30}^2 c^4} = E_{k1} + (m_{10} + m_{20}) c^2$$

此式两边平方后移项,整理后可得

$$m_{30} c^2 = \sqrt{2m_{30} c^2 E_{k1} + [(m_{10} + m_{20}) c^2]^2}$$

由于 m_{30} 是复合粒子的静质量,$m_{30} c^2$ 就是它在自身质心系中的能量,也就是可以引起粒子转化的资用能,因此,上式即为以动能 E_{k1} 入射的高能粒子的资用能,用 E_{ae} 表示为

$$E_{ae} = \sqrt{2m_{30} c^2 E_{k1} + [(m_{10} + m_{20}) c^2]^2}$$

欧洲核子研究中心(英文缩写为 CERN)是研究基本粒子的国际中心,其超质子加速器原来是用能量为 270 GeV 的质子去轰击静止的质子。考虑到粒子的静质量一般用静能表示,如质子的静能约为 938.3 MeV,则其静质量表示为 938.3 MeV/c^2;为简化上式计算,取质子静质量 938.3 $MeV/c^2 \approx 1\ GeV/c^2$,而 $E_{k1} = 270\ GeV$,则资用能为

$$E_{ae} = \sqrt{2 \times 1 \times 270 + (1+1)^2}\ GeV \approx 23\ GeV$$

可见,此资用能太小,效率太低,不足以引起需要高能粒子的转化。为此该中心在 1982 年将这台加速器改装为质子-反质子对撞机,可使动能均为 270 GeV 的质子发生对撞。这时由于实验室参考系就是对撞质子的质心系,所以资用能为 270×2=540 GeV,相当于静止靶情况的 23 倍,因而有利于引发需要高能量的粒子转化,即产生新粒子。正是因为这样,翌年就在这台改装后的对撞机实验上发现了静能分别为 81.8 GeV 和 92.6 GeV 的 $W^\pm$ 粒子和 Z^0 粒子,证实了电磁力和弱力统一(统称为电弱力,见 2.3 节)的理论预言。该中心的意大利物理学家鲁比亚(C. Rubbia,1934—　　)和荷兰物理学家范德米尔(S. van der Meer,1925—2011)因相关贡献共同获 1984 年度诺贝尔物理学奖。

*6.11　广义相对论简介

狭义相对论改变了人们对时空观的认识,但所讨论的各个参考系都只限于惯性系和彼此作匀速相对作用的参考系。20 世纪初,人们只知道引力和电磁两种相互作用,而狭义相对论未能解决引力问题,万有引力定律无法纳入相对论,因此,爱因斯坦并不甘心,为了扩大相对论的范围,日夜思考着如何解决狭义相对论的不足。1905 年他开始研究引力,1907 年提出等效原理,1913 年与格罗斯曼一起把黎曼几何引进引力研究,1915 年与希尔伯特讨论后不久,终于得出广义相对论的核心方程——场方程的正确形式。这一关于引力的新理论——广义相对论,将任意加速的参考系也包含进相对论原理中,使牛顿万有引力理论提高到新的场论水平,成功地预言一些效应,并得到验证。新理论是原有相对论的推广,因此,他把新旧理论分别称为广义相对论和狭义相对论。

广义相对论是时间、空间和引力的理论。它指出了时间、空间和能量、动量之间的关系,能

量、动量的存在(也就是物质的存在)会使四维时空发生弯曲,万有引力仅表现为时空的弯曲。

1. 广义相对论的基本假设

(1) 等效原理(加速运动等效于引力作用)

伽利略指出,在传递物体之间的万有引力作用的物理场,即**引力场**中,在场的同一点,任何质量的物体都将得到同样的加速度。把牛顿第二定律和引力定律结合起来,对一自由落体有

$$G\frac{m_E m_g}{r^2} = m_i g \tag{6-47}$$

其中,m_E 和 r 分别为地球的质量和半径;m_g 和 m_i 分别为同一落体的引力质量和惯性质量。上式可改写为

$$\frac{m_g}{m_i} = \frac{gr^2}{Gm_E} \tag{6-48}$$

既然 g 对一切物体都相同,那么 m_g/m_i 就是一个与物体性质无关的常数。选取适当的单位,就能得出 $m_g/m_i = 1$,即 m_g 和 m_i 相等,由此也可以说,引力和惯性是物质同一属性的两种表现。引力质量与惯性质量等价的结论是 1591 年伽利略通过实验发现的。

广义相对论发端于爱因斯坦对伽利略的"一切物体都以相同的加速度下落"论断的深入理解。由于引力质量和惯性质量相等,所以在一个远离任何天体的作加速运动的参考系内观察,一切物体都会受到一个表观引力(参见 2.5 节和图 2-14)。反过来说,在一个以重力加速度下落的参考系内,将观察不出任何引力对物体的作用(即完全失重,如在环绕地球运行的太空船舱中一样)。概括地说,引力和加速度等效。爱因斯坦的这一思想叫**等效原理**。必须指出的是,这种等同性只是在局部范围内有效,即在一个小体积范围内的万有引力和某一加速系统中的惯性力相互等效。

(2) 广义相对性原理

由于引力和惯性力的不可区分,进一步说明惯性系和非惯性系无法用任何物理实验(力学、电磁学或其他)来区分(可用"爱因斯坦舱"或"爱因斯坦升降机"的理想实验理解),于是就可以把相对性原理由惯性系推广到非惯性系,即在任何参考系中,所有的自然规律都具有相同的数学形式,称为**广义相对性原理**。

2. 广义相对论的一些重要结论

爱因斯坦把以上两个基本假设作为广义相对论的一个基本原理提出来。按照上述原理,万有引力的产生是由于物质的存在、运动的量(能量和动量)和一定的分布状况使时间空间性质变得不均匀(所谓时空弯曲)所致,爱因斯坦由此建立引力场理论,引力场可由爱因斯坦引力场方程来描述。

广义相对论引力场方程,又称**爱因斯坦场方程**,是由一组非线性偏微分方程组成的,包含了万有引力常数 G 和光速 c,把几何学与引力场论融合为一个整体,把时空与物质运动融合为一个整体。方程求解很困难,爱因斯坦当时求得一些近似解,由此导出一些重要结论,并提出了三个检验广义相对论的实验,后来都得到证实。

狭义相对论就是广义相对论在引力场很弱时的特殊情况,即在弱引力场中,爱因斯坦方程可简化为常见的牛顿万有引力定律。

(1) 水星轨道近日点的旋进

根据牛顿万有引力定律可知,在太阳引力作用下行星的轨道是严格闭合的椭圆。但是,实际上,行星因受到其他行星引力的摄动,会出现旋进运动。牛顿力学的一个局限性表现在于,不能圆满地解释这种在强引力场中物体的运动问题而初露端倪。

爱因斯坦计算出最靠近太阳的行星——水星的椭圆轨道发生旋进的规律。根据广义相对论,把行星绕太阳运动看成是它在太阳引力场中的运动,由于太阳质量的影响,造成周围空间发生弯曲,使行星运动轨道进一步弯向太阳,于是不再是一个封闭的椭圆了。观测的结果也表明了椭圆的长轴有缓慢转动。行星每公转一圈又回到近日点时,近日点位置有一个移动,这个现象称为**行星近日点的旋进**。

对于水星,计算出每公转一圈近日点产生的旋进为每百年 43″,正好与纽科姆(S. Newcomb,1835—1909)的计算结果一致,一举解决了牛顿引力理论几十年未能解决的悬案。行星近日点的旋进得到了实验的证实,理论值和观测值在误差范围内都相符,这是广义相对论得到证实的第一个实验。

(2) 光线在引力场中发生偏折(弯曲)

根据惯性质量与引力质量相等的结论可知,任何物体都将受引力作用,光子也是如此,所以,光线就会被引力偏折。在天文学中,光线经过引力场时受到的偏折,称为**爱因斯坦效应**。光线的引力偏折在自然界中也能观察到,例如,从地球上观察某一发光星体,当太阳移近光线时,从星体发的光将从太阳表面附近经过。太阳引力的作用将使光线发生偏折,从而星体的视位置将偏离它的实际位置,如图 6-18 所示。牛顿理论预言的偏折是 0.875″,广义相对论考虑太阳引力的作用,还考虑太阳质量导致空间几何形变,计算光线偏折的预言值是 1.75″,为经典理论的两倍。

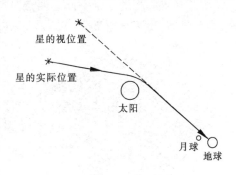

图 6-18 日全食时对星的观察

由于星光比太阳光弱得多,所以要观测这种星体的视位置偏离,在日全食时进行是最佳的观测机会。1919 年 5 月 29 日发生日全食时,英国天文学家爱丁顿等人分别率两支远征观测队赴西非的普林西比(Principe)和巴西的索布拉尔(Sobral)两地观测,爱丁顿团队的确观察到了这种偏离,另一支观测队排除因天气原因的误差后,也得到了可用的结果;经过归算后,1919 年 11 月 6 日他们宣布观测结果分别是 1.61″±0.30″和 1.98″±0.12″(之后天文学家多次这样的观测,其结果大致都在 1.5″到 2.0″之间,如 1975 年观测结果为 1.761″),观测结果和广义相对论算出的理论值 1.75″符合得相当好,这一验证结果使爱因斯坦几乎一夜之间世界闻名,声誉鹊起。由于爱因斯坦的反战立场和犹太人身份,也让他成了战败的德国一小撮人仇恨的目标。基于种种原因,加上相对论枯涩难懂,爱因斯坦获诺贝尔物理学奖的道路充满曲折,最后还是以光电效应理论补了 1921 年度物理学奖的空缺,相对论始终没有得奖。

如何利用光的波动图像来说明光的引力偏折呢? 如图 6-19 所示,一列光波的波前 ab 绕过太阳附近而到达 $a'b'$,a 和 b 两个振动状态是分别同时到达 a' 和 b' 的,即从 a 到 a' 和 b 到 b' 光所用的时间相等。由于在远离太阳的地球上观测,$a'a'$ 路径比 $b'b'$ 路径要短,所以光经过离太阳近处传播时,速度减小了。但在太阳附近就地观测时,光速应该不变,不受引力影响。经过的时间相等只能这样解释:在太阳附近就地观测时,同一段距离离太阳越近,其长度比在远处地球上观测的结果就越长。这说明,长度的测量结果是受引力影响的。这一结论是和欧几里得几何学的推断不相同的。例如,考虑一个由相互垂直的四边组成的正方形(图 6-20),靠近太阳一边(AB)比远离太阳的另一边(CD)要长。欧几里得几何学在此失效了——空间不再是平展的,而是被引力弯曲或扭曲了的。

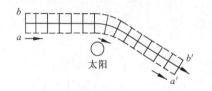

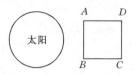

图 6-19　在太阳附近光波波面的转向　　　　图 6-20　太阳附近的空间弯曲

为了得到这种弯曲空间的直观形象,让我们设想二维空间的情形。图 6-21 画出一个平展的二维空间,图 6-22 画出了当一个"太阳"放入这二维空间时的情形:这二维空间产生了一个坑。在这畸变的二维空间上两点 AB 之间的距离比它们之间的直线距离(即平展时的距离)要长些,由于光速不变,它从"太阳"附近经过时用的时间自然应该长些。

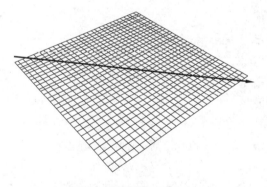

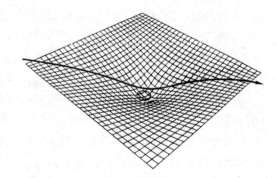

图 6-21　平展的二维空间　　　　　　　　图 6-22　弯曲的二维空间

特别是,太阳附近距离变长这一预言已经用雷达波(波长几厘米)直接证实了。科学家通过测量雷达波在太阳引力场中往返传播在时间上的延迟,以更高的精密度证实了广义相对论的结论。人们曾向金星(以及水星、人造天体)发射雷达波并接收其反射波。当太阳行将跨过金星和地球之间时,雷达波在往返的路上都要经过太阳附近(图 6-23)。实验测出,在这种情况下,雷达波往返所用的时间比雷达波不经过太阳附近时的确要长些,而且所增加的数值和理论计算也符合得很好。这一现象叫**雷达回波延迟**。计算表明,对于刚擦过太阳传播的光来说,从金星到地球的距离增加了约 30 km(总距离为 2.6×10^8 km)。

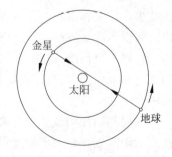

针对这样的现象,我们就可以把光线受引力的偏折看做是空间弯曲的结果,这就是广义相对论的一般结论。由于引力与质量有关,所以时空弯曲与物质的存在和运动有关。因

图 6-23　雷达回波实验示意图

此,爱因斯坦的广义相对论是一种关于引力的几何理论,有人把它称作"几何动力学",即和物质有相互作用的、动力学的、弯曲时空的几何学。

(3) 光谱线引力红移

以上介绍的是空间弯曲,广义相对论的结论还给出时间也受引力的影响,即时间也"弯曲"了。靠近太阳的地方时间也要长些,或者说,靠近太阳的钟比远离太阳的钟走得要慢一些。这种效应叫**引力时间延缓**。由此可以得出,在太阳表面原子发出的光到达地球上时,其频率要减小,即光的频率在引力场中也会减少(即可见光向红端移动),这种现象叫**引力红移**。引力红移现象是由于观测者所在处的引力场比光源所处的引力场弱,导致所观测到光源发出的光波频率降低(即向光谱红端移动),即相当于较强的引力场中时钟较慢。相反地,频率也会增大(即可见光向紫端移动),称为**引力紫移**。

广义相对论给出,太阳引起的引力红移将使频率减小,即 $\Delta\nu/\nu = 2 \times 10^{-6}$,对太阳光谱的分析证实这一结果。庞德-雷布卡实验(Pound-Rebka experiment)于 1960 年首先在地球上利用穆斯堡尔效应(Mössbauer effect),测得光子从高塔上($H = 21.3$ m)向下发射,在地面上测量到光子频率的微小增大(由于光子所受地球的引力势能减小,转变为光子的动能,使频率增加)。之后,相关实验也测得太阳的引力红移。这又一次验证了广义相对论的正确性。

3. 引力波与黑洞

和牛顿引力理论对引力是一种"超距作用"的理解不同,广义相对论由引力场方程的波动解预言引力场的波动形式——**引力波**,即物质做加速运动时发出的,以光速传递的引力辐射能量。引力辐射比电磁辐射弱得多,因此,引力波极其微弱。1974 年,在天体运动中观察到脉冲双星系统的轨道周期有微小变短的现象,双星的引力辐射间接证实引力波的存在。黑洞合并、中子星等天体在碰撞过程中有可能产生引力波。

黑洞是广义相对论预言的一种天体,其边界是一个封闭的视界面,并非一个"洞"。它的质量是如此之大,引力场如此之强,以至于任何外来物质和辐射进入视界后都无法逃脱出去(包括光),因此,远处的观测者无法看到来自黑洞内部的辐射。由于黑洞与外界有引力作用,考虑到量子效应,黑洞中的质量也可转化为辐射。英国科学家霍金(S. W. Hawking,1942—2018)在理论上证明了宇宙中存在黑洞是可能的。近年来,美国激光干涉引力天文台(LIGO)和欧洲"处女座"引力波探测器(VIRGO)多次获得引力波探测结果,他们的成果无可置疑地成为黑洞存在的明证,为完整地验证广义相对论作出了贡献。对 LIGO 探测器和引力波探测作出杰出贡献的三名美国科学家获 2017 年诺贝尔物理学奖。探测结果表明,引力波的确会在时空中传播,也验证了引力波和实验室的光与物质的相互作用。引力波的发现为科学家提供了一个用全新的方法观测宇宙,这也是人类文明发展最好的见证。2019 年4 月 10 日,"事件视界望远镜"团队发布了 M87 星系核心黑洞的第一张照片,这意味着爱因斯坦广义相对论的预言首次得到观测数据的验证。

广义相对论建立后,天体物理学的发展促使科学家用引力理论来构造宇宙模型,寻求天体、宇宙的发展规律,同时,也有其他方面的引力理论提出。但是到目前为止,广义相对论依然是与实验符合得最好、最有前途的引力理论,逐步显示出其在理论上的重要性。

思考题

6-1　什么是力学相对性原理？在一个参考系内作力学实验能否测出这个参考系相对于惯性系的加速度？

6-2　同时性的相对性是什么意思？为什么会有这种相对性？如果光速是无限大,是否还会有同时性的相对性？

6-3　前进中的一列火车的车头和车尾各遭到一次闪电轰击,据车上的观察者测定这两次轰击是同时发生的。试问,据地面上的观察者测定它们是否仍然同时？如果不同时,何处先遭到轰击？

6-4　如图 6-24 所示,在 S 和 S' 系中的 x 和 x' 轴上分别固定有 5 个钟。在某一时刻,原点 O 和 O' 正好重合,此时钟 C_3 和钟 C_3' 都指零。若在 S 系中观察,试画出此时刻其他各钟的指针所指的方位。

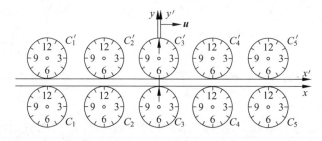

图 6-24　思考题 6-4 用图

6-5　什么是固有时？为什么说固有时最短？

6-6　在某一参考系中同一地点、同一时刻发生的两个事件,在任何其他参考系中观察都将是同时发生的,对吗？

6-7　长度的测量和同时性有什么关系？为什么长度的测量会和参考系有关？长度收缩效应是否因为棒的长度受到了实际的压缩？

6-8　相对论的时间和空间概念与牛顿力学的有何不同？有何联系？

6-9　在相对论中,在垂直于两个参考系的相对速度方向的长度的量度与参考系无关,而为什么在此方向上的速度分量却又和参考系有关？

6-10　能把一个粒子加速到光速吗？为什么？

6-11　什么叫质量亏损？它和原子能的释放有何关系？

习题

6-1　一根直杆在 S 系中观察,其静止长度为 l,与 x 轴的夹角为 θ,试求它在 S' 系中的长度和它与 x' 轴的夹角。

6-2　静止时边长为 a 的正立方体,当它以速率 u 沿与它的一个边平行的方向相对于 S' 系运动时,在 S' 系中测得它的体积将是多大？

6-3　S 系中的观察者有一根米尺固定在 x 轴上,其两端各装一手枪。固定于 S' 系中的 x' 轴上有另一根长刻度尺。当后者从前者旁边经过时,S 系的观察者同时扳动两枪,使子弹在 S' 系中的刻度上打出两个记号。求在 S' 尺上两记号之间的刻度值。在 S' 系中观察者将如何解释此结果。

6-4　宇宙射线与大气相互作用时能产生 π 介子衰变,此衰变在大气上层放出叫做 μ 子的基本粒子。这些 μ 子的速度接近光速($v=0.998\,c$)。由实验室内测得的静止 μ 子的平均寿命等于 2.2×10^{-6} s,试问在 8 000 m 高空由 π 介子衰变放出的 μ 子能否飞到地面。

6-5　在 S 系中观察到在同一地点发生两个事件,第二事件发生在第一事件之后 2 s。在 S' 系中观察到第二事件在第一事件后 3 s 发生。求在 S' 系中这两个事件的空间距离。

6-6　在 S 系中观察到两个事件同时发生在 x 轴上,其间距离是 1 m。在 S' 系中观察这两个事件之间的距离是 2 m。求在 S' 系中这两个事件的时间间隔。

*6-7　地球上的观察者发现一只以速率 $v_1=0.60\,c$ 向东航行的宇宙飞船将在 5 s 后同一个以速率 $v_2=0.80\,c$ 向西飞行的彗星相撞。

(1) 飞船中的人们看到彗星以多大速率向他们接近?

(2) 按照他们的钟,还有多少时间允许他们离开原来航线避免碰撞?

6-8　一光源在 S' 系的原点 O' 发出一光线,其传播方向在 $x'y'$ 平面内并与 x' 轴夹角为 θ',试求在 S 系中测得的此光线的传播方向,并证明在 S 系中此光线的速率仍是 c。

6-9　在什么速度下粒子的动量等于非相对论动量的两倍? 又在什么速度下粒子的动能等于非相对论动能的两倍。

6-10　在北京正负电子对撞机中,电子可以被加速到动能为 $E_k=2.8\times10^9$ eV。

(1) 这种电子的速率和光速相差多少?

(2) 这样的一个电子动量有多大?

(3) 这种电子在周长为 240 m 的储存环内绕行时,它受的向心力多大? 需要多大的偏转磁场?

6-11　一个质子的静质量为 $m_p=1.672\,65\times10^{-27}$ kg,一个中子的静质量为 $m_n=1.674\,95\times10^{-27}$ kg,一个质子和一个中子结合成的氘核的静质量为 $m_D=3.343\,65\times10^{-27}$ kg。求结合过程中放出的能量是多少 MeV? 此能量称为氘核的结合能,它是氘核静能量的百分之几?

一个电子和一个质子结合成一个氢原子,结合能是 13.58 eV,这一结合能是氢原子静能量的百分之几? 已知氢原子的静质量为 $m_H=1.673\,23\times10^{-27}$ kg。

6-12　太阳发出的能量是由质子参与一系列反应产生的,其总结果相当于下述热核反应:

$$_1^1H+{}_1^1H+{}_1^1H+{}_1^1H\longrightarrow{}_2^4He+2_1^0e$$

已知一个质子($_1^1H$)的静质量是 $m_p=1.672\,6\times10^{-27}$ kg,一个氦核($_2^4He$)的静质量是 $m_{He}=6.642\,5\times10^{-27}$ kg。一个正电子($_1^0e$)的静质量是 $m_e=0.000\,9\times10^{-27}$ kg。

(1) 这一反应释放多少能量?

(2) 这一反应的释能效率多大?

(3) 消耗 1 kg 质子可以释放多少能量?

(4) 目前太阳辐射的总功率为 $P=3.9\times10^{26}$ W,它一秒钟消耗多少千克质子?

(5) 目前太阳约含有 $m=1.5\times10^{30}$ kg 质子。假定它继续以上述(4)求得的速率消耗质子,这些质子可供消耗多长时间?

6-13　北京正负电子对撞机设计为使能量都是 2.8 GeV 的电子和正电子发生对撞。这一对撞的资用能是多少? 如果用高能电子去轰击静止的正电子而想得到同样多的资用能,入射高能电子的能量应多大?

思虑熟则得事理,得事理则必成功。

——(战国)《韩非子·解老》

第 2 篇　热　学

热学是研究热现象的规律及其应用的学科。它是物理学的重要组成部分，也是自然科学的基础学科之一。热现象是热运动的宏观表现，也是物质世界的一种基本运动形式。与热现象有关的宏观物体，也称为热力学系统，它是由无数微观粒子组成的，包含的粒子数可用阿伏伽德罗常量表征。大量微观粒子的无规则运动称为热运动。根据对热现象的研究方法的不同，热学分为宏观理论和微观理论。热学的宏观理论称为热力学，是研究热现象中物态转变和能量转换规律的学科。热学的微观理论称为统计物理学（气体动理论），它是以统计的方法研究气体微观粒子无规则运动的宏观规律的学科，是统计物理学的初级理论。

在原始社会时期，古人发明了钻木取火的方法，史称"燧人氏钻木取火"。由此，人们懂得了摩擦可以生火的基本原理，并在热胀冷缩、气象物态变化、液体沸腾过程、热传导与热辐射、感知环境温度等方面，积累了宝贵的经验知识。例如，战国时蜀都太守李冰（前302—前235）主持修建都江堰时就利用热胀冷缩开凿河道、破裂巨石。这种方法在古代曾被广泛用于水利和开矿工程中。古代的热学知识比起力学、光学和声学等分支学科，其内容相对少些。古人虽有"温、凉、热、冷、熨"的定性观念，但尚无温度概念，也未曾将热与温度联系在一起。因此，人们对热学的研究始于建立温度的概念，用它表示物体的冷热程度。1593 年，伽利略利用空气热胀冷缩的性质，制成了温度计的雏形（验温器）。1620 年，英国唯物主义哲学家培根（F. Bacon，1561—1626）根据物体之间摩擦生热的效应，认为热是运动。"热运动说"可以看成是人们对"热量"本质进行科学研究的开端，这种观点在 17 世纪比较流行。此后，随着温度计的不断完善，人们建立了多种不同的温标。到 1779 年，全世界已有温标 19 种。至今仍普遍使用的摄氏温标就是 1742 年瑞典天文学家摄尔修斯(A. Celsius,1701—1744)建立的。1854 年,开尔文(Kelvin W. Thomson,1824—1907)提出热力学温标(开尔文温标),得到世界公认。

温度的概念建立后,该如何解释物体的温度存在高低呢?到了 18 世纪,关于热现象的本质,人们受古希腊的"原子论"的影响,通过对"比热""潜热"的实验研究形成的"热质说"可似是而非地解释诸如热传递、热平衡的现象,甚至热机工作的一些规律,这种错误观点也延续了近 80 年。热质说认为有一种没有质量、没有体积的物质即所谓"热质"存在。物体含有这种热质越多,温度就越高;热的传递就是热质从高温物体到低温物体的流动。1789 年军人出身的伦福德伯爵(C. Rumford,1753—1814)即本杰明·汤普森(B. Thompson)通过观察大炮膛孔工作中热的不断产生,根据摩擦生热的实验对热质说加以否定。后来人们逐步认识到热现象和物质分子的运动相联系。但此时人们对热学等物理现象的研究仍然是孤立的,也是相对零散的。

从 18 世纪到 19 世纪初,蒸汽机已得到广泛应用,但直到 19 世纪中叶后,热力学才真正发展起来。1695 年法国物理学家巴本(D. Papin,1647—1712)研制出第一台蒸汽机,但不安全;1698 年英国工程师萨弗里(T. Severy,萨维利)取得了蒸汽机的发明专利(取名"矿工之友"),1705 年英国铁匠纽科门(T. Newcomen,1663—1729)等人经过改进,制造了具有一定实用价值的蒸汽机。1765 年英国技工瓦特(J. Watt,1736—1819)通过对原始蒸气机作了重大改进和创新,进一步提高了蒸汽机的使用价值和性能,并在 1782 年发明了联动式蒸汽机,1785 年发明了工业用蒸汽机。1785 年蒸汽机被应用于纺织工业。1807 年美国人富尔顿(R. Fulton,1765—1815)把热机应用于轮船。1825 年热机被用于火车和铁路。可见,热力学与电磁学不同,是先有工业化的应用,而后才有系统的理论。蒸汽机作为一项国际性发明,它的应用是一个巨大的历史进步。特别值得一提的是,对热学发展做出重大贡献的还有法国的卡诺(N. L. S. Carnon,1796—1832),他在 1824 年提出著名的卡诺循环,并认识到热机效率存在极限。他将热机与水轮机相比,用"热质说""证明"了卡诺定理(现在我们知道,他的理论都是正确的,参见"例 9-1"证明和说明)。后来,他也认识到热质是不存在的。非常不幸的是,卡诺在 36 岁时患猩红热、脑膜炎并突患霍乱身亡。因人们害怕传染,卡诺的手稿大部分被焚烧,其中论述热量是能量的那一部分手稿和笔记幸免于难,而直到 46 年后他的弟弟才将其公布于世,但此时能量守恒定律已经建立了。热学的发展,加强了物理学与化学的联系,建立了"物理化学"这一交叉学科。蒸汽机的应用揭开了第一次工业革命的序幕。

能量守恒定律真正得到公认则是在 19 世纪中叶。德国医生、化学家迈耶(J. R. Mayer,1814—1878)于 1842 年用迈耶公式首先推算出热功当量,提出能量守恒与转化的基本思想。1847 年,德国科学家亥姆霍兹(H. V. Helmholtz,1821—1894)采用不同方法,证实了各种不同形式的能量与功之间的转换关系。英国物理学家焦耳(J. P. Joule,1818—1889)在近 40 年的时间里进行了超过 400 次的各种实验,测定关于热功当量、热与机械功之间的换算关系,直到 1878 年得出了热是能量的一种形式的结论。经过克劳修斯(R. J. E. Clausius,1822—1888)、开尔文等人的努力,人们逐步精确地建立了热量是能量传递的一种量度的概念。前面三人是能量守恒定律确立的最主要贡献者。科学家根据大量实验事实总结出了关于热现象的宏观理论——热力学,能量守恒定律才真正得到公认。热质说终于被抛弃。人们终于悟出了能量是守恒的。那些试图制造出的"(第一类)永动机",零本万利的许多"天才"的发明,也都被证明是胡扯,有的干脆就是骗局。可见,在近代物理学的发展史上,热学是最后形成的学科。

能量守恒定律的确立被认为是经典物理学的又一次综合,它揭示力、热、电、光等各种现象之间的内在联系,是自然科学中最重要的普遍定律之一。恩格斯在《自然辩证法》中把基于热力学第一定律的能量守恒定律、细胞学说和达尔文进化论并称为 19 世纪自然科学三大发现。

日常生活经验告诉我们,真实时间是有方向的,一个死去的生物是不可能再复活的,破碎的瓶子是不可能重新原样复原的。物理学中的热力学第二定律指出了时间的这种方向性和流逝性,自然宏观过程的不可逆性。克劳修斯还引进了熵的概念来描述这种不可逆过程。卡诺的理论为热力学第二定律的建立起到重要的作用,他们二人是建立热力学第二定律的最主要贡献者。历史上,热力学第二定律是针对"永动机的发明"而提出的。由于熵这个东西抽象而难以捉摸,再加上制造永动机的刺激,不少人怀疑热力学第二定律的正确性。然而,他们的所有企图都失败了。因此,有人开玩笑说,还应该再有一条定律:热力学第二定律是不可能推翻的。热力学第一定律和热力学第二定律否定了永动机的构想,指出了提高机器效率的途径,为热机的设计与应用提供了指南,极大地促进工业动力化的发展。需要说明的是,热力学第三定律发现较晚,是德国科学家能斯特(W. H. Nernst,1864—1941)在 1912 年才提出来的。虽然其推导有误,但结论是正确的。我们从来没有到达绝对零度,总结出热力学第二定律的所有实例都是在 $T>0$ 情况下发生的。对于 $T=0$ 时热力学第二定律是否成立,我们不得而知,也就不能把得到的规律随意推广到 $T=0$ 的极限情况。这就是说,卡诺定理是否在 $T=0$ 时成立,需要做假定。因此,第三定律正是与此有关的假定,也就成为一条独立的热力学规律。

热力学建立在大量的实验基础上,能正确说明宏观热现象。但科学家不满足于单纯在宏观层次上来描述,而是追根问底,企求从分子和原子的微观层次上阐明物理规律,因此,分子动理论便应运而生,这是从物质的微观结构出发,研究热现象的另一途径。气体动理论的成就在于,使人们认识到,对于这种系统,企图利用每个粒子的力学运动规律来解释整个系统的运动规律是失败的。由大量微观粒子组成的系统,其整体服从统计规律性。从这个观点出发,在经典力学基础上结合物质微观结构知识研究气体在平衡状态下的性质,宏观量是相应的微观量的统计平均值。从 19 世纪中叶麦克斯韦(J. C. Maxwell,1831—1879)等对气体动理论的研究开始,后经玻耳兹曼(L. E. Boltzamann,1844—1906)、吉布斯(J. W. Gibbs,1839—1903)等人在经典力学的基础上将其发展为系统的经典统计力学(统计物理学或统计力学),人们更加深刻地从微观结构角度认识到了热现象以及热力学定律的本质。20 世纪初,量子力学建立。在量子力学的基础上,科学家又创立了量子统计力学。统计力学在近代物理各个领域都起着重要的作用。

本书热学篇分为 3 章,包括两部分:热力学和分子动理论,广义上还包括热工学等。这是按照研究方法的不同进行分类的,内容涉及宏观与微观两个层次,它们从不同角度研究热现象及其本质。宏观物体的物理特征正是建立在微观粒子热运动的基础上的。

热力学以观察与实验事实为依据总结出热力学定律,用能量转化的观点研究物质状态变化时热功转换、热能传递的宏观理论以及过程进行的方向等,得出的结论具有普遍的适应性和可靠性,可以用来验证微观理论的正确性。但由于它们不涉及物质内部的具体结构,往往带有经验或半经验性质,不能从本质上阐述热现象的深刻含义以及宏观测量对微观测量的依赖关系。因此,它们不能解释宏观物理量的涨落。

　　分子动理论的正确性依赖于热力学的研究结果并得以验证,它从物质的微观结构出发,根据宏观物质系统由大量分子和原子组成,粒子在不断作无规则运动为事实,用统计平均的方法,即认为宏观量是微观量的统计平均值,研究宏观量与微观量之间的关系,能够解释决定宏观物理量的微观决定因素,阐明了热力学定律的统计意义,物理过程与物理意义清晰。但由于对物质的微观结构采用理想的物理模型,因而它是近似的,与实验结果有一定的偏差。

　　简单地说,热力学是宏观理论,气体动理论是微观理论,二者相辅相成,有机结合,彼此联系又互相补充,从而使人们能全面认识热运动的规律。因此,本篇在教学上不拘泥于二者的划分,而是注重于内容的叙述,尽可能地将它们相互补充地加以介绍,以达到融会贯通的效果。

热学篇知识结构思维导图

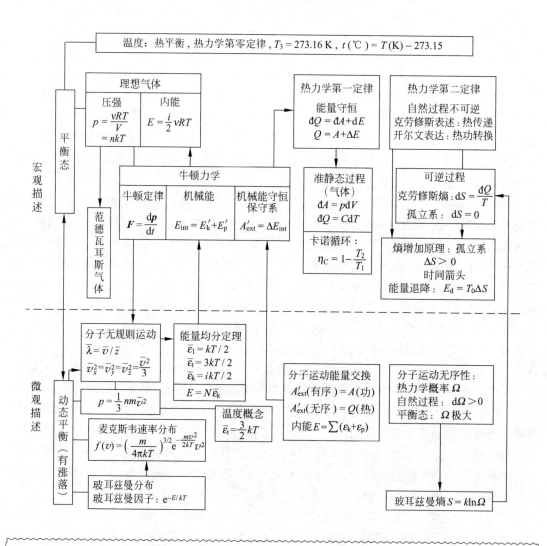

　　光阴似箭催人老,日月如梭趱少年。(光阴似箭,日月如梭)

　　　　　　　　　　　　　　　　　　　——(元)高明《琵琶记·牛相教女》

第 7 章

温度和气体动理论

气体动理论以前称为气体分子运动论,以气体中大量分子作无规则运动的观点为基础,研究气体微观粒子的行为及其宏观现象,根据力学定律和大量分子运动所表现出来的统计规律,采用统计方法来阐明气体的性质。气体动理论仅适用于分子之间相互作用十分微弱、分子的运动几乎彼此独立的系统,它是统计物理学的初级理论。统计物理学深入热现象本质,使热力学理论具有更深刻的意义。克劳修斯、麦克斯韦和玻耳兹曼等人是气体动理论的主要奠基者。

本章主要内容包括温度的概念及其测量方法,以及有关热现象的气体动理论。首先从宏观角度介绍平衡态温度、状态方程等热学基本概念,接着介绍气体动理论,包括气体的压强、温度的微观意义和气体分子的速率分布规律等;最后对实际气体的等温线和范德瓦斯方程作简单介绍。

7.1 热力学系统与平衡态

在热学中,我们通常把作为研究对象的一个宏观物体或一组物体称为**热力学系统**,简称为**系统**。它是为了方便热力学分析而被人为地分割出来的。系统以外的与其有关联的物体或周围环境称为系统的外界,简称**外界**。

如果一个热力学系统不与外界发生任何的能量和物质交换,则被称为**孤立系统**;若系统与外界相互作用可忽略,可近似当作孤立系统。与外界只有能量交换而没有物质交换的系统称为**封闭系统**,也称闭合系统;与外界既可交换物质,又可交换能量的热力学系统称为**开放系统**。

一个系统的各种性质不随时间改变的状态叫做**平衡态**。热学中研究的平衡态包括力学平衡,但也要求其他所有的性质,包括冷热的性质保持不变(热平衡),相平衡和化学平衡。实验表明,当系统与环境共存时,在足够长的时间内,系统必定趋于平衡态。对处于平衡态的系统,其状态可用少数几个可以直接测量的物理量来描述。例如,封闭在气缸中的一定量的气体,如图 7-1 所示,其平衡态就可以用其体积 V、压强 p 以及组分比例来描写。在系统所研究的问题中,如果既不涉及电磁性质,又不需要考虑与化学成分有关的性质,且系统中又不发生化学反应,则只需用温度 T、体积 V 和压强 p 等物理量,即可确定系统的状态。其中,p、V、T 称为气体的**状态参数**。当它们用于描述气体的特征时,它们是宏观量;如果它们用于描述个别分子,则体积也可以是**微观量**。其中,p、V 是**力学量**,T 是**热学量**。

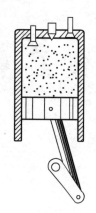

平衡态只是一种宏观上的寂静状态,在微观上系统并不是静止不变的。在平衡态下,组成系统的大量分子还在不停地无规则地运动着,这些微观运动的总效果也随时间不停地急速地变化着,只不过其总的平均效果不随时间变化罢了。因此,平衡态是一个理想状态,我们所讲的平衡态从微观的角度应理解为动态平衡,称为**热力学平衡**。对于平衡态,可以用 **p-V 图**上的一个点来表示。

一个实际的系统总要受到外界的干扰,严格的不随时间变化的平衡态是不存在的。平衡态是一个理想的概念,是在一定条件下对实际情况的概括和抽象。但在许多实际问题中,往往可以把系统的实际状态近似地当作平衡态来处理,而比较简便地得出与实际情况基本相符的结论。因此,平衡态是热学理论中的一个很重要的概念。

图 7-1　气体作为系统

本书热学部分只限于讨论组分单一的系统,特别是单纯的气体系统,而且只讨论涉及其平衡态的性质。

7.2　温度的概念　温标

温度最初的概念来自于人类对物体冷热程度的直观感受,这种感觉受到个体和客观环境的影响,其结果只能是定性的。宏观上,可以用温度来表示物体的冷热程度,并规定较热的物体有较高的温度。温度的本质与物质分子的热运动有着密切的关系。温度的高低反映内部分子热运动剧烈程度。对一般系统而言,温度是表征系统状态的一个宏观物理量。

1. 温度与热力学第零定律

将两个物体(或多个物体)放到一起使之接触并不受外界干扰,例如,将热水倒入玻璃杯内放到保温箱内,如图 7-2 所示,经过足够长的时间,它们必然达到一个平衡态。此时,我们在直觉上认为它们的冷热一样,或者说,它们各处的温度均匀,且与环境温度相等。这就给出了**温度**的定性定义:共处于平衡态的物体,它们的温度相等。

温度的完全定义需要有温度的数值表示法,这一表示方法基于以下实验事实,即:如果图 7-3(a)中的热力学系统 A 和 B 分别与第三个系统 C 的同一状态处于平衡态,那么当把这时的 A 和 B 放到一起时,二者也必定处于平衡态,如图 7-3(b)所示。这一事实被称为**热力学第零定律**。由此可推断,要确定两个物体是否温度相等,即是否处于平衡态,就不需要使二者直接接触,只要利用一个"第三者"加以"沟通"就行了,这个"第三者"就被称为**温度计**。或者说,互为热平衡的所有系统具有一个取同样数值的状态参数,此参数被定义为"**温度**"。人们把这个关于热平衡的定律称为第零定律,它是关于热平衡的基本经验事实。

图 7-2　水和杯在保温箱内

热力学第零定律提出的时间最晚,是在 20 世纪 30 年代才提出来的,远远晚于热力学第一和第二定律建立的时间,但由于它在逻辑上优先于这两个定律,且事实上也已作为假设而包含在这两个定律之中,故名。

热力学第零定律不仅给出了温度的定义,而且指出了温度的测量方法。许多物体的性

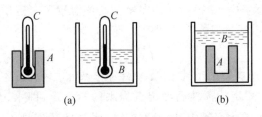

图 7-3 平衡态

质随着自身温度的变化而发生改变。例如,当温度升高时,金属因膨胀而长度变长,导线的电阻增大,液体的体积也会增加等。利用这些性质制作的温度计可以作为测量仪器,用于测量物体的温度。

2. 温标

利用温度计就可以对温度的数值进行定义。温度单位的选择是温标的问题。温度的数值表示法称为**温标**。为此,选定一种物质作为测温物质,以其随温度有明显变化的性质作为温度的标志;再选定一个或两个特定的"标准状态"作为温度"定点"并赋予数值,就可以建立一种**温标**来测量其他温度。常用的一种温标是用水银作测温物质,以其体积(实际上是把水银装在毛细管内观察水银面的高度)随温度的膨胀作为温度标志。以 1 atm 下水的冰点和沸点作为两个定点,并分别赋予二者的温度数值为 0 与 100。然后,在标有 0 和 100 的两个水银面高度之间刻记 100 份相等的距离,每一份表示 1 度,记作 1℃。这样就做成一水银温度计,由它给出的温度叫**摄氏温度**。以摄氏度(℃)为单位对温度高低进行量度(零点和分度规定)的方法叫**摄氏温标**。因此,**温标**是为量度物体温度高低而对温度零点和分度方法所作的规定,用来表示温度的数值的方法。以上对新温度计分度或校准的方法称为**定标**。

建立了温度概念,我们就可以说,两个相互接触的物体,当它们的温度相等时,它们就达到了一种平衡态。这样的平衡态叫**热平衡**。

以上所讲的温度是宏观意义上的概念。温度的微观本质,即它和分子运动的关系将在 7.7 节中介绍。

7.3 理想气体温标 热力学第三定律

一种有重要理论和实际意义、以理想气体作为测温物质的温标叫**理想气体温标**。

1. 理想气体温标

玻意耳-马略特定律指出:一定质量的气体,在一定温度下,其压强 p 和体积 V 的乘积是个常量,即

$$pV = 常量 \quad (温度不变) \tag{7-1}$$

对不同的温度,这一常量的数值不同。各种气体都近似地遵守这一定律,而且压强越小,与此定律符合得也越好。为了表示气体的这种共性,我们引入理想气体的概念。

理想气体是指在各种压强下都严格遵守玻意耳定律的气体,又称完全气体。它是各种实际气体在压强趋于零时的极限情况,是一种理想化模型。

既然对一定质量的理想气体,它的 pV 乘积只决定于温度,所以我们就可以据此定义一

个温标,叫**理想气体温标**,这一温标指示的温度值与该温度下一定质量的理想气体的 pV 乘积成正比,以 T 表示理想气体温标指示的温度值,则应有

$$pV \propto T \tag{7-2}$$

这一定义只能给出两个温度数值的比,为了确定某一温度的数值,还必须规定一个特定温度的数值。1954 年国际上规定的标准温度定点为水的三相点,即水、冰和水汽共存而达到平衡态时(图 7-4 所示装置的中心管内)的温度(这时水汽的压强是 4.58 mmHg,约 609 Pa)。这个温度称为**水的三相点温度**,以 T_3 表示此温度,其数值规定为

$$T_3 \equiv 273.16 \text{ K(精确)} = 0.01℃ \tag{7-3}$$

式中,K 是理想气体温标的温度单位的符号,该单位的名称为开尔文,简称开。

以 p_3,V_3 表示一定质量的理想气体在水的三相点温度下的压强和体积,以 p,V 表示该气体在任意温度 T 时的压强和体积,由式(7-2)和式(7-3)可知,T 的数值由下式决定:

$$\frac{T}{T_3} = \frac{pV}{p_3 V_3}$$

或

$$T = T_3 \frac{pV}{p_3 V_3} = 273.16 \frac{pV}{p_3 V_3} \tag{7-4}$$

这样,只要测定了某状态的压强和体积的值,就可以确定和该状态相应的温度数值了。因此,理想气体温标就是以理想气体作为测温物质,且与测温物质无关,以它的压强或体积作为测温属性的一种温标。当 $t = -273.15℃$ 时,$p=0$,$V=0$,故称此温度为绝对零度。

实际上,测定温度时,总是保持一定质量的气体的体积(或压强)不变而测它的压强(或体积),这样的温度计叫等容(或定压,或称等压)气体温度计。图 7-5 是等容(或称等体)气体温度计的结构示意图。在充气泡 B(通常用铂或铂合金做成)内充有气体,通过一根毛细管 C 和水银压强计的左臂 M 相连。测量时,使 B 与待测系统相接触。上下移动压强计的右臂 M',使 M 中的水银面在不同的温度下始终保持与指示针尖 O 同一水平,以保持 B 内

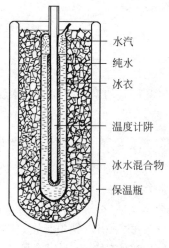

图 7-4　水的三相点装置

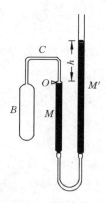

图 7-5　等容气体温度计

气体的体积不变。当待测温度不同时,由气体实验定律知,气体的压强也不同,它可以由 M 与 M' 中的水银面高度差 h 及当时的大气压强测出。如以 p 表示测得的气体压强,则根据式(7-4)可求出待测温度数值应是

$$T = 273.16 \frac{p}{p_3} \tag{7-5}$$

由于实际仪器中的充气泡内的气体并不是"理想气体",所以利用此式计算待测温度时,事先必须对压强加以修正。此外,还需要考虑由于容器的体积、水银的密度随温度变化而引起的修正。

理想气体温标利用了气体的性质,因此,在气体要液化的温度下,当然就不能用这一温标表示温度了。气体温度计所能测量的最低温度约为 0.5 K(这时用低压 ^{3}He 气体),低于此温度的数值对理想气体温标来说是无意义的。

热力学温标(旧称绝对温标、开尔文温标)是最基本的理想温标。它是一种不依赖于任何物质的特性的温标。它是 1848 年由开尔文首先引进的(见 8.6 节),通常也用 T 表示。这种温标指示的数值,叫**热力学温度**(旧称绝对温度)。可以证明,在理想气体温标有效范围内,理想气体温标和热力学温标是完全一致的,因而二者的 SI 中的单位都用 K。热力学温度为基本物理量,其单位 K 是 SI 中 7 个基本单位之一。

为了统一摄氏温标和热力学温标,"1990 年国际温标(ITS-90)"对摄氏温标作了新规定:摄氏温标 $t(℃)$ 由热力学温标 $T(K)$ 导出。以 $t(℃)$ 表示摄氏温度,则二者关系为

$$t(℃) = T(K) - 273.15(精确)$$

或

$$T(K) = t(℃) + 273.15(精确) \tag{7-6}$$

在新定义下,摄氏温标的零点与水的冰点并不严格相等,水的沸点也不严格等于 100℃,但差别不超过百分之一摄氏度。因此,利用理想气体温标可以对实际的气体温度计所采用的温标进行校正,以提高温度测量的精度。

目前,最常用的温标有热力学温标、摄氏温标、华氏温标和国际温标(ITS-90)等。在工业和科学研究中,ITS-90 是目前国际上规定采用的实用温标。美国等少数国家和地区沿用华氏温标,其单位为华氏度(℉)。华氏温标 $t_F(℉)$ 与摄氏温标 $t_C(℃)$ 的关系为

$$t_F(℉) = 32 + \frac{9}{5} t_C(℃)$$

2. 热力学第三定律

热力学温标的绝对零度是理论所断言的、自然界中最低的极限温度,对应于摄氏温标的 $-273.15℃$。理论表明,热力学零度(也称绝对零度,0 K)是不能达到的。或者说,温度比绝对零度更低的情况是不可能存在的,否则,一切原子、分子的运动将被冻结,不再有激发能。这个结论称为热力学第三定律,又称能斯特热定理。它是热力学基本定律之一。

热力学第三定律等价表述为,实验上从来不可能达到绝对零度。所有物质在绝对零度时的热容都是零。在有限温度下,任何固体都具有与相应的热量相当的内部激发能(如晶格中的振动)。或者说,任何热量(能量)即使是很小也会引起温度的有限增加。

绝对零度是热力学理论所断言的自然界中最低的极限温度,因而它是一个抽象的概念。它在实验上不可能达到,实际上并不存在。表 7-1 列出了一些典型情况的实际温度值。表

中最后一行是目前实验室内采用激光冷却法获得的最低温度,其值为 2.4×10^{-11} K。这一温度已经非常接近 0 K 了。实际上,欲获得的温度越低,其技术难度就越大。尽管绝对零度不能达到,但可以设法尽量接近。

表 7-1　一些典型情况的实际温度值

宇宙大爆炸后的 10^{-43} s	10^{32} K
氢弹爆炸中心	10^8 K
实验室内已获得的最高温度	6×10^7 K
太阳中心	1.5×10^7 K
地球中心	4×10^3 K
乙炔焰	2.9×10^3 K
地球上出现的最高温度(利比亚)	331 K(58℃)
吐鲁番盆地最高温度	323 K(50℃)
水的三相点	273.16 K(0.01℃)
地球上出现的最低温度(南极)	185 K(−88℃)
氮的沸点(1 atm)	77 K
氢的三相点	13.803 3 K
氦的沸点(1 atm)	4.2 K
星际空间	2.7 K
用激光冷却法获得的最低温度	2.4×10^{-11} K

7.4　理想气体状态方程

由式(7-4)可得,对一定质量的同种理想气体,任一状态的 pV/T 值都相等(均为 $p_3 V_3/T_3$),因而可以有

$$\frac{pV}{T} = \frac{p_0 V_0}{T_0} \tag{7-7}$$

其中,p_0,V_0,T_0 为标准状态下相应的状态参量值。

所谓标准状态,通常是指气体温度为 273.15 K(0℃)、压力为 101.325 kPa(1 atm)时的状态,作为比较气体体积时的统一标准。实验又指出,在一定温度和压强下,气体的体积和它的质量 m 或物质的量 ν(旧称摩尔数)成正比。若以 $V_{m,0}$ 表示气体在标准状态下的摩尔体积,则物质的量为 ν 的气体在标准状态下的体积应为 $V_0 = \nu V_{m,0}$,以此 V_0 代入式(7-7)可得

$$pV = \nu \frac{p_0 V_{m,0}}{T_0} T \tag{7-8}$$

阿伏伽德罗定律指出,在相同温度和压强下,1 mol 的各种理想气体的体积都相同。因此,式(7-8)的 $p_0 V_{m,0}/T_0$ 值就是一个对各种理想气体都相同的常量,用 R 表示。即

$$R = \frac{p_0 V_{m,0}}{T_0} = \frac{1.013 \times 10^5 \times 22.4 \times 10^{-3}}{273.15}$$

$$= 8.31 \ (J/(mol \cdot K)) \tag{7-9}$$

此 R 称为摩尔气体常量,简称气体常量。这是热力学中常用的一个普适常量,其值由实验测定。利用 R,式(7-8)可写为

$$pV = \nu RT \tag{7-10}$$

或

$$pV = \frac{m}{M}RT \tag{7-11}$$

式中,m 是气体的质量,M 是气体的摩尔质量(或写为 M_{mol})。式(7-10)或式(7-11)反映了理想气体在任一平衡态下各宏观状态参量之间的关系,称为**理想气体状态方程**。它是由实验结果(玻意耳-马略特定律、阿伏伽德罗定律)和理想气体温标的定义综合得到的。各种实际气体,在通常的压强(与大气压相比)和不太低的温度(与室温相比)的情况下,都近似地遵守此状态方程,而且压强越低,近似程度越高。

1 mol 的任何气体中都有 N_A 个分子,则

$$N_A = 6.022\ 140\ 761 \times 10^{23}\ \text{mol}^{-1}$$

这一数值称为**阿伏伽德罗常量**。一般计算时,取 $N_A = 6.02 \times 10^{23}\ \text{mol}^{-1}$ 即可。若以 N 表示体积 V 中的气体分子总数,则

$$N = \nu N_A$$

式中,ν 为物质的量,单位为 mol。物质的量为基本物理量,其单位 mol 也是 SI 中的 7 个基本单位之一。根据阿伏伽德罗定律可知,1 mol 的任何元素或物质,约含有 6.022×10^{23} 个粒子(如原子或分子)。可见,阿伏伽德罗常量就是物质宏观量 N 的量度。

引入热力学中常用的另一普适常量——玻耳兹曼常量。它是由玻耳兹曼首先在统计物理学中引进的,故名。玻耳兹曼常量用 k 表示,其值为

$$k = \frac{R}{N_A} = 1.380\ 649\ 7 \times 10^{-23}\ \text{J/K} \tag{7-12}$$

一般计算时,取 $k = 1.38 \times 10^{-23}$ J/K 即可。在很多情况下,玻耳兹曼常量通常以 kT 的形式出现。这时,理想气体状态方程式(7-10)又可写作

$$pV = NkT \tag{7-13}$$

或

$$p = nkT \tag{7-14}$$

其中,$n = N/V$ 是单位体积内气体分子的个数,称为**气体分子数密度**。在 0℃和标准大气压下,1 cm^3 空气中约有 2.69×10^{19} 个分子即洛施密特常量。

【例 7-1】 房间漏气。一房间的容积为 5 m×10 m×4 m。白天气温为 21℃,大气压强为 0.98×10^5 Pa,到晚上气温降为 12℃而大气压强增至 1.01×10^5 Pa。窗是开着的,从白天到晚上通过窗户漏出了多少空气(以 kg 表示)? 视空气为理想气体并已知空气的摩尔质量为 29.0 g/mol。

解 已知条件可列为 $V = 5 \times 10 \times 4 = 200$ m^3;白天 $T_d = 21℃ = 294$ K,$p_d = 0.98 \times 10^5$ Pa;晚上 $T_n = 12℃ = 285$ K,$p_n = 1.01 \times 10^5$ Pa;$M = 29.0 \times 10^{-3}$ kg/mol。以 m_d 和 m_n 分别表示在白天和晚上室内空气的质量,则所求漏出空气的质量应为 $(m_d - m_n)$。

由理想气体状态方程式(7-11)可得

$$m_d = \frac{p_d V_d}{T_d}\frac{M}{R}, \quad m_n = \frac{p_n V_n}{T_n}\frac{M}{R}$$

由于 $V_d = V_n = V$，所以

$$m_d - m_n = \frac{MV}{R}\left(\frac{p_d}{T_d} - \frac{p_n}{T_n}\right)$$

$$= \frac{29.0 \times 10^{-3} \times 200}{8.31}\left(\frac{0.98 \times 10^5}{294} - \frac{1.01 \times 10^5}{285}\right)$$

$$= -14.6 \text{ kg}$$

此结果的负号表示，实际上是从白天到晚上有 14.6 kg 的空气流进了房间。

【例 7-2】 恒温气压。求大气压强 p 随高度 h 变化的规律。设空气的温度不随高度改变。

解　如图 7-6 所示，设想在高度 h 处有一薄层空气，其底面积为 S，厚度为 dh，上下两面的气体压强分别为 $p + dp$ 和 p，该处空气密度为 ρ，则此薄层受的重力为 $(dm)g = \rho g S dh$。力学平衡条件给出

$$(p + dp)S + \rho g S dh = pS$$

$$dp = -\rho g dh$$

视空气为理想气体，由式(7-11)可以导出

$$\rho = \frac{m}{V} = \frac{pM}{RT}$$

将此式代入上式可得

$$dp = -\frac{pMg}{RT}dh \qquad (7\text{-}15)$$

将右侧的 p 移到左侧，再两边积分，则上式可写成

$$\int_{p_0}^{p} \frac{dp}{p} = -\int_0^h \frac{Mg}{RT}dh = -\frac{Mg}{RT}\int_0^h dh$$

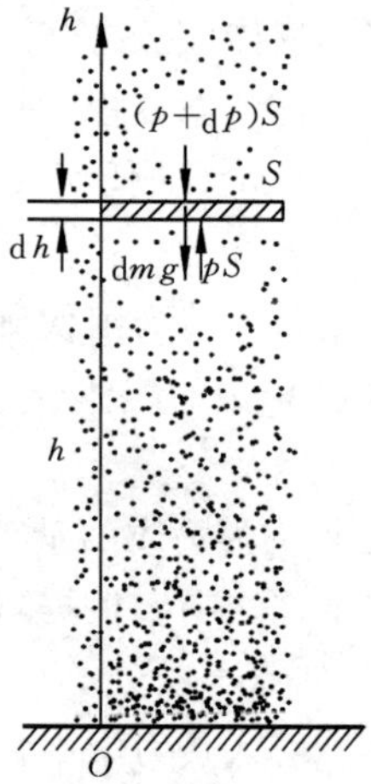

求积分可得

图 7-6　例 7-2 用图

$$\ln\frac{p}{p_0} = -\frac{Mg}{RT}h$$

或

$$p = p_0 e^{-\frac{Mgh}{RT}} \qquad (7\text{-}16)$$

即大气压强随高度按指数规律减小。这一公式称为**恒温气压公式**。

按式(7-16)计算，取 $M = 29.0$ g/mol，$T = 273$ K，$p_0 = 1.00$ atm。在珠穆朗玛峰峰顶，海拔高度为 $h = 8\,848$ m，大气压强仅为 0.33 atm。由于珠峰峰顶温度很低，其大气压强要比此计算值小。一般地说，恒温气压公式(7-16)只能在高度不超过 2 km 时才能给出比较符合实际的结果。

实际上，大气的状况很复杂，其中的水蒸气含量、太阳辐射强度、气流的走向等因素对大气温度都有较大的影响，大气温度也并不随高度一直降低。在 10 km 高空，温度约为 -50℃。再往高处去，温度反而随高度而升高了。火箭和人造卫星的探测发现，在 400 km 以上，温度甚至可达 10^3 K 或更高。

7.5　气体分子的无规则运动

下面我们从分子运动论的观点说明气体的宏观性质，进一步说明统计物理学的一些基本特点与方法，这就是气体动理论。气体动理论是建立联系气体微观粒子行为和宏观现象的理论。对于这种系统，企图利用每个粒子的力学运动规律来解释整个系统的运动规律是失败的。由大量微观粒子组成的系统，其整体服从统计规律性。

　　我们知道,气体的宏观性质是分子无规则运动的整体平均效果。或者说,宏观量是相应的微观量的统计平均值。本节先介绍气体分子无规则运动的特征,即分子的无规则碰撞与平均自由程概念,以便对气体分子的无规则运动有些具体的、形象化的理解。

　　考察气体分子的无规则运动,当它与其他分子发生碰撞时,其速率和方向都将发生改变。一个分子在任意连续两次碰撞之间所经过的自由路程是不同的,如图 7-7 所示。在一定的宏观条件下,一个气体分子在连续两次碰撞之间所可能经过的各段自由路程的平均值叫**平均自由程**。这一概念最早由克劳修斯提出。平均自由程用 $\bar{\lambda}$ 表示,其大小显然和分子的碰撞频繁程度有关。一个分子在单位时间内所受到的平均碰撞次数叫**平均碰撞频率**,以 $\bar{z}$ 表示。若 $\bar{v}$ 代表气体分子运动的平均速率,则在 Δt 时间内,一个分子所经过的平均距离就是 $\bar{v}\Delta t$,而所受到的平均碰撞次数是 $\bar{z}\Delta t$。由于每一次碰撞都将结束一段自由程,所以平均自由程应是

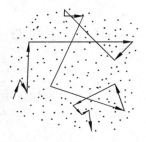

图 7-7　气体分子的自由程

$$\bar{\lambda} = \frac{\bar{v}\Delta t}{\bar{z}\Delta t} = \frac{\bar{v}}{\bar{z}} \tag{7-17}$$

有哪些因素影响 $\bar{z}$ 和 $\bar{v}$ 值呢? 以同种分子的碰撞为例,可以把气体分子看成直径为 d 的刚体球。为了计算 $\bar{z}$,可以设想"跟踪"一个分子,如分子 A(图 7-8),计算它在一段时间 Δt 内与多少分子相碰。对碰撞来说,重要的是分子间的相对运动,为简便起见,可先假设其他分子都静止不动,只有分子 A 在它们之间以平均相对速率 $\bar{u}$ 运动,最后再做修正。

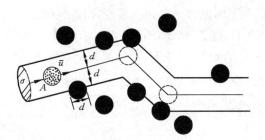

图 7-8　$\bar{z}$ 的计算

　　在分子 A 运动过程中,显然只有其中心与 A 的中心间距小于或等于分子直径 d 的那些分子才有可能与 A 相碰。为了确定在时间 Δt 内 A 与多少数量的分子相碰,可设想以 A 为中心的运动轨迹为轴线,以分子直径 d 为半径作一曲折的圆柱体,这样凡是中心在此圆柱体内的分子都会与 A 相碰。圆柱体的截面积为 σ,叫做**分子的碰撞截面**。对于大小(直径 d)都一样的分子,$\sigma = \pi d^2$。

　　在 Δt 时间内,A 所走过的路程为 $\bar{u}\Delta t$,相应的圆柱体的体积为 $\sigma\bar{u}\Delta t$,若 n 为气体分子数密度,则此圆柱体内的总分子数,也就是 A 与其他分子的碰撞次数应为 $n\sigma\bar{u}\Delta t$,因此平均碰撞频率为

$$\bar{z} = \frac{n\sigma\bar{u}\Delta t}{\Delta t} = n\sigma\bar{u} \tag{7-18}$$

考虑两个分子的相对运动,$\bar{u}$ 就是两个分子之间的相对速率的统计平均值,$\bar{v}$ 是单个分子的速率的统计平均值,二者是不同的。更进一步的理论指出,$\bar{u}$ 与 $\bar{v}$ 之间有下列关系

$$\bar{u} = \sqrt{2}\bar{v} \tag{7-19}$$

将此关系代入式(7-18)可得

$$\bar{z} = \sqrt{2}\sigma\bar{v}n = \sqrt{2}\pi d^2\bar{v}n \tag{7-20}$$

将此式代入式(7-17)可得,平均自由程为

$$\bar{\lambda} = \frac{1}{\sqrt{2}\sigma n} = \frac{1}{\sqrt{2}\pi d^2 n} \tag{7-21}$$

此式表明,平均自由程与分子直径 d 的平方、分子数密度 n 成反比,与其平均速率无关。

因为 $p=nkT$,所以式(7-21)又可写为

$$\bar{\lambda} = \frac{kT}{\sqrt{2}\pi d^2 p} \tag{7-22}$$

此式表明,当温度一定时,平均自由程和压强成反比。气体压强越小(气体越稀薄),分子的平均自由程就越长,气体分子发生相互碰撞的概率就越少。

对于空气分子,其平均有效直径为 $d \approx 3.5 \times 10^{-10}$ m。利用式(7-22)可求出在标准状态下,空气分子的 $\bar{\lambda} \approx 6.9 \times 10^{-8}$ m,即约为分子直径的 200 倍。这时 $\bar{z} \approx 6.5 \times 10^9$ s^{-1},每秒钟内一个分子竟发生几十亿次碰撞。

在 0℃ 时不同压强下空气分子的平均自由程计算结果如表 7-2 所列。由此表可看出,压强低于 1.33×10^{-2} Pa(即 10^{-4} mmHg,相当于普通白炽灯泡壳内的气体压强)时,空气分子的平均自由程已大于一般气体容器的线度(1 m 左右),在这种情况下空气分子在容器内相互之间很少发生碰撞,只是不断地来回碰撞器壁,因此气体分子的平均自由程就应该是容器的线度,此时,容器相当于"真空"状态。还应该指出的是,即使在 1.33×10^{-4} Pa 的压强下,1 cm^3 内还有 3.5×10^{10} 个分子,但相对而言,其分子数密度已经很小了。

表 7-2　0℃ 时不同压强下空气分子的平均自由程(计算结果)

p/Pa	$\bar{\lambda}/\text{m}$
1.01×10^5	6.9×10^{-8}
1.33×10^2	5.2×10^{-5}
1.33	5.2×10^{-3}
1.33×10^{-2}	5.2×10^{-1}
1.33×10^{-4}	52

平均自由程在热学中可用于研究气体的扩散、压缩等特性。后来引入半导体物理并扩展到电子、中子等微观粒子的碰撞问题中,用于研究它们在固体中的运动。

7.6　理想气体的压强

德国物理学家克劳修斯从分子对容器壁碰撞作用的角度说明了气体压强的形成,这是中学物理学过的知识。他指出,虽然分子每一次单独的碰撞作用是微不足道的,但大量气体分子在无规则运动中对容器壁碰撞的平均效果就产生了压强。

本节将根据气体动理论的观点对气体的压强作出定量的分析和解释。为简单起见,我们只限于讨论理想气体的压强。关于理想气体,7.3节已给出宏观的定义。为了从微观上解释气体的压强,需要先了解理想气体的分子及其运动的特征。对于这些概念,我们只能根据气体的表现作出一些假设,通过建立一定的模型,引入统计学的观点进行理论推导,再将导出的结论与实验结果进行比较,以判定假设是否正确。

气体动理论关于理想气体模型的基本微观假设的内容可分为两部分。一部分是关于分子个体的,另一部分是关于分子集体的。

1. 关于每个分子的力学性质的假设

(1) 分子本身的线度与分子间的平均距离相比,要小得很多,以至于可忽略不计。

(2) 除碰撞瞬间外,分子之间和分子与容器壁之间均无相互作用。

(3) 分子在不停地运动着,分子之间以及分子与容器壁之间发生着频繁的碰撞,这些碰撞都是完全弹性的,即在碰撞前后,气体分子的动量和动能是守恒的。

(4) 分子的运动遵从经典力学规律。

以上这些假设可概括为理想气体分子的一种微观模型:理想气体分子像一个个极小的、彼此间无相互作用的、遵守经典力学规律的弹性质点。

2. 关于分子集体的统计性假设

(1) 每个分子运动速度各不相同,而且通过碰撞不断发生变化。

(2) 平衡态时,若忽略重力的影响,每个分子的位置处在容器内空间任何一点的机会(或概率)是一样的,或者说,分子按位置的分布是均匀的。如以 N 表示容器体积 V 内的分子总数,则分子数密度应到处一样,且有

$$n = \frac{dN}{dV} = \frac{N}{V} \tag{7-23}$$

(3) 在平衡态时,每个分子的速度指向任何方向的机会(或概率)是一样的,或者说,分子速度按方向的分布是均匀的。因此,速度的每个分量的平方的平均值必然相等,即

$$\overline{v_x^2} = \overline{v_y^2} = \overline{v_z^2} \tag{7-24}$$

其中,各速度分量的平方的平均值按下式定义

$$\overline{v_x^2} = \frac{v_{1x}^2 + v_{2x}^2 + \cdots + v_{Nx}^2}{N}$$

由于每个分子的速率 v_i 和速度分量有下述关系

$$v_i^2 = v_{ix}^2 + v_{iy}^2 + v_{iz}^2$$

所以取等号两侧的平均值,可得

$$\overline{v^2} = \overline{v_x^2} + \overline{v_y^2} + \overline{v_z^2}$$

将式(7-24)代入上式,可得

$$\overline{v_x^2} = \overline{v_y^2} = \overline{v_z^2} = \frac{1}{3} \overline{v^2} \tag{7-25}$$

上述(2)、(3)两个假设实际上是关于分子无规则运动的假设。它是一种统计性假设,只适用于大量分子的集体。上面的 $n, \overline{v_x^2}, \overline{v_y^2}, \overline{v_z^2}, \overline{v^2}$ 等都是统计平均值,只对大量分子的集体才有确定的意义。因此,在考虑如式(7-23)的 dV 时,从宏观上来说,为了表明容器中各点的分子

数密度,它应该是非常小的体积元;但从微观上来看,在 dV 内应包含大量的分子。因而 dV 应是宏观小、微观大的体积元,不能单纯地按数学极限来了解 dV 的大小。在我们遇到的一般情形下,这个物理条件完全可以满足。例如,在标准状态下,1 cm³ 空气中有 2.69×10^{19} 个分子,若 dV 取 10^{-9} cm³(即边长为 0.001 cm 的正立方体),这在宏观上看是足够小的了。但在这样小的体积 dV 内还包含 10^{10} 个分子,因而 dV 在微观上看还是非常大的。分子数密度 n 就是对这样的体积元内可能出现的分子数统计平均的结果。当然,由于分子不停息地作无规则运动,不断地进进出出,因而 dV 内的分子数 dN 是不断改变的,而 dN/dV 值也就是不断改变的,各时刻的 dN/dV 值相对于平均值 n 的差别叫**涨落**。它是大量分子热运动的结果。通常 dV 总是取得这样大,使这一涨落比起平均值 n 可以小到忽略不计。

3. 理想气体的压强

在上述假设的基础上,可以定量地推导理想气体的压强公式。设一定质量的某种理想气体,被封闭在体积为 V 的容器内并处于平衡态。分子总数为 N,每个分子的质量为 m,各个分子的运动速度不同。为了讨论方便,我们把所有分子按速度区间分为若干组,在每一组内各分子的速度大小和方向都差不多相同。例如,第 i 组分子的速度都在 $\boldsymbol{v}_i \sim \boldsymbol{v}_i + \mathrm{d}\boldsymbol{v}_i$ 这一区间内,它们的速度基本上都是 $\boldsymbol{v}_i$,以 n_i 表示这一组的分子数密度,则总的分子数密度应为

$$n = n_1 + n_2 + \cdots + n_i + \cdots$$

从微观上看,气体对容器壁的压力是气体分子对容器壁频繁碰撞的总的平均效果。为了计算相应的压强,我们选取容器壁上一小块面积 dA,取垂直于此面积的方向为直角坐标系的 x 轴方向(图 7-9),首先考虑速度在 $\boldsymbol{v}_i$ 到 $\boldsymbol{v}_i + \mathrm{d}\boldsymbol{v}_i$ 这一区间内的分子对器壁的碰撞。设器壁是光滑的(由于分子无规则运动,大量分子对器壁碰撞的平均效果在沿器壁方向上都相互抵消了,对器壁无切向力作用。这相当于器壁是光滑的)。在碰撞前后,每个分子在 y,z 方向的速度分量不变。由于碰撞是完全弹性的,质量为 m 的气体分子在 x 方向的速度分量由 v_{ix} 变为 $-v_{ix}$,其动量的变化是 $m(-v_{ix}) - mv_{ix} = -2mv_{ix}$。由动量定理可知,这就等于每个分子在一次碰撞器壁的过程中器壁对它的冲量。

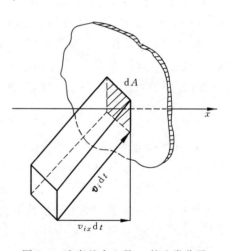

图 7-9　速度基本上是 $\boldsymbol{v}_i$ 的这类分子对 dA 的碰撞

根据牛顿第三定律,每个分子对器壁的冲量的大小应是 $2mv_{ix}$,方向垂直指向器壁。

在 dt 时间内有多少个速度基本上是 $\boldsymbol{v}_i$ 的分子能碰到 dA 面积上呢?凡是在底面积为 dA,斜高为 $v_i \mathrm{d}t$(高为 $v_{ix}\mathrm{d}t$)的斜形柱体内的分子在 dt 时间内都能与 dA 相碰。由于这一斜柱体的体积为 $v_{ix}\mathrm{d}t\mathrm{d}A$,所以这类分子的数目是

$$n_i v_{ix} \mathrm{d}t\mathrm{d}A$$

这些分子在 dt 时间内对 dA 的总冲量的大小为

$$n_i v_{ix} \mathrm{d}t\mathrm{d}A(2mv_{ix})$$

计算 dt 时间内碰到 dA 上所有分子对 dA 的总冲量的大小 d^2I，应把上式对所有 $v_{ix}>0$ 的各个速度区间的分子求和（因为 $v_{ix}<0$ 的分子不会向 dA 撞去），因而有

$$d^2 I = \sum_{(v_{ix}>0)} 2mn_i v_{ix}^2 \, dA dt$$

这里必须指出的是，因为此总冲量为两个无穷小 dt 和 dA 所限，所以在数字上相应的总冲量的大小应记为 d^2I。由于分子运动的无规则性，$v_{ix}>0$ 与 $v_{ix}<0$ 的分子数应该各占分子总数的一半。又由于此处求和涉及的是 v_{ix} 的平方，所以如果 $\sum$ 表示对所有分子（即不管 v_{ix} 为何值）求和，则应有

$$d^2 I = \frac{1}{2}\left(\sum_i 2mn_i v_{ix}^2 \, dA dt\right) = \sum_i mn_i v_{ix}^2 \, dA dt$$

各个气体分子对器壁的碰撞是断续的，它们给予器壁冲量的方式也是一次一次断续的。但由于分子数极多，因而碰撞极其频繁。它们对器壁的碰撞宏观上就成了连续地给予冲量，这也就在宏观上表现为气体对容器壁有持续的压力作用。根据牛顿第二定律，气体对 dA 面积上的作用力的大小应为 $dF = d^2I/dt$。因而气体对容器壁的宏观压强就是

$$p = \frac{dF}{dA} = \frac{d^2 I}{dt dA} = \sum_i mn_i v_{ix}^2 = m\sum_i n_i v_{ix}^2$$

由于

$$\overline{v_x^2} = \frac{\sum n_i v_{ix}^2}{n}$$

所以

$$p = n m \overline{v_x^2}$$

由式(7-25)或考虑到气体的密度 $\rho = \dfrac{Nm}{v} = nm$，则理想气体的压强又可表示为

$$p = \frac{1}{3} n m \overline{v^2} = \frac{1}{3}\rho \overline{v^2}$$

或

$$p = \frac{2}{3} n\left(\frac{1}{2} m \overline{v^2}\right) = \frac{2}{3} n \overline{\varepsilon}_t \tag{7-26}$$

其中

$$\overline{\varepsilon}_t = \frac{1}{2} m \overline{v^2} \tag{7-27}$$

为分子的平均平动动能。注意，这里的 m 表示气体分子的质量。

式(7-26)就是气体动理论的压强公式，它把宏观量 p 和统计平均值 n 和 $\overline{\varepsilon}_t$（或 $\overline{v^2}$）联系起来。它表明气体压强具有统计意义，即它对于大量气体分子才有明确的意义。实际上，在推导压强公式的过程中所取的 dA，dt 都是"宏观小，微观大"的量。因此在 dt 时间内撞击 dA 面积上的分子数是非常大的，这才使得压强有一个稳定的数值。对于微观小的时间和微观小的面积，碰撞该面积的分子数将很少而且变化很大，因此，也就不会产生有一稳定数值的压强。对于这种情况，压强这一宏观量也就失去意义了。

气体压强的统计意义也说明，压强不是矢量，它以相同的大小作用于一切方向。还要注意的是，压强 p 和动量 p 采用了相同的符号，这可根据上下文内容加以区分。

7.7　温度的微观意义

将式(7-26)与式(7-14)对比,可得

$$\frac{2}{3}n\bar{\varepsilon}_t = nkT$$

把气体分子的平均平动动能表示为

$$\bar{\varepsilon}_t = \frac{3}{2}kT \tag{7-28}$$

此式表明了微观量统计平均值(气体分子的平均平动动能)与宏观量温度之间的关系,即在平衡态下,各种理想气体的分子平均平动动能只与温度有关,并且与热力学温度成正比。实际上,不仅是平均平动动能,分子热运动的平均转动动能和平均振动动能也都和温度有直接的关系,这将在 7.8 节介绍。

式(7-28)的重要性在于它说明了温度的微观意义,即热力学温度是分子平均平动动能的量度。粗略地说,温度反映了物体内部分子无规则运动的激烈程度(这就是中学物理课程中对温度的微观意义的定性说明)。关于温度概念,更进一步的讨论应注意以下几点:

(1) 温度是描述热力学系统平衡态的一个物理量。这一点在从宏观上引入温度概念时就明确地说明了。当时曾提到热平衡是一种动态平衡,式(7-28)更定量地显示了"动态"的含义。对处于非平衡态的系统,不能用温度来描述它的状态(如果系统整体上处于非平衡态,但各个微小局部和平衡态差别不大时,也往往以不同的温度来描述各个局部的状态)。

(2) 温度是一个统计概念。式(7-28)的平均值就表明了这一点。因此,温度只能用来描述大量分子的集体状态,对单个分子谈论它的温度是毫无意义的。

(3) 温度所反映的运动是分子的无规则运动。式(7-28)中分子的平均平动动能是分子的无规则运动的平动动能。温度和物体的整体运动无关,物体的整体运动是其中所有分子的一种有规则运动(即系统的机械运动)的表现。例如,物体有平动时,其中所有分子都有一个共同的速度,和这一速度相联系的动能是物体的轨道动能。温度和物体的轨道动能无关。例如,匀高速行驶的车厢内的空气温度并不一定比停着的车厢内的空气的温度高,冷气开放时前者温度会更低一些。正因为温度反映的是分子的无规则运动,所以这种运动又称**分子热运动**。

(4) 根据式(7-28),当温度趋近于绝对零度时,分子的平均平动动能也将趋近于零。然而,按照气体动理论,分子的热运动是永恒的,即永远不会停息。现代量子理论指出,即使在绝对零度附近,微观粒子仍具有能量(称为零点能)。当温度低于 1 K 时,几乎所有的气体都已液化或固化,这时式(7-28)不再适用。

由式(7-27)和式(7-28)可得

$$\frac{1}{2}m\overline{v^2} = \frac{3}{2}kT$$

式中,m 为气体分子的质量。由此得

$$\overline{v^2} = \frac{3kT}{m}$$

于是有

$$\sqrt{\overline{v^2}} = \sqrt{\frac{3kT}{m}} = \sqrt{\frac{3RT}{M}} \qquad (7\text{-}29)$$

$\sqrt{\overline{v^2}}$ 叫气体分子的**均方根(方均根)速率**,通常以 v_{rms} 表示,见式(7-42)。它是分子速率的一种统计平均值。式(7-29)说明,在同一温度下,若分子的质量大,其均方根速率就小。

【例 7-3】 分子运动。求 0℃ 时氢分子和氧分子的平均平动动能和均方根速率。

解 已知 $T=273.15$ K,$M_{\text{H}_2}=2.02\times10^{-3}$ kg/mol,$M_{\text{O}_2}=32\times10^{-3}$ kg/mol。

H_2 与 O_2 分子的平均平动动能相等,均为

$$\bar{\varepsilon}_{\text{t}} = \frac{3}{2}kT = \frac{3}{2}\times1.38\times10^{-23}\times273.15 \text{ J}$$

$$= 5.65\times10^{-21} \text{ J} = 3.53\times10^{-2} \text{ eV}$$

H_2 分子的均方根速率

$$v_{\text{rms},\text{H}_2} = \sqrt{\frac{3RT}{M_{\text{H}_2}}} = \sqrt{\frac{3\times8.31\times273.15}{2.02\times10^{-3}}} \text{m/s} = 1.84\times10^3 \text{ m/s}$$

O_2 分子的均方根速率

$$v_{\text{rms},\text{O}_2} = \sqrt{\frac{3RT}{M_{\text{O}_2}}} = \sqrt{\frac{3\times8.31\times273.15}{32.00\times10^{-3}}} \text{m/s} = 461 \text{ m/s}$$

此后一结果说明,在常温下气体分子的平均速率与声波在空气中的传播速率数量级相同。

【例 7-4】 "量子零度"。按式(7-28),当温度趋近 0 K 时,气体分子的平均平动动能趋近于 0,即分子要停止运动。这是经典理论的结果。金属中的自由电子也在不停地做热运动,组成"电子气",在低温下并不遵守经典统计规律。量子理论给出,即使在 0 K 时,电子气中电子的平均平动动能并不等于零。例如,铜块中的自由电子在 0 K 时的平均平动动能为 4.23 eV。如果按经典理论计算,这样的能量相当于多高的温度?

解 由式(7-28)可得

$$T = \frac{2\bar{\varepsilon}_{\text{t}}}{3k} = \frac{2\times4.23\times1.6\times10^{-19}}{3\times1.38\times10^{-23}} = 3.19\times10^4 \text{ (K)}$$

量子理论给出的结果与经典理论结果的差别如此之大。

7.8 能量均分定理 内能

在 7.6 节讨论气体压强时,我们把分子看作质点。7.7 节介绍在平衡态下气体分子的平均平动动能与温度的关系,也都只考虑分子的平动。实际上,各种分子都有一定的内部结构。例如,有的气体分子为单原子分子(如 He,Ne),有的为双原子分子(如 H_2,N_2,O_2),有的为多原子分子(如 CH_4,H_2O)。因此,气体分子除了平动之外,还可能有转动及分子内原子的振动。在讨论气体的能量时,应该考虑所有这些运动形式的能量。

为了用统计的方法计算分子的平均转动动能、平均振动动能以及平均总动能,需要引入运动自由度的概念。

1. 自由度

在力学中,物体的自由度是指完全确定其系统位置或运动状态所需的独立变量的个数。例如,质点自由运动时有 3 个平动自由度;刚体绕一固定点转动时有 3 个转动自由度,绕一固定轴转动时只有 1 个自由度;刚体自由运动时有 6 个自由度(3 个平动自由度和 3 个

转动自由度）。

按经典力学理论，一个物体的能量常以"平方项"之和表示。例如，一个自由物体的平动动能表示为 $E_{k,t} = \frac{1}{2}mv_x^2 + \frac{1}{2}mv_y^2 + \frac{1}{2}mv_z^2$，转动动能表示为 $E_{k,r} = \frac{1}{2}J_x\omega_x^2 + \frac{1}{2}J_y\omega_y^2 + \frac{1}{2}J_z\omega_z^2$，一维谐振子的能量表示为 $E = \frac{1}{2}kx^2 + \frac{1}{2}mv^2$ 等，每一个这样的平方项对应于一个运动自由度。

分子自由度决定于分子中每个原子位置所需要的独立数。每个原子视为质点，由原子组成的分子就可看成特殊的质点系，按刚体对待。考虑分子的运动能量时，对单原子分子，当作质点看待，只需计算其平动动能，它的自由度就是 3。这 3 个自由度叫**平动自由度**。以 t 表示平动自由度，就有 $t=3$。对双原子分子，除了计算其平动动能外，还有转动动能。以其两原子的连线为 x 轴，则它对此轴的转动惯量 J_x 甚小，相应的那一项转动能量可略去。于是，双原子分子的**转动自由度**就是 $r=2$。对多原子分子，其转动自由度应为 $r=3$。

仔细来讲，考虑双原子分子或多原子分子的能量时，还应考虑分子中原子的振动。若振动自由度用 s 表示，则**总自由度** $i=$ 平动自由度 $t+$ 转动自由度 $r+$ 振动自由度 s。但是，关于分子振动的能量，经典物理不能作出正确的说明，正确的说明需要量子力学（参见 8.3 节的说明）；另外，在常温下，用经典方法认为分子是刚性的也能给出与实验大致相符的结果；作为统计概念的初步介绍，下面我们认为分子都是刚性的，而不考虑分子内部的振动。这样，各种分子的运动自由度就如表 7-3 所示。

表 7-3 气体分子的自由度

分子种类	平动自由度 t	转动自由度 r	总自由度 $i(i=t+r)$
单原子分子	3	0	3
刚性双原子分子	3	2	5
刚性多原子分子	3	3	6

2. 平均平动动能

现在考虑气体分子的每一个自由度的平均平动动能。在 7.7 节讲过，一个分子的平均平动动能为

$$\bar{\varepsilon}_t = \frac{1}{2}m\overline{v^2} = \frac{3}{2}kT$$

利用分子无规则运动的表示式（7-25），即

$$\overline{v_x^2} = \overline{v_y^2} = \overline{v_z^2} = \frac{1}{3}\overline{v^2}$$

可得

$$\frac{1}{2}m\overline{v_x^2} = \frac{1}{2}m\overline{v_y^2} = \frac{1}{2}m\overline{v_z^2} = \frac{1}{3}\left(\frac{1}{2}m\overline{v^2}\right) = \frac{1}{2}kT \tag{7-30}$$

此式中前三个平方项的平均值各与一个平动自由度相对应，因此，它说明分子的每一个平动自由度的平均平动动能都相等，而且都等于 $\frac{1}{2}kT$。

3. 能量均分定理

式(7-30)所表示的是一条统计规律,它只适用于大量分子的集体行为。各平动自由度的平均平动动能相等,是气体分子在无规则运动中不断发生碰撞的结果。由于碰撞是无规则的,所以在碰撞过程中,动能不但在分子之间进行交换,而且还可以从一个平动自由度转移到另一个平动自由度上去。由于在各个平动自由度中并没有哪一个具有特别的优势,因而平均来讲,各平动自由度就具有相等的平均平动动能。

这种能量的分配,在分子有转动的情况下,还应该扩及转动自由度。这就是说,在分子的无规则碰撞过程中,平动和转动之间以及各转动自由度之间也可以交换能量(试想两个枣仁状的橄榄球在空中的任意碰撞),而且就能量来说,这些自由度中也没有哪个是特殊的。由此得出更为一般的结论:各自由度的平均动能都是相等的。

在理论上,经典统计物理可以更严格地证明:在温度为 T 的平衡态下,物质分子在每个自由度的平均动能(在振动的情况下,每个自由度在除平均动能外,还有平均势能)都相等,而且等于 $\frac{1}{2}kT$,其中 k 为玻耳兹曼常量,T 为热力学温度。这一结论称为**能量均分定理**。

能量均分定理是经典统计物理学中关于热运动能量按分子各个运动自由度平均分配的定律。在经典物理中,能量均分定理也适用于液体和固体分子的无规则运动。但是,由于它是以经典概念(能量连续变化)为基础,所以其应用范围受到限制,尤其当温度较低时,必须考虑量子特性。

4. 理想气体的内能

根据能量均分定理,如果一个气体分子的总自由度数是 i,则它的平均总动能就是

$$\bar{\varepsilon}_k = \frac{i}{2}kT \tag{7-31}$$

将表7-3的 i 值代入,可得几种气体分子的平均总动能如下:

单原子分子气体 $\qquad\qquad\bar{\varepsilon}_k = \frac{3}{2}kT$

刚性双原子分子气体 $\qquad\bar{\varepsilon}_k = \frac{5}{2}kT$

刚性多原子分子气体 $\qquad\bar{\varepsilon}_k = 3kT$

作为质点系的总体,宏观上物质系统具有内能。从微观角度看,由于热力学系统可以看成由许多分子、原子组成的力学系统,因此,**内能**是物质系统内部所包含的能量,包含组成系统的分子、原子等热运动动能,以及分子间、原子间(包含同一分子不同原子间)的相互作用势能等。气体的内能为它所包含的所有分子的无规则运动的动能和分子间的相互作用势能的总和。在化学中,内能也被称为热力学能。

对理想气体,由于分子间距远大于自身线度,分子之间除碰撞外无其他相互作用力,分子之间势能可忽略,因而理想气体的内能只包含所有气体分子作无规则运动的动能(总和)。以 N 表示一定的理想气体的分子总数,由于每个分子的平均动能由式(7-31)决定,则理想气体的内能为

$$E = N\bar{\varepsilon}_k = N\frac{i}{2}kT$$

由于 $R=kN_A$，$N=\nu N_A$，ν 为物质的量，所以上式又可写成

$$E = \frac{i}{2}\nu RT \tag{7-32}$$

对已讨论的几种理想气体，它们的内能分别如下：

单原子分子气体　　　　　　　　$E = \dfrac{3}{2}\nu RT$

刚性双原子分子气体　　　　　　$E = \dfrac{5}{2}\nu RT$

刚性多原子分子气体　　　　　　$E = 3\nu RT$

这些结果都说明，一定的理想气体的内能是状态量，只是温度（或系统状态）的单值函数，且与热力学温度成正比，内能的改变量仅决定于过程的始末状态，与通过何种方式由始态达到末态无关，即与热力学过程无关。这个经典统计物理的结果在与室温相差不大的温度范围内和实验近似地符合。在本篇中，我们也只按这种结果讨论有关理想气体的能量问题。

7.9　麦克斯韦速率分布律

一切热现象都是分子微观运动的外在表现。在实验中测得的宏观状态参量，如压强、体积和温度等都是平衡态下大量气体分子热运动的统计平均效果，而这些统计平均值都与气体分子的速率分布有直接的关系。

在 7.6 节中，关于理想气体的气体动理论的统计假设指出，每个分子运动速度各不相同，通过碰撞不断发生变化。对任何一个分子，它在任何时刻的速度大小和方向受到许多偶然因素的影响，因而是不能预知的。但从大量分子的整体表现来看，气体分子的速度是有规律的。这种规律性来自大量偶然事件的集合，即由大量粒子组成的系统其整体服从统计规律性。如果知道了任意时刻分子速度的分布规律，则气体的大部分宏观性质，都可以严格地运用统计方法准确地计算出来。早在 1859 年（当时分子概念还是一种假说），麦克斯韦就在概率论的基础上运用严格的统计方法首先证明，在平衡态下，理想气体的分子数按速度的分布具有确定的规律。他从理论上推导了气体分子的速度分布律，即麦克斯韦速度分布律。如果不管分子运动速度的方向如何，只考虑分子按速度的大小即速率的分布，则相应的规律称为**麦克斯韦速率分布律**，简称**麦克斯韦速率分布**。

用统计方法研究由大量微观粒子所组成的系统的学科叫做**统计物理学**。作为统计规律的典型例子，本节介绍麦克斯韦速率分布律。

1. 速率分布函数与归一化条件

先介绍**速率分布函数**的意义。从微观上说明一定质量的气体中所有分子的速率状况时，因为分子的数量极多，而且各分子的速率通过碰撞又在不断地改变，所以不可能逐个加以说明，需要采用统计方法说明，即指出在总数为 N 的分子中，具有各种速率的分子各有多少或它们各占分子总数的百分比多大。这种描述方法给出分子按速率分布的概念。正如为了说明一个学校的学生年龄的总状况时，并不需要指出一个个学生的年龄，而只要给出各个年龄段的学生是多少，即学生数目按年龄的分布就可以了。

按经典力学的概念,气体分子的速率 v 可以连续地取 0 到无限大的任何数值。因此,说明分子按速率分布时就需要采取按速率区间分组的办法,例如,可以把速率以 10 m/s 的间隔划分为 $0\sim10,10\sim20,20\sim30$ m/s,…的区间,然后说明各区间的分子数是多少。一般地讲,速率分布就是要指出速率在 $v\sim v+\mathrm{d}v$ 区间的分子数 $\mathrm{d}N_v$ 是多少,或是 $\mathrm{d}N_v$ 占分子总数 N 的百分比,即 $\mathrm{d}N_v/N$ 是多少。这一百分比在各速率区间是不相同的,即它应是速率 v 的函数。同时,在速率区间 $\mathrm{d}v$ 足够小的情况下,这一百分比还应和区间的大小成正比,因此,应该有

$$\frac{\mathrm{d}N_v}{N} = f(v)\mathrm{d}v \tag{7-33}$$

或

$$f(v) = \frac{\mathrm{d}N_v}{N\mathrm{d}v} \tag{7-34}$$

式中,函数 $f(v)$ 称为**速率分布函数**。它表示速率在速率 v 所在的单位速率区间内的分子数占分子总数的百分比。

将式(7-33)对所有速率区间积分,将得到所有速率区间的分子数占总分子数百分比的总和。它显然等于 1,因而有

$$\int_0^N \frac{\mathrm{d}N_v}{N} = \int_0^\infty f(v)\mathrm{d}v = 1 \tag{7-35}$$

所有分布函数必须满足的这一条件叫做**归一化条件**。

速率分布函数的意义还可以用概率的概念来说明。各个分子的速率不同,可以说成是一个分子具有各种速率的概率不同。式(7-33)的 $\mathrm{d}N_v/N$ 就是一个分子的速率在速率 v 所在的 $\mathrm{d}v$ 区间内的概率,式(7-34)中的 $f(v)$ 就是一个分子的速率在速率 v 所在的单位速率区间的概率。在概率论中,$f(v)$ 称为分子速率分布的**概率密度**。它对所有可能的速率积分就是一个分子具有不管什么速率的概率。这个"总概率"当然等于 1,这也就是式(7-35)所表示的归一化条件的概率意义。

2. 麦克斯韦速率分布律

气体在宏观上达到平衡时,每一分子的速度一般都不相同,并由于相互碰撞而不断发生变化,但平均说来,速度在某一范围内的分子数在总分子数中所占的百分率总是一定的。麦克斯韦速率分布律就是在一定条件下的速率分布函数的具体形式。在平衡态下,气体分子速率在 v 到 $v+\mathrm{d}v$ 区间内的分子数占总分子数的百分比为

$$\frac{\mathrm{d}N_v}{N} = 4\pi\left(\frac{m}{2\pi kT}\right)^{3/2} v^2 \mathrm{e}^{-mv^2/2kT} \mathrm{d}v \tag{7-36}$$

与式(7-33)对比可得,麦克斯韦速率分布函数 $f(v)$ 为

$$f(v) = 4\pi\left(\frac{m}{2\pi kT}\right)^{3/2} v^2 \mathrm{e}^{-mv^2/2kT} \tag{7-37}$$

式中,T 是气体的热力学温度;m 是分子的质量;k 是玻耳兹曼常量。由式(7-37)可知,麦克斯韦速率分布仅与气体的种类及温度有关;对一给定的气体(m 一定),这种分布函数只和温度有关。

　　以 v 为横轴,以 $f(v)$ 为纵轴,画出的图线叫做**麦克斯韦速率分布曲线**(图 7-10),它形象地表示出气体分子按速率分布的情况。图中曲线下面宽度为 $\mathrm{d}v$ 的小窄条面积就等于在该区间内的分子数占分子总数的百分比 $\mathrm{d}N_v/N$。

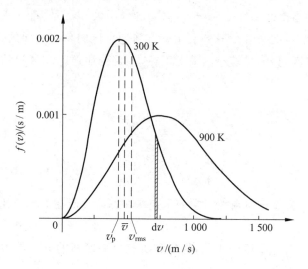

图 7-10　N_2 气体的麦克斯韦速率分布曲线

　　从图 7-10 可以看出,按麦克斯韦速率分布函数确定的速率很小和速率很大的分子数所占比率都很少。麦克斯韦速率分布律是在平衡态下大量分子组成的系统所遵循的统计规律。若分子数很少,麦克斯韦速率律分布将失去意义。

3. 分子的三种特征速率

　　在某一速率 v_p 处函数有一极大值,v_p 称为**最概然速率**。它的物理意义是:若把整个速率范围分成许多相等的小区间,则 v_p 所在的区间内的分子数占分子总数的百分比最大。

　　根据极值条件,v_p 由下式求出

$$\frac{\mathrm{d}f(v)}{\mathrm{d}v}\bigg|_{v_\mathrm{p}} = 0$$

由此得

$$v_\mathrm{p} = \sqrt{\frac{2kT}{m}} = \sqrt{\frac{2RT}{M}} \approx 1.41\sqrt{\frac{RT}{M}} \tag{7-38}$$

当 $v = v_\mathrm{p}$ 时,有

$$f(v_\mathrm{p}) = \frac{1}{e}\left(\frac{8m}{\pi kT}\right)^{\frac{1}{2}} \tag{7-39}$$

式(7-38)表明,v_p 随温度的升高而增大,又随 m 增大而减小。图 7-10 画出了氮气在不同温度下的速率分布函数,可以看出温度对速率分布的影响,温度越高,最概然速率越大,$f(v_\mathrm{p})$ 越小。由归一化条件,曲线下的面积恒等于1,所以温度升高时曲线变得平坦些,并向高速区域扩展。也就是说,温度越高,速率较大的分子数越多。这就是通常所说的温度越高,分子运动越剧烈的真正含义。

　　应该指出的是,麦克斯韦速率分布定律是一个统计规律,它只适用于大量分子组成的气体。由于分子运动的无规则性,在任何速率区间 $v \sim v + \mathrm{d}v$ 内的分子数都是不断变化的。

式(7-36)中的 dN_v 只表示在这一速率区间的分子数的统计平均值。为使 dN_v 有确定的意义,区间 dv 必须是宏观小微观大的。如果区间是微观小的,dN_v 的数值将十分不确定,因而失去实际意义。至于说速率正好是某一确定速率 v 的分子数是多少,那就根本没有什么意义了。

已知速率分布函数,可求出分子运动的**平均速率**。平均速率定义为

$$\bar{v} = \frac{\sum_{i=1}^{N} v_i}{N} = \frac{\int_0^\infty v dN_v}{N} = \int_0^\infty v f(v) dv \qquad (7-40)$$

将麦克斯韦速率分布函数式(7-37)代入式(7-40),可求得平衡态下理想气体分子的平均速率为

$$\bar{v} = \sqrt{\frac{8kT}{\pi m}} \doteq \sqrt{\frac{8RT}{\pi M}} \approx 1.60 \sqrt{\frac{RT}{M}} \qquad (7-41)$$

还可以利用速率分布函数求 v^2 平均值,进一步求均方根速率。由平均值的定义

$$\overline{v^2} = \left(\sum_{i=1}^{N} v_i^2 \right) \Big/ N = \int v^2 dN_v / N = \int_0^\infty v^2 f(v) dv$$

将式(7-37)的麦克斯韦速率分布函数 $f(v)$ 代入,可得

$$\overline{v^2} = \int_0^\infty v^4 4\pi \left(\frac{m}{2\pi kT} \right)^{3/2} e^{-mv^2/2kT} dv = 3kT/m$$

这一结果的平方根,称为**均方根速率**,用符号 v_{rms} 表示,即

$$v_{rms} = \sqrt{\overline{v^2}} = \sqrt{\frac{3kT}{m}} = \sqrt{\frac{3RT}{M}} \approx 1.73 \sqrt{\frac{RT}{M}} \qquad (7-42)$$

此结果与式(7-29)相同。均方根(俗称方均根)的概念也用于数据统计分析。

由式(7-38)、式(7-41)和式(7-42)确定的三个速率特征值 $v_p, \bar{v}, v_{rms}$ 都是在统计意义上说明大量分子的运动速率的典型值,都具有统计平均的意义,它们从不同角度反映热运动。它们都与 $\sqrt{T}$ 成正比,与 $\sqrt{m}$ 成反比。其中,v_{rms} 最大,$\bar{v}$ 次之,v_p 最小。三种速率有不同的应用,例如,讨论速率分布时用到 v_p,计算分子的平均平动动能、温度和压强的统计规律时用到 v_{rms},讨论分子的碰撞次数和输运过程的统计规律时用 $\bar{v}$。

从麦克斯韦速率分布函数也可以求出分子平均平动动能为

$$\bar{\varepsilon}_t = \int_0^\infty \left(\frac{1}{2} mv^2 \right) f(v) dv = \frac{3}{2} kT$$

这就是式(7-28)的结果。但是,这个结果只是对单原子理想气体分子成立,因为在整个气体分子动理论中,都是按照理想气体分子(质点)进行分析的。而对于多原子分子气体,上述结果通常情况下都与实验明显不符(参见表 8-1)。这些问题必须通过经典统计物理的"能量按自由度均分定理"解决(即 7.8 节)。

【例 7-5】 **大气组成**。计算 He 原子和 N_2 分子在 20℃ 时的均方根速率,并以此说明地球大气中为何没有氦气和氢气而富有氮气和氧气。

解 由式(7-42)可得,氦气和氮气的均方根速率分别为

$$v_{rms,He} = \sqrt{\frac{3RT}{M_{He}}} = \sqrt{\frac{3 \times 8.31 \times 293}{4.00 \times 10^{-3}}} km/s = 1.35 \ km/s$$

$$v_{\text{rms},N_2} = \sqrt{\frac{3RT}{M_{N_2}}} = \sqrt{\frac{3 \times 8.31 \times 293}{28.0 \times 10^{-3}}} \text{km/s} = 0.417 \text{ km/s}$$

地球表面的逃逸速度为 11.2 km/s，例 7-5 中算出的 He 原子的均方根速率约为此逃逸速率的 1/8，还可算出 H_2 分子的均方根速率约为此逃逸速率的 1/6。这样，似乎 He 原子和 H_2 分子都难以逃脱地球的引力而散去。但是由于速率分布的原因，还有相当多的 He 原子和 H_2 分子的速率超过了逃逸速率而可以散去。现在知道宇宙中原始的化学成分（现在仍然如此）大部分是氢（约占总质量的 3/4）和氦（约占总质量的 1/4）。地球形成之初，大气中应该有大量的氢和氦。正是由于相当数目的 H_2 分子和 He 原子的均方根速率超过了逃逸速率，它们不断逃逸。几十亿年过去后，如今地球大气中就没有氢气和氦气了。与此不同的是，N_2 和 O_2 分子的均方根速率只有逃逸速率的 1/25，这些气体分子逃逸的可能性就很小了。于是地球大气今天就保留了大量的氮气（约占大气质量的 76%）和氧气（约占大气质量的 23%）。

实际上，大气化学成分的起因是很复杂的，许多因素还不清楚。就拿氦气来说，1963 年根据人造卫星对大气上层稀薄气体成分的分析，证实在几百千米的高空（此处温度可达 1 000 K），空气已稀薄到接近真空，那里有一层氦气，叫"氦层"，其上又有一层"氢层"，实际上是"质子层"。

*4. 玻耳兹曼分布律简介

实际上，麦克斯韦首先得到的是速度分布律。麦克斯韦速度分布律指出，在平衡态下，理想气体中的分子速度在 $v_x \sim v_x + dv_x$，$v_y \sim v_y + dv_y$ 和 $v_z \sim v_z + dv_z$ 区间的分子数与总分子数的百分比为 $F(v) dv_x dv_y dv_z$。其中

$$F(v) = \left(\frac{m}{2\pi kT}\right)^{3/2} e^{-mv^2/2kT} \tag{7-43}$$

就是**麦克斯韦速度分布律**，简称麦克斯韦分布。式中，$v^2 = v_x^2 + v_y^2 + v_z^2$，指数中 $E = \frac{1}{2}mv^2$ 为分子的平动动能。式 (7-43) 表明，在速度区间的分子数与该区间内的分子平均动能有关，且与 $e^{-E/kT}$ 成正比。由此公式，可以导出速率分布函数式 (7-37)。

玻耳兹曼于 1868 年将此分布律公式进一步推广到各种运动自由度的情形。一般的分布函数 $\mathscr{F}$ 应具有以下形式

$$\mathscr{F} \propto e^{-E/kT}$$

若按能量分布表示物质系统的粒子数 N，其规律

$$N = N_0 e^{-E/kT} \tag{7-44}$$

称为**玻耳兹曼分布律**。式中，E 是分子的总能量，$e^{-E/kT}$ 称为**玻耳兹曼因子**。式 (7-44) 表明，当粒子系统处于温度为 T 的平衡状态时，具有能量为 E 的粒子数 N 的分布将随能量的增加而按指数规律减少。在平衡态下，能量越高，粒子数越少。

玻耳兹曼分布律是物质系统的粒子数按能量分布，适用于任何系统的一个经典统计规律。这种分布对于任何物质微粒（如气体、液体、固体的分子和原子，或布朗粒子）在任何势场（如重力场或电场）中运动的情形都成立。例如，考虑大气中分子的位置分布时，能量 E 中就应包括势能 mgh 项。1908 年法国科学家佩兰 (J. B. Perrin, 1870—1942) 利用显微镜观察并直接测量悬浊液内不同高度处悬浮的粒子数目，他的实验结果直接证实这一分布律，同时他还求出阿伏伽德罗常量 N_A。他的实验结果在物理学史上最后确立分子存在的真实性。大气中越高的地方，其分子数密度越小就是一个实例。佩兰因相关贡献获得 1926 年诺贝尔物理学奖。

*7.10　麦克斯韦速率分布律的实验验证

　　由于当时未能获得足够高的真空,所以还不能用实验验证麦克斯韦速率分布律。直到20世纪20年代后,由于真空技术发展到了一定水平,这种验证才有了可能。1920年斯特恩(O. V. Stern,1888—1969)通过银蒸气分子束实验最早测定分子速率分布,但未能给出定量的结果。1934年我国物理学家葛正权(1896—1988)通过测定铋(Bi)蒸气分子的速率分布实验,第一个获得了与麦克斯韦分布律大致相符的定量验证结果。下面介绍1955年密勒(R. C. Miller)与库什(P. Kusch,1911—1993)做的实验[1],密勒—库什实验比较精确地验证了麦克斯韦速率分布定律。

　　密勒-库什实验所用的仪器如图7-11所示。图7-11(a)中的O是蒸气源,选用钾或铯的蒸气。在一次实验中所用铯蒸气的温度是870 K,其蒸气压为0.425 6 Pa。图中的R是一个铝合金制成的圆柱体,图7-11(b)为其实际结构示意图。该圆柱长$L=20.4$ cm,半径$r=10.00$ cm,可绕中心轴转动,用于精确地测定从蒸气源开口逸出的金属原子的速率;为此在它上面沿纵向刻了很多条螺旋形细槽,槽宽$l=0.042$ 4 cm(图中只画出其中一条)。细槽的入口狭缝处和出口狭缝处的半径之间夹角为$\varphi=4.8°$。在出口狭缝后面是检测器D,用于测定通过细槽的原子射线的强度,整个装置置于抽成高真空(1.33×10^{-5} Pa)的容器里。

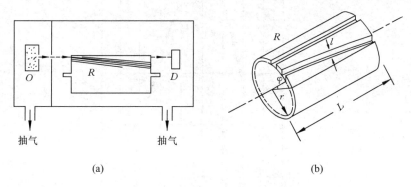

(a)　　　　　　　　　　　　(b)

图 7-11　密勒-库什的实验装置

　　当R以角速度ω转动时,从蒸气源逸出的各种速率的原子都能进入细槽,但并不都能通过细槽从出口狭缝飞出,只有那些速率v满足关系式

$$\frac{L}{v}=\frac{\varphi}{\omega}$$

或

$$v=\frac{\omega}{\varphi}L \tag{7-45}$$

的原子才能通过细槽,而其他速率的原子将沉积在槽壁上。因此,R实际上是个滤速器,改

---

[1]　麦克斯韦速率分布定律本是对理想气体建立的。但由于这里指的分子的速率是分子质心运动的速率,又由于质心运动的动能总是作为分子总动能的独立的一项出现,所以,即使对非理想气体,麦克斯韦速率分布仍然成立。实验结果就证明了这一点,因为实验中所用的气体都是实际气体而非真正的理想气体。

变角速度 ω，就可以让不同速率的原子通过。槽有一定宽度，相当于夹角 φ 有一 $\Delta\varphi$ 的变化范围，相应地，对于一定的 ω，通过细槽飞出的所有原子的速率并不严格地相同，而是在一定的速率范围 v 到 $v+\Delta v$ 之内。改变 ω，对不同速率范围内的原子射线检测其强度，就可以验证原子速率分布是否与麦克斯韦速率分布律给出的一致。

需要指出的是，通过细槽的原子和从蒸气源逸出的射线中的原子以及蒸气源内原子的速率分布都不同。在蒸气源内速率在 v 到 $v+\Delta v$ 区间内的原子数与 $f(v)\Delta v$ 成正比。由于速率较大的原子有更多的机会逸出，所以在原子射线中，在相应的速率区间的原子数还应和 v 成正比，因而应和 $vf(v)\Delta v$ 成正比。据上面求速率的公式可知，能通过细槽的原子的速率区间 $|\Delta v|=\dfrac{\omega L}{\varphi^2}\Delta\varphi=\dfrac{v}{\varphi}\Delta\varphi$，因而通过细槽的速率在 Δv 区间的数应与 $v^2 f(v)\Delta\varphi$ 成正比。

由于 $\Delta\varphi=l/r$ 是常数，所以由式(7-37)可知，通过细槽到达检测器的、速率在 $v\sim v+\Delta v$ 区间的原子数以及相应的强度应和 $v^4 e^{-mv^2/2kT}$ 成正比，其极大值应出现在 $v'_p=(4kT/m)^{1/2}$ 处。图 7-12 中的理论曲线(实线)就是根据这一关系画出的，横轴表示 v/v'_p，纵轴表示检测到的原子射线强度。图中"○"和"▲"是密勒-库什实验的两组实验值，实验结果与理论曲线的密切符合，说明蒸气源内的原子的速率分布是遵守麦克斯韦速率分布律的。

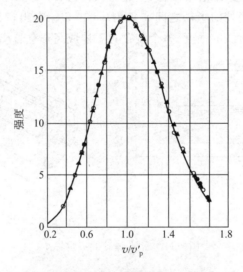

图 7-12　密勒-库什的实验结果

在通常情况下，实际气体分子的速率分布和麦克斯韦速率分布律能很好地符合，但在密度大的情况下就不符合了，这是因为在密度大的情况下，经典统计理论的基本假设不成立。在这种情况下，必须用量子统计理论才能说明气体分子的统计分布规律。

*7.11　实际气体等温线　范德瓦耳斯方程

7.6 节用气体动理论说明了理想气体的性质，它能相当近似地解释实际气体在通常温度和压强范围内的宏观表现。下面我们要用气体动理论说明在温度和压强更大的范围内实际气体的性质。首先介绍由实验得出的实际气体等温线。

1. 实际气体等温线

在 p-V 图上理想气体的等温线是双曲线($pV=$常数)。实验测得的实际气体等温线,特别在较大压强和较低温度范围内,与双曲线有明显的背离。1869 年安德鲁斯(T. Andrews,1813—1885)首先仔细地对 CO_2 气体的等温变化做了实验,得出的几条等温线如图 7-13 所示(图中横坐标为摩尔体积 V_m),提出了临界点的概念。在较高温度(如 48.1℃)时,等温线与双曲线接近,CO_2 气体表现得和理想气体近似。在较低温度(如 13℃)下,等温压缩气体时,最初随着体积的减小,气体的压强逐渐增大(图中 AB 段)。当压强增大到约 49 atm 后,进一步压缩气体时,气体的压强将保持不变(图中 BC 段),但气缸中出现了液体,压缩只能使气体等压地向液体转变。在这个过程中液体(也可以是固体)与其蒸气共存,而且能处于平衡的状态,即在同一时间内逸出和进入的分子数目相同。这时的蒸气叫**饱和蒸气**,对应的温度、压强分别称为**饱和温度**和**饱和蒸气压**。在一定的温度下,饱和蒸气压有一定的值。当蒸气全部液化(C 点)后,再增大压强只能引起液体体积的微小收缩(图中 CD 段),这说明液体的可压缩性很小。

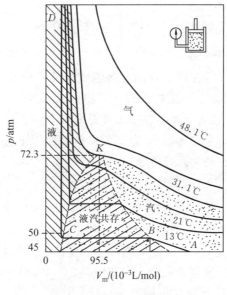

图 7-13 CO_2 的等温线

在稍高一些的温度下压缩气体,也观察到同样的过程,只是温度越高时,气体开始液化时的摩尔体积越小,而完全变成液体时的摩尔体积越大,致使表示液汽共存的水平饱和线段越来越短,且温度越高,饱和蒸气压越大。

CO_2 的 31.1℃ 等温线是一条特殊的等温线。在这一温度下,没有液汽共存的转变过程。较低温度时见到的水平线段(BC 段)在这一温度时缩为一点 K。在 K 点所表示的状态下,气体和液体的摩尔体积一样而没有区别。在高于 31.1℃ 的温度下,对气体进行等温压缩,它就再不会转变为液体,如 48.1℃ 等温线所示。我们把 31.1℃ 称**临界温度** T_c,它是区别气体能否被等温压缩成液体的温度界限。相应的等温线叫**临界等温线**。在临界等温线上汽液转变点 K 是该曲线上斜率为零的一个拐点。K 点称为**临界点**,它所表示的状态叫**临界态**,其压强和摩尔体积分别称为**临界压强** p_c 和**临界摩尔体积** $V_{m,c}$,而 T_c,p_c 和 $V_{m,c}$ 统称为

临界参量。几种物质的临界参量如表 7-4 所示。从表中可以看出,有些物质(如 NH_3, H_2O)的临界温度高于室温,所以在常温下压缩就可以使之液化。但有些物质(如氧、氮、氢、氦等)的临界温度很低,所以在 19 世纪上半叶还没有办法使它们液化。当时还未发现临界温度的规律,于是人们就称这些气体为"永久气体"或"真正气体"。在认识到物质具有临界温度这一事实后,人们就努力发展低温技术。在 19 世纪后半叶到 20 世纪初所有气体都能被液化了。在进一步发展低温技术后,还能做到使所有的液体都凝成固体。最后一个被液化的气体是氦,它在 1908 年被液化,并在 1928 年被进一步凝成固体。

表 7-4　几种物质的临界参量

物质种类	T_c/K	$p_c/(1.013\times10^5\,Pa)$	$V_{m,c}/(10^{-3}\,L/mol)$
He	5.3	2.26	57.6
H_2	33.3	12.8	64.9
N_2	126.1	33.5	84.6
O_2	154.4	49.7	74.2
CO_2	304.3	72.3	95.5
NH_3	408.3	113.3	72.5
H_2O	647.2	217.7	45.0
C_2H_5OH	516	63.0	153.9

从图 7-13 可看出,临界等温线和联结各等温线上的液化开始点(如 B 点)和液化终了点(如 C 点)的曲线(如图中虚线),把物质的 p-V 图分成了四个区域。在临界等温线以上的区域是气态,其性质近似于理想气体。在临界等温线以下,KB 曲线右侧,物质也是气态,但由于能通过等温压缩被液化而称为蒸气或汽。BKC 曲线以下是液汽共存的饱和状态。在临界等温线和 KC 曲线以左的状态是液态。

2. 范德瓦耳斯方程

实际气体的宏观性质之所以表现得与理想气体不同(特别在低温高压下),是由于实际气体的分子都具有一定的体积,而且分子之间有相互作用力。这些因素都要影响气体分子对容器壁碰撞所产生的压强,理想气体是忽略了这些因素的。理想气体只适合于密度非常低的有限范围内。

实际气体的分子之间具有相互作用力,包括引力和斥力,统称为**分子力**,也称范德瓦耳斯力。分子力 f 随分子间的距离 r 的变化而变化,其作用主要表现在 r_0 为 10^{-10} m 线度附近(即 10^{-10} m 数量级),r_0 为分子间的平衡距离,如图 7-14 所示。当 $r=r_0$ 时,$f=0$,斥力与引力平衡。当 $r<r_0$ 时,f 表现为斥力,反映了分子不能随意压缩,具有"本身体积"。当 $r>r_0$ 时,f 表现为引力,但随着距离增大而很快减小。若用 s 表示分子的有效作用距离($10^{-9}\sim10^{-8}$ m 数量级),则当 $r>s$ 时,$f\to0$,即在距离 r 增大后,f 很快趋于 0,它们的相互作用实际上已可略去不计,故属"短程力"。

分子力部分起源于电磁作用(如分子电偶极矩间的

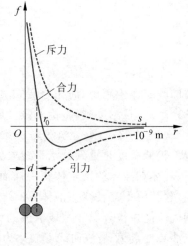

图 7-14　分子力示意图

相互作用），另外还决定于量子效应（如构成分子的电子当运动情况完全相似时有相斥的倾向）。分子间相互作用的规律很复杂，通常在实验基础上采用某些简化模型进行讨论。分子力是物质分子能够聚集为固体或液体的主要因素。例如，液体的表面张力就是分子力的一种表现。在研究液体与气体的交界面（自由面）或液体与固体的接触面问题时，常常需要计入表面张力的影响。

考虑分子之间的相互作用及其存在的有限体积，在一定范围内（如压强不是非常大），通过对理想气体状态方程修正，就可以产生多种实际气体的状态方程的近似描述。范德瓦耳斯方程就是其中一种，它的表达式为

$$\left(p + \frac{m^2}{M^2}\frac{a}{V^2}\right)\left(V - \frac{m}{M}b\right) = \frac{m}{M}RT \tag{7-46}$$

式中，V 为气体的摩尔体积，修正量 a、b 分别为内压强常量和固有体积常量，可由实验测得。对理想气体，a、b 为零。对不同气体材料，a、b 也不同；例如，氮气在常温和压强低于 5×10^7 Pa 范围内，a、b 的值可取 $a = 8.4 \times 10^4$ Pa·L²/mol²，$b = 3.05 \times 10^{-2}$ L/mol。

虽然范德瓦耳斯方程在定量上并不正确，但较好地定性描述了实际气体的性质，包括气体的临界温度点及其液化等。在高温和低密度情况下，范德瓦耳斯方程近似于理想气体状态方程。尽管实际气体方程的形式各不相同，但在 $p \to 0$ 和 $T \to \infty$ 时均能简化为理想气体状态方程，且在 p-V 状态图上有一水平拐点。在相当大的压强范围内，实际气体更近似地遵守范德瓦耳斯方程。理论上，把完全遵守范德瓦耳斯方程的气体叫**范德瓦耳斯气体**。

范德瓦耳斯方程是荷兰科学家范德瓦耳斯（J. D. Van der Waals，1837—1923）于 1873 年首先建立的，故名。他因相关贡献获得 1910 年诺贝尔物理学奖。

3. 云室和汽泡室

最后还需要指出的是，图 7-13 所描绘的实际气体等温线，特别是其中的液汽转化部分是在一般条件下的实验结果。在特殊条件下，例如，若蒸气中基本上没有尘埃或带电粒子作为凝结核，当它沿着图 7-13 中的 AB 曲线被压缩时，虽然达到了饱和状态 B 仍可能不凝结，甚至在超过同温度的饱和蒸气压的压强下仍以蒸气状态存在，而体积不断缩小（即 AB 曲线过 B 点后继续斜向上方延续一段）。这时的蒸气称为**过饱和蒸气**。这是一种不太稳定的状态，只要引入一些微尘或带电粒子，蒸气分子就会以它们为核心而迅速凝结，过饱和蒸气也就立即回到 BC 直线上饱和蒸气和液体共存的状态。近代研究宇宙射线或粒子反应的实验中常利用这一现象。先使一容器内的蒸气变成过饱和蒸气，再让高速粒子射入。高速粒子与其他分子相碰时在沿途产生许多离子，蒸气分子就以这些离子为核心而凝结成一连串很小的液珠，从而高速粒子的径迹就以白色的雾状细线显示出来了。这样用于观测高能粒子运动径迹的装置叫**云室**。

类似地，如果液体中没有尘埃或带电粒子作汽化核，当它沿着图 7-13 中 DC 曲线被减压时，虽然达到饱和状态 C 仍可能不蒸发，甚至当液体所受压强比同温度下饱和蒸气压还小时仍不蒸发，而保持液态不变，但体积不断膨胀（即 DC 曲线过 C 点后继续向斜下方延续一段）。这时的液体叫过热液体，也是一种不太稳定的状态。发电厂锅炉中的水多次煮沸后已变得很纯净，容易过热。在过热的水中如果猛然加进溶有空气的新鲜水，则将引起剧烈的汽化，而压强突增。曾经由于这种原因引起过锅炉的爆炸。过热液体的汽化在近代物理实验中也能用于显示高速粒子的径迹，常用的液体是纯净的液态氢或丙烷。先使液体达到过热状态，再使高速粒子射入。高速粒子在沿途产生的离子能使过热液体汽化成一连串小气

泡,从而显示出粒子的径迹。这种用于探测高能粒子运动径迹的装置叫**气泡室**。图 7-15 是欧洲核子研究中心的气泡室(装有 38 m³ 过热液态氢)的外形和利用气泡室拍摄的高速粒子径迹的照片。

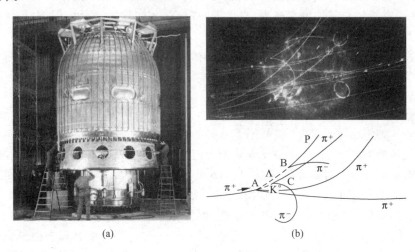

(a)   (b)

图 7-15　气泡室的外形和高速粒子径迹的照片

思 考 题

7-1　什么是热力学系统的平衡态?为什么说平衡态是热动平衡?

7-2　怎样根据平衡态定性地引进温度的概念?对于非平衡态能否用温度概念?

7-3　用温度计测量温度是根据什么原理?

7-4　理想气体温标是利用气体的什么性质建立的?

7-5　设大气的温度不随高度改变,则分子数密度随高度按指数规律减小。试由式(7-16)证明这一结论。

7-6　在大气中随着高度的增加,氮气分子数密度与氧气分子数密度的比值也增大,为什么?

7-7　图 7-16 是用扫描隧穿显微镜(STM)取得的石墨晶体表面碳原子排列队形的照片。试根据此照片估算一个碳原子的直径。

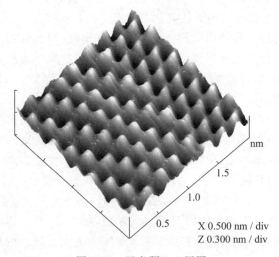

nm

1.5

1.0

0.5

X 0.500 nm / div
Z 0.300 nm / div

图 7-16　思考题 7-7 用图

7-8   一定质量的气体,保持体积不变。当温度升高时分子运动得更剧烈,因而平均碰撞次数增多,平均自由程是否也因此而减小? 为什么?

7-9   在平衡态下,气体分子速度 v 沿各坐标方向的分量的平均值 $\bar{v}_x$, $\bar{v}_y$ 和 $\bar{v}_z$ 各应为多少?

7-10   对一定量的气体来说,当温度不变时,气体的压强随体积的减小而增大;当体积不变时,压强随温度的升高而增大。从宏观来看,这两种变化同样使压强增大,从微观来看它们有何区别?

7-11   一个分子的平均平动动能 $\bar{\varepsilon}_t = \dfrac{3}{2}kT$ 应如何理解? 对于某一个分子,能否根据此式计算它的动能?

7-12   地球大气层上层的电离层中,电离气体的温度可达 2 000 K,但每立方厘米中的分子数不超过 10^5 个。这温度是什么意思? 一块锡放到该处会不会被熔化? 已知锡的熔点是 505 K。

7-13   在相同温度下氢气和氧气分子的速率分布的概率密度是否一样? 试比较它们的 v_p 值以及 v_p 处概率密度的大小。

7-14   最概然速率和平均速率的物理意义各是什么? 有人认为最概然速率就是速率分布中的最大速率,对不对?

7-15   液体的蒸发过程是不是其表面一层一层地变成蒸气? 为什么蒸发时液体的温度会降低?

7-16   测定气体分子速率分布实验为什么要求在高度真空的容器内进行? 假若真空度较差,问容器内允许的气体压强受到什么限制?

7-17   在深秋或冬日的清晨,有时你会看到蓝天上一条笔直的白练在不断延伸。再仔细看去,那是一架正在向左飞行的喷气式飞机留下的径迹(图 7-17)。喷气式飞机在飞行时喷出的"废气"中充满了带电粒子,那条白练实际上是小水珠形成的雾条。你能解释这白色雾条形成的原因吗?

图 7-17   残月白练映蓝天

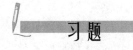习 题

7-1   定体气体温度计的测温气泡放入水的三相点管的槽内时,气体的压强为 6.65×10^3 Pa。

(1) 用此温度计测量 373.15 K 的温度时,气体的压强是多大?

(2) 当气体压强为 2.20×10^3 Pa 时,待测温度是多少 K? 多少℃?

7-2   "28"自行车车轮直径为 71.12 cm(相当于 28 英寸,1 英寸=2.54 cm),内胎截面直径为 3 cm。在 -3℃的天气里向空胎里打气。打气筒长 30 cm,截面半径 1.5 cm。打了 20 下,气打足了,问此时车胎内压强是多少? 设车胎内最后气体温度为 7℃。

7-3   在 90 km 高空,大气的压强为 0.18 Pa,密度为 3.2×10^{-6} kg/m³。求该处的温度和分子数密度。空气的摩尔质量取 29.0 g/mol。

7-4 一个大热气球的容积为 $2.1 \times 10^4 \ m^3$,气球本身和负载质量共 $4.5 \times 10^3 \ kg$,若其外部空气温度为 20℃,要想使气球上升,其内部空气最低要加热到多少度?

7-5 某柴油机的气缸充满空气,压缩前其中空气的温度为 47℃,压强为 $8.61 \times 10^4 \ Pa$。当活塞急剧上升时,可把空气压缩到原体积的 1/17,其时压强增大到 $4.25 \times 10^6 \ Pa$,求这时空气的温度(分别以 K 和℃表示)。

7-6 一氢气球在 20℃充气后,压强为 1.2 atm,半径为 1.5 m。到夜晚时,温度降为 10℃,气球半径缩为 1.4 m,其中氢气压强减为 1.1 atm。求已经漏掉了多少氢气。

7-7 目前可获得的极限真空度为 $1.00 \times 10^{-18} \ atm$。求在此真空度下 $1 \ cm^3$ 空气内平均有多少个分子?设温度为 20℃。

7-8 "火星探路者"航天器发回的 1997 年 7 月 26 日火星表面白天天气情况是:气压为 6.71 mbar($1 \ bar = 10^5 \ Pa$),温度为 −13.3℃,这时火星表面 $1 \ cm^3$ 内平均有多少个分子?

7-9 星际空间氢云内的氢原子数密度可达 $10^{10}/m^3$,温度可达 $10^4 \ K$。求这云内的压强。

7-10 设地球大气是等温的,温度为 5.0℃。已知海平面上气压为 750 mmHg 时,某山顶上的气压为 590 mmHg。求山顶的高度。空气的摩尔质量以 29.0 g/mol 计。

7-11 氮分子的有效直径为 $3.8 \times 10^{-10} \ m$,求它在标准状态下的平均自由程和连续两次碰撞间的平均时间间隔。

7-12 真空管的线度为 $10^{-2} \ m$,其中真空度为 $1.33 \times 10^{-3} \ Pa$,设空气分子的有效直径为 $3 \times 10^{-10} \ m$,求 27℃时单位体积内的空气分子数、平均自由程和平均碰撞频率。

7-13 在 160 km 高空,空气密度为 $1.5 \times 10^{-9} \ kg/m^3$,温度为 500 K。分子直径以 $3.0 \times 10^{-10} \ m$ 计,求该处空气分子的平均自由程与连续两次碰撞相隔的平均时间。

7-14 在气体放电管中,电子不断与气体分子碰撞。因电子的速率远大于气体分子的平均速率,所以气体分子可以认为是不动的。设电子的"有效直径"比起气体分子的有效直径 d 来可以忽略不计。求:(1)电子与气体分子的碰撞截面;(2)电子与气体分子碰撞的平均自由程(以 n 表示气体分子数密度)。

7-15 一篮球充气后,其中有氮气 8.5 g,温度为 17℃,在空中以 65 km/h 做高速飞行。求:

(1) 一个氮分子(设为刚性分子)的热运动平均平动动能、平均转动动能和平均总动能;

(2) 球内氮气的内能;

(3) 球内氮气的轨道动能。

7-16 温度为 27℃时,1 mol 氦气、氢气和氧气各有多少内能?1 g 的这些气体各有多少内能?

7-17 某些恒星的温度达到 $10^8 \ K$ 的数量级,在这温度下原子已不存在,只有质子存在,试求:(1)质子的平均动能是多少电子伏特?(2)质子的均方根速率多大?

7-18 日冕的温度为 $2 \times 10^6 \ K$,求其中电子的均方根速率。星际空间的温度为 2.7 K,其中气体主要是氢原子,求那里氢原子的均方根速率。1994 年曾用激光冷却的方法使一群 Na 原子几乎停止运动,相应的温度是 $2.4 \times 10^{-11} \ K$,求这些 Na 原子的均方根速率。

7-19 火星的质量为地球质量的 0.108 倍,半径为地球半径的 0.531 倍,火星表面的逃逸速度多大?以表面温度 240 K 计,火星表面 CO_2 和 H_2 分子的均方根速率多大?以此说明火星表面有 CO_2 而无 H_2(实际上,火星表面大气中 96% 是 CO_2)。

木星质量为地球的 318 倍,半径为地球半径的 11.2 倍,木星表面的逃逸速度多大?以表面温度 130 K 计,木星表面 H_2 分子的均方根速率多大?以此说明木星表面有 H_2(实际上木星大气 78% 质量为 H_2,其余的是 He,其上盖有冰云,木星内部为液态甚至固态氢)。

7-20 烟粒悬浮在空气中受空气分子的无规则碰撞做布朗运动的情况可用普通显微镜观察,它和空气处于同一平衡态。一颗烟粒的质量为 $1.6 \times 10^{-16} \ kg$,求在 300 K 时它悬浮在空气中的均方根速率。此烟粒如果是在 300 K 的氢气中悬浮,它的均方根速率与在空气中的相比会有不同吗?

7-21 质量为 6.2×10^{-14} g 的碳粒悬浮在 27℃ 的液体中,观察到它的均方根速率为 1.4 cm/s。试由气体普适常量 R 值及此实验结果求阿伏伽德罗常量的值。

7-22 摩尔质量为 89 g/mol 的氨基酸分子和摩尔质量为 5.0×10^4 g/mol 的蛋白质分子在 37℃ 的活细胞内的均方根速率各是多少?

7-23 一气缸内封闭有水和饱和水蒸气,其温度为 100℃,压强为 1 atm,已知这时水蒸气的摩尔体积为 3.01×10^4 cm³/mol。

(1) 每 cm³ 水蒸气中含有多少个水分子?

(2) 等温压进活塞使水蒸气的体积缩小一半后,水蒸气的压强是多少?

7-24 证明:在平衡态下,两分子热运动相对速率的平均值 $\bar{u}$ 与分子的平均速率 $\bar{v}$ 有下述关系:

$$\bar{u}=\sqrt{2}\,\bar{v}$$

(提示:写 u_{12} 和 v_1,v_2 的关系式,然后求平均值。)

第 8 章

热力学第一定律

第 7 章主要讨论热力学系统,研究热现象中的物态转变和能量均分定律,特别是气体处于平衡态时的一些性质和规律。除了说明宏观规律外,还引进统计的概念说明微观本质。

本章从宏观角度出发,不涉及物质的微观结构,只用了少数几个能直接感受和可观测的宏观量(如温度、压强、体积和浓度等)研究宏观物体的热现象,通过大量实验直接总结出热力学中物质系统的实验规律,并以此为基础,经过严密的逻辑推理形成了基本的热力学理论。这些理论具有普遍的适应性和可靠性,成为自然科学的重要组成部分。

在中学物理课程中,我们对热力学第一定律及有关概念,如功、热量、内能、绝热过程等都有一定的认识和理解。本章将更加全面和深入地从能量转换的观点以及相关概念的内容,如热容量、各种单一过程、循环过程等,不但讲它们的宏观意义,而且还尽可能说明其微观本质。通过本章的学习,希望读者对这样的思维方法能有所体会。

能量守恒定律说明热力学系统状态发生变化时在能量上所遵循的规律。能量守恒的概念源于 18 世纪末人们认识到热是一种运动,作为能量守恒定律真正得到公认则是在 19 世纪中叶。1840—1878 年,英国物理学家焦耳(J. P. Joule,1818—1889)在近 40 年时间内共进行四百多次实验,首先用各种实验方法测定关于热功当量、热与机械功之间的换算关系,从而得出热是能量的一种形式的结论。如图 8-1 所示,利用重物下落带动许多叶片转动,叶片再搅动水使之温度升高,这是焦耳的最重要的实验。德国医生、化学家迈耶(J. R. Mayer,1814—1878)于 1842 年用迈耶公式首先推算出热功当量,提出能量守恒与转化的基本思想。1847 年,德国科学家亥姆霍兹(H. V. Helmholtz,1821—1894)采用不同方法,证实各种不同形式的能量与功之间的转换关系。他们都是能量守恒定律确立的最主要贡献者。

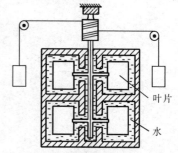

图 8-1　焦耳实验示意图

随着物质结构的分子学说的建立,人们对热的本质及热功转换有了更具体、更实在的认识,并有可能用经典力学对机械能和热的转换与守恒作出说明,这一转换与守恒可以说是能量守恒定律最初或最基本的形式。本章讨论的热力学第一定律限于能量守恒定律这一"最初形式"。

8.1 功 热量 热力学第一定律

焦耳通过实验证实,一定量的功在使一系统的平衡态发生确定的变化上所起的作用是与一定的热量相当的。如果系统的状态变化不是由于做功引起的,则引起这种变化的原因就是热量的传递。实验还表明,每一状态变化都存在着一个由状态本身决定的物理量,这就是系统的内能。焦耳、迈耶等人的工作为热力学第一定律的建立奠定了基础。

1. 从机械能到内能

在 4.6 节中,我们通过动能定理引入功能原理,即式(4-24)

$$A_{\text{ext}} + A_{\text{int, n-cons}} = E_B - E_A$$

式中,$A_{\text{int, n-cons}}$ 为非保守内力的功。把此功能原理应用于保守系统,即非保守内力的功为零($A_{\text{int, n-cons}} = 0$)的情况,导出机械能守恒定律,得出式(4-25)

$$A_{\text{ext.}} = E_B - E_A = \Delta E \quad (\text{保守系统})$$

此式说明,对于一个保守系统,外力对它做的功等于它的机械能的增量。

在分子动理论中,组成热力学系统的"质点"是分子。由于分子间的作用力是保守力,所以这种热力学系统就是保守系统。因此,可以把这一"机械能"守恒定律应用于所讨论的单一组分的热力学系统中。如果只考虑热功转换、热能传递的宏观热现象,而不考虑其整体运动,就把系统中分子的有规则运动排除在外了,因此,式(4-25)中的机械能 E 就是系统内所有分子的无规则运动动能和分子间势能的总和。在热力学系统中,这一包含分子运动动能和势能在内的能量总和称为系统的**内能**(见 7.8 节)。可见,内能就是系统处于某状态所具有的能量,由系统的状态决定,是一个**状态量**。

式(7-32)给出理想气体的内能,即

$$E = \frac{i}{2} \nu RT$$

8.3 节将根据摩尔热容的定义,把内能写成与摩尔热容相关的一般形式,以方便用于热工计算。

2. 做功的两种情况 热量

外力(或外界)对系统内分子做功,可以根据是否发生宏观位移分成以下两种情况。

一种是外界与系统的边界发生宏观位移相联系。例如,以气缸内的气体为系统,当活塞移动时,气体和活塞相对的表面就要发生宏观位移而使气体体积发生变化。在这一过程中,活塞将对气体做功:气体受压缩时,活塞对它做正功;气体膨胀时,活塞对它做负功。这种宏观功都会改变气体的内能。从分子动理论的观点看来,这一做功过程是外界(这里为活塞)分子的有规则运动动能和系统内分子的无规则运动能量传递和转化的过程,表现为宏观的机械能和内能的传递和转化的过程。在这一过程中,外界对系统做功的多少,也就是所传递的能量的多少,可以直接用力学中功的定义计算,通常称为宏观功,也简称为功,通常以 A' 表示。在热学中,把通过宏观的机械作用、电磁作用或化学作用等所引起的能量转移统称为"做功"。

另一种是外界对系统内分子做功是在没有宏观位移的条件下发生的,与微观位移相联系。例如,把冷水倒入热锅中后,在没有任何宏观位移的情况下,热锅(作为外界)也会向冷水(作为系统)传递能量。从分子理论的观点看来,这种做功过程是由于水分子不断与锅的分子发生碰撞,通过碰撞中的弹性力做功使分子之间的动能相互传递,通过分子之间作用力做功使势能转换为机械能。在碰撞过程中,两种分子之间的作用力会在它们的微观位移中做功。大量分子在碰撞过程中做的这种微观功的总效果就是锅的分子无规则运动能量传给了水的分子,表现为外界和系统之间的内能传递。从微观上说,这种内能的传递,只有在外界分子与系统分子的平均动能不相同时才有可能。从宏观上说,也就是这种内能的传递需要外界和系统的温度不同。这种由于外界和系统的温度不同,通过分子做微观功而进行的内能传递过程是一种热传递形式。把物质系统内的热量转移过程叫做**热传递**,简称**传热**,所传递的能量称为**热量**,通常以 Q 表示。

3. 热力学第一定律

综合上述两种情况可知,外界对系统做功交换能量有两种方式:做功(宏观功)A' 和热传递(微观功)Q。从分子动理论的观点看来,在式(4-25)中,外力对系统做的功 A_{ext} 包含这两部分,可写成

$$A_{ext} = A' + Q$$

则式(4-25)就变为

$$A' + Q = \Delta E \tag{8-1}$$

此式说明,在一给定过程中,外界对系统做的功和传给系统的热量之和等于系统的内能的增量。这一结论(数学表达式)称为热力学第一定律。

如果以 A 表示过程中系统对外界做的功,由于总有 $A = -A'$,则式(8-1)可写成

$$Q = \Delta E + A \tag{8-2}$$

这是热力学第一定律常用的数学表示式。本书后面将采用此式。式中,各量统一采用国际单位,均为 J。它们的意义及其正负号,约定如下:

Q 是系统吸收的热量,$Q > 0$,系统吸热;$Q < 0$,系统放热。

A 是系统对外所做的功,$A > 0$,系统对外做功;$A < 0$,外界对系统做功。

ΔE 是系统内能的增量,$\Delta E > 0$,内能增加;$\Delta E < 0$,内能减少。

热力学第一定律表述为,当一个物质系统从一个平衡态经一过程到达另一平衡态时,外界传递给一个工作物质(工质,见 8.5 节)系统的热量 Q,一部分转换为系统内能增量 ΔE,另一部分转换为系统对外所做的功 A。式(8-2)也说明改变内能有两种方法:做功和热传递。

自然界的一切物质都具有能量。系统总能量是守恒的,这对任何物质的任何过程都成立。从本质上来说,能量既不能消灭,也不能创造。能量存在各种形式,不同形式之间可相互转换,但只能在系统之间相互传递。因此,热力学第一定律只适用于非敞开系统。

4. 关于能量守恒定律

热力学第一定律是热力学的基本定律之一,也是能量守恒(与转换)定律在热力学问题中的形式,反映了热力学过程中能量转换满足量值相等的关系。实际上,式(8-1)是能量守恒定律的"最初形式"。因为从微观上来说,它只涉及分子运动的能量。从上面的讨论看,它是可以从经典力学导出的,因而具有狭隘的机械观的性质。但是,不要因此而轻视它的重要意义。实际上,认识到物质由分子组成而把能量概念扩展到分子的运动,建立内能的概念,

从而认识到热的本质,是科学发展史上一个重要的里程碑,从此打开了通向普遍的能量概念以及普遍的能量守恒定律的大门。

随着人们对自然界的认识的扩展和深入,功的概念扩大了,并且引入电磁能、光能、核能等多种形式的能量。如果把这些能量也包括在式(8-1)的能量 E 中,则式(8-1)就具有更加普遍的意义。当然,对式(8-1)的这种普遍性的理解已不再是经典力学的结果,而是守恒思想和实验结果的共同产物了。因此,能量守恒定律是自然科学中最重要的普遍定律之一。

关于能量的单位,进一步说明如下:(1)功和热量都是传递的能量,其 SI 单位都是焦耳(焦,J)。例如,某品牌 1.25 L 装可乐汽水每 100 ml 热量相当于 180 kJ。由于历史原因,我们曾经用"热功当量"作为它们的单位之间的换算关系,其中,热量用卡路里(卡,cal)为单位,并把千卡称为大卡,现为非法定计量单位,已废除,但生活中偶见提及。以前,用水的比热(比热容)定义"卡",而水的比热并非常量,造成不同定义的换算值不一样;一般换算关系为 1 cal(卡)≈4.186 J。自 1948 年后,能量统一用 SI 导出单位——焦耳(焦,J)为单位,废除了相关的其他非法定单位和不规范的术语。(2)虽然能量与功、热量的单位相同,均为 J,但在不同领域或场合,有时也采用不同的单位,单位之间可相互转换。例如,N·m 常用于力学(如做功),J 常用于热学(如热量、内能、功),W·s 常用于电学(如电能单位为 kW·h,俗称"度"),eV 常用于原子物理和核物理(如计量微观粒子能量)等。热功当量已失去意义。

恩格斯在《自然辩证法》中把基于热力学第一定律的能量守恒与转换定律、细胞学说和达尔文进化论并称为 19 世纪自然科学的三大发现。

8.2　准静态过程

一个系统的状态发生变化时,就说系统在经历一个过程。在过程进行中的任一时刻,系统的状态必然不是平衡态。例如,推进活塞压缩气缸内的气体时,如图 8-2 所示,气体的体积、密度、温度或压强都将发生变化,在这一过程中任一时刻,气体各部分的这些物理量并不完全相同。靠近活塞表面的气体密度相对较大一些,压强也要大些,温度也高些。在热力学中,为了利用系统处于平衡态时的性质来研究过程的规律,我们把热力学系统从一个平衡态到另一个平衡态的变化过程,称为**热力学过程**,并引入准静态过程的概念。

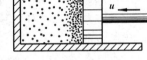

图 8-2　压缩气体时气体内各处密度不同

1. 准静态过程

在热力学过程转变中,系统随时保持热动平衡状态的过程称为**准静态过程**,也称平衡过程;反之,为非静态过程。或者说,准静态过程是在过程中任意时刻,系统都无限地接近平衡态,因而任何时刻系统的状态都可以当平衡态处理。这也说明,准静态过程是由一系列依次接替的平衡态所组成的过程。

准静态过程是一种理想化过程,一切实际过程都不是真正的准静态过程。在无摩擦的条件下,当实际过程进行得无限缓慢时,经过一段确定时间,系统状态的变化就越小,各时刻系统的状态就越接近平衡态,可近似地作为准静态过程处理。因此,准静态过程就是实际过程无限缓慢进行时的极限情况。这里"无限"一词,应从相对意义上理解。

2. 弛豫过程与弛豫时间

如果一个物质系统最初处于非平衡态,经过一段时间自发地过渡到平衡态的过程,这一过程称为**弛豫过程**,所经历的过渡时间叫**弛豫时间**。物质系统内部温度、压强和密度等由于不一致趋于一致的过程是一种弛豫过程。电容器的放电过程也是一种弛豫过程。在一个实际过程中,如果系统的状态发生一个可以被实验查知的微小变化所需的时间比弛豫时间长得多,那么在任何时刻进行观察时,系统都有充分时间达到平衡态。这样的过程就可以当成准静态过程处理。例如,原来气缸内处于平衡态的气体受到压缩后再达到平衡态所需的时间——弛豫时间,大约是 10^{-3} s 或更小,如果在实验中压缩一次所用的时间是 1 s,这时间是上述弛豫时间的 10^3 倍,气体的这一压缩过程就可以认为是准静态过程。实际内燃机气缸内气体经历一次压缩的时间大约是 10^{-2} s,这个时间也已是上述弛豫时间的 10 倍以上。从理论上对这种压缩过程作初步研究时,也把它当成准静态过程处理。

综上所述,一个热力学过程为准静态过程的必要条件是:两平衡态转化所经历的时间大于弛豫时间。对复杂的弛豫过程,弛豫时间有时只能大致确定,不同过程的弛豫时间往往差别很大,其数值与具体过程密切相关。

3. 准静态过程的状态图

研究准静态过程有助于了解和把握实际过程的基本特征和基本规律。准静态过程可以用系统的**状态图**,如 p-V 图(或 p-T 图、V-T 图)中的一条曲线表示。

在状态图中,任何一点都表示系统的一个平衡态,一条曲线表示由一系列平衡态组成的准静态过程,这样的曲线称为**过程曲线**。图 8-3 的 p-V 状态图中画出了理想气体的几种**等值过程**的曲线:a 是**等压过程**曲线,b 是**等容过程**曲线,c 是**等温过程**曲线。状态图中的过程曲线与过程方程是等价的,都唯一地定义了一个准静态过程。

状态图中的过程曲线(方程)与理想气体状态方程不同的是,前者只有一个状态参量是独立的,且只适用于相应的准静态过程所经历的那些过程,而后者适用于任何平衡态,有两个独立状态参量。它们互不矛盾,各自独立,也不能相互推导。作为中间态的非平衡态通常不能用一定的状态参量描述,非准静态过程也就不能用状态图上的一条线来表示。

对于准静态过程,在没有摩擦的情况下(这样的过程是可逆过程,详见 9.4 节),功的大小可以直接利用系统的状态参量来计算。在系统保持静止的情况下常讨论的功是和系统体积变化相联系的机械功。如图 8-4 所示,设想气缸内的气体进行无摩擦的准静态的膨胀过程,以 S 表示活塞的面积,以 p 表示气体的压强。气体对活塞的压力为 pS,当气体推动活塞

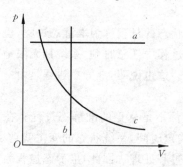

图 8-3　p-V 图上几条等值过程曲线

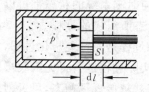

图 8-4　气体膨胀时做功的计算

向外缓慢地移动一段微小位移 dl 时,气体对外界做的微量功(元功)为

$$dA = pS\,dl$$

式中,d 为微量功的微分符号,表示 dA 只是微小量,不是全微分(有的教材用变分符号 δ 代替 d,写成 δA)。因为功的改变量与过程有关,不是状态函数,微量功不能表示为某个状态函数的全微分。由于 Sdl 是气体体积 V 的增量 dV,则上式改写为

$$dA = p\,dV \tag{8-3}$$

式(8-3)是通过图 8-4 的特例导出的,但可以证明它是准静态过程中"体积功"的一般计算公式。它是用系统的状态变量表示的。很明显,如果 $dV>0$,则 $dA>0$,即系统体积膨胀时,系统对外界做功;如果 $dV<0$,则 $dA<0$,表示系统体积缩小时,系统对外界做负功,实际上是外界对系统做功。这里做功的符号与前面的规定是一致的。

如图 8-5(a)所示,当系统经历了一个有限的准静态过程,体积由 V_1 变化到 V_2 时,系统对外界做的总功就是

$$A = \int dA = \int_{V_1}^{V_2} p\,dV \tag{8-4}$$

如果知道过程中系统的压强随体积变化的具体关系式,将它代入此式即可求出功来。

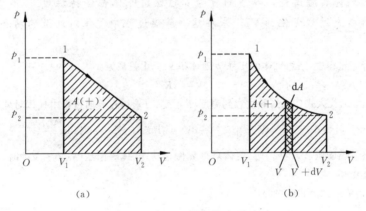

图 8-5 在 $p\text{-}V$ 图上的表示功

由积分的意义可知,如图 8-5(a)所示,用式(8-4)求出的功等于 $p\text{-}V$ 图上过程曲线下梯形的几何面积,即 $A=\dfrac{1}{2}(p_2+p_1)(V_2-V_1)$。比较图 8-5(a),(b)两图还可以看出,从某一初态 1 过渡到另一末态 2 时系统对外做功 A 的数值与过程进行的具体形式直接有关,即与过程中 p 与 V 的关系有关,只知道初态与末态参量一般不能确定功的大小。因此,功是"过程量"。不能说系统处于某一状态时,具有多少功,即功不是状态的函数。可见,微量功不能表示为某个状态函数的全微分。这就是在式(8-3)中用 dA 表示微量功,而不用全微分 dA 表示式的原因。

4. 热力学第一定律的微分形式

在式(8-2)热力学第一定律中,内能 E(或 ΔE)是由系统的状态决定的,且与过程无关,因而为"状态量"或状态函数。内能的改变只与初始状态有关,与路径(过程)无关,即 $\oint dE = 0$。当系统在确定的状态下变化,并以做功和传热的方式与外界发生能量交换时,内

能的改变值总是一定的。

既然功是过程量,内能是状态量,则由式(8-2)可知,热量 Q 也一定是"过程量",即决定于过程的形式。讲一个系统处于某一状态时具有多少热量是没有意义的。对于无限小过程(或元过程)中系统从外界吸收的微量热量,也以 $\mathrm{d}Q$ 表示,它只是微小量,而不用与状态相对应的态函数的全微分 $\mathrm{d}Q$。

对一个始末状态无限接近的微小过程(元过程),热力学第一定律可写成

$$\mathrm{d}Q = \mathrm{d}E + \mathrm{d}A \quad (微分形式) \tag{8-5}$$

式中,功和热量都是过程量,内能是状态量。从微分形式看,即使是系统通过一个无限小的过程(元过程)对外做无限小的功,也要以消耗热量的形式作为传递能量的代价,所消耗的热量包括来自外界物体内能和系统本身内能。因此,热力学第一定律也可表述为,第一类永动机是不可能造成的(因为违背了能量守恒定律)。

所谓第一类永动机是指不通过与外界交换能量(不消耗任何形式的能量)而能够不断对外做功的机器。早在 1775 年,法国科学院就宣布不再审理所谓永动机的设计方案。那时,能量守恒定律还没有建立,但科学界已经认识到这一自然规律。

【例 8-1】 **气体等温过程**。物质的量为 ν 的理想气体在保持温度 T 不变的情况下,体积从 V_1 经过准静态过程变化到 V_2。求在这一等温过程中气体对外做的功和它从外界吸收的热。

解　在准静态过程中,理想气体的压强 p 随体积 V 变化关系为

$$pV = \nu RT$$

由这一关系式求出 p,代入式(8-4),并注意到温度 T 不变,可求得在等温过程中气体对外做的功为

$$A = \int_{V_1}^{V_2} p\mathrm{d}V = \int_{V_1}^{V_2} \frac{\nu RT}{V}\mathrm{d}V = \nu RT \int_{V_1}^{V_2} \frac{\mathrm{d}V}{V} = \nu RT \ln \frac{V_2}{V_1} \tag{8-6}$$

此结果说明,气体等温膨胀($V_2 > V_1$)时,气体对外界做正功;气体等温压缩($V_2 < V_1$)时,气体对外界做负功,即外界对气体做功。

理想气体的内能公式由式(7-32)给出,即

$$E = \frac{i}{2}\nu RT$$

在等温过程中,T 不变,则 $\Delta E = 0$。由式(8-2)热力学第一定律可得,气体从外界吸收的热量为

$$Q = \Delta E + A = A = \nu RT \ln \frac{V_2}{V_1} \tag{8-7}$$

此结果说明,气体等温膨胀($V_2 > V_1$)时,$Q > 0$,气体从外界吸热;气体等温压缩($V_2 < V_1$)时,$Q < 0$,气体对外界放热。

【例 8-2】 **汽化过程**。压强为 1.013×10^5 Pa 时,1 mol 的水在 100℃ 变成水蒸气,它的内能增加多少?已知在此压强和温度下,水和水蒸气的摩尔体积分别为 $V_{1,\mathrm{m}} = 18.8$ cm³/mol 和 $V_{\mathrm{g,m}} = 3.01 \times 10^4$ cm³/mol,水的汽化热为 $L = 4.06 \times 10^4$ J/mol。

解　水的汽化是等温等压相变过程。这一过程可设想为下述准静态过程:气缸内装有 100℃ 的水,其上用一重量可忽略而与气缸无摩擦的活塞将气缸封闭起来,活塞外面为大气,其压强为 1.013×10^5 Pa,如图 8-6 所示,气缸底部导热,置于温度比 100℃ 高一无穷小值的热库上。在这种情况下,水就从热库缓缓吸热而气化,而水蒸气将推动活塞缓缓地向上移动而

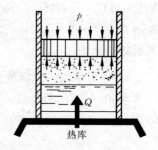

图 8-6　水的等温等压汽化

对外做功。在 $\nu = 1$ mol 的水变为水蒸气的过程中,水从热库吸收的热量为

$$Q = \nu L = 1 \times 4.06 \times 10^4 = 4.06 \times 10^4 \text{ J}$$

水蒸气对外做的功为

$$A = p(V_{g,m} - V_{l,m})$$
$$= 1.013 \times 10^5 \times (3.01 \times 10^4 - 18.8) \times 10^{-6} \text{ J}$$
$$= 3.05 \times 10^3 \text{ J}$$

根据式(8-2),水的内能增量为

$$\Delta E = E_2 - E_1 = Q - A = (4.06 \times 10^4 - 3.05 \times 10^3) \text{ J}$$
$$= 3.75 \times 10^4 \text{ J}$$

求解例 8-2 过程中所提到的**热库**,是指外界与它交换热量时对它毫无影响,它始终保持为恒温状态的系统。或者指所具有的能量足够放出或吸收任何数值热量而本身不发生温度变化的系统。有时将能够放出任何数值热量而不发生温度变化的系统称为**热源**;反之,将能够吸收任何数值热量而不发生温度变化的系统称为**热壑**。例如,人类周围的大气就可视为一个热库。空调器把室内热量向大气排放,它就是热壑;热泵(见 8.7 节)吸收大气的热量使室内暖和,它就是热源。8.5 节~8.7 节用到热库的概念。

8.3 热容 内能的一般形式

在很多情况下,系统和外界之间的热传递会引起系统本身温度的变化。不同物质升高相同温度时,吸收的热量一般不相同。为表征这一温度的变化和热传递的关系,引入热容的概念。

1. 热容与摩尔热容

在不发生相变和化学变化、不做非膨胀功的条件下,某一物体温度升高 1 K 所吸收的热量,称为该物质的热容量,简称**热容**;热容用符号 C 表示,单位为 J/K。在中学物理中,把单位质量的物质温度升高(或降低)1℃所吸收(或放出)的热量称为该物质的比热容(以前简称比热,为避免混乱,已废除);比热容用符号 c 表示,单位为 J/(kg·℃)。热容与物质的种类(如化学成分)、热力学状态和物质的量有关,也与热传热过程的方式有关。

1 mol 物质的热容称为**摩尔热容**,用符号 C_m 表示,单位为 J/(K·mol)。若 1 mol 物质系统在某一无限小过程(元过程)中温度升高 dT 时,吸收的热量为 dQ,则系统在该过程中的摩尔热容 C_m 定义为

$$C_m = \frac{dQ}{dT} \tag{8-8}$$

相变时有放热或吸热,但温度可以不变,此时热容可趋于无限大,上述定义不再适用。

由于热量是过程量,系统吸收的热量与过程有关,同种物质的摩尔热容也就随过程不同而不同。因此只有确定的过程,热容才有确定值。所以,摩尔热容的数值视过程的条件而异。化学上,对 p-V 系统,最常用的摩尔热容是摩尔等压热容 $C_{p,m}$(或 $C_{m,p}$)和摩尔等容热容 $C_{V,m}$(或 $C_{m,v}$),它们分别由等压和等容条件下物质吸收的热量决定,定义为

$$C_{p,m} = \left(\frac{dQ}{dT}\right)_p$$

和

$$C_{V,\mathrm{m}} = \left(\frac{\mathrm{d}Q}{\mathrm{d}T}\right)_V$$

式中，$C_{p,\mathrm{m}}$ 和 $C_{V,\mathrm{m}}$ 一般为温度的函数，当实际过程所涉及的温度范围不大时，二者均近似地视为常量。对于液体和固体，由于体积随压强的变化甚小，所以其 $C_{p,\mathrm{m}}$ 和 $C_{V,\mathrm{m}}$ 通常可不加区分。气体的这两种摩尔热容则有明显的不同。下面主要讨论理想气体的摩尔热容。

对物质的量为 ν 的理想气体，在压强不变的准静态过程中，式(8-3)和式(8-5)给出在元过程中气体吸收的热量为

$$(\mathrm{d}Q)_p = \mathrm{d}E + p\mathrm{d}V$$

气体的摩尔等压热容为

$$C_{p,\mathrm{m}} = \frac{1}{\nu}\left(\frac{\mathrm{d}Q}{\mathrm{d}T}\right)_p = \frac{1}{\nu}\frac{\mathrm{d}E}{\mathrm{d}T} + \frac{p}{\nu}\left(\frac{\mathrm{d}V}{\mathrm{d}T}\right)_p$$

将 $E = \frac{i}{2}\nu RT$ 和 $pV = \nu RT$ 代入，可得

$$C_{p,\mathrm{m}} = \frac{i}{2}R + R = \frac{i+2}{2}R \tag{8-9}$$

对于体积不变的过程，由于 $\mathrm{d}A = p\mathrm{d}V = 0$，则在元过程中气体吸收的热量为

$$(\mathrm{d}Q)_V = \mathrm{d}E$$

由此可得，摩尔等容热容为

$$C_{V,\mathrm{m}} = \frac{1}{\nu}\left(\frac{\mathrm{d}Q}{\mathrm{d}T}\right)_V = \frac{1}{\nu}\frac{\mathrm{d}E}{\mathrm{d}T}$$

将 $E = \frac{i}{2}\nu RT$ 代入，可得

$$C_{V,\mathrm{m}} = \frac{i}{2}R \tag{8-10}$$

比较式(8-9)和式(8-10)可得

$$C_{p,\mathrm{m}} - C_{V,\mathrm{m}} = R \tag{8-11}$$

此式称为**迈耶公式**（或迈耶方程）。迈耶公式说明，1 mol 理想气体的温度升高 1 K 时，等压过程需要比等容过程多吸收 R 值的热量用于对外做功。等压过程与等容过程相比，气体吸收的热量除了用于增加同样多的内能外，还用于对外做功。它从另一个侧面反映了热力学第一定律是包含热现象在内的能量守恒与转换定律。迈耶在 1842 年利用该公式算出了热功当量，对建立能量守恒定律作出了重要贡献。迈耶也是一位随船医生，是将热学观点用于有机世界研究的第一人。

以 γ 表示摩尔等压热容和摩尔等容热容之比，对理想气体，由式(8-9)和式(8-10)得

$$\gamma = \frac{C_{p,\mathrm{m}}}{C_{V,\mathrm{m}}} = \frac{i+2}{i} \tag{8-12}$$

式中，比值 γ 称为**摩尔热容比**（或**比热容比**，旧称质量热容比、比热比），它的量纲为 1；i 为气体分子的总自由度，总自由度 $i =$ 平动自由度 t + 转动自由度 r + 振动自由度 s。对刚性分子气体，$s = 0$。

γ 是绝热过程的重要标志，比值 γ 也称**绝热指数**或**泊松比**，可通过实验测出，如可用测量声速等方法确定。在温度跨度不太大情况下，可认为理想气体的 γ 为大于 1 的常数。

对单原子分子理想气体，$i=3$，则

$$C_{V,\mathrm{m}} = \frac{3}{2}R, \quad C_{p,\mathrm{m}} = \frac{5}{2}R, \quad \gamma = \frac{5}{3} \approx 1.67$$

对刚性双原子分子气体，$i=5$，则

$$C_{V,\mathrm{m}} = \frac{5}{2}R, \quad C_{p,\mathrm{m}} = \frac{7}{2}R, \quad \gamma = \frac{7}{5} = 1.40$$

对刚性多原子分子气体（非直线型），$i=6$，则

$$C_{V,\mathrm{m}} = 3R, \quad C_{p,\mathrm{m}} = 4R, \quad \gamma = \frac{4}{3} \approx 1.33$$

$C_{V,\mathrm{m}}$ 和 $C_{p,\mathrm{m}}$ 可由理论求出，也可用实验测得。表 8-1 列出了在标准大气压和室温下一些气体的摩尔热容和 γ 值的理论值与实验值。对单原子分子气体及双原子分子气体来说，理论值与实验值符合得相当好，而对多原子分子气体，则有较大差异。

表 8-1 室温下一些气体的 $C_{V,\mathrm{m}}/R$，$C_{p,\mathrm{m}}/R$ 与 γ 值

气 体	理 论 值			实 验 值		
	$C_{V,\mathrm{m}}/R$	$C_{p,\mathrm{m}}/R$	γ	$C_{V,\mathrm{m}}/R$	$C_{p,\mathrm{m}}/R$	γ
He	1.5	2.5	1.67	1.52	2.52	1.67
Ar	1.5	2.5	1.67	1.51	2.51	1.67
H_2	2.5	3.5	1.40	2.46	3.47	1.41
N_2	2.5	3.5	1.40	2.48	3.47	1.40
O_2	2.5	3.5	1.40	2.55	3.56	1.40
CO	2.5	3.5	1.40	2.69	3.48	1.29
H_2O	3	4	1.33	3.00	4.36	1.33
CH_4	3	4	1.33	3.16	4.28	1.35

上述经典统计理论指出，理想气体的热容与温度无关，但实验测得的热容随温度而变化。图 8-7 为实验测得的氢气的摩尔等压热容 $C_{p,\mathrm{m}}$ 与摩尔气体常量 R 的比值 $C_{p,\mathrm{m}}/R$ 同温度的关系。这条曲线有三个"台阶"，在很低温度（$T \approx 50$ K）下，$C_{p,\mathrm{m}}/R \approx 2.5$，对应于氢分子的总自由度数为 $i=3$；在室温（$T \approx 300$ K）附近，$C_{p,\mathrm{m}}/R \approx 3.5$，对应于氢分子的总自由度数 $i=5$；在很高温度时，$C_{p,\mathrm{m}}/R \approx 4.5$，对应于氢分子的总自由度数变为 $i=7$。可见，在图示的

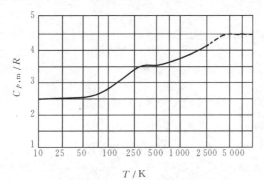

图 8-7 氢气的 $C_{p,\mathrm{m}}/R$ 与温度的关系

温度范围内,氢气的摩尔热容是明显地随温度变化的。热容随温度变化的这种关系是经典理论无法解释的。

后来人们认识到,经典理论存在这一缺陷的根本原因在于上述热容的经典理论是建立在能量均分定理之上的,而此定理是以微观粒子能量连续变化这一经典概念为基础的。虽然能量均分定理能近似地反映客观事实,但具有局限性。实际上,原子、分子等微观粒子的运动遵从量子力学规律,经典概念只在一定的限度内才适用。只有量子理论(见 22.1 节)才能对气体热容作出较完满的解释。

2. 内能的一般形式

式(7-32)给出了理想气体的内能公式。由于状态方程 $pV = \nu RT$ 对理想气体的各种热力学过程都成立,而对于确定的过程,热容也有确定的值,因此,根据式(8-10)摩尔等容热容表达式,把内能表达式改写为

$$E = \frac{i}{2}\nu RT = \nu C_{V,m} T$$

或

$$\Delta E = E_2 - E_1 = \frac{i}{2}\nu R(T_2 - T_1) = \nu C_{V,m}\Delta T \tag{8-13}$$

这就是内能的一般表达式,适合于任何过程。对等温过程,$\Delta E = 0$,内能无变化。对于理想气体的其他三种热力学过程(等容、等压、绝热过程),计算有关热工量时,采用式(8-13)计算内能更为便利。

【例 8-3】　等容和等压过程。如图 8-8 所示为 20 mol 氧气由状态 1 经状态 a 变化到状态 2 所经历的过程。若把氧气当成刚性分子的理想气体看待,求状态 1 变化到状态 2 这一过程中做的功 A、交换的热量 Q 以及氧气内能的变化 $\Delta E(\Delta E = E_2 - E_1)$。

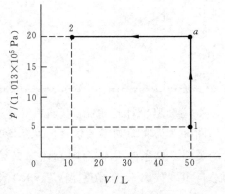

图 8-8　例 8-3 用图

解　图示的过程分为两步:$1 \rightarrow a$ 和 $a \rightarrow 2$。

$1 \rightarrow a$ 过程是等容升压过程,由式(8-4)可知,做功 $A_{1a} = 0$。

气体与外界交换热量为

$$Q_{1a} = \nu C_{V,m}(T_a - T_1) = \frac{i}{2}\nu R(T_a - T_1)$$

$$= \frac{i}{2}(p_2 V_1 - p_1 V_1)$$

$$= \frac{i}{2}(p_2 - p_1)V_1$$

$$= \frac{5}{2}(20 - 5) \times 1.013 \times 10^5 \times 50 \times 1 \times 10^{-3} \text{ J}$$

$$= 1.90 \times 10^5 \text{ J}$$

此结果为正值,表示气体从外界吸了热。$1 \rightarrow a$ 过程的内能变化为

$$(\Delta E)_{1a} = \nu C_{V,m}(T_a - T_1) = Q_{1a} = 1.90 \times 10^5 \text{ J}$$

此结果为正值,表示气体内能增加了 1.90×10^5 J。

$a \to 2$ 过程是等压压缩过程,做功由式(8-4)给出

$$A_{a2} = \int_{V_1}^{V_2} p \mathrm{d}V = p \int_{V_1}^{V_2} \mathrm{d}V = p_2 (V_2 - V_1)$$

$$= 20 \times 1.013 \times 10^5 \times (10 - 50) \times 10^{-3} \text{ J}$$

$$= -0.81 \times 10^5 \text{ J}$$

此结果为负值,表示外界对气体做了 0.81×10^5 J 的功。$a \to 2$ 过程交换热量为

$$Q_{a2} = \nu C_{p,m} (T_2 - T_a) = \frac{i+2}{2} \nu R (T_2 - T_a)$$

$$= \frac{i+2}{2} p_2 (V_2 - V_1)$$

$$= \frac{5+2}{2} \times 20 \times 1.013 \times 10^5 \times (10 - 50) \times 10^{-3} \text{ J}$$

$$= -2.84 \times 10^5 \text{ J}$$

此结果为负值,表示气体向外界放出了 2.84×10^5 J 的热量。$a \to 2$ 过程的内能变化为

$$(\Delta E)_{a2} = \nu C_{V,m} (T_2 - T_a) = \frac{i}{2} \nu R (T_2 - T_a)$$

$$= \frac{i}{2} p_2 (V_2 - V_1)$$

$$= \frac{5}{2} \times 20 \times 1.013 \times 10^5 \times (10 - 50) \times 10^{-3} \text{ J}$$

$$= -2.03 \times 10^5 \text{ J}$$

此结果为负值,表示气体的内能减少了 2.03×10^5 J。

对于 $1 \to a \to 2$ 整个过程,做功为

$$A = A_{1a} + A_{a2} = [0 + (-0.81 \times 10^5)] \text{ J} = -0.81 \times 10^5 \text{ J}$$

可见,整个过程气体对外界做了负功或外界对气体做了 0.81×10^5 J 的功。交换的总热量为

$$Q = Q_{1a} + Q_{a2} = (1.90 \times 10^5 - 2.84 \times 10^5) \text{ J} = -0.94 \times 10^5 \text{ J}$$

此结果为负值,表示整个过程气体向外界放出了 0.94×10^5 J 热量。内能变化为

$$\Delta E = E_2 - E_1 = (\Delta E)_{1a} + (\Delta E)_{a2}$$

$$= (1.90 \times 10^5 - 2.03 \times 10^5) \text{ J}$$

$$= -0.13 \times 10^5 \text{ J}$$

此结果为负值,表示整个过程气体内能减小了 0.13×10^5 J。

以上分别独立地计算了 A,Q 和 ΔE,从结果可以验证,$1 \to a$ 过程、$a \to 2$ 过程以及整个过程都符合热力学第一定律,即满足 $Q = \Delta E + A$ 关系。

【例 8-4】 特殊过程。 20 mol 氮气由状态 1 到状态 2 经历的过程如图 8-9 所示,其过程图线为一斜直线。求这一过程做的功 A、交换的热量 Q 以及氮气内能的变化 ΔE。设氮气可当成刚性分子理想气体看待。

解 对图 8-9 所示过程求功,如果还利用式(8-4)积分求解,必须先写出压强 p 作为体积的函数,过程比较繁琐。由于任一过程的功等于 p-V 图中该过程曲线下到 V 轴之间的面积,所以可以通过计算斜线下梯形的几何面积而求出该过程的功,即气体对外界做的功为

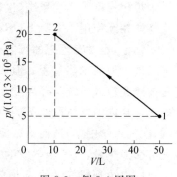

图 8-9 例 8-4 用图

$$A = -\frac{p_1 + p_2}{2}(V_1 - V_2)$$

$$= -\frac{5 + 20}{2} \times 1.013 \times 10^5 \times (50 - 10) \times 10^{-3} \text{ J}$$

$$= -0.51 \times 10^5 \text{ J}$$

此结果为负值,表示外界对气体做了 0.51×10^5 J 的功。

图 8-9 既不是等容过程,也不是等压过程,故不能直接利用 $C_{V,m}$ 和 $C_{p,m}$ 求热量,但可以先求出内能变化 ΔE,再用热力学第一定律求出热量。由状态 1 到状态 2 时气体的内能变化为

$$\Delta E = \nu C_{V,m}(T_2 - T_1)$$

$$= \frac{i}{2}\nu R(T_2 - T_1)$$

$$= \frac{i}{2}(p_2 V_2 - p_1 V_1)$$

$$= \frac{5}{2} \times (20 \times 10 - 5 \times 50) \times 1.013 \times 10^5 \times 10^{-3} \text{ J}$$

$$= -0.13 \times 10^5 \text{ J}$$

此结果为负值,表示气体的内能减少了 0.13×10^5 J。

由热力学第一定律,得

$$Q = \Delta E + A = (-0.13 \times 10^5 - 0.51 \times 10^5) \text{ J} = -0.64 \times 10^5 \text{ J}$$

此结果为负值,表示气体向外界放热。

8.4 绝热过程

在热力学中,基本的热力过程有四个典型过程:等温过程、等压过程、等容过程和绝热过程。在热力过程中,工作物质(工质)的变化规律是热工计算的依据。在物质系统状态变化过程中,热力学第一定律确定了系统交换的热量、做功和内能之间的定量关系,它适用于任何物质系统的任何过程。本节介绍绝热过程,它是热力过程中的一个十分重要的过程。

1. 绝热过程与绝热系统

绝热过程是指物质系统在与外界无任何热量交换的条件下,物质系统所进行的各种物理或化学的过程。在绝热过程中,只存在做功的过程,且系统对外做功要以消耗内能为代价。它是实际过程的抽象、理想化的过程。采用**隔能壁**(或叫**绝热壁**)把系统和外界隔开,使之成为绝热系统,就可以实现这种过程。绝热系统是热力学中为便于分析和计算而引进的一种理想化模型。孤立系统(也称隔离系统)必然是绝热系统,它与外界不发生热量、功和物质交换的相互作用。实际上,不存在真正的绝热系统,也不存在孤立系统。

实际上,也没有理想的隔能壁,或者说,它只是一种近似的绝热系统,利用隔能壁的方法只能实现近似的绝热过程。但如果过程进行得很快,以致在过程中系统来不及和外界进行显著的热交换或系统与外界相互作用可忽略,这种过程也近似于绝热过程。例如,蒸汽机或内燃机气缸内的气体所经历的急速压缩和膨胀;空气中声音传播时引起的局部膨胀或压缩过程;在气象学中,当地面上一团空气升降时,由于体积和压强改变很快,它和四周空气来不及充分交换热量,大气中空气的升降过程也可近似地视为绝热过程。

下面讨论理想气体的两个绝热过程的规律。一个是准静态的,研究理想气体经历一个

准静态绝热过程时,其能量变化的特点及各状态参量之间的关系。另一是非准静态的,研究绝热自由膨胀中状态参量的关系,并指出绝热方程的适应性。

2. 准静态绝热过程

绝热过程的特征为 $Q=0$,即过程中无热量交换。由热力学第一定律,有

$$E_2 - E_1 + A = 0 \tag{8-14}$$

或

$$E_2 - E_1 = -A$$

此式表明,在绝热过程中,外界对系统做的功等于系统内能的增量。

对于微小的绝热过程,其特征为 $\mathrm{d}Q=0$,则有

$$\mathrm{d}E + \mathrm{d}A = 0$$

对理想气体,有

$$\mathrm{d}E = \frac{i}{2}\nu R\,\mathrm{d}T$$

由于过程是准静态过程,则有

$$\mathrm{d}A = p\mathrm{d}V$$

因而由热力学第一定律得出微小的绝热过程的关系为

$$\frac{i}{2}\nu R\,\mathrm{d}T + p\mathrm{d}V = 0 \tag{8-15}$$

此式是由能量守恒给定的状态参量之间的关系。

在准静态过程中的任意时刻,理想气体都应满足状态方程

$$pV = \nu RT$$

对此式求微分,可得

$$p\mathrm{d}V + Vp = \nu R\,\mathrm{d}T \tag{8-16}$$

消去式(8-15)、式(8-16)中的 $\mathrm{d}T$,可得

$$(i+2)p\mathrm{d}V + iV\mathrm{d}p = 0$$

利用 γ 的定义式(8-12),将上式写成

$$\frac{\mathrm{d}p}{p} + \gamma\frac{\mathrm{d}V}{V} = 0 \tag{8-17}$$

这是在准静态绝热过程中,理想气体的状态参量所满足的微分方程式。在实际问题中,在温度跨度不太大情况下,γ 可当作大于 1 的常数。对上式积分可得

$$\ln p + \gamma\ln V = C$$

或

$$pV^{\gamma} = C_1 \tag{8-18}$$

式中,C 为常数,C_1 为常量。利用理想气体状态方程,还可由此式得到

$$TV^{\gamma-1} = C_2 \tag{8-19}$$

$$p^{\gamma-1}T^{-\gamma} = C_3 \tag{8-20}$$

式中,C_2,C_3 也是常量。除状态方程外,在准静态绝热过程中,理想气体各状态参量还需要满足式(8-18)或式(8-19)或式(8-20),这些关系式称为绝热过程的过程方程,即**绝热方程**,也称为**泊松方程**或**泊松公式**。

在图 8-10 所示的 p-V 图中,画出了理想气体的绝热过程曲线 a,同时还画出了一条等温线 i 进行比较,二者在 g 点相交。显然,绝热线比等温线陡一些,这可用数学方法比较两种过程曲线在 g 处的斜率来加以说明 $\left(k_i = \dfrac{\mathrm{d}p}{\mathrm{d}V} = -\gamma\,\dfrac{p}{V},\ k_a = \dfrac{\mathrm{d}p}{\mathrm{d}V} = -\dfrac{p}{V},\ \gamma > 1 \right)$。

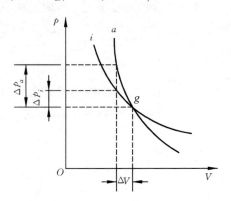

图 8-10　绝热线 a 与等温线 i 比较

我们也可以从气体分子动理论的观点解释绝热线比等温线陡的原因。例如,同样的气体都从状态 g 出发,一次用绝热压缩,另一次用等温压缩,使其体积都减小 ΔV。在等温条件下,随着体积的减小,气体分子数密度将增大,但分子平均动能不变,根据公式(7-26) $p = \dfrac{2}{3} n\bar{\varepsilon}_{\mathrm{t}}$,气体的压强将增大 Δp_i。在绝热条件下,随着体积的减小,不但分子数密度要同样地增大,而且由于外界做功增大了分子的平均动能,所以气体的压强增大得更多了,即 $\Delta p_a > \Delta p_i$,因此,绝热线要比等温线陡些。

【例 8-5】　**绝热过程**。摩尔热容比为 γ 的一定质量的理想气体,从初态(p_1, V_1)开始,经过准静态绝热过程,体积由 V_1 膨胀到 V_2,求在这一过程中气体对外做的功。

解　由式(8-18)泊松公式,得

$$pV^\gamma = p_1 V_1^\gamma$$

由此得

$$p = \frac{p_1 V_1^\gamma}{V^\gamma}$$

将此式代入式(8-4)计算功,求得功为

$$
\begin{aligned}
A &= \int_{V_1}^{V_2} p\,\mathrm{d}V = p_1 V_1^\gamma \int_{V_1}^{V_2} \frac{\mathrm{d}V}{V^\gamma} \\
&= p_1 V_1^\gamma \frac{1}{1-\gamma}(V_2^{1-\gamma} - V_1^{1-\gamma}) \\
&= \frac{p_1 V_1}{\gamma - 1}\left[1 - \left(\frac{V_1}{V_2}\right)^{\gamma-1} \right]
\end{aligned}
\tag{8-21}
$$

此式也可以按下列方法,用绝热条件求得。由式(8-14)可得

$$A = E_1 - E_2 = \frac{i}{2}\nu R(T_1 - T_2)$$

代入式(8-12)中的 i 与 γ 关系,可得

$$
\begin{aligned}
A &= \frac{\nu R}{\gamma - 1}(T_1 - T_2) = \frac{1}{\gamma - 1}(\nu R T_1 - \nu R T_2) \\
&= \frac{1}{\gamma - 1}(p_1 V_1 - p_2 V_2)
\end{aligned}
\tag{8-22}
$$

利用式(8-18)泊松公式,消去式中的 p_2,即可得到与式(8-21)相同的结果。

3. 绝热自由膨胀过程(非准静态过程)

考虑一绝热容器,其中的隔板将容器的容积分为左右各占一半的两部分。左半部充以理想气体,右半部分抽成真空,如图 8-11 所示。左半部气体原处于平衡态,现在抽去隔板,则气体将冲入右半部,最后在整个容器内可以达到一个新的平衡态。这种过程是气体向真

空作绝热膨胀而不对外做功的过程,称为**绝热自由膨胀**。在此过程中,任一时刻气体显然不处于平衡态,因而过程是非准静态过程。

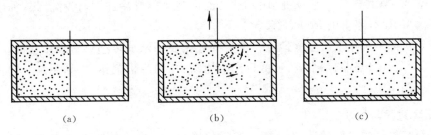

图 8-11 气体的自由膨胀

(a) 膨胀前(平衡态);(b) 过程中某一时刻(非平衡态);(c) 膨胀后(平衡态)

设左半部气体原处于平衡态为状态 1,抽去隔板后新的平衡态为状态 2。即使自由膨胀是非准静态过程,热力学第一定律仍然适应。由于过程是绝热的,即 $Q=0$,因而有

$$E_2 = E_1 + A$$

又由于气体是向真空冲入的,所以可认为它对外界不做功,即 $A=0$,因而

$$E_2 = E_1$$

即气体经过自由膨胀,内能保持不变。

对理想气体,由于内能只包含分子热运动的动能,它只是温度的函数,所以经过自由膨胀并再次达到平衡态时,其温度将复原,则对理想气体绝热自由膨胀,有

$$T_2 = T_1 \tag{8-23}$$

根据理想气体状态方程,对于状态 1(初态)和状态 2(末态),分别有

$$p_1 V_1 = \nu R T_1, \quad p_2 V_2 = \nu R T_2$$

由式(8-23)和 $V_2 = 2V_1$ 的关系,可得

$$p_2 = \frac{1}{2} p_1$$

特别需要指出的是,上述状态参量的关系都是对气体的初态和末态来说的。虽然自由膨胀的初态与末态温度相等,但不能说自由膨胀是等温过程,因为在过程中每一时刻,系统并不处于平衡态,也就不可能用一个温度来描述系统此时的状态。由于自由膨胀是非准静态过程,所以式(8-18)、式(8-19)、式(8-20)诸过程方程在这里也都不再适用了,它是一种典型的不可逆过程(见 9.1 节)。

在工程中,自由膨胀常指气体由高压向低压绝热膨胀而不对外做功的过程。实际上,它必伴有工质能量品位的降低,引起做功能力的损失。

8.5 循环过程

在历史上,热力学理论最初是在研究热机工作过程的基础上发展起来的。

1. 热机与工质

热机是热力发动机的简称,有时也简称发动机,它是把热能转化为机械能,实现对外做功的机器,如蒸汽机、内燃机、汽轮机、喷气发动机等。

热机做功需要借助介质方可运行。在各种机器和设备中,被用于完成能量转化(如吸热),并实现对外做功的物质称为工作物质或工作介质,简称工质。如汽轮机中的蒸气,制冷机中的液态氨、氟利昂等。制冷机中的工质,也称**制冷剂**或**冷冻剂**,俗称冷媒(如空调机用 R22 或环保型 R32,冰箱用 R600a 等)。

各种热机都是利用工质重复地进行着某些过程而不断地传递热量来做功的。例如,汽轮机工作时,蒸气将热能转化为机械能以产生原动力;制冷机工作时,利用制冷剂把热量从低温处传送到高温处。

2. 循环过程与做功

为了研究热机的工作过程,引入循环过程的概念。一个物质系统,如热机中的工质为了完成把热量转变为机械能,从某一状态经历一系列变化后又回到初始状态,这样的一个完整过程或途径称为**循环过程**,简称**循环**。研究循环过程的规律在实践上(如热机的改进)和理论上(如效率的提高)都有很重要的意义。

下面以热电厂为例,说明水的状态变化与循环过程的意义。水所经历的循环过程如图 8-12 所示。从锅炉 B 中,一定量的水吸收热量 Q_1 成为高温高压的蒸气,然后进入气缸 C,在气缸中蒸气膨胀、推动气轮机的叶轮而对外做功 A_1;做功后,蒸气的压强和温度都大为降低而成为“废气”,废气进入冷凝器 R 后冷却而凝结成水时释放热量 Q_2;最后由泵 P 对此冷凝水做功 A_2 将它压回到锅炉 B 中,从而完成一个循环过程。如此周而复始,循环工作。

如果一个系统所经历的循环过程的各个阶段均为准静态过程,那么这个循环过程就可以在状态图(如 p-V 图)上用一个闭合曲线表示。图 8-13 画出了一个闭合曲线所表示的某一循环过程,并用箭头表示此过程进行的方向。从状态 a 经状态 b 到达状态 c 的过程中,系统对外做功,其数值 A_1 等于曲线段 abc 下面到 V 轴之间的面积;从状态 c 经状态 d 回到状态 a 的过程中,外界对系统做功,其数值 A_2 等于曲线段 cda 下面到 V 轴之间的面积。在整个循环过程中,系统对外做的净功为 $A=A_1-A_2$。对图 8-13 的循环,净功 A 等于循环过程曲线所包围的面积,即图中斜线的几何面积。A_1 和 A_2 可用做功积分式(8-4)计算。

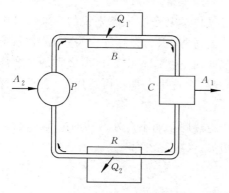

图 8-12　热电厂内水的循环过程示意图

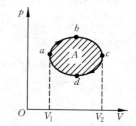

图 8-13　用闭合曲线表示循环过程

在热力学中,按照循环效果的不同,可分为正循环和逆循环两类。在 p-V 图中,热力循环过程的方向用箭头表示,沿顺时针方向进行时,即如图 8-13 所示的情况,系统对外做功($A>0$),这种循环叫**正循环**(或热循环),如热机中的循环。循环过程沿逆时针方向进行时,外界将对系统做净功($A<0$),这种循环叫**逆循环**(或制冷循环),如制冷机中的循环。

在图 8-12 中,水进行的是正循环,该循环过程中的能量转化和传递的情况具有正循环的一般特征:一定量的工作物质在一次循环过程中要从高温热库(如锅炉)吸热 Q_1,对外做净功 A,又向低温热库(如冷凝器)放出热量 Q_2(只表示数值)。由于工质回到了初态,所以内能不变。根据热力学第一定律,工质吸收的净热(Q_1-Q_2)应该等于它对外做的净功 A,数值上为

$$A = Q_1 - Q_2 \tag{8-24}$$

这就是说,工质以传热方式从高温热库得到的能量,有一部分仍以传热的方式放给低温热库。二者的差额等于工质对外做的净功。如果考虑到热力学第一定律中各量正负值的意义,必要时可在相关计算式中加绝对值表示,以免得出错误的结果。

3. 循环过程的热效率

对于热机的正循环,实践上和理论上都需要讨论它的热效率。提高热效率和改进循环过程可节约燃料或其他能源,是改进热力发动机的主要方向之一。循环过程的热效率是指在一次循环过程中工质对外做的净功 A 占它从高温热库吸收的热量 Q 的比率,或者说,热效率等于发动机所做机械功 A 与所消耗的热量 Q 的比值。热效率是衡量热力发动机(或热能动力装置)热量利用率的指标,也是反映热机效能的一个重要标志。

以 η 表示热机的正循环的热效率,按其定义,有

$$\eta = \frac{A}{Q_1} \tag{8-25}$$

利用式(8-24),可得

$$\eta = 1 - \frac{Q_2}{Q_1} \tag{8-26}$$

其值恒小于 1。

下面以奥托循环为例,说明汽油机的工作原理及其热效率。奥托循环是燃烧汽油的四冲程内燃机中的一种热力循环,由绝热压缩、等容加热(吸热)、绝热膨胀和等容放热四个热力过程组成,是等容加热内燃机的理想循环。奥托循环是为纪念在 1876 年设计和制成了使用气体燃料的火花点火式四冲程内燃机的德国工程师、发明家奥托(N. A. Otto,1832—1891)而以他的名字命名的。各种汽油机和煤油机的工作循环接近于奥托循环。

【例 8-6】　**空气标准奥托循环**。奥托循环是等容加热的内燃机循环,所进行的实际循环过程为:先是将空气和汽油的混合气吸入气缸,然后进行急速压缩,压缩至混合气的体积最小时因电火花点火引起其爆燃。气缸内气体吸取爆燃的热量,温度和压强迅速增大,从而推动活塞对外做功。做功后的废气被排出气缸,然后再吸入新的混合气进行下一个循环。这一过程并非同一工质反复进行的循环过程,而且经过燃烧,气缸内的气体还发生了化学变化。理论上研究上述实际过程中的能量转化关系时,总是用一定质量的空气(理想气体)进行的下述准静态循环过程来代替实际的过程。这样的理想循环过程叫做空气标准奥托循环,如图 8-14 所示,由四个过程组成:

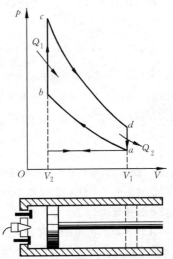

图 8-14　空气标准奥托循环

(1) 绝热压缩 $a \rightarrow b$：气体从 (V_1, T_1) 状态变化到 (V_2, T_2) 状态；

(2) 等容吸热 $b \rightarrow c$（相当于点火爆燃过程）：气体由 (V_2, T_2) 状态变化到 (V_2, T_3) 状态；

(3) 绝热膨胀 $c \rightarrow d$（相当于气体膨胀对外做功的过程）：气体由 (V_2, T_3) 状态变化到 (V_1, T_4) 状态；

(4) 等容放热 $d \rightarrow a$：气体由 (V_1, T_4) 状态变回到 (V_1, T_1) 状态。

已知图 8-14 中的体积 V_1 和 V_2，求这个理想循环的效率。

解   要求出循环的效率，应先求热量，再利用绝热方程求其与温度的关系，最后变换为已知量。

在 $b \rightarrow c$ 的等容过程中，气体吸收的热量为

$$Q_1 = \nu C_{V,\mathrm{m}}(T_3 - T_2)$$

在 $d \rightarrow a$ 的等容过程中，气体放出的热量为

$$Q_2 = \nu C_{V,\mathrm{m}}(T_4 - T_1)$$

代入式(8-26)可得，此循环的效率为

$$\eta_C = \frac{A_{abcda}}{Q_1} = \frac{Q_1 - Q_2}{Q_1} = 1 - \frac{Q_2}{Q_1} = 1 - \frac{T_4 - T_1}{T_3 - T_2}$$

由于 $a \rightarrow b$ 是绝热过程，所以

$$\frac{T_2}{T_1} = \left(\frac{V_1}{V_2}\right)^{\gamma - 1}$$

又由于 $c \rightarrow d$ 也是绝热过程，所以又有

$$\frac{T_3}{T_4} = \left(\frac{V_1}{V_2}\right)^{\gamma - 1}$$

由以上两式，并根据等比定理可得

$$\frac{T_3}{T_4} = \frac{T_2}{T_1} = \frac{T_3 - T_2}{T_4 - T_1}$$

将此关系代入上面的效率关系式中，可得

$$\eta = 1 - \frac{1}{\dfrac{T_2}{T_1}} = 1 - \frac{1}{\left(\dfrac{V_1}{V_2}\right)^{\gamma - 1}}$$

定义**压缩比**为 $r = V_1/V_2$，它是内燃机中压缩机行程开始时的气缸容积与压缩终了时的气缸容积之比，则上式可写成

$$\eta = 1 - \frac{1}{r^{\gamma - 1}}$$

由此可见，空气标准奥托循环的效率决定于压缩比。现代汽油内燃机的压缩比约为 10，当比此值更大时，空气和汽油的混合气在尚未压缩到 b 状态时，温度就已升高到足以引起混合气燃烧了。设 $r = 10$，取空气的摩尔热容比（泊松比）$\gamma = 1.40$，则上式给出

$$\eta = 1 - \frac{1}{10^{0.4}} = 0.60 = 60\%$$

这是可能达到的效率。实际的汽油机的效率比这小得多，一般只有 30% 左右。

从这个例子可以说明，工质柴油比汽油可以获得更大的压缩比，因此，柴油机的效率比汽油机大得多，大货车都是柴油车，就是这个道理。汽油中加入防爆物质有助于防止自点火，以获得更大的压缩比。

1698 年萨弗里和 1705 年纽科门先后发明了蒸汽机，当时蒸汽机的效率极低。1765 年瓦特进行了重大改进，使热效率大为提高。人们一直在为提高热机的效率而努力，从理论上研究热机效率问题，既指明提高效率的方向，也推动热学理论的发展。蒸汽机的发明与采用在 18 世纪的产业革命中具有重要作用。

8.6 卡诺循环

为了提高热机效率,在 19 世纪上半叶,不少人进行了理论上的研究。1824 年,法国青年工程师、物理学家卡诺提出了一个工作在两个恒温热库之间的理想循环,该循环体现了热机循环的最基本的特征,使人们认识到热机效率存在极限。卡诺循环是一种无损耗的准静态循环,在循环过程中,工质只和两个恒温热库交换热量。这样的循环叫**卡诺循环**,按卡诺循环工作的热机叫**卡诺机**。

1. 卡诺循环及其效率

下面讨论以理想气体为做功工质引入的卡诺循环。卡诺循环由下列 4 个准静态热力过程组成,通过两个热库之间工质的热交换实现做功,如图 8-15 所示。

过程 1→2:将气缸与温度为 T_1 的高温热库接触,气体做等温膨胀,体积由 V_1 增大到 V_2。在等温膨胀过程中,按式(8-7)计算气体从高温热库吸收的热量

$$Q_1 = \nu R T_1 \ln \frac{V_2}{V_1}$$

过程 2→3:将气缸从高温热库移开,使气体做绝热膨胀,体积变为 V_3,温度降为 T_2。

过程 3→4:将气缸与温度为 T_2 的低温热库接触,气体等温压缩,直到其体积缩小到 V_4,而状态 4 和状态 1 位于同一条绝热线上。在这一过程中,气体向低温热库放出的热量为

$$Q_2 = \nu R T_2 \ln \frac{V_3}{V_4}$$

过程 4→1:将气缸从低温热库移开,气体沿绝热线做绝热压缩,直到它回复到起始状态 1,从而完成一次循环。它仅与两个热库 T_1 和 T_2 进行热交换,为理想的热力循环。

在一次循环中,气体对外做的净功为

$$A = Q_1 - Q_2$$

卡诺循环中的能量交换与转化的关系,可用能流图表示,如图 8-16 所示。

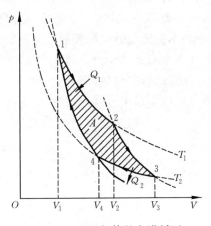

图 8-15 理想气体的卡诺循环

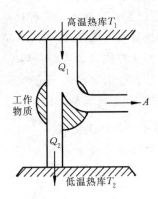

图 8-16 卡诺机的能流图

根据式(8-26)，上述理想气体的卡诺循环的热效率为

$$\eta_C = 1 - \frac{Q_2}{Q_1} = 1 - \frac{T_2 \ln \dfrac{V_3}{V_4}}{T_1 \ln \dfrac{V_2}{V_1}}$$

对 2→3 和 4→1 这两个绝热过程，对应的绝热过程的过程方程(泊松方程)分别为

$$T_1 V_2^{\gamma-1} = T_2 V_3^{\gamma-1}$$
$$T_1 V_1^{\gamma-1} = T_2 V_4^{\gamma-1}$$

两式相比，可得

$$\frac{V_3}{V_4} = \frac{V_2}{V_1}$$

据此，上面的效率 η_C 表示式可简化为

$$\eta_C = 1 - \frac{T_2}{T_1} \tag{8-27}$$

这就是说，以理想气体为工质的卡诺循环的热效率，只由热库的温度决定。可以证明(见例 9-1)，在热力学理论中，在同样两个温度 T_1 和 T_2 之间工作的各种工质的卡诺循环的效率都由式(8-27)给定，而且是实际热机的可能效率的最大值。或者说，卡诺循环是能够获得最高热效率的理想循环，可以在技术上近似地实现。这是卡诺循环的一个基本特征。

式(8-27)指出了一切热机提高热效率的方向。例如，现代热电厂利用的水蒸气温度可达 580℃，冷凝水的温度约 30℃，若按卡诺循环计算，其热效率为

$$\eta_C = 1 - \frac{303}{853} = 64.5\%$$

实际的蒸气循环的效率最高只到 36% 左右，这是因为实际的循环和卡诺循环相差很多。例如，热库并不是恒温的，因而工质可以随处和外界交换热量，而且它进行的过程也不是准静态的。尽管如此，式(8-27)的卡诺循环理论对提高热机效率具有一定的指导意义。改进循环过程和提高热效率(如提高高温热库的温度)是节约能源，有效利用热力发动机的主要方向之一。现代热电厂中要尽可能提高水蒸气的温度就是这个道理。虽然在理论上降低冷凝器的温度对提高效率有一定作用，但要降到室温以下，实际上很困难，而且经济上也不合算，所以都不这样做。工程技术上，开始了由外燃机到内燃机的发展过程。

卡诺循环和卡诺定理(见 9.4 节)等理论，为科学家后来建立热力学第二定律奠定了重要基础。如果热机只是从高温热库吸热 Q_1，而不向低温热库放热($Q_2=0$)，则 $\eta=100\%$，这并不违反能量守恒定律。理论和实验表明，这种只从单一热库吸热，全部转换为做功的热机是不存在的，即不可能制造出第二类永动机(违反了热力学第二定律，见 9.3 节)。

2. 用卡诺循环定义温标

卡诺循环有一个重要的理论意义，就是用它可以定义一个温标。对比式(8-26)和式(8-27)可得

$$\frac{Q_2}{Q_1} = \frac{T_2}{T_1} \tag{8-28}$$

即卡诺循环中工质从高温热库吸收的热量与释放给低温热库的热量之比等于两热库的温度之比。由于这一结论和工质种类无关，因而可以利用任何进行卡诺循环的工质与高低温热

库所交换的热量之比来量度或定义两热库的温度。这样的定义当然只能根据热量之比给出两温度的比值,如果再取水的三相点温度作为计量温度的定点,并规定它的值为 273.16,则由式(8-28)给出的温度比值即可确定任意温度的值。

这种计量温度的方法是英国物理学家开尔文勋爵(即威廉·汤姆孙,W. Thomson,1824—1907)于 1848 年建立的,称为热力学温标。如果工质是理想气体,则因理想气体温标的定点也是水的三相点,而且也规定为 273.16,在理想气体概念有效的范围内,热力学温标和理想气体温标将给出相同的数值,因此,式(8-27)的卡诺循环效率公式中的温度也就可以用热力学温标表示了。

由热力学温标定义的热力学温度具有最严格的科学意义,热力学温度也因此成为 SI 中的基本物理量,其单位 K 是 SI 中 7 个基本单位之一。热学发展史上出现过很多温标。常用的温标,除了摄氏温标外,还有热力学温标、理想气体温标(见 7.3 节)、华氏温标和国际温标(ITS-90)等。热力学温标是最基本的理想温标,ITS-90 是在工业和科学研究中规定采用的国际温标,这一温标已相当接近于热力学温标了,ITS-90 的实施有助于精密温度计量,是科技发展的又一标志。其他的一些温标大都属于经验温标,因缺乏客观标准已成为历史,但它们之间仍有一定的渊源关系。

*3. 斯特林热机(循环)简介

还有一种空气热机——斯特林热机(或称斯特灵热机)或热气机,这里作为拓展知识简单介绍。它是将热能转换为机械能的一种外燃式热机,由英国物理学家斯特林(Robert Stirling,1790—1878)于 1816 年发明,也是最古老的热机之一。

斯特林热机以空气等气体作为工作介质,分为等温压缩、等容加热、等温膨胀、等容冷却等四个过程,如图 8-17(a)所示,它是利用在两个热库之间移动的固定量气体的循环进行工作的。它相当于一个封闭系统(也称闭合系统)。封闭系统是指与外界不发生物质交换,但存在能量交换的热力学系统。理论上,其效率接近卡诺循环效率。图 8-17(b)为德国 20 世纪初生产的基于斯特林循环工作原理的煤油风扇(高 1 m,重达 23 kg),至今已有百年历史。

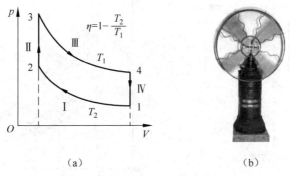

(a)　　　　　　　　　　　　(b)

图 8-17　斯特林循环及其实物照片

(a)斯特林循环;(b)煤油风扇

汉代有青玉灯,唐代有"影灯"或"转灯",可看作走马灯的雏形。北宋时的"马骑灯"就是走马灯;至南宋时已极为盛行,范成大曾用诗句"转影骑纵横"赞美它,周密《武林旧事·灯品》也用"若沙戏影,马骑人物,旋转如飞"等对它加以描述。走马灯是一种利用热能驱动的玩具。从原理上讲,它是现代燃气热机的鼻祖。

8.7　制冷循环

如果工质做逆循环，即沿着与热机循环相反的方向进行循环过程，则在一次循环中，工质将从低温热库吸热 Q_2，向高温热库放热 Q_1，而外界必须对工质做功 A，其能量交换与转换的关系用能流图表示，如图 8-18 所示。由热力学第一定律，得

$$A = Q_1 - Q_2$$

或

$$Q_1 = Q_2 + A$$

上式表明，工质把从低温热库吸收的热量和外界对它做的功一并以热量的形式传给高温热库。由于从低温物体的吸热有可能导致其温度的降低，所以这种循环又叫**制冷循环**（或致冷循环）。它是逆向循环的一种，按这种循环工作的机器称为**制冷机**（或致冷机）。

在制冷循环中，从低温热库吸收热量 Q_2 是我们翼求的效果，而必须对工质做的功 A 是我们要付出的"本钱"。因此，制冷循环的效能用 Q_2/A 表示，吸热越多，且做功越少，则制冷机性能越好。这一比值叫制冷循环的**制冷系数**，以 w 表示，则有

$$w = \frac{Q_2}{A} \tag{8-29}$$

由于 $A = Q_1 - Q_2$，所以又有

$$w = \frac{Q_2}{Q_1 - Q_2} \tag{8-30}$$

以理想气体为工质的卡诺制冷循环的过程曲线如图 8-19 所示。容易证明，这一循环的制冷系数为

$$w_C = \frac{T_2}{T_1 - T_2} \tag{8-31}$$

此值也是工作在 T_1 和 T_2 两个温度之间的各种制冷机制冷系数的最大值。

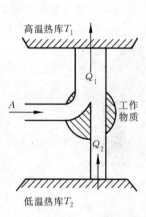

图 8-18　制冷机的能流图

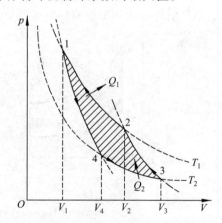

图 8-19　理想气体的卡诺制冷循环

例如，家用电冰箱的箱内要保持 $T_2 = 270$ K（约 -3℃）温度，而箱外环境温度为 $T_1 = 300$ K（约 27℃），按卡诺制冷循环计算，制冷系数为

$$w_C = \frac{T_2}{T_1 - T_2} = \frac{270}{300 - 270} = 9$$

这表示从做功吸热角度看来,使用制冷机是相当合算的,实际冰箱的制冷系数要比这个数小些。制冷系数越大,制冷机的性能越好。在低温技术中,主要利用低沸点液体(制冷剂,工质)蒸发时吸收热量的原理以获得低温(低于环境温度)。

常用的制冷机——冰箱的构造与工作原理可用图 8-20 说明。工质用较易液化的气态物质,如早期用氨或氟利昂等。压缩机利用电力做机械功,通过工质将热量从低温物体转移到高温物体。最常见的压缩式制冷循环由下列过程组成:①气态工质如氨气在压缩机内被急速压缩,压强增大,温度也相应升高;②气态氨进入冷凝器(高温热库)后,由于向周围空气(或冷却水)放热而凝结为液态氨;③压力较高的液态氨经节流阀的小口通道后,降压并降温(或绝热膨胀)至低温、低压状态;④低压、低温的液态氨进入蒸发器内(低温热库)吸取物质的热量而蒸发为气态氨,从而使放热物质(冰箱里物品,冷库)的温度进一步下降。此处由于压缩机的抽吸作用因而压强很低,液态氨将从冷库(低温热库)中吸热,使冷库温度降低而自身全部蒸发为气态,完成一个循环,回到原来的状态。气态氨又被吸入压缩机进行下一循环,如此周而复始,即可不断从冷库里吸取热量达到制冷的目的。

冰箱的制冷原理也可应用于房间。在夏天,可将房间作为低温热库,以室外的大气、土壤或河水为高温热库,用类似图 8-20 的制冷机使房间降温,这就是空调器的原理之一。在冬天,则以室外大气或河水为低温热库,以房间为高温热库,可使房间升温变暖,实现把热量从温度较低物体转移给温度较高物体。为此目的而设计的制冷机又叫**热泵**。

热泵的构造与压缩式制冷机(空调器)相同。利用制冷循环的蒸发器吸热作用时为"制冷",利用冷凝器放热作用时为"制热"。空调器和热泵已应用于许多家庭和建筑中。图 8-21 为集空调器和热泵为一体的热泵结构示意图。当换向阀按图示接通后,此装置向室内供热致暖;当换向阀由图示位置转 90°时,工质流向将反过来,此装置将从室内带走热量而使室内降温。有时也把这种"制冷""制热"装置并称为**热泵**。目前,热泵结合太阳能集热器进行供热(水)是一种新型热泵装置。

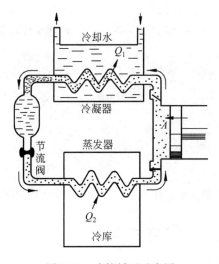

图 8-20 冰箱循环示意图

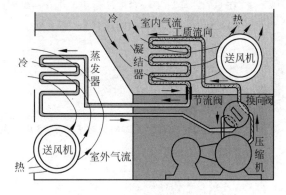

图 8-21 热泵结构示意图

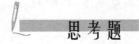

思 考 题

8-1　内能和热量的概念有何不同？下面两种说法是否正确？

(1) 物体的温度愈高，则热量愈多；

(2) 物体的温度愈高，则内能愈大。

□8-2　在 p-V 图上用一条曲线表示的过程是否一定是准静态过程？理想气体经过自由膨胀由状态 (p_1,V_1) 改变到状态 (p_2,V_2) 而温度复原这一过程能否用一条等温线表示？

8-3　气缸内有单原子理想气体，若绝热压缩使体积减半，问气体分子的平均速率变为原来平均速率的几倍？若为双原子理想气体，又为几倍？

8-4　有可能对系统加热而不致升高系统的温度吗？有可能不作任何热交换，而使系统的温度发生变化吗？

8-5　一定量的理想气体对外做了 500 J 的功。

(1) 如果过程是等温的，气体吸了多少热？

(2) 如果过程是绝热的，气体的内能改变了多少？是增加了，还是减少了？

8-6　试计算 ν(mol) 理想气体在下表所列准静态过程中的 A,Q 和 ΔE,以分子的自由度数和系统初、末态的状态参量表示之，并填入下表：

过程	A	Q	ΔE
等容			
等温			
绝热			
等压			

8-7　有两个卡诺机共同使用同一个低温热库，但高温热库的温度不同。在 p-V 图上，它们的循环曲线所包围的面积相等，它们对外所做的净功是否相同？热循环效率是否相同？

8-8　一个卡诺机在两个温度一定的热库间工作时，如果工质体积膨胀得多些，它做的净功是否就多些？它的效率是否就高些？

8-9　在一个房间里，有一台电冰箱正工作着。如果打开冰箱的门，会不会使房间降温？会使房间升温吗？用一台热泵为什么能使房间降温？

习 题

8-1　使一定质量的理想气体的状态按图 8-22 中的曲线沿箭头所示的方向发生变化，图线的 BC 段是以 p 轴和 V 轴为渐近线的双曲线。

(1) 已知气体在状态 A 时的温度 $T_A=300$ K,求气体在 B,C 和 D 状态时的温度。

(2) 从 A 到 D 气体对外做的功总共是多少？

(3) 将上述过程在 V-T 图上画出，并标明过程进行的方向。

8-2　一热力学系统由如图 8-23 所示的状态 a 沿 acb 过程到达状态 b 时，吸收了 560 J 的热量，对外做了 356 J 的功。

(1) 如果它沿 adb 过程到达状态 b 时,对外做了 220 J 的功,它吸收了多少热量?

(2) 当它由状态 b 沿曲线 ba 返回状态 a 时,外界对它做了 282 J 的功,它将吸收多少热量?是真吸了热,还是放了热?

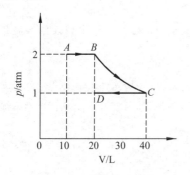

图 8-22　习题 8-1 用图

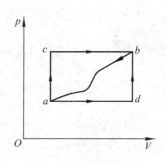

图 8-23　习题 8-2 用图

8-3　64 g 氧气的温度由 0℃升至 50℃,(1)保持体积不变;(2)保持压强不变。在这两个过程中氧气各吸收了多少热量?各增加了多少内能?对外各做了多少功?

8-4　10 g 氮气吸收 10^3 J 的热量时压强未发生变化,它原来的温度是 300 K,最后的温度是多少?

8-5　一定量氢气在保持压强为 $4.00×10^5$ Pa 不变的情况下,温度由 0.0℃升高到 50.0℃时,吸收了 $6.0×10^4$ J 的热量。

(1) 氢气的量是多少摩尔?

(2) 氢气内能变化多少?

(3) 氢气对外做了多少功?

(4) 如果这氢气的体积保持不变而温度发生同样变化,它该吸收多少热量?

8-6　一定量的氮气,压强为 1 atm,体积为 10 L,温度为 300 K。当其体积缓慢绝热地膨胀到 30 L 时,其压强和温度各是多少?在过程中它对外界做了多少功?内能改变了多少?

8-7　3 mol 氧气在压强为 2 atm 时体积为 40 L,先将它绝热压缩到一半体积,接着再令它等温膨胀到原体积。

(1) 求这一过程的最大压强和最高温度;

(2) 求这一过程中氧气吸收的热量、对外做的功以及内能的变化;

(3) 在 p-V 图上画出整个过程的过程曲线。

8-8　如图 8-24 所示,有一气缸由绝热壁和绝热活塞构成。最初气缸内体积为 30 L,有一隔板将其分为两部分:体积为 20 L 的部分充以 35 g 氮气,压强为 2 atm;另一部分为真空。今将隔板上的孔打开,使氮气充满整个气缸。然后缓慢地移动活塞使氮气膨胀,体积变为 50 L。

(1) 求最后氮气的压强和温度;

(2) 求氮气体积从 20 L 变到 50 L 的整个过程中氮气对外做的功及氮气内能的变化;

(3) 在 p-V 图中画出整个过程的过程曲线。

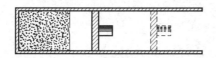

图 8-24　习题 8-8 用图

8-9　两台卡诺热机串联运行,即以第一台卡诺热机的低温热库作为第二台卡诺热机的高温热库。试证明它们各自的效率 η_1 及 η_2 和该联合机的总效率 η 有如下的关系:

$$\eta = \eta_1 + (1 - \eta_1)\eta_2$$

再用卡诺热机效率的温度表示式证明该联合机的总效率和一台工作于最高温度与最低温度的热库之间的卡诺热机的效率相同。

8-10　有可能利用表层海水和深层海水的温差来制成热机。已知热带水域表层水温约 25℃,300 m 深处水温约 5℃。

(1) 在这两个温度之间工作的卡诺热机的效率多大?

(2) 如果一电站在此最大理论效率下工作时获得的机械功率是 1 MW,它将以何速率排出废热?

(3) 此电站获得的机械功和排出的废热均来自 25℃的水冷却到 5℃所放出的热量,问此电站将以何速率取用 25℃的表层水?

8-11　一台冰箱工作时,其冷冻室中的温度为 −10℃,室温为 15℃。若按理想卡诺制冷循环计算,则此制冷机每消耗 10^3 J 的功,可以从冷冻室中吸出多少热量?

8-12　当外面气温为 32℃时,用空调器维持室内温度为 21℃。已知漏入室内热量的速率是 3.8×10^4 kJ/h,求所用空调器需要的最小机械功率是多少?

8-13　有一暖气装置如下:用一热机带动一致冷机,制冷机自河水中吸热而供给暖气系统中的水,同时暖气中的水又作为热机的冷却器。热机的高温热库的温度是 $t_1 = 210℃$,河水温度是 $t_2 = 15℃$,暖气系统中的水温为 $t_3 = 60℃$。设热机和制冷机都以理想气体为工质,分别以卡诺循环和卡诺逆循环工作,那么每燃烧 1 kg 煤,暖气系统中的水得到的热量是多少? 是煤所发热量的几倍? 已知煤的燃烧值是 3.34×10^7 J/kg。

8-14　美国马戏团曾有将人体作为"炮弹"发射的节目。图 8-25 是 2005 年 8 月 27 日在墨西哥边境将著名美国人体"炮弹"戴维·史密斯发射到美国境内的情景。

图 8-25　人体"炮弹"发射

假设炮筒直径为 0.80 m,炮筒长 4.0 m。史密斯原来屈缩在炮筒底部,火药爆发后产生的气体在推动他之前的体积为 2.0 m^3,压强为 2.7 atm,然后经绝热膨胀把他推出炮筒。如果气体推力对他做的功的 75%用来推他前进,而史密斯的质量是 70 kg,则史密斯在出口处速率多大? 当时的大气压强按 1.0 atm 计算,火药产生的气体的比热比 γ 取 1.4。

不可乘喜而轻诺,不可因醉而生嗔,不可乘快而多事,不可因倦而鲜终。

——(明)洪应明《菜根谭》

第 9 章

热力学第二定律

热力学第一定律指出,在一切热力学过程中,对任何物质,它们的能量一定守恒。但是,许多事实说明,满足能量守恒的过程不一定都能实现。一切实际的热力学过程都只能按一定的方向进行,相反方向的热力学过程不可能发生。或者说,虽然任何过程的总能量是守恒的,但并不是所有形式的能量都可以完全地相互转换,因此,需要一个独立于热力学第一定律的新的自然规律——决定了实际过程是否能够发生以及沿什么方向进行,这就是热力学第二定律,它也是自然界的一条基本的规律。对不可逆过程的研究,使热力学有了新的发展。

中学物理初步介绍了关于过程的方向性与热力学第二定律,让我们了解了有关过程方向性的规律的定量描述——熵与熵增加原理及其微观本质。本章所介绍的内容可以说是"旧事重提",但绝不是简单重复,而是更进一步讲述有关概念和定律,以获得更详细、更准确、更深刻的理解,并能进行有关熵变的正确计算。

下面我们从自然过程的方向性的宏观表现开始讨论。

9.1 自然过程的方向

自古人生必有死,生老病死是一个自然规律,它说明人生这个自然过程总体上是沿着向死的方向进行的,是不可逆的。鸡蛋从高处落到水泥地板上——碎了,蛋黄和蛋清满地流散,如图 9-1 所示,此后再也不会聚在一起并恢复成原来那个鸡蛋了。鸡蛋被打碎这个自然过程是不可逆的。实践经验告诉我们,一切自然过程都是不可逆的,是按一定方向进行的。鸡蛋破碎的例子太复杂了,下面举三个典型的热力学例子,研究最简单,也是最基本的情况。

图 9-1 鸡蛋碎了,不能复原

1. 功与热的相互转换（功热转换）

转动着的飞轮，撤除动力后，总是要由于轴处的摩擦而逐渐停下来。在这一过程中飞轮的机械能转变为轴和飞轮的内能。相反的过程，即轴和飞轮自动地冷却，其内能转变为飞轮的机械能使飞轮转起来的过程从来没有发生过，尽管它并不违反热力学第一定律。这一现象还可以用更典型的焦耳实验（见图 8-1）来说明。在该实验中，重物可以自动下落，使叶片在水中转动，和水相互摩擦而使水温上升。这是机械能转变为内能的过程，或简而言之，是功变热的过程。与此相反的过程，即水温自动降低，产生水流，推动叶片转动，带动重物上升的过程，是热自动地转变为功的过程。这一过程是不可能发生的。这个事实说明，通过摩擦而使功变热的过程是不可逆的。

"热自动地转换为功的过程不可能发生"也常说成是不引起其他任何变化，因而唯一效果是一定量的内能（热）全部转变成了机械能（功）的过程是不可能发生的。当然热变功的过程是有的，如各种热机的目的就是使热转变为功，但实际的热机都是工作物质从高温热库吸收热量，其中一部分用来对外做功，同时还有一部分热量不能做功，而传给了低温热库。因此，热机循环除了热变功这一效果以外，还产生了其他效果，即一定热量从高温热库传给了低温热库。热全部转变为功的过程也是有的，如理想气体的等温膨胀过程。但在这一过程中除了气体把从热库吸的热全部转变为对外做的功以外，还引起了其他变化，表现在过程结束时，理想气体的体积增大了。

上面的例子说明，自然界里的功热转换过程具有方向性。功变热是实际上经常发生的过程，但是在热变功的过程中，如果其唯一效果是热全部转变为功，那么这种过程在实际上就不可能发生。

2. 热传导

两个温度不同的物体系统（气体、液体、固体）互相接触（这时二者处于非平衡态），由于内部各处温度不同，热量总是自动地由高温物体向低温物体传递，从而使两物体温度相同而达到热平衡。这是传热的一种基本方式，也是固体中传热的主要方式，称为**热传导**。

从分子动理论来看，温度高低决定了分子的平均热运动能量大小，通过分子间的互相碰撞，一部分热运动能量将从温度高处转移到温度低处。从未发现过与此相反的过程，虽然这样的过程并不违反能量守恒定律，但是热量不可能自动地由低温物体传给高温物体，而使两物体的温差越来越大。这个事实说明，热量由高温物体传向低温物体的过程是不可逆的。

这里也需要强调"自动地"含义，它是指在传热过程中不引起其他任何变化。在实际中，热量从低温物体传向高温物体的过程也是有的，如致冷机。但是，致冷机需要通过外界做功才能把热量从低温热库向高温热库传递，这就不是热量"自动地"由低温物体传向高温物体了。实际上，外界由于做功，必然发生了某些变化。

3. 气体的绝热自由膨胀

如图 9-2（a）所示，隔板把容器中压强不同的气体一分为二。当绝热容器中的隔板被抽去的瞬间，气体都聚集在容器的左半部，这是一种非平衡态。此后，气体将自动地迅速膨胀充满整个容器，最后达到一平衡态，如图 9-2（b）所示。而相反的过程，即膨胀后充满容器的气体自动地收缩到只占原体积的一半，而另一半变为真空的过程，恢复到图 9-2（a）的状态，这显然是不可能实现的。这个事实说明，气体在真空中绝热自由膨胀的过程是不可逆的。

工程上,自由膨胀通常指气体由高压向低压绝热膨胀而不对外做功的过程。

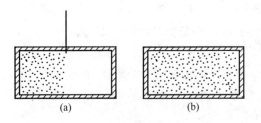

图 9-2 气体的绝热自由膨胀

(a)膨胀前;(b)膨胀后

以上三个典型的实际过程都是按一定的方向进行的,是不可逆的。相反方向的过程不能自动地发生,或者说,可以发生,但必然会产生其他后果。由于自然界中一切与热现象有关的实际宏观过程都涉及热功转换或热传导,特别是,都是由非平衡态向平衡态的转化,因此可以说,一切与热现象有关的实际宏观过程都是不可逆的。

自然过程进行的方向性遵守什么规律,这是热力学第一定律所不能概括的。这个规律是什么? 它的微观本质如何? 如何定量地表示这一规律? 这就是本章下面要讨论的问题。

9.2 不可逆性的相互依存

关于各种自然的、能实现的宏观过程的不可逆性的一条重要规律是:它们都是相互依存的。意思是说,一种实际宏观过程的不可逆性保证了另一种过程的不可逆性,或者反之,如果一种实际过程的不可逆性消失了,其他的实际过程的不可逆性也就随之消失了。下面通过例子来说明这一点。

假设功变热的不可逆性消失了,即热量可以自动地通过某种假想装置全部转变为功,这样我们可以利用这种装置从一个温度为 T_0 的热库吸热 Q 而对外做功 $A(A=Q)$,如图 9-3(a)所示,然后利用这功来使焦耳实验装置中的转轴转动,搅动温度为 $T(T>T_0)$ 的水,从而使水的内能增加 $\Delta E=A$。把这样的假想装置和转轴看成一个整体,它们就自行动作,而把热量由低温热库传到了高温的水,如图 9-3(b)所示。也就是说,热量由高温传向低温的不可逆性也消失了。

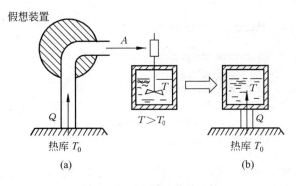

图 9-3 假想的自动传热机构

如果假定热量由高温传向低温的不可逆性消失了,即热量能自动地经过某种假想装置从低温传向高温。这时我们可以设计一部卡诺热机,如图 9-4(a)所示,使它在一次循环中由高温热库吸热 Q_1,对外做功 A,向低温热库放热 Q_2($Q_2 = Q_1 - A$),这种热机能自动进行动作。然后,利用那个假想装置使热量 Q_2 自动地传给高温热库,而使低温热库恢复原来状态。当我们把该假想装置与卡诺热机看成一个整体时,它们就能从热库 T_1 吸出热量 $Q_1 - Q_2$ 而全部转变为对外做的功 A,而不引起其他任何变化,如图 9-4(b)所示。这就是说,功变热的不可逆性也消失了。

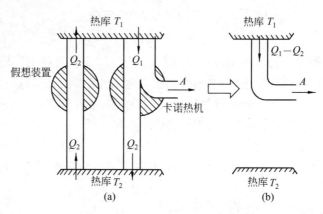

图 9-4 假想的热自动变为功的机构

再假定理想气体绝热自由膨胀的不可逆性消失了,即气体能够自动收缩。这时,如图 9-5(a)～(c)所示,我们可以利用一个热库,使装有理想气体的侧壁绝热的气缸底部和它接触,其中气体从热库吸热 Q,作等温膨胀而对外做功 $A = Q$,然后让气体自动收缩回到原体积,再把绝热的活塞移到原位置(注意这一移动不必做功)。这个过程的唯一效果将是一定的热量变成了功,而没有引起任何其他变化,如图 9-5(d)所示。也就是说,功变热的不可逆性也消失了。

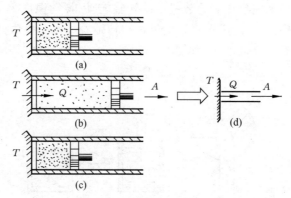

图 9-5 假想的热自动变为功的过程

(a) 初态;(b) 吸热做功;(c) 自动收缩回复到初态;(d) 总效果

类似的例子还可举出很多,它们都说明各种宏观自然过程的不可逆性都是互相联系在一起,或者说,是相互依存的,只需承认其中之一的不可逆性,便可以论证其他过程的不可逆性。

9.3 热力学第二定律及其微观意义

以上两节说明了自然宏观过程是不可逆的,而且都是按确定的方向进行的。说明自然宏观过程进行的方向的规律叫做热力学第二定律。由于各种实际自然过程的不可逆性是相互依存的,所以要说明关于各种实际过程进行的方向的规律,就无须把各个特殊过程列出来一一加以说明,而只要任选一种实际过程并指出其进行的方向就可以了。这就是说,任何一个实际过程进行的方向的说明都可以作为热力学第二定律的表述。

1. 热力学第二定律的表述

历史上,热力学理论是在研究热机的工作原理的基础上发展的,最早提出的并沿用至今的热力学第二定律的表述是与热机的工作相联系的。德国物理学家克劳修斯和英国物理学家开尔文先后于 1850 年和 1851 年提出热力学第二定律。后来,普朗克又提出了类似开尔文的说法。**热力学第二定律**是关于实际热力学宏观过程进行的方向和条件限度的规律。它可以有以下几种不同的表述(说法)。

(1) **克劳修斯表述**:热量不可能自动地从低温物体向高温物体传递。或等价表述为,不可能使热量自发地从低温物体传递到高温物体而不引起其他变化。

(2) **开尔文表述**:其唯一效果是热全部转变为功的过程是不可能的。或等价表述为,热能不可能完全地转换成机械能或电能;但机械能或电能完全地转换成热能却是可能的。

从 9.2 节的描述中可得出,这两种表述是完全等效的。这里再次说明,功和热是能量传递的不同形式,且它们在转换过程中存在方向性。自发过程都是热力学上的不可逆过程。由于热力学第二定律的这两种表述是完全等价,因此,若其中一个表述成立,另一个表述也一定成立。反之亦然。可用反证法证明它们的等价性。

结合热机的工作还可以进一步说明开尔文说法的意义。如果能制造一台热机,它只利用一个恒温热库工作,工质从它吸热,经过一个循环后,热量全部转变为功而未引起其他效果,这样我们就实现了一个"其唯一效果是热全部转变为功"的过程。这是不可能的,因而只利用一个恒温热库进行工作的热机是不可能制成的。这种假想的热机叫**单热源热机**。不需要能量输入而能继续做功的机器称为**第一类永动机**,它的不可能是由于违反了热力学第一定律。有能量输入并完全转换为功的单热源热机称为**第二类永动机**,由于违反了热力学第二定律,它也是不可能的。永动机的失败恰好验证了热力学第一定律和第二定律的正确性。

因此,**热力学第二定律**的开尔文表述也可以这样说:任何热力循环发动机不可能将所接受的热量全部转变为机械功,即不可能制造出第二类永动机。

第二类永动机是指能够从某一热库吸热,在循环中不断对外做功而不产生其他变化的机器,也就是能够把热量完全转换为功的机器。这种热机(第二类永动机)的效率为 100%,并不违背热力学第一定律,但违背了热力学第二定律,所以是不存在的。例如,企图在无温度差情况下,从某一巨大物质系统(如空气、海水)不断吸取热量而将其转换为机械能是不可能的。

热力学第二定律还可用于判断热力学过程的"可能性",即可以判断过程进行的方向,这类问题一般采用反证法解决。例如,两条绝热线是不可能相交的。此外,热力学第二定律还解决了热机效率最大极限以及提高热机效率应采取的措施,它与热力学第一定律一样,也是热力学的基本定律,是不容违背的。两个定律互不包含,彼此独立,它们都是人类在长期大量的实验事实基础上总结和概括出的规律,不能从其他更基本的定律推导出来。

2. 热力学第二定律的微观意义

以上是从宏观的观察、实验和论证得出了热力学第二定律。如何从微观上理解这一定律的意义呢?

从微观上看,任何热力学过程总包含大量分子的无序运动状态的变化。热力学第一定律说明了热力学过程中能量转换要遵守的规律,热力学第二定律则说明大量分子运动的无序程度变化的规律。下面通过已经介绍的三个实例,定性地说明这一点。

(1) 热功转换。功转变为热是机械能(或电能)转变为内能的过程。从微观上看,它是大量分子的有序(这里是指分子速度的方向)运动向无序运动转化的过程,这是可能的。而相反的过程,即无序运动自动地转变为有序运动,是不可能的。

从微观上看,在功热转换现象中,自然过程总是沿着使大量分子的运动从有序状态向无序状态的方向进行。

(2) 热传导。两个温度不同的物体放在一起,热量将自动地由高温物体传到低温物体,最后使它们的温度相同。温度是大量分子无序运动平均动能大小的宏观标志。初态温度高的物体分子平均动能大,温度低的物体分子平均动能小。这意味着虽然两物体的分子运动都是无序的,但还能按分子的平均动能的大小区分两个物体。到了末态,两物体的温度变得相同,所有分子的平均动能都一样了,按平均动能区分两物体也成为不可能的了。这就是大量分子运动的无序性(这里是指分子的动能或分子速度的大小)由于热传导而增大了。相反的过程,即两物体的分子运动从平均动能完全相同的无序状态自动地向两物体分子平均动能不同的较为有序的状态进行的过程,是不可能的。

从微观上看,在热传导过程中,自然过程总是沿着使大量分子的运动向更加无序的方向进行的。

(3) 气体绝热自由膨胀。自由膨胀过程是气体分子整体从占有较小空间的初态变到占有较大空间的末态。经过这一过程,从分子运动状态(这里指分子的位置分布)来说是更加无序了(这好比把一块空地上乱丢的东西再乱丢到更大的空地上去,这时要想找出某个东西在什么地方就更不容易了)。我们说末态的无序性增大了。相反的过程,即分子运动自动地从无序(从位置分布上看)向较为有序的状态变化的过程,是不可能的。

从微观上看,自由膨胀过程也说明,自然过程总是沿着使大量分子的运动向更加无序的方向进行。

综上分析可知,一切自然过程总是沿着分子热运动的无序性增大的方向进行。后面将讲到,对于自然演化的不可逆性,热力学第二定律还可以用熵增加原理表述(见 9.6 节介绍)。它揭示了不可逆性的微观本质,也说明了热力学第二定律的微观意义。

3. 热力学第二定律的统计规律性

热力学第二定律是涉及大量分子运动的无序性变化规律,因而它是一条统计规律。也就是说,它只适用于包含大量分子的集体表现,而不适用于只有少数分子的系统。

例如,对功热转换来说,把一个单摆挂起来,使它在空中摆动,自然的结果毫无疑问是单摆最后停下来,它最初的机械能都变成了空气和它自己的内能,无序性增大了。但如果单摆的质量和半径非常小,以致在它周围作无序运动的空气分子,任意时刻只有少数分子从不同的且非对称的方向和它相撞,那么这时静止的单摆就会被撞得摆动起来,空气的内能就自动地变成单摆的机械能,这不是违背了热力学第二定律吗?(当然空气分子的无序运动又有同样地可能使这样摆动起来的单摆停下来。)

又例如,气体的自由膨胀过程,对于有大量分子的系统是不可逆的。但如果容器左半部只有 4 个分子,那么隔板打开后,由于无序运动,这 4 个分子将分散到整个容器内,但仍有较多的机会使这 4 个分子又都同时进入左半部,这样就实现了"气体"的自动收缩,这不又违背了热力学第二定律吗?(当然,这 4 个分子的无序运动又会立即使它们散开)是的!但这种现象都只涉及少数分子的集体。

对于由大量分子组成的热力学系统,是不可能观察到上面所述的违背热力学第二定律的现象的。因此说,热力学第二定律是一个只适用于大量分子集体表现的统计规律。由于宏观热力学过程总涉及极大量的分子,对它们来说,热力学第二定律总是正确的,因此,它是自然科学中最基本而又最普遍的规律之一。

9.4 可逆过程 卡诺定理

为了从理论上分析和研究热力学过程的规律,我们在 8.2 节中引入了准静态过程的概念。同样地,为了后面介绍熵的宏观计算方法,这里进一步引入热力学中的另一个重要概念——可逆过程。卡诺定理是热力学第二定律的先导及其建立的重要基础。

1. 可逆过程

一般地说,一个过程进行时,如果使外界条件改变一无穷小的量,这个过程就可以反向进行(其结果是,系统和外界都可以同时回到初态而并不留下任何变化痕迹),则这个过程就叫做**可逆过程**。在热力学中,可逆是专用术语,只有系统可逆,同时对与系统关联的整个外界也必须是可复原的,才可以说是可逆过程。否则,称为**不可逆过程**。

可逆过程是为了分析热力学过程的方向性而引入的,它是物理学中的一个重要的理想化模型,是对准静态过程的进一步理想化。下面先以气体的绝热压缩为例说明这一概念。

设想在具有绝热壁的气缸内用一绝热的活塞封闭一定量的气体,气缸壁和活塞之间没有摩擦。考虑一准静态的压缩过程。要使过程准静态地、无限缓慢地进行,外界对活塞的推力必须在任何时刻都等于气体对它的压力(严格地说,应比此值大一个无穷小的值)。否则,活塞将加速运动,压缩将不再是无限缓慢的了。这样的压缩过程具有下述特点,即如果在压缩到某一状态时,使外界对活塞的推力减小一无穷小的值以致推力比气体对活塞的压力还小,并且此后逐渐减小这一推力,则气体将能准静态地膨胀而依相反的次序逐一经过被压缩时所经历的各个状态而回到未受压缩前的初态。这时,如果忽略外界在最初减小推力时的无穷小变化,则连外界也都一起恢复了原状。显然,如果气缸壁和活塞之间有摩擦,则由于要克服摩擦,外界对活塞的推力只减小一无穷小的值是不足以使过程反向(即膨胀)进行的。推力减小一有限值是可以使过程反向进行而使气体回到初态的,但推力的有限变化必然在外界留下了不能忽略的有限的改变。

更一般地说,这里的"摩擦"还包括内摩擦(如黏力)、塑性碰撞,以及电阻通过电流时发热等"耗散"的功转换为热的因素。若不考虑摩擦等因素造成的能量损失,上述无摩擦的准静态过程就是可逆过程。非静态过程必然是不可逆过程。

在有传热的情况下,准静态过程还要求系统和外界在任何时刻的温差为无限小。否则,传热过快也会引起系统的状态不平衡。温差无限小的热传导有时就叫"等温热传导"。它是有传热的可逆过程的必要条件。

前面已经讲过,自然界不存在严格的可逆过程,实际的自然过程都是不可逆的,其根本原因在于如热力学第二定律指出的那些摩擦生热,有限的温差条件下的热传导,或系统由非平衡态向平衡态转化等过程中都有不可逆因素。由于这些不可逆因素的存在,一旦一个自然过程发生了,系统和外界就不可能同时都回复到原来状态了。通过和上述可逆过程的定义对比可知,可逆过程实际是排除了这些不可逆因素的理想过程,即不存在因摩擦使机械能转变为热的损失,也不存在热量从高温物体直接传入低温物体时所引起的做功能力的损失。

为便于分析或计算,在一些问题中,某些实际过程可以忽略这些不可逆因素而近似当成可逆过程,这样处理可得到足够近似的结果。

2. 卡诺定理

8.6 节的卡诺循环指出,工质与热库的热交换是等温热传导。工质所做的功全部对外输出为"有用功",意味着工质做功过程中没有摩擦等耗散因素存在。因此,卡诺循环实际上是可逆的循环过程,而式(8-27)给出的是这种可逆循环的效率。

所谓可逆循环,就是全部由可逆过程所组成的循环。在经过一个可逆循环和一个与它相应的可逆的逆循环后,系统及其外界将回复原状。这种循环是一种理想化模型,实际循环总具有一定的不可逆性。因此,热力学中,按照循环是否全部由可逆过程所组成,也可以把循环分为**可逆循环**和**非可逆循环**两类。

在所有工作于两个给定温度之间的可逆循环热机中,可逆卡诺热机的效率为最高,它只与两热库温度有关,与热机的工质无关。这一表述称为卡诺定理。由此得出以下推论。

(1) 所有工作于两个给定热库(高、低温热库温度分别为 T_1、T_2)之间的可逆机,无论采用何种工质,其效率均相等,即 $\eta = 1 - \dfrac{T_2}{T_1}$。

(2) 工作在相同的高温热库(温度 T_1)和低温热库(温度 T_2)之间的一切不可逆热机,其效率一定小于可逆热机的效率。

设 η 和 η' 分别代表可逆热机和不可逆热机的效率,则

$$\eta' = \frac{A'}{Q} \leqslant 1 - \frac{T_2}{T_1}$$

式中,Q、A' 分别为系统吸收的热量及其对外做的功;"="适用于可逆热机,"<"适用于不可逆热机。η 为一切实际过程热机效率的上限。

卡诺定理是关于热机效率的定理,是热力学第二定律的必然结果。提高热机效率是提高能量品质(品位)的一种有效手段;可资利用的能量越多,表示该能量品质越好。例如,尽可能地减少热机循环的不可逆性,包括减少摩擦、漏气或散热等耗散因素。

卡诺循环和卡诺定理为热力学第二定律的熵增加原理及热力学温标的建立起到重要的作用。热力学温标就是建立在卡诺定理有关热交换基础上的。

【例 9-1】 卡诺定理。在相同的高温热库和相同的低温热库之间工作的一切可逆热机,其效率都相等,与工质的种类无关,并且和不可逆热机相比,可逆热机的效率最高。试对上述定理加以证明(卡诺定理是 1824 年卡诺用错误的"热质"学说导出的理论;后来,他用"热量"一词代替"热质",其结论仍然成立,也就成了正确理论,故名**卡诺定理**。现在,它是用热力学第二定律重新表述的定理)。

证明 设有两部可逆热机 E 和 E',在同一高温热库和同一低温热库之间工作。这样两个可逆热机必定都是卡诺机。调节两热机的工作过程使它们在一次循环过程中分别从高温热库吸热 Q_1 和 Q_1',向低温热库放热 Q_2 和 Q_2',而且两热机对外做的功 A 相等。以 η_C 和 η_C' 分别表示两热机的效率,则有

$$\eta_C = \frac{A}{Q_1}, \quad \eta_C' = \frac{A}{Q_1'}$$

用反证法证明 $\eta_C' = \eta_C$。设 $\eta_C' > \eta_C$,由于热机是可逆的,因此可以使 E 机倒转,进行卡诺逆循环。在一次循环中,它从低温热库吸热 Q_2,接收 E' 机输入的功 A,向高温热库放热 Q_1,如图 9-6 所示。由于 $\eta_C' > \eta_C$,且

$$\eta_C = \frac{A}{Q_1}, \quad \eta_C' = \frac{A}{Q_1'}$$

所以

$$Q_1 > Q_1'$$

又因为

$$Q_2 = Q_1 - A, \quad Q_2' = Q_1' - A$$

所以

$$Q_2 > Q_2'$$

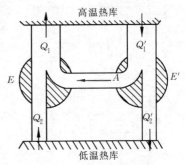

图 9-6　两部热机的联动

两机联合动作进行一次循环后,工质状态都已复原,结果将有 $Q_2 - Q_2'$ 的热量(也等于 $Q_1 - Q_1'$)由低温热库传到高温热库。这样,对于由两个热机和两个热库组成的系统来说,在未发生任何其他变化的情况下,热量就由低温传到了高温。这是直接违反热力学第二定律的克劳修斯表述的,因而是不可能的。因此,η_C' 不能大于 η_C。同理,可以证明 η_C 不能大于 η_C'。于是必然有 $\eta_C' = \eta_C$。注意,这一结论并不涉及工质为何物,这正是要求证明的。

如果 E' 是工作在相同热库之间的不可逆热机,则由于 E' 不能逆运行,所以如上分析,只能证明 η_C' 不能大于 η_C,从而得出卡诺机的效率为最高的结论。

*9.5 热力学概率与自然过程的方向

9.3 节说明了热力学第二定律的宏观表述和微观意义,下面进一步介绍如何用数学形式表示热力学第二定律。最早把上述热力学第二定律的微观本质用数学形式表示出来的是玻耳兹曼,他的基本概念是:"从微观上来看,对于一个系统的状态的宏观描述是非常不完善的,系统的同一个宏观状态实际上可能对应于非常非常多的微观状态,而这些微观状态是粗略的宏观描述所不能加以区别的。"下面以气体自由膨胀中分子的位置分布的经典理解为例来说明这一概念。

设想有一长方形容器,中间有一隔板把它分成左、右两个相等的部分,左面有气体,右面为真空。让我们讨论打开隔板后,容器中气体分子的位置分布。

设容器中有 4 个分子 a,b,c,d,如图 9-7 所示,它们在无规则运动中任一时刻可能处于左或右任意一侧。这个由 4 个分子组成的系统的任一微观状态是指出这个或那个分子各处于左或右哪一侧。而宏观描述无法区分各个分子,所以宏观状态只能指出左、右两侧各有几个分子。这样区别的微观状态与宏观状态的分布如表 9-1 所示。

图 9-7　4 个分子在容器中

表 9-1　4 个分子的位置分布

微观状态		宏观状态		一种宏观状态对应的微观状态数 Ω
左	右			
$a\,b\,c\,d$	无	左 4	右 0	1
$a\,b\,c$	d			
$b\,c\,d$	a	左 3	右 1	4
$c\,d\,a$	b			
$d\,a\,b$	c			
$a\,b$	$c\,d$			
$a\,c$	$b\,d$			
$a\,d$	$b\,c$	左 2	右 2	6
$b\,c$	$a\,d$			
$b\,d$	$a\,c$			
$c\,d$	$a\,b$			
a	$b\,c\,d$			
b	$c\,d\,a$	左 1	右 3	4
c	$d\,a\,b$			
d	$a\,b\,c$			
无	$a\,b\,c\,d$	左 0	右 4	1

若容器中有 20 个分子,则与各个宏观状态对应的微观状态数如表 9-2 所示。

表 9-2　20 个分子的位置分布

宏观状态		一种宏观状态对应的微观状态数 Ω
左 20	右 0	1
左 18	右 2	190
左 15	右 5	15 504
左 11	右 9	167 960
左 10	右 10	184 756
左 9	右 11	167 960
左 5	右 15	15 504
左 2	右 18	190
左 0	右 20	1

从表 9-1 和表 9-2 可看出,对于一个宏观状态,可以有许多微观状态与之对应。系统内

包含的分子数越多,和一个宏观状态对应的微观状态数就越多。实际上,一般气体系统所包含的分子数的量级为 10^{23},这时对应于一个宏观状态的微观状态数就非常大了。这还只是以分子的左、右位置来区别状态,如果再加上以分子速度的不同作为区别微观状态的标志,那么气体在一个容器内的一个宏观状态所对应的微观状态数就会无比之大了。

从表 9-1 和表 9-2 中还可以看出,与每一种宏观状态对应的微观状态数是不同的。在这两个表中,与左、右两侧分子数相等或差不多相等的宏观状态所对应的微观状态数最多,但在分子总数少的情况下,它们占微观状态总数的比例并不大。计算表明,分子总数越多,则左、右两侧分子数相等和差不多相等的宏观状态所对应的微观状态数占微观状态总数的比例越大。对实际系统所含有的分子总数(10^{23} 量级)来说,这一比例几乎是,或实际上是百分之百。这种情况如图 9-8 所示,其中横轴表示容器左半部中的分子数 N_L,纵轴表示相应的微观状态数 Ω(注意各分图纵轴的标度)。Ω 在两侧分子数相等处有极大值,而且在此极大值显露出,曲线峰随分子总数 N 的增大越来越尖锐。

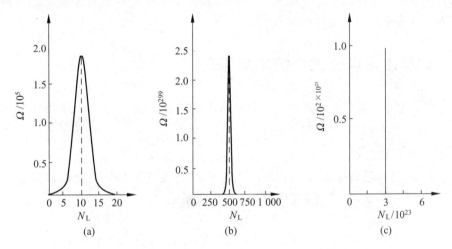

图 9-8 容器中气体的 Ω 和左侧分子数 N_L 的关系图

(a) $N=20$;(b) $N=1\,000$;(c) $N=6\times10^{23}$

在一定宏观条件下,既然有多种可能的宏观状态,那么,哪一种宏观状态是实际上观察到的状态呢?从微观上说明这一规律时要用到统计理论的一个基本假设:对于孤立系统,各个微观状态出现的可能性(或概率)是相同的。这样,对应微观状态数目多的宏观状态出现的概率就大。实际上,最可能观察到的宏观状态就是在一定宏观条件下出现的概率最大的状态,也就是包含微观状态数最多的宏观状态。对上述容器内封闭的气体来说,也就是左、右两侧分子数相等或差不多相等的那些宏观状态。对于实际上分子总数很多的气体系统来说,这些"位置上均匀分布"的宏观状态所对应的微观状态数几乎占微观状态总数的百分之百,即实际上观察到的总是这种宏观状态。因此,对应于微观状态数最多的宏观状态就是系统在一定宏观条件下的平衡态。气体的自由膨胀过程是由非平衡态向平衡态转化的过程,在微观上说,是由包含微观状态数目少的宏观状态向包含微观状态数目多的宏观状态进行。相反的过程,在外界不发生任何影响的条件下是不可能实现的,体现了气体自由膨胀过程的不可逆性。

一般地说,为了定量说明宏观状态和微观状态的关系,热力学概率定义为:任一宏观状态所对应的微观状态数称为该宏观状态的**热力学概率**,并用 Ω 表示。这样,对于系统的宏观状态,根据基本统计假设,可以得出下述结论:

(1) 对孤立系统,在一定条件下的平衡态对应于 Ω 为最大值的宏观态。对于一切实际系统来说,Ω 的最大值实际上就等于该系统在给定条件下的所有可能微观状态数。

(2) 若系统最初所处的宏观状态的微观状态数 Ω 不是最大值,那就是非平衡态。系统将随着时间的延续向 Ω 增大的宏观状态过渡,最后达到 Ω 为最大值的宏观平衡状态。这就是实际的自然过程的方向的微观定量说明。

9.3 节从微观上定性地分析了自然过程总是沿着使分子运动更加无序的方向进行,这里又定量地说明了自然过程总是沿着使系统的热力学概率增大的方向进行。对比二者可知,热力学概率 Ω 是分子运动无序性的一种量度。的确是这样,宏观状态的 Ω 越大,表明在该宏观状态下系统可能处于的微观状态数越多,从微观上说,系统的状态更是变化多端,这就表示系统的分子运动的无序性越大。和 Ω 为极大值相对应的宏观平衡状态就是在一定条件下系统内分子运动最无序的状态。

*9.6　玻耳兹曼熵公式　熵增加原理

为了定量地表示系统不可逆过程的初态与末态的差异,本节引入一个态函数来反映状态的不同,这个状态量叫做熵,用 S 表示。

1. 玻耳兹曼熵公式

一般来讲,热力学概率 Ω 是非常非常大的量,为了便于从理论上反映宏观态的微观运动混乱程度(无序程度),1877 年玻耳兹曼用以下关系式定义**熵**

$$S \propto \ln\Omega$$

式中,熵 S 表示系统无序性的大小。1900 年,普朗克引进了比例系数 k,将上式写为

$$S = k\ln\Omega \tag{9-1}$$

此式称为**玻耳兹曼熵公式**。式中,k 为玻耳兹曼常量,Ω 为该宏观态的热力学概率,即该宏观态所对应的微观状态数。熵 S 的量纲与玻耳兹曼常量 k 相同,其 SI 单位都是 J/K。

对于系统的某一宏观状态,有一个 Ω 值与之对应,也就有一个 S 值与之对应,因此,由式(9-1)定义的熵是描述热力学系统状态的函数,它也是热力学中表示物质系统或工质所处状态的一个状态参数。对于系统的任一宏观态,哪怕是非平衡态,都有一定的可能微观状态数与之对应,所以,也有一定的熵值与其对应。

熵 S 和 Ω 一样,其微观意义是系统内分子热运动的无序性的一种量度。对熵的这一本质的认识,现已远远超出了分子运动的领域,它适用于任何做无序运动的粒子系统。甚至对大量的无序地出现的事件(如大量的无序出现的信息)的研究,也应用了熵的概念。熵在物理学、化学和冶金学等领域中都有广泛的应用,已拓展应用于信息论、宇宙论、天体物理及生命科学等领域,形成了一种世界观。

还要注意的是,用式(9-1)定义的熵具有可加性。例如,当一个系统由两个子系统组成时,该系统的熵 S 等于两个子系统的熵 S_1 与 S_2 之和,即

$$S = S_1 + S_2 \tag{9-2}$$

这是因为若分别用 Ω_1 和 Ω_2 表示在一定条件下两个子系统的热力学概率，则在同一条件下系统的热力学概率 Ω，根据概率法则，为

$$\Omega = \Omega_1\Omega_2$$

代入式(9-1)，就有

$$S = k\ln\Omega = k\ln\Omega_1 + k\ln\Omega_2 = S_1 + S_2$$

即式(9-2)。

2. 熵增加原理

用熵来代替热力学概率 Ω 后，热力学第二定律还可以表述为：孤立系统内部所进行的一切自发过程(自然过程)总是向着熵增加的方向进行。它是不可逆的。平衡态对应于熵最大的状态。

热力学第二定律的这种表述叫做**熵增加原理**。熵增加原理的数学表示式为

$$\Delta S > 0 \quad (孤立系统，自然过程) \tag{9-3}$$

或者说，当过程不可逆时，其熵增加。由于孤立系统必然是绝热系统，热力学系统经一绝热过程，其熵不减少；且当过程可逆时，其熵不变。因此，对于可逆过程，熵增加原理又可以表述为：孤立系统进行可逆过程时熵不变，即

$$\Delta S = 0 \quad (孤立系统，可逆过程) \tag{9-4}$$

这是因为，在可逆过程中，系统总处于平衡态，平衡态对应于热力学概率取极大值的状态。在不受外界干扰的情况下，系统的热力学概率的极大值是不会改变的，因此就有了式(9-4)的关系。

熵增加原理是热力学第二定律的定量表述。按照这一原理，一孤立系统达到平衡态时，其熵取极大值。经验指出，孤立系统内实际发生的过程，总是使系统的熵增加。熵增加是一切物理和化学过程能否实现的判据。或者说，任何使系统的熵减少的过程(如热能转化为机械能，热自低温传向高温)是不能自发实现的。要使这类过程成为可能，必须相应地同时进行一种使外界的熵增加的过程，且熵的增加应在数量上足以补偿其减少的值，从而使总系统(系统与外界)的熵仍然趋向于增大，或至少不变。

熵增加原理不只解释了热力学第二定律，更揭示了自然演化的不可逆性。伴随着热力学第二定律和熵增加原理的建立，克劳修斯首先将宇宙视为一个热力学中所说的孤立系统，然后将热力学第二定律和熵增加原理推广应用于整个宇宙，他得出结论并断言，宇宙的总能量值不变，宇宙的熵将趋于极大，整个宇宙最后总要达到热平衡状态，一切能量将退化为无用能量，一切变化于是停止，宇宙也将死亡。他的这一推论和思想，反映了宇宙中的熵不断增大的一种极限状态，被称为"热寂说"。这一关乎宇宙未来和人类命运等重大问题的讨论，波及的范围和影响已远远超出了科学界和哲学界，成为近代史上一桩令人懊恼的文化疑案。随着宇宙"大爆炸"理论获得科学界的公认，并成为现代宇宙学的标准模型，有关宇宙的争论也发生了转变。人类爆发出热情的欢呼，"宇宙不但不会死，反而会从早期的热寂状态(热平衡状态)下生机勃勃地复苏"，"热寂说的一页，已被翻过去了"。

3. 熵用于解释不可逆性

气体的绝热自由膨胀是一种典型的不可逆过程。下面用熵的概念来说明理想气体的绝热自由膨胀过程的不可逆性。

设物质的量为 ν 的理想气体的体积从 V_1 经绝热自由膨胀到 V_2，气体的初末状态均为平衡态。因为气体的温度复原，所以分子速度分布不变，只有位置分布改变。因此可以只按位置分布来计算气体的热力学概率。设气体在一立方盒子内处于平衡态，盒子的三边长度分别为 x,y,z。由于平衡态时，一个气体分子到达盒内各处的概率相同，所以它沿 x 方向的位置分布的可能状态数应该和边长成正比（这和一个人在长度排空椅上的可能座次数和这一排椅子的总长度成正比相类似），沿 y 和 z 方向的位置分布的可能状态数分别和 y 及 z 成正比。这样，由于对应于任一个 x 位置状态，一个分子都还可以处于任一 y 和 z 位置状态，所以一个分子在盒子内任一点的位置分布的可能状态数 ω 将和乘积 xyz，亦即气体的体积 V 成正比。盒子内总共有 νN_A 个分子，由于各分子的位置分布是相互独立的，所以这些分子在体积 V 内的位置分布的可能状态总数 Ω（$\Omega = \omega^{\nu N_A}$）就将和 $V^{\nu N_A}$ 成正比，即

$$\Omega \propto V^{\nu N_A} \tag{9-5}$$

当气体体积从 V_1 增大到 V_2 时，气体的微观状态数 Ω 将增大到 $\left(\dfrac{V_2}{V_1}\right)^{\nu N_A}$ 倍，即 $\dfrac{\Omega_2}{\Omega_1} = \left(\dfrac{V_2}{V_1}\right)^{\nu N_A}$。按式(9-1)计算熵的增量应是

$$\Delta S = S_2 - S_1 = k(\ln \Omega_2 - \ln \Omega_1)$$
$$= k\ln(\Omega_2/\Omega_1)$$

即

$$\Delta S = \nu N_A k\ln(V_2/V_1)$$
$$= \nu R\ln(V_2/V_1) \tag{9-6}$$

因为 $V_2 > V_1$，所以

$$\Delta S > 0$$

这一结果说明理想气体绝热自由膨胀过程是熵增加的过程，这是符合熵增加原理的。

这里我们进一步讨论热力学第二定律的不可逆性的统计意义。根据式(9-3)所表示的熵增加原理，孤立系统内自然发生的过程总是向热力学概率更大的宏观状态进行。但这只是一种可能性。由于每个微观状态出现的概率都相同，所以也还可能向那些热力学概率小的宏观状态进行。只是由于对应于宏观平衡状态的可能微观状态数这一极大值比其他宏观状态所对应的微观状态数无可比拟地大得非常非常多，所以孤立系统处于非平衡态时，它将以完全压倒优势的可能性向平衡态过渡。这就是不可逆性的统计意义。反向的过程，即孤立系统熵减小的过程，并不是原则上不可能，而是概率非常非常小。实际上，在平衡态时，系统的热力学概率或熵总是不停地进行着对于极大值或大或小的偏离。这种偏离称为涨落。对于分子数比较少的系统，涨落很容易观察到，例如，布朗运动中粒子的无规则运动就是一种位置涨落的表现，这是因为它总是只受到少数分子无规则碰撞的缘故。对于由大量分子构成的热力学系统，这种涨落相对很小，观测不出来。因而平衡态就显出是静止的模样，而实际过程也就成为不可逆的了。我们再以气体的自由膨胀为例从数量上说明这一点。

设容器内有 1 mol 气体，分子数为 N_A。一个分子任意处在容器左半或右半容积内的状态数是 2，N_A 个分子任意分布在左半或右半的状态总数就是 2^{N_A}。在这些所有可能微观状态中，只有一个微观状态对应于分子都聚集在左半容积内的宏观状态。为了形象化地说明气体膨胀后自行聚集到左半容积的可能性，我们设想将这 2^{N_A} 个微观状态中的每一个都拍

成照片,然后再像放电影那样一个接一个地匀速率放映。平均来讲,要放 2^{N_A} 张照片才能碰上分子集聚在左边的那一张,即显示出气体自行收缩到一半体积的那一张。即使设想 1 秒钟放映 1 亿张(普通电影 1 秒钟放映 24 幅画面),要放完 2^{N_A} 张照片需要多长时间呢?时间是

$$t = \frac{2^{6\times10^{23}}}{10^8} \text{ s} \approx 10^{2\times10^{23}} \text{ s}$$

这个时间比如今估计的宇宙年龄 10^{18} s(200 亿年)还要大得无可比拟。因此,并不是原则上不可能出现那张照片,而是实际上"永远"不会出现(而且,即使出现,它也只不过出现一亿分之秒的时间,立即就又消失了,看不见也测不出)。这就是气体自由膨胀的不可逆性的统计意义:气体自由收缩不是不可能,而是实际上永远不会出现。

以熵增加原理表明的自然过程的不可逆性给出了"时间的箭头":时间的流逝总是沿着熵增加的方向,亦即分子运动更加无序的方向进行的,逆此方向的时间倒流是不可能的。一旦孤立系统达到了平衡态,时间对该系统就毫无意义了。电影屏幕上显现着向下奔流的洪水冲垮了房屋,你不会怀疑此惨相的发生。但当屏幕上显现洪水向上奔流,把房屋残片收拢在一块,房屋又被重建起来而洪水向上退去的画面时,你一定想到是电影倒放了,因为实际上这种时间倒流的过程是根本不会发生的。热力学第二定律决定着在能量守恒的条件下,什么事情可能发生,什么事情不可能发生。

*9.7　克劳修斯熵公式

熵的玻耳兹曼公式,即式(9-1),是从微观上定义的。实际上对热力学过程的分析,总是用宏观状态参量的变化说明的。熵和系统的宏观状态参量有什么关系呢?如何从系统的宏观状态的改变求出熵的变化呢?这对熵的概念的实际应用当然是很重要的。

1. 克劳修斯熵公式

克劳修斯研究热学时得出结论:一个热力学系统由某平衡态 1 经可逆过程过渡到另一平衡态 2 时,$\mathrm{d}Q/T$ 的积分与过程的具体形式(或者说与路径)无关。他由此引进了(证明略去)一个由热力学系统的平衡状态决定的函数,并把它叫做熵,以 S 表示。于是,有定义

$$S_2 - S_1 = \int_{1 \atop \text{rev}}^{2} \frac{\mathrm{d}Q}{T} \tag{9-7}$$

式中,下标 rev 表示过程是可逆的。对于一个可逆的微元过程,应有

$$\mathrm{d}S = \frac{\mathrm{d}Q}{T} \quad \text{(可逆过程)} \tag{9-8}$$

式(9-7)和式(9-8)称为**克劳修斯熵公式**,是克劳修斯于 1865 年首先根据可逆卡诺循环用完全宏观的方法导出的。其后玻耳兹曼在分子论的基础上引进了式(9-1)说明了熵的微观意义。对于热力学系统的平衡态,定义式(9-1)和定义式(9-7)中的 S 的意义是完全一样的,代表同一个量——熵。早在玻耳兹曼提出他的(后经普朗克补充)熵公式(9-1)之前的 1865 年,克劳修斯就提出熵的概念,并进一步发展了热力学理论。熵的英文名词(entropy)也是克劳修斯取"转变"之意新造的术语,其对应中文的"熵"字则是我国近代物理学奠基人之一的胡刚复(1892—1966)先生根据此量等于温度去除热量的"商"再加上火字旁(热力学)

而造出来的。

以上是对可逆过程而言的。如果过程是不可逆的,则由于任何一个不可逆因素,如摩擦或非平衡过渡,在外界和系统交换能量的过程中,都会引起系统的微观状态数的额外增加,因而有

$$dS > \frac{\text{d}Q}{T} \quad \text{(不可逆过程)} \tag{9-9}$$

对有限的不可逆过程,将有

$$S_2 - S_1 > \int_{\substack{1 \\ \text{irrev}}}^{2} \frac{\text{d}Q}{T} \tag{9-10}$$

式中,下标 irrev 表示过程是不可逆的。式(9-9)和式(9-10)叫做**克劳修斯不等式**,是不可逆过程的热力学第二定律表示式。

根据克劳修斯熵公式及其不等式,对熵与过程的关系作以下讨论。

对于孤立系统中进行的可逆过程,由于 dQ 总等于零,根据式(9-8),就总有

$$dS = 0 \quad \text{(孤立系统,可逆过程)}$$

同样得到了式(9-4)。

如果孤立系统中进行了不可逆的实际过程,则由于 dQ=0,式(9-9)给出

$$dS > 0 \quad \text{(孤立系统,不可逆过程)}$$

同样得到了熵增加原理,即式(9-3)。

对于任意系统的绝热可逆过程,由于 dQ=0,所以也有 $\Delta S=0$。因此,任何系统的绝热可逆过程都是等熵过程。

利用第一定律公式 dQ=dE+dA,对可逆过程又有 dA=pdV,再由式(9-8)可得,对于任一系统的可逆过程,有

$$TdS = dE + pdV \tag{9-11}$$

这是热力学的基本关系式。它是结合热力学第一定律和热力学第二定律得出来的。

2. 用克劳修斯熵公式计算熵变的方法

式(9-7)是用熵的变化来定义熵,只对系统的平衡态才有意义,因此用式(9-7)只可以计算熵的变化。想要利用这一公式求出任一状态 2 的熵,应先选定某一状态 1 作为参考状态。为了计算方便,常把参考态的熵定为零。在热力工程中,计算水和水汽的熵时取 0℃时的纯水的熵值为零,而且常把其他温度时熵值计算出来,并列成数值表备用。

利用式(9-7)计算熵变时,还要注意积分路线必须是连接始、末两态的任一可逆过程。如果系统由始态实际上是经过不可逆过程到达末态的,那么必须设计一个连接同样始、末两态的可逆过程来计算。由于熵是态函数,与过程无关,所以,利用这种过程求出来的熵变也就是原过程始、末两态的熵的变化,即系统从某一平衡态到另一平衡态熵的变化。

克劳修斯的熵只对系统的平衡态才有意义,它是系统平衡态的函数。由于平衡态对应于热力学概率最大的状态,因此,克劳修斯熵是玻耳兹曼熵的最大值。后者的意义更普遍些。但要注意的是,对熵按式(9-7)和式(9-8)进行宏观计算时,用的都是克劳修斯熵公式。

下面举几个求熵变的例子。

【例 9-2】　熔冰过程微观状态数增大。1 kg,0℃的冰,在 0℃时完全熔化成水。已知冰

在 0℃时的熔化热 $\lambda = 334$ J/g。求冰经过熔化过程的熵变,并计算从冰到水微观状态数增大到几倍。

解 冰在 0℃时等温熔化,可以设想它和一个 0℃的恒温热源接触而进行可逆的吸热过程,则

$$\Delta S = \int \frac{\text{d}Q}{T} = \frac{Q}{T} = \frac{m\lambda}{T} = \frac{10^3 \times 334}{273} \text{ J/K} = 1.22 \times 10^3 \text{ J/K}$$

由式(9-1)熵的微观定义式可知

$$\Delta S = k\ln\left(\frac{\Omega_2}{\Omega_1}\right) = 2.30k\lg\left(\frac{\Omega_2}{\Omega_1}\right)$$

由此得

$$\frac{\Omega_2}{\Omega_1} = 10^{\Delta S/2.30k} = 10^{1.22 \times 10^3/(2.30 \times 1.38 \times 10^{-23})}$$

$$= 10^{3.84 \times 10^{25}}$$

方次上还有方次,多么大的数啊!

【例 9-3】 热水熵变。 把 1 kg,20℃的水放到 100℃的炉子上加热,最后达到 100℃,水的比热是 4.18×10^3 J/(kg·K)。分别求水和炉子的熵变 ΔS_w 和 ΔS_f。

解 水在炉子上被加热的过程,由于温差有限而是不可逆过程。为了计算熵变需要设计一个可逆过程。设想把水依次与一系列温度逐渐升高,但一次只升高无限小温度 $\text{d}T$ 的热库接触,每次都吸热 $\text{d}Q$ 而达到平衡,这样就可以使水经过准静态的可逆过程而逐渐升高温度,最后达到温度 T。

和每一热库接触的过程,熵变都可用式(9-7)求出,因而对整个升温过程,就有

$$\Delta S_w = \int_1^2 \frac{\text{d}Q}{T} = \int_{T_1}^{T_2} \frac{c\,m\,\text{d}T}{T} = c\,m\int_{T_1}^{T_2} \frac{\text{d}T}{T}$$

$$= c\,m\ln\frac{T_2}{T_1} = 4.18 \times 10^3 \times 1 \times \ln\frac{373}{293} \text{ J/K}$$

$$= 1.01 \times 10^3 \text{ J/K}$$

由于熵变与水实际上是怎样加热的过程无关,因此这一结果也就是把水放在 100℃的炉子上加热到 100℃时的水的熵变。

炉子在 100℃供给水热量 $\Delta Q = cm(T_2 - T_1)$。这是不可逆过程,考虑到炉子温度未变,设计一个可逆等温放热过程来求炉子的熵变,即有

$$\Delta S_f = \int_1^2 \frac{\text{d}Q}{T} = \frac{1}{T_2}\int_1^2 \text{d}Q = -\frac{cm(T_2 - T_1)}{T_2}$$

$$= -\frac{4.18 \times 10^3 \times 1 \times (373 - 293)}{373} \text{ J/K}$$

$$= -9.01 \times 10^2 \text{ J/K}$$

【例 9-4】 气体熵变。 1 mol 理想气体由初态 (T_1, V_1) 经某一过程到达末态 (T_2, V_2),求熵变。设气体的 $C_{V,m}$ 为常量。

解 利用式(9-11),可得

$$\Delta S = \int_1^2 \text{d}S = \int_1^2 \frac{\text{d}E + p\text{d}V}{T} = \int_1^2 \frac{C_{V,m}\text{d}T}{T} + R\int_1^2 \frac{\text{d}V}{V}$$

$$= C_{V,m}\ln\frac{T_2}{T_1} + R\ln\frac{V_2}{V_1}$$

【例 9-5】 焦耳实验熵变。 图 8-1 是计算利用重物下降使水温度升高的焦耳实验,求当水温由 T_1 升高到 T_2 时,水和外界(重物)总的熵变。

解　把水和外界(重物)都考虑在内,这是一个孤立系统内进行的不可逆过程。为了计算此过程水的熵变,可设想一个可逆等压(或等容)升温过程,以 c 表示水的比热容(等压比热容和等容比热容基本一样),以 m 表示水的质量,则对这一过程,吸收的热量为

$$\mathrm{d}Q = c m \mathrm{d}T$$

由式(9-7)可得

$$S_2 - S_1 = \int_{T_1}^{T_2} \frac{\mathrm{d}Q}{T} = \int_{T_1}^{T_2} c m \frac{\mathrm{d}T}{T}$$

把水的比热容当作常量,则

$$S_2 - S_1 = c m \ln \frac{T_2}{T_1} \tag{9-12}$$

因为 $T_2 > T_1$,所以水的熵变 $\Delta S = S_2 - S_1 > 0$。重物下落只是机械运动,熵不变,所以水的熵变也就是水和重物组成的孤立系统的熵变。上面的结果说明,这一孤立系统在这个不可逆过程中,总的熵是增加的。

【例 9-6】　绝热自由膨胀熵变。物质的量为 ν 的理想气体从体积 V_1 绝热自由膨胀到 V_2,求此过程的熵变。

解　绝热自由膨胀是不可逆过程。绝热容器中的理想气体是一个孤立系统,其体积由 V_1 膨胀到 V_2,而始末温度相同,设都是 T_0,故可以设计一个可逆等温膨胀过程,使气体与温度也是 T_0 的一恒温热库接触吸热而体积由 V_1 缓慢膨胀到 V_2。由式(9-7)得这一过程中气体的熵变 ΔS 为

$$\Delta S = \int \frac{\mathrm{d}Q}{T_0} = \frac{1}{T_0} \int \mathrm{d}Q = \nu R \ln(V_2/V_1)$$

这一结果和前面用玻耳兹曼熵公式得到的结果式(9-6)相同。因为 $V_2 > V_1$,所以 $\Delta S > 0$。这说明理想气体经过绝热自由膨胀这个不可逆过程熵是增加的。又因为这时的理想气体是一个孤立系统,所以又说明一孤立系经过不可逆过程总的熵是增加的。

*9.8　熵和能量退降

为了说明熵的宏观意义和不可逆过程在能量利用上的后果,下面介绍能量退降的规律。这个规律说明:不可逆过程在能量利用上的后果总是使一定的能量 E_d 从能做功的形式变为不能做功的形式,即成了"退降的"能量,而且 E_d 的大小和不可逆过程所引起的熵的增加成正比。所以从这个意义上说,熵的增加是能量退降的量度。

下面通过有限温差热传导这个具体例子说明 E_d 与熵的关系。

设两个物体 A,B 的温度分别为 T_A 和 T_B,且 $T_A > T_B$。当它们刚接触后,发生一不可逆传热过程,使 $\mathrm{d}Q$ 热量由 A 传向 B。由于传热只发生在 A,B 之间,所以可以把它们看做一个孤立系统。现在,求这一孤立系统由于传热 $\mathrm{d}Q$ 而引起的熵的变化。由于 $\mathrm{d}Q$ 很小,A 和 B 的温度基本未变,因此计算 A 的熵变时可设想它经历了一个可逆等温放热过程,放热为 $|\mathrm{d}Q|$。由式(9-8)得,它的熵变为

$$\mathrm{d}S_A = \frac{-|\mathrm{d}Q|}{T_A}$$

同样地,B 的熵变为

$$\mathrm{d}S_B = \frac{|\mathrm{d}Q|}{T_B}$$

二者整体构成一个孤立系统,其总熵的变化为

$$dS = dS_A + dS_B = |\,dQ\,| \left(\frac{1}{T_B} - \frac{1}{T_A} \right) \tag{9-13}$$

由于 $T_A > T_B$，所以 $dS > 0$。这说明，两个物体组成的孤立系统的熵在有限温差热传导这个不可逆过程中也是增加的。

考虑到利用能量做功时，能量 dQ 原来是以内能的形式存在 A 中的，为了利用这些能量做功，可借助于周围温度最低的热库（温度为 T_0），而使用卡诺热机。这时，从 A 中吸出 $|\,dQ\,|$ 可用来做功的最大值为

$$A_i = |\,dQ\,|\,\eta_C = |\,dQ\,| \left(1 - \frac{T_0}{T_A} \right)$$

传热过程进行以后，$|\,dQ\,|$ 传递到了 B 内，此时，再利用它所做的功的最大值变成了

$$A_f = |\,dQ\,| \left(1 - \frac{T_0}{T_B} \right)$$

前后相比，可转化为功的能量减少了，其数量，即退降了的能量为

$$E_d = A_i - A_f = |\,dQ\,|\,T_0 \left(\frac{1}{T_B} - \frac{1}{T_A} \right)$$

将此式与式（9-13）对比，可得

$$E_d = T_0 \Delta S \tag{9-14}$$

此式说明，退降的能量 E_d 与系统熵的增加（因为 $\Delta S > 0$）成正比。由于在自然界中所有的实际过程都是不可逆的，这些不可逆过程的不断进行，将使得能量不断地转变为不能做功的形式。虽然能量是守恒的，但是越来越多地不能被用来做功了。这是自然过程的不可逆性，也是熵增加的一个直接后果。

就能量的转换与传递而言，对于自然过程，热力学第一定律说明，能量的数量是守恒的；热力学第二定律表明，就做功来说，能量的质量越来越降低了。这正如一句西方谚语所说的："You can't get ahead, and you can't even break even!"（你不可能赢，甚至打平手也不可能。）

思 考 题

9-1　试设想一个过程，说明：如果功变热的不可逆性消失了，则理想气体自由膨胀的不可逆性也随之消失。

9-2　试根据热力学第二定律判别下列两种说法是否正确。

（1）功可以全部转化为热，但热不能全部转化为功；

（2）热量能够从高温物体传到低温物体，但不能从低温物体传到高温物体。

9-3　瓶子里装一些水，然后密闭起来。忽然表面的一些水温度升高而蒸发成汽，余下的水温变低，这件事可能吗？它违反热力学第一定律吗？它违反热力学第二定律吗？

9-4　一条等温线与一条绝热线是否能有两个交点？为什么？

9-5　下列过程是可逆过程还是不可逆过程？说明理由。

（1）恒温加热使水蒸发。

（2）由外界做功使水在恒温下蒸发。

（3）在体积不变的情况下，用温度为 T_2 的炉子加热容器中的空气，使它的温度由 T_1 升到 T_2。

（4）高速行驶的卡车突然刹车停止。

9-6　一杯热水置于空气中，它总是要冷却到与周围环境相同的温度。在这一自然过程中，水的熵减小了，这与熵增加原理矛盾吗？

9-7　一定量气体经历绝热自由膨胀。既然是绝热的，即 $dQ=0$，那么熵变也应该为零。对吗？为什么？

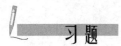

习题

9-1　1 mol 氧气（当成刚性分子理想气体）经历如图 9-9 所示的过程由 a 经 b 到 c。求在此过程中气体对外做的功、吸的热以及熵变。

9-2　求在一个大气压下 30 g，$-40℃$ 的冰变为 $100℃$ 的蒸气时的熵变。已知冰的比热 $c_1=2.1$ J/(g·K)，水的比热 $c_2=4.2$ J/(g·K)，在 $1.013×10^5$ Pa 气压下冰的熔化热 $\lambda=334$ J/g，水的汽化热 $L=2\ 260$ J/g。

9-3　你一天大约向周围环境散发 $8×10^6$ J 热量，试估算你一天产生多少熵？忽略你进食时带进体内的熵，环境的温度按 273 K 计算。

9-4　在冬日一座房子散热的速率为 $2×10^8$ J/h。设室内温度是 $20℃$，室外温度是 $-20℃$，这一散热过程产生熵的速率(J/(K·s))是多大？

9-5　一汽车匀速开行时，消耗在各种摩擦上的功率是 20 kW。求由于这个原因而产生熵的速率(J/(K·s))是多大？设气温为 $12℃$。

9-6　长白山瀑布的落差为 68 m（图 9-10）。当其流量为 23 m³/s，气温为 $12℃$ 时，此瀑布每秒钟产生多少熵？

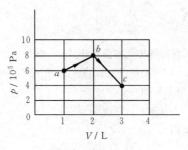

图 9-9　习题 9-1 用图

图 9-10　习题 9-6 用图

9-7　(1) 1 kg,0℃的水放到 100℃的恒温热库上,最后达到平衡,求这一过程引起的水和恒温热库所组成的系统的熵变,是增加还是减少。

(2) 如果 1 kg,0℃的水,先放到 50℃的恒温热库上使之达到平衡,然后再把它移到 100℃的恒温热库上使之达到平衡。求这一过程引起的整个系统(水和两个恒温热库)的熵变,并与(1)比较。

9-8　一金属筒内放有 2.5 kg 水和 0.7 kg 冰,温度为 0℃而处于平衡态。

(1) 今将金属筒置于比 0℃稍有不同的房间内使筒内达到水和冰质量相等的平衡态。求在此过程中冰水混合物的熵变以及它和房间的整个熵变各是多少。

(2) 现将筒再放到温度为 100℃的恒温箱内使筒内的冰水混合物状态复原。求此过程中冰水混合物的熵变以及它和恒温箱的整个熵变各是多少。

9-9　一理想气体开始处于 $T_1 = 300$ K, $p_1 = 3.039 \times 10^5$ Pa, $V_1 = 4$ m³ 的平衡态。该气体等温地膨胀到体积为 16 m³,接着经过一等容过程达到某一压强,从这个压强再经一绝热压缩就可使气体回到它的初态。设全部过程都是可逆的。

(1) 在 p-V 图上画出上述循环过程。

(2) 计算每段过程和循环过程气体所做的功和它的熵的变化(已知 $\gamma = 1.4$)。

第3篇 振动和波动

为便于两个学期的教学安排,本书把"波动与光学"的知识内容分为"振动和波动"与"波动光学",分别安排在上、下册,独立成篇。本篇主要介绍机械振动与机械波的规律,其基本概念和基本理论也适用于其他各种不同形式的振动与波,它们是波动光学和电磁学的理论基础。读者在学习下册的后续章节时,要注意承上启下,与本篇贯通融合。

地球在自转、分子在运动、生物在演化……甚至宇宙也在膨胀,我们处在一个运动的世界之中。运动有各种形态,振动是自然界十分普遍和人类生产实践中常见的一种基本运动形式。凡有摇摆、晃动、打击、发声的地方等都存在振动。振动不只限于机械运动的范围,在微观领域中,存在着诸如晶体中原子或离子的振动。热运动、电磁运动中相应物理量的往复变化同样是一种振动,它们与机械振动具有许多共同的特性。因此,振动广泛存在于电磁运动、热运动、原子运动等各种运动形式之中。人和动物的腿在走路或奔跑时,表面看上去与振动无关的两条腿的行走姿态,会同时具有诸如单摆运动和弹簧运动的形式,或看成两者振动形式的叠加或合成。

振动的传播过程称为波动,简称波。机械振动在介质(媒质)中的传播称为机械波。波动存在于宏观世界,也存在于微观世界。机械波(如声波、水波)和电磁波是最普通的波,统称为经典波。振动和波动的基本规律是研究电磁学、光学、声学、建筑学和无线电技术的理论基础。有关波动光学的发展概述将在"第5篇 波动光学"介绍。

在中国古代物理学中,声学是最为发达的领域。《考工记·凫氏》载有"薄厚之所振动,清浊之所由出",叙述了钟体的设计与制造,把壁厚、音调与振动联系在一起,这表明在公元前6世纪或更早就有"振动"一词。在春秋末期人们就知晓声音的来源及音调高低是由振动决定的。周朝以前已有了各种乐器(管、弦和打击乐器)和科学根据的乐律,《管子》中总结了和声规律,阐述了标准调音频率,具体记载了三分损益法。乐律包含着丰富的声学知识,它的产生和发展也是物理学中的一个组成部分。《墨子·备穴篇》记述了人们将空气柱的共鸣作为侦破敌军挖洞攻城的方法。《庄子·徐无鬼》中也有共鸣现象及其解释的记载。这些记载表明,当时不仅发现了基音共振现象,还可用"音律同矣"解释。这是世界上最早关于共鸣现象的认识。2 世纪张衡(78—139)创制候风地动仪,用于测报地震及其方位,还有浑天仪,都是中国古代重要的技术发明。3 世纪,西晋张华(232—300)在了解共振、共鸣现象的基础上,还进一步掌握了消除共鸣的科学方法。在振动应用方面,1092 年北宋建造出水运仪象台,其天衡系统对枢轮的擒纵器是后世钟表的关键部件,被认为是钟表的鼻祖,使机械计时技术向前跨越了一大步。而欧洲人在 14 世纪初期才发明含有锚状擒纵器的钟表装置。

　　在科技高度发展的今天,振动问题已经成为现代化生产必须研究的问题之一。传统的手机振动器由微型电动机(马达)和凸轮(偏心轮)组成,在平面方向左右振动,以减少手机重力的影响;另一种手机振动采用线性振动马达,高频交流信号通过其中的两个线圈产生交替变化的磁场,产生断续吸力和斥力而获得"震动"效果。北京地铁 4 号线开通时,北京大学有实验室总价值数亿元的精密仪器(如电子显微镜)受到地铁行驶产生振动的影响——地铁呼啸过,电镜"刮飓风"。尽管后来地铁铺设了减震措施,但低频振动对实验的影响难以消除,以至于这类仪器无法在高精度下正常工作。地铁 16 号线二期开通时也出现类似的情况。地铁运行等因素引起的环境微振动看似"蝴蝶效应",困扰着对振动敏感的高精尖领域,如芯片制造、光刻机等,对它们足以酿成灾难性的"风暴"。

　　广东虎门大桥是一座悬索结构的特大公路桥,长达 15.76 km。2020 年 5 月 5 日发生桥梁涡振(涡激振动)现象,时间持续 20 小时。究其原因是,由于沿桥面跨边护栏连续设置"水马"(一种通过注水增重,用于隔离或阻挡路面的红色塑料体障碍物),改变了钢箱梁的气动外形而诱发桥梁产生剧烈抖动。好在人们及时发现和排除了这个问题而未造成事故。桥梁的振动问题总让人联想到美国塔科玛海峡大桥(Tacoma Narrows Bridge)。这也是一座悬索桥,1940 年 11 月因风载引起振动而坍塌(见 10.5 节)。桥梁振动问题再次引起人们的关注。

振动和波动篇知识结构思维导图

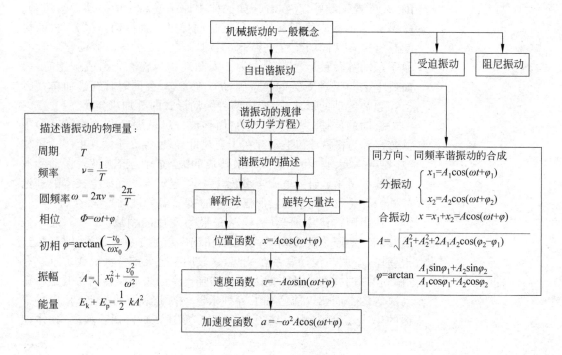

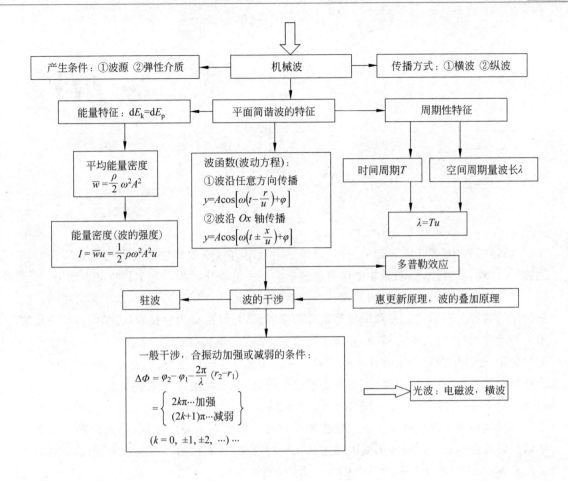

第**10**章

振　　动

振动是指物体(或其中一部分)在一定位置附近沿直线或曲线经过其平衡位置所作的往复运动,或者说,**振动**是物体往复经过平衡位置的变化过程。通常指**机械振动**。

在自然科学中,把描述物质运动状态的物理量作周期性变化的过程,都可称为**振动**。它是物体的一种运动形式。变化的物理量称为**振动量**,它可以是**力学量**、**电磁学量**或其他物理量。如地球的自转,心脏的搏动,弹拨过的琴弦,交变的电场强度、磁场强度,无线电波电磁场的变化,晶体中的原子也都在不停地振动着。交流电中的电流强度、电压等物理量随时间的往复变化过程,称为**电振动**(电磁振荡或电磁振动)。电振动往往又称**振荡**。

本章主要讨论时间上做周期性变化的机械振动的运动规律。研究机械振动的规律有助于了解其他各种振动的规律。虽然电磁振动与机械振动有本质的不同,但它们随时间变化的情况以及许多其他性质在形式上都遵从相同的规律;或者说,各种振动都可用相似的数学方程来表示,不同本质的振动具有相同的描述方法。

下面我们先讲述简谐运动的定义及其运动学和动力学的描述,以及数学形式与相关物理量;然后介绍旋转矢量法,它有助于理解简谐振动的运动规律,简化计算过程;最后介绍阻尼振动和受迫振动,并说明振动合成的规律。

10.1　简谐运动的描述

振动有简单和复杂之别。简谐运动是最简单的,也是最基本的振动规律,因为一切复杂的振动都可以认为是由许多不同频率和不同振幅的简谐运动合成的。

下面我们从运动学和动力学两个方面,对简谐振动进行定义和描述。

1. 简谐振动的运动学描述

从运动学角度来看,所谓**简谐振动**,是指质点运动时,其物理量(如位移 x 或角位移 θ、速度 v 和加速度 a)随时间按正弦或余弦规律变化的过程。**简谐振动**也称简谐运动,简称谐振动。其规律简单又和谐,故名。如图 10-1 所示,通常采用函数表达式作为谐振动的运动学定义式,其位移 x 可用数学式(解析式)表示为

图 10-1　质点的简谐运动

$$x = A\cos(\omega t + \varphi) = A\cos\left(\frac{2\pi t}{T} + \varphi\right) = A\cos(2\pi\nu t + \varphi) \tag{10-1}$$

式中,t 为时间,其他为谐振动的物理量。下面简要介绍它们的定义及其物理意义。

（1）**简谐振动的物理量**

振幅 A 振幅表示该物理量离开平衡位置 O 可能达到的最大值,或者物体或物理量在振动（或振荡）过程中偏移平衡位置的最大位移的绝对值。振幅反映了振动幅度的大小。振动的能量通常与振幅的平方成正比。

周期 T 周期是作周期性运动的物体（或其一部分）或物理量从开始运动到完成一次往返振动所需的时间,单位为秒（s）。周期越短,表示物体运动节奏越快。在谐振动中,当经过的时间为周期的整数倍时,位移 x 又恢复原值,则 $t = 2nT$（n 为整数）。

频率 ν 频率是指单位时间内完成振动（或振荡）的次数或周数,等于周期的倒数,单位为赫兹（赫,Hz）。频率反映了振动的快慢或节奏。角频率 ω 也称圆频率,$\omega = 2\pi\nu = 2\pi/T$,$\nu = 1/T$。$\nu$、$T$ 和 ω 都是简谐振动在时间上的周期性的量。

相位（$\omega t + \varphi$） 相位是决定物理量在任一时刻（或位置）运动状态的一个数值,用于反映正弦量（或余弦量）变化的进程。相位简称相,有时也称周相,以前也称位相。

初相位 φ 初相位是时间 $t = 0$ 对应的相位,简称**初相**,通常取值范围为 $-\pi \leqslant \varphi \leqslant \pi$。初相位决定了起始时刻的振动状态。在 SI 中,相位的单位为弧度（rad）。若相位用角度表示,也可称相位角,简称相角;初相位角简称初相角。

在式（10-1）中,若已知 A、ω 和 φ,由它们所表示的简谐运动也就确定了。因此,A、ω 和 φ 称为**余弦量的三要素**（特征量）,它们是余弦量（或正弦量）进行比较和区分的依据。

（2）**简谐运动的速度 v 和加速度 a**

根据简谐振动定义式（10-1）,简谐运动的速度 v 和加速度 a 分别为

$$v = \frac{\mathrm{d}x}{\mathrm{d}t} = -\omega A\sin(\omega t + \varphi) = \omega A\cos\left(\omega t + \varphi + \frac{\pi}{2}\right) \tag{10-2}$$

$$a = \frac{\mathrm{d}^2 x}{\mathrm{d}t^2} = -\omega^2 A\cos(\omega t + \varphi) = \omega^2 A\cos(\omega t + \varphi + \pi) \tag{10-3}$$

式中,$\omega A = v_m$ 为速度的幅值,$\omega^2 A = a_m$ 为加速度的幅值。比较式（10-1）和式（10-3）,可得

$$a = \frac{\mathrm{d}^2 x}{\mathrm{d}t^2} = -\omega^2 x \tag{10-4}$$

这一关系式说明,简谐运动的加速度和位移成正比,但二者方向相反。

（3）**振动曲线**

位移 x、速度 v 和加速度 a 的函数关系可用图 10-2 所示的曲线表示,它们都是按简谐

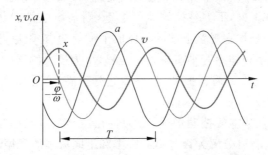

图 10-2 简谐运动的 x,v 和 a 随 t 变化的关系曲线

振动规律变化的物理量,都是简谐振动。其中,表示 $x\text{-}t$ 关系的曲线叫做**振动曲线**。由图可见,振动的状态可由相位描述,因此,振动状态的传播也就是相位的传播。

比较式(10-2)、式(10-3)与式(10-1)可见,速度 v 的相位比位移 x 领先或超前 $\pi/2$;加速度 a 与位移 x 成正比,但二者反相。

2. 简谐振动的动力学描述

考察一个轻弹簧与可看成质点的物体组成的系统,如图 10-3 所示。设水平面上轻弹簧一端固定,另一端系一质量为 m 的物体,若忽略阻力(或把物体看成质点),则在一定限度内,恢复力 F 与物体的位移 x 关系满足**胡克定律**(线性力定律),物体在平衡位置附近做往返运动,即

$$F = -kx \tag{10-5}$$

式中,负号表示合外力 F 的方向总是指向平衡位置 O,与位移 x 反向;k 为弹簧的**劲度系数**,也称为**刚度系数**,由弹簧本身的性质(材料、形状与大小等)决定。此时,平衡位置 O 就是弹簧静止且不受力时的质点所在位置。这一包含弹簧和物体(质点)的振动系统称为**弹簧振子**。

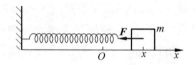

图 10-3   简谐振动模型——弹簧振子

描述质点振动时,坐标系的原点可以任意选取,但如果选择质点静止时的位置,则数学描述变得简单,x 就是其偏离平衡位置时的位移量。这里所说的**平衡位置**,就是振动系统受到外来扰动之前的状态,包括力学的、电学或热学等的平衡态。

当把平衡位置 O 选作坐标原点,由 $F = -kx = ma = \dfrac{\mathrm{d}^2 x}{\mathrm{d}t^2}$,并设 $k = \omega^2 m$,则物体离开平衡位置的位移 x 随时间变化关系与式(10-4)一致,即

$$\frac{\mathrm{d}^2 x}{\mathrm{d}t^2} + \omega^2 x = 0 \tag{10-6}$$

式中,$\omega = \sqrt{\dfrac{k}{m}}$ 是由系统动力学性质所决定的常量,称为**固有角频率**或本征角频率、自然角频率。微分方程式(10-6)的解

$$x = A\cos(\omega t + \varphi)$$

为正弦或余弦的最简形式,也就是式(10-1),这说明弹簧振子的运动为谐振动。式(10-6)就是简谐振动的动力学方程(谐振动方程)。

从动力学角度来看,简谐振动可以定义为满足式(10-6)的振动。

若弹簧一段固定在上方,下方悬挂物体而下垂,则平衡位置 O 为平衡态下弹簧被物体重力拉长时的位移处。悬挂在弹簧下端的物体的上下运动,在阻尼可以忽略的情况下,也是一种谐振动,这时 x 表示物体离开平衡位置的位移,A 为最大位移。

判断一个振动系统是否为简谐振动,只要看它是否满足式(10-1)、式(10-4)、式(10-5)、式(10-6)中的任一式子。

谐振动是最简单、最基本的振动形式,因为各种振动都可以用相似形式的数学方程表示,因此,任何复杂振动就可分解为很多不同频率和不同振幅的谐振动;反之,则为合成。

必须指出的是,简谐振动相关物理量(如 x、v、a)随时间 t 的变化规律可用 sin 或 cos 函

数表示,二者只是初相不同,若不特别指出,都称正弦函数,不再加以区分。本教材统一采用余弦 cos 形式,有的教材采用正弦 sin 形式。在电工理论分析中,有时直接把 ω 简称为频率,把 ν 和 ω 都称为频率,只是计算时二者要加以区分。对振荡电路,x 可以是电压或电流等。

【例 10-1】 **单摆的小摆角振动**。如图 10-4 所示,一不可伸长的细线上端固定,下端悬挂一个小球(可视为质点)。由这种结构组成的摆,称为**单摆**,也称**数学摆**。设摆长为 l,小球质量为 m,在铅直平面内作小摆角摆动。证明:小球的振动是简谐运动,并求其周期。

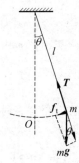

图 10-4 单摆

证明 忽略空气阻力,小球受重力和细线张力作用。当摆线与竖直方向成 θ 角时,小球所受的合力为沿圆弧切线方向的分力,即重力在此方向的分力 $mg\sin\theta$。

选取逆时针方向为角位移 θ 的正方向,则此力应写为 $f_t = -mg\sin\theta$。

小球的切向加速度为 $a_t = \dfrac{\mathrm{d}v}{\mathrm{d}t} = l\dfrac{\mathrm{d}^2\theta}{\mathrm{d}t^2}$,由牛顿第二定律可得

$$-mg\sin\theta = ml\frac{\mathrm{d}^2\theta}{\mathrm{d}t^2}$$

即

$$\frac{\mathrm{d}^2\theta}{\mathrm{d}t^2} = -\frac{g}{l}\sin\theta$$

当角位移 θ 很小时,有 $\sin\theta \approx \theta$;令 $\omega^2 = g/l$,则有

$$\frac{\mathrm{d}^2\theta}{\mathrm{d}t^2} + \omega^2\theta = 0$$

这与式(10-6)具有相同的形式。可见,在摆角很小(如 $\theta \leqslant 5°$)情况下,小球的振动为简谐运动。谐振动的角频率 ω 为

$$\omega = \sqrt{\frac{g}{l}}$$

对应的周期就是单摆周期公式

$$T = \frac{2\pi}{\omega} = 2\pi\sqrt{\frac{l}{g}}$$

上式说明周期与振幅无关。因此,只要通过测定摆长 l 和周期 T,即可求出重力加速度。

讨论 根据牛顿第二定律 $f_t = ma$,由 $x \approx l\theta$,$a = \dfrac{\mathrm{d}^2 x}{\mathrm{d}t^2}$ 关系,也可得出相同的形式。本题也可用转动定律 $M = J\alpha$ 求解。对悬挂点,$J = ml^2$,$M = -mgl\sin\theta$,负号表示力矩的方向与角位移的方向相反;当 $\sin\theta \approx \theta$,也可得出相同的结果。

这里,θ 宜选用弧度为单位。$\sin\theta \approx \theta$ 是根据正弦函数的幂级数展开式 $\sin\theta = \dfrac{\theta}{1} - \dfrac{\theta^3}{3!} + \dfrac{\theta^5}{5!} - \dfrac{\theta^7}{7!} + \cdots$ ($-\infty < \theta < +\infty$)得出的。当 θ 很小时,忽略高次项,则 $\sin\theta \approx \theta$。

还有一种由刚体组成的摆动系统,称为**复摆**,也称为**物理摆**(见习题 10-16),通常把复摆周期公式中 J/mb 称为等值摆长,它与单摆周期公式中的摆长 l 相对应。

3. 简谐振动的振幅和初相位的确定(解析法)

这里和处理一般的力学问题一样,为了确定简谐运动的具体形式,除了需要知道式(10-5)表示的外力条件外,还需要知道初始条件,即 $t = 0$ 时的位移 x_0 和速度 v_0。

根据式(10-1)和式(10-2)，若 $t=0$ 时质点位移 $x=x_0$，速度 $v=v_0$，则 x_0 称为初始位移，v_0 称为初始速度，x_0 和 v_0 统称为**初始条件**。即

$$x_0 = A\cos\varphi, \quad v_0 = -\omega A\sin\varphi \tag{10-7}$$

简谐振动的振幅 A 和初相位 φ 完全由初始条件决定。振幅 A 取决于振动开始时系统所具有的能量，根据式(10-7)，求出的振幅 A 为

$$A = \sqrt{x_0^2 + \frac{v_0^2}{\omega^2}} \tag{10-8}$$

初相位 φ 由 $\cos\varphi = \dfrac{x_0}{A}$ 和 $\sin\varphi = -\dfrac{v_0}{\omega A}$ 共同确定，由下式求出

$$\varphi = \arctan\left(-\frac{v_0}{\omega x_0}\right) \tag{10-9}$$

求解初相位 φ 时，一般 φ 在 $-\pi$ 和 π 之间有两个值，应将 φ 的两个值代入式(10-7)进行判定与取舍。

【例 10-2】 弹簧振子。图 10-5 为一水平弹簧振子。弹簧对小球（即振子）的弹性力遵守胡克定律，即 $F=-kx$，其中 k 为弹簧的劲度系数。(1)说明振子的运动为简谐运动。(2)已知 $k=15.8\ \text{N/m}$，振子的质量 $m=0.1\ \text{kg}$，在 $t=0$ 时振子对平衡位置的位移大小 $x_0=0.05\ \text{m}$，速度 $v_0=-0.628\ \text{m/s}$，写出相应的简谐运动的表达式。

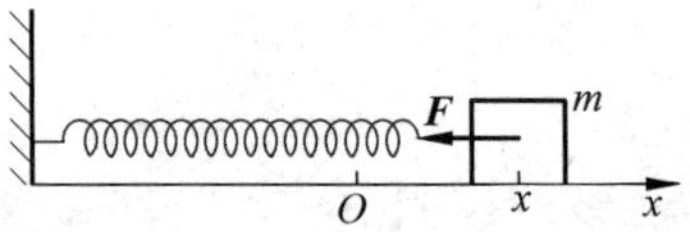

图 10-5　水平弹簧振子，O 为振子的平衡位置，选作坐标原点

解　(1) 胡克定律表示的振子所受的水平合力为 $F=-kx$，此式说明此合力与振子在其平衡位置的位移成正比，且方向相反。根据简谐运动定义，此力作用下的振子的水平运动为简谐运动。

(2) 欲求简谐运动的表达式，应先确定简谐运动的三个特征量 A、ω 和 φ。

角频率 ω 决定于系统本身的性质，即

$$\omega = \sqrt{\frac{k}{m}} = \sqrt{\frac{15.8}{0.1}} = 12.57\ \text{s}^{-1} = 4\pi\ (\text{s}^{-1})$$

振幅 A 和初相位 φ 由初始条件决定，由式(10-8)得

$$A = \sqrt{x_0^2 + \frac{v_0^2}{\omega^2}} = \sqrt{0.05^2 + \frac{(-0.628)^2}{12.57^2}}\,\text{m} = 7.07 \times 10^{-2}\ \text{m}$$

由式(10-9)得

$$\varphi = \arctan\left(-\frac{v_0}{\omega x_0}\right) = \arctan\left(-\frac{-0.628}{12.57 \times 0.05}\right) = \arctan 1 = \frac{\pi}{4}\ \text{或} -\frac{3}{4}\pi$$

由于 $x_0 = A\cos\varphi = 0.05\ \text{m} > 0$，所以取 $\varphi = \pi/4$。

以平衡位置为原点，求得简谐运动的表达式为

$$x = 7.07 \times 10^{-2}\cos\left(4\pi t + \frac{\pi}{4}\right)\ \text{m}$$

10.2　简谐运动的几何描述

简谐振动可用解析式、振动方程或振动曲线描述，也可以通过质点的周期性运动与匀速圆周运动具有简单的关系，用旋转矢量法形象地表述和分析。用平移法也可方便地画出振

动曲线。

1. 旋转矢量法（相量图法）

如图 10-6(a)所示，设一矢量 A（径矢）以匀角速度 ω 绕其首端 O 做逆时针方向圆周运动。初始位置对应于 $t=0$ 时的初始角位置 φ，A 在水平方向（取作 x 轴）的直径上投影为 $x=A\cos\varphi$；在任意时刻 t，A 与 x 轴的夹角为 $\omega t+\varphi$，在 x 轴上投影的位置为 $x=A\cos(\omega t+\varphi)$，与简谐运动的定义式(10-1)相符。因此，矢量 A 绕 O 点旋转一周，相当于质点在 x 轴上做一次完全振动，对应于质点以平衡位置 O 为中心，沿着水平方向上$-A\sim+A$ 之间做一次往返运动。若沿竖直轴上投影，则位移量为正弦函数形式。

采用矢量 A 旋转运动描述简谐运动的这一表示法，称为**旋转矢量法**。如图 10-6(b)所示，矢量 A 的长度等于振幅，因此 A 被称为振幅矢量，初始角位置 φ 相当于初相位 φ，角速度 ω 就是简谐振动的圆频率 ω。

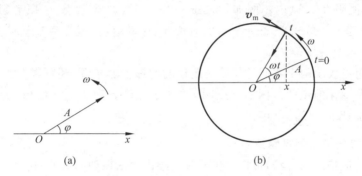

图 10-6　匀速圆周运动与简谐运动

（a）相量图；（b）旋转矢量法

由于矢量 A 在竖直方向（取作 y 轴）的投影也是简谐振动，二者结合在一起是一个复数，即 $x(t)+\mathrm{j}y(t)=A[\cos(\omega t+\varphi)+\mathrm{j}\sin(\omega t+\varphi)]=A\mathrm{e}^{\mathrm{j}(\omega t+\varphi)}$；如果简谐振动的线性微分方程式(10-6)的通解用复数形式表示，则实部或虚部部分就是该方程的解，所以旋转矢量法也称**相量图法**。

简谐运动定义式(10-1)中的相位 $(\omega t+\varphi)$ 还有一个直观的几何意义——时刻 t 的振幅矢量 A 与 x 轴正方向的夹角。从式(10-1)、式(10-5)或借助于图 10-3 均可知道，对于一个确定的简谐运动而言，一定的相位对应于振动质点一定时刻的运动状态，即一定时刻的位置和速度。因此，在说明简谐运动时，通常不分别指出位置和速度，而是直接用相位来表示质点的某一运动状态。例如，当用余弦函数表示简谐运动时，相位 $(\omega t+\varphi)=0$ 的状态，表示质点在正位移极大处而速度为零；相位 $\omega t+\varphi=\pi/2$ 的状态，表示质点正越过原点并以最大速率向 x 轴负向运动；相位 $\omega t+\varphi=3\pi/2$ 的状态，表示质点也正越过原点并以最大速率向 x 轴正向运动；等等。因此，相（相位）是说明简谐运动状态时常用的一个概念。

值得注意的是，旋转矢量 A 本身并不做简谐振动，这里只是利用矢量 A 的端点在 Ox 轴上的投影点来表示简谐振动。这种方法利用了图示直观的特点，从而使得相位和初相位的概念特别容易理解。

在比较两个同频率的简谐运动的步调时，相位的概念特别有用。设两个简谐运动分别为

$$x_1 = A_1\cos(\omega t + \varphi_1) \quad \text{和} \quad x_2 = A_2\cos(\omega t + \varphi_2)$$

它们的相位差

$$\Delta\varphi = (\omega t + \varphi_2) - (\omega t + \varphi_1) = \varphi_2 - \varphi_1$$

为初相差,与时间无关。由其初相差的值,即可知道它们的步调是否相同。

在相量图中,根据两个振动的振幅矢量 $\boldsymbol{A}$ 的位置,可方便地判断二者的步调。

如果 $\Delta\varphi = 0$(或 2π 的整数倍),两个简谐振动质点将同时到达各自的同方向的极端位置,并同时越过原点而向同方向运动,它们的**步调**相同(同步),这种情况称为**同相**。

如果 $\Delta\varphi = \pi$(或 π 的奇数倍),两个简谐振动质点将同时到达各自的相反方向的极端位置,并同时越过原点而向相反方向运动,它们的步调相反(异步),这种情况称为**反相**。

当 $\Delta\varphi$ 为其他值时,一般情况下二者不同相也不反相。当 $\Delta\varphi > 0$ 时,x_2 将先于 x_1 到达各自的同方向极大值,则 x_2 振动**超前** x_1 的振动 $\Delta\varphi$,或者说,x_1 振动**落后**(滞后)x_2 的振动 $\Delta\varphi$。当 $\Delta\varphi < 0$ 时,则 x_1 振动超前 x_2 的振动 $|\Delta\varphi|$。在这种说法中,由于相差的周期是 2π,所以把 $|\Delta\varphi|$ 的值限在 π 以内。例如,当 $\Delta\varphi = 3\pi/2$ 时,通常不说 x_2 振动超前 x_1 的振动 $3\pi/2$,而是改写为 $\Delta\varphi = 3\pi/2 - 2\pi = -\pi/2$,且说 x_2 振动落后(或滞后)于 x_1 振动 $\pi/2$,或说 x_1 振动超前 x_2 振动 $\pi/2$。

相位不仅可以表示两个相同的作简谐运动的物理量的步调,还可以用来表示频率相同的不同的物理量变化的步调。例如,在图 10-2 中加速度 a 和位移 x 反相,速度 v 超前位移 $\pi/2$,而落后于加速度 $\pi/2$。

2. 应用旋转矢量法画振动曲线

采用逐点对应描点的方法,可以在坐标轴上绘出简谐振动的振动曲线 $x\text{-}t$ 关系。

图 10-7(a)中 $x = 0$ 对应 $\omega t + \varphi = \pi/2$($a$ 点)和 $3\pi/2$(或 $-\pi/2$)(b 点)情况。由于矢量 $\boldsymbol{A}$ 逆时针转动,在下一时刻,a 点对应质点在平衡位置 O 处向 $-x$ 方向运动,b 点对应质点在 O 处向 $+x$ 方向运动;图 10-7(b)中两个图均画出了质点从 M_0 开始(分别取 $\varphi = 0$ 和 $\varphi = \pi/2$),经过一个周期后回到 M 点的振动波形。

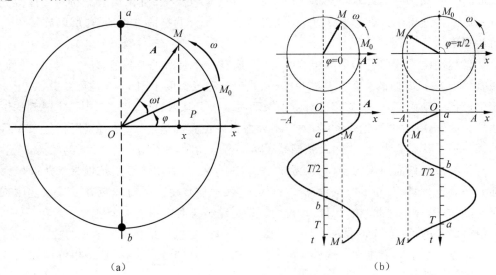

（a）　　　　　　　　　　　　　　　（b）

图 10-7　旋转矢量图(在水平方向的 x 轴投影)与简谐振动波形

（a）旋转矢量图；（b）对应的简谐振动波形

如图 10-8 所示，将图形画成竖直方向形式（往 x 轴投影不变），主要是考虑画图的习惯。图 10-8 和图 10-7 是完全相同的，只是相当于把书本逆时针转了 $90°$ 而已，主要目的是方便在水平方向的时间坐标上逐点描出对应的简谐振动曲线。

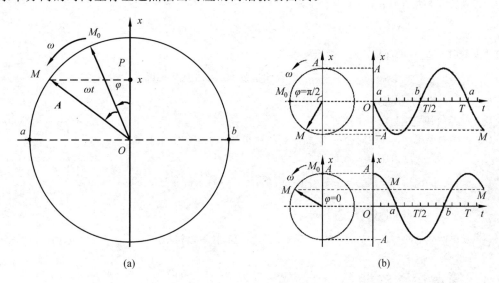

图 10-8　旋转矢量图（在竖直方向的 x 轴投影）与简谐振动波形
（a）旋转矢量图；（b）对应的简谐振动波形

旋转矢量法不仅可以用于描述简谐振动的位移，还可用于选择适当的矢量来描述其速度或加速度，乃至用于分析振动的合成等更多问题上（如受迫振动等）。可以证明，质点在 x 轴上的投影的速度和加速度的表达式，就是质点沿圆周运动的速度和加速度沿 x 轴的分量，也正是上面简谐运动的速度和加速度的表达式，即式（10-2）和式（10-3）。

3. 用平移法画振动曲线

利用函数平移法也可以方便地画出振动曲线。先画出初相 $\varphi=0$ 的辅助振动曲线（A，T 均与待求曲线相同），再根据待画曲线的初相大小对 $\varphi=0$ 的振动曲线进行平移。若 $\varphi>0$（超前），则左移；若 $\varphi<0$（落后），则右移，在时间 t 的横轴上平移的距离为 $\Delta t=\dfrac{|\varphi|}{2\pi}T$（$T$ 为周期）。

【**例 10-3**】　**简谐振动**。一质点沿 x 轴作简谐运动，振幅 $A=0.05$ m，周期 $T=0.2$ s。当质点正越过平衡位置向 x 轴负方向运动时开始计时。

（1）写出此质点的简谐运动的余弦函数表达式；

（2）求在 $t=0.05$ s 时质点的位置、速度和加速度；

（3）若另一质点与此质点的振动频率相同，二者反相，但前者质点的振幅为 0.08 m，写出前者质点的简谐运动表达式；

（4）画出两个质点振动的相量图。

解　（1）选取平衡位置为坐标原点，用余弦函数表示简谐运动，则 $A=0.05$ m，$\omega=2\pi/T=10\pi$ s^{-1}。由于 $t=0$ 时，$x=0$，且 $v<0$，得 $\varphi=\pi/2$。因此，此质点的简谐运动表达式为

$$x = A\cos(\omega t+\varphi) = 0.05\cos\left(10\pi t+\frac{\pi}{2}\right) \text{ m}$$

若采用旋转矢量法，由于起始时刻质点正越过平衡位置向 x 轴负方向运动，因此振幅矢量对应于图 10-7 或图 10-8 的 a 处，因此初相角 $\varphi=\pi/2$。

（2）$t = 0.05$ s 时，质点的位置为

$$x = 0.05\cos\left(10\pi \times 0.05 + \frac{\pi}{2}\right) \text{m} = -0.05 \text{ m}$$

此时质点位于 x 轴负方向的最大位移处。速度为

$$v = -\omega A \sin(\omega t + \varphi) = -0.05 \times 10\pi \times \sin\left(10\pi \times 0.05 + \frac{\pi}{2}\right) \text{m/s} = 0 \text{ m/s}$$

此时质点瞬时停止，运动即将转向。加速度为

$$a = -\omega^2 A\cos(\omega t + \varphi) = -(10\pi)^2 \times 0.05 \times \cos\left(10\pi \times 0.05 + \frac{\pi}{2}\right) \text{ m/s}^2$$

$$= 49.3 \text{ m/s}^2$$

此时质点的瞬时加速度指向平衡位置。

（3）由于两个质点频率相同，另一反相质点的初相与此质点的初相差就
是 π（或 $-\pi$）。另一质点的简谐运动表达式应为

$$x_2 = A_2\cos(\omega t + \varphi - \pi) = 0.08\cos\left(\frac{2\pi t}{T} + \frac{\pi}{2} - \pi\right) \text{ m}$$

$$= 0.08\cos\left(10\pi t - \frac{\pi}{2}\right) \text{ m}$$

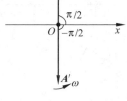

（4）画出两振动的相量图，如图 10-9 所示。据此，可直接写出初相角。

图 10-9　例 10-2 中两振动的相量图

10.3　简谐运动的能量

对于如图 10-3 所示的水平弹簧振子，系统中的能量有动能和势能两种类型。
谐振动的动能为

$$E_k = \frac{1}{2}mv^2 = \frac{1}{2}mA^2\omega^2\sin^2(\omega t + \varphi) = \frac{1}{2}kA^2\sin^2(\omega t + \varphi) \tag{10-10}$$

谐振动的势能为

$$E_p = \frac{1}{2}kx^2 = \frac{1}{2}kA^2\cos^2(\omega t + \varphi) \tag{10-11}$$

弹簧振子的总能量，即总机械能

$$E = E_k + E_p = \frac{1}{2}mv^2 + \frac{1}{2}kx^2 = \frac{1}{2}kA^2 \tag{10-12}$$

为常量，即弹簧振子的总能量不随时间改变，简谐振动系统的机械能守恒，其值由振幅的平
方确定。对无阻尼的自由振动系统（谐振动或非谐振动），其机械能也守恒。

式（10-12）也说明，弹簧振子的总能量与振幅的平方成正比；振幅不仅给出了简谐运动
的运动范围，还反映了振动系统总能量的大小，或者说反映了振动的强度。此结论对其他的
简谐运动系统也是正确的。这一点与弹簧振子在振动过程中没有外力对它做功的条件是相
符合的。

图 10-10(a)画出了简谐振动的能量关系。图 10-10(b)的势能曲线图反映了弹簧振子
做简谐运动时的能量变化情况，为抛物线形状。在一次振动中总能量为 E，保持不变。在位
移为 x 时，势能和动能分别对应于图中 xa 和 ab 直线段长度。当位移到达 $+A$ 和 $-A$ 时，振
子动能为零，开始返回运动。振子不可能越过势能曲线到达势能更大的区域，否则动能将为
负值，这是不可能的。

还可以利用式（10-10）和式（10-11）求出弹簧振子的动能和势能对时间的平均值。根
据物理量对时间的平均值的定义，平均动能和平均势能分别为

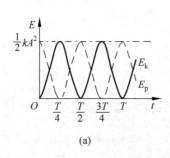 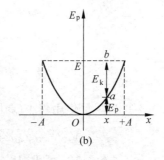

图 10-10　简谐运动能量与弹簧振子的势能曲线

（a）简谐振动的能量；（b）势能曲线

$$\bar{E}_k = \frac{1}{T}\int_0^T E_k \mathrm{d}t = \frac{1}{T}\int_0^T \frac{1}{2}kA^2 \sin^2(\omega t + \varphi)\mathrm{d}t = \frac{1}{4}kA^2 \qquad (10\text{-}13)$$

$$\bar{E}_p = \frac{1}{T}\int_0^T E_p \mathrm{d}t = \frac{1}{T}\int_0^T \frac{1}{2}kA^2 \cos^2(\omega t + \varphi)\mathrm{d}t = \frac{1}{4}kA^2 \qquad (10\text{-}14)$$

即弹簧振子的势能和动能的平均值相等,且等于总机械能的一半。这一结论也同样适用于其他的无阻尼自由振动系统的简谐运动。

*10.4　阻尼振动

前面所讨论的简谐运动都是物体在弹性力或准弹性力作用下产生的,没有受到其他的力,如阻力的作用。或者说,简谐振动是一种无阻尼自由振动。这里的"尼"字有阻止之意。振动系统不受外界作用,无阻尼或阻尼可忽略而自然进行的振动,称为**固有振动**,又称为**自由振动**或**本征振动**。如简谐振动系统的频率是固定的,且由系统的参数唯一确定。实际上,任何振动系统总要受到阻力的作用,造成能量损失而使系统的振幅逐渐减小,这时的振动称为**阻尼振动**,有时也称为**减幅振动**。例如,单摆在受空气阻力下的振动及电子电路中振荡电流在电阻及电磁辐射下的振荡都是阻尼振动。因此,振动包含无阻尼和阻尼振动两种情况;根据产生振动原因,振动可以分为自由振动、受迫振动、自激和参变振动等。

振动系统通常都处于空气或液体中,它们受到的阻力就来自它们周围的这些介质。实验指出,当物体运动的速度不太大时,介质对运动物体的阻力与速度成正比(见 2.2 节),且二者方向相反,则阻力 f_r 与速度 v 关系表示为

$$f_r = -\gamma v \qquad (10\text{-}15)$$

式中,γ 为正值的比例常量,其大小由物体的形状、大小、表面状况以及介质的性质决定。

质量为 m 的振动物体,在弹性力(或准弹性力)和上述阻力作用下运动时,如果阻力较小,则其振动图线如图 10-11 所示。

由于简谐振动附加的摩擦力为 $f_r = -\gamma v = -\gamma \dfrac{\mathrm{d}x}{\mathrm{d}t}$,则阻尼振动的动力学方程为

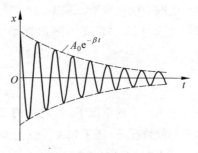

图 10-11　阻尼振动图线

$$-kx - \gamma \frac{\mathrm{d}x}{\mathrm{d}t} = m \frac{\mathrm{d}^2 x}{\mathrm{d}t^2} \tag{10-16}$$

或

$$\frac{\mathrm{d}^2 x}{\mathrm{d}t^2} + 2\beta \frac{\mathrm{d}x}{\mathrm{d}t} + \omega_0^2 x = 0 \tag{10-17}$$

式中,$\omega_0^2 = \frac{k}{m}$,$2\beta = \frac{\gamma}{m}$。当阻尼作用较小(弱阻尼)时,$\beta < \omega_0$,其解为

$$x = A_0 \mathrm{e}^{-\beta t} \cos(\omega t + \varphi_0) = A\cos(\omega t + \varphi_0) \tag{10-18}$$

其中,$\omega^2 = \omega_0^2 - \beta^2$。由式(10-18)可见,阻尼振动的振幅随时间按指数规律减少,其振幅 A 为

$$A = A_0 \mathrm{e}^{-\beta t} \tag{10-19}$$

其中

$$\beta = \frac{\gamma}{2m} \tag{10-20}$$

称为**阻尼系数**。它是描述阻尼振动中阻尼程度的物理量,β 越小,振幅衰减越慢。

阻尼振动的周期为

$$T = \frac{2\pi}{\omega} = \frac{2\pi}{\sqrt{\omega_0^2 - \beta^2}} \tag{10-21}$$

由于 $T_0 = \frac{2\pi}{\omega_0}$,故 $T > T_0$;阻尼的存在使阻尼振动的周期变大,即节奏变慢了。在阻尼振动中,振动物体或振动量不能完全恢复原状,则以连续两次从同方向通过平衡位置时所经历的时间为一个周期。

由于振动能量 E 和振幅 A 的平方成正比,则有

$$E = \frac{1}{2}kA^2 = E_0 \mathrm{e}^{-2\beta t} \tag{10-22}$$

式中,$E_0 = \frac{1}{2}kA_0^2$ 为起始能量。能量减小到起始能量的 $\frac{1}{\mathrm{e}}$ 所经过的时间

$$\tau = \frac{1}{2\beta} \tag{10-23}$$

称为阻尼振动的**时间常量**,即**特征时间**,也称为**鸣响时间**。阻尼越小,则时间常数越大,鸣响时间也越长。

在通常情况下,振动难于避免受到阻尼的影响。对实际的阻尼振动,通常用在鸣响时间内可能振动的次数来比较振动的"优劣",即振动次数越多越"好"。在实际应用中,人们将这样的次数的 2π 倍定义为阻尼振动的**品质因数**,并以 Q 表示,因此,又称为振动系统的 **Q 值**。即

$$Q = 2\pi \frac{\tau}{T} = \omega\tau \tag{10-24}$$

在阻尼不严重的情况下,此式中的 T 和 ω 就可以用振动系统的固有周期和固有角频率计算。一般情况下,音叉和钢琴弦的 Q 值为几千,即它们在敲击后到基本听不见之前,大约可振动几千次;无线电技术中的振荡回路的 Q 值为几百;激光器的光学谐振腔的 Q 可达 10^7。

由于振动系统所受阻尼大小不同,所以振幅衰减的方式也不同。当外界阻尼较小时,振动逐渐减弱,最后停在平衡位置,这种过程称为**欠阻尼**(弱阻尼),如图 10-11 所示。

当外界阻尼逐渐增大到一定程度时,振动物体刚开始不做周期性振动,而是离开平衡位置后又迅速回到平衡位置的振动状态,这种过程称为**临界阻尼**。

当外界阻尼大于临界阻尼时,振动物体的运动将不再具有任何周期性,而是在离开平衡位置后又缓慢地回到平衡位置,这种过程称为**过阻尼**。

若阻尼的大小适当,则可以使运动处于一种临界阻尼状态,此时系统还是一次性地回到平衡状态,但所用的时间比过阻尼的情况要短。因此,当物体偏离平衡位置时,如果要使其以最短的时间一次性地回到平衡位置,可采用施加临界阻尼的方法。

*10.5 受迫振动 共振

阻力总是客观存在的,它将使振动系统最后停了下来。为获得稳定振动,通常对振动系统施加一周期性外力。这一周期性驱动力称为策动或激励。

1. 受迫振动

振动系统在外界驱动力(激励,策动力)的持续作用下,由于克服阻尼而被迫进行的振动,称为**受迫振动**,也称为**强迫振动**。如天线因受迫电磁振荡,向外辐射电磁波。如果外加的驱动力是周期性和连续的,则受迫振动为稳态振动。

受迫振动的情况随处可见。例如,如果电动机的转子的质心不在转轴上,则当电动机工作时,它的转子就会对基座施加一个周期性外力(频率等于转子的转动频率)而使基座作受迫振动。扬声器中与纸盆相连的线圈,在通有音频电流时,在磁场作用下就对纸盆施加周期性的驱动力而使之发声。人们听到声音也是耳膜在传入耳蜗的声波的周期性压力作用下作受迫振动的结果。

质量为 m 的振动物体,在弹性力(或准弹性力)、阻力(如阻力与速度成正比)以及周期性驱动力 $F = H\cos\omega t$ 作用下做受迫振动。开始时,振幅随时间增大,振动过程比较复杂且紊乱,但经过一段过渡时间后,达到稳定状态,其形式就像简谐运动。因此,它可表示为

$$x = A\cos(\omega t + \varphi) \tag{10-25}$$

式中,ω 为驱动力的角频率,A 为振幅。A 与系统本身性质以及驱动力等密切相关。

当振动达到稳定时,受迫振动的频率(或周期)与外界驱动力的频率(或周期)相同。虽然振幅不再随时间而变化,但此时的振幅 A 不仅与外界驱动力的振幅 H、阻尼系数 β 有关,而且还与系统的固有频率 ω_0、外界驱动力的频率 ω 密切有关。我们可以推导出

$$A = \frac{H/m}{[(\omega_0^2 - \omega^2)^2 + 4\beta^2\omega^2]^{1/2}} \tag{10-26a}$$

$$\tan\varphi = -\frac{2\beta\omega}{\omega_0^2 - \omega^2} \tag{10-26b}$$

对一定的振动系统,改变驱动力的频率,直至其为某一值 ω_r 时,振幅会达到极大值。应用求极值的方法,对式(10-26a)的 ω 求导,求得使振幅达到极大值的频率 ω_r 为

$$\omega_r = \sqrt{\omega_0^2 - 2\beta^2} \tag{10-27}$$

阻尼增大时,频率极大值会变小。相应的最大振幅 A_r 为

$$A_r = \frac{H/m}{2\beta\sqrt{\omega_0^2 - \beta^2}} \tag{10-28}$$

在**弱阻尼**($\omega_0 \gg \beta$)情况下,即阻尼系数 β 较小时,$\omega_r \approx \omega_0$;由式(10-28)可见,$A_r$ 为最大值,此

时振动系统将出现共振现象。对应的频率为共振频率。

2. 共振

所谓共振,即当驱动力频率与振动系统的固有频率相等或接近时,振幅将急剧增大,达到最大值。我们把这种振幅达到最大值的现象叫作(位移)**共振**。发生共振时的频率称为**共振频率**。这样的共振是一种位移共振。

图 10-12 所示为几种不同阻尼系数的受迫振动的振幅随驱动力角频率变化的情况。

共振时,$\omega = \omega_r = \omega_0$,由式(10-26b),$\varphi = -\pi/2$,则振动速度大小为

$$v = \frac{\mathrm{d}x}{\mathrm{d}t} = -\omega A \sin(\omega t + \varphi) = \omega A \cos \omega t$$

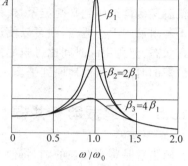

图 10-12 受迫振动的振幅曲线

可见,共振时的振动速度与驱动力的方向相同,即驱动力总是对系统做正功,系统能最大限度地从外界得到能量。这就是共振时振幅最大的原因。在弱阻尼的情况下,位移共振与速度共振可不加区分。

共振是一种极为普遍的现象,在声、光、电、原子内部和工程技术中都常遇到。

一方面,共振是有害的。例如,运转的机器可能因共振或系统振幅过大而损坏,大桥可能因共振而断裂坍塌。为了防止共振的发生,机器的工作频率应远在共振频率之下;如果必须工作在共振频率之上,则它应足够快地越过此频率。著名的美国塔科玛海峡大桥是一座悬索桥,建成通车后因索桥随风摇摆引起人们的好奇,1940 年 11 月 7 日当天有个研究团队正在拍摄大桥场景,目睹了大桥断塌的过程。断塌的部分原因是阵阵大风(周期性旋涡风)引起的桥悬索共振而导致它发生扭曲。图 10-13(a)是该桥断前某一时刻的扭曲振动形态,图 10-13(b)是桥断后的惨状。2000 年,伦敦的千年桥受共振影响而关闭。这样的共振是有害的,必须防止。

(a)

(b)

图 10-13 塔科玛海峡大桥的共振断塌

另一方面,共振也是可以利用的或消除的。在声学中,共振也称共鸣。弦乐器(如二胡等)的琴身或琴筒就是用以增强声音的共鸣器;在声波作用下,共鸣器可发生共振现象而使声音加强。从文献记载看,西晋的张华最早发现了消除共振的方法,唐代《刘宾客嘉话录》记述了太乐令曹绍夔消除"自鸣"(共振)的具体方法。宋代的沈括还设计了琴、瑟的弦发生"相应"(共振)的实验,这种可以演示弦线共振的类似实验,西方是在 17 世纪才完成的。在电学中,振荡电路的共振现象也称为谐振,如收音机用于选台的调谐。核内的核磁共振被用于进行物质结构的研究以及医疗诊断。测速仪也是应用共振原理制成的。

10.6 同一直线上同频率的简谐运动的合成

在实际问题中,常常会遇到几个简谐运动的合成(或叠加)。例如,两个音叉被敲击后产生振动,发出的两列声波同时传到空间某一点时,该点空气质点的运动就是两个振动的合成。一般的振动合成问题比较复杂,下面先讨论在同一直线上的频率相同的两个简谐运动的合成。

设两个在同一直线上的同频率的简谐运动的表达式分别为

$$x_1 = A_1\cos(\omega t + \varphi_1), \quad x_2 = A_2\cos(\omega t + \varphi_2)$$

式中,A_1,A_2 和 φ_1,φ_2 分别为两个简谐运动的振幅和初相,x_1,x_2 表示在同一直线上相同平衡位置的位移。在任意时刻,合振动的位移为

$$x = x_1 + x_2$$

合成结果也是简谐振动,是一种简单的叠加。虽然利用三角公式不难求得合成结果,但利用旋转矢量分析法(相量图法)求解更为简捷,可直观地得出有关结论。

如图 10-14 所示,A_1,A_2 分别表示简谐运动 x_1,x_2 的振幅矢量,其合矢量为 A,且在 x 轴上的投影 $x=x_1+x_2$。因为 A_1,A_2 以相同的角速度 ω 匀速旋转,所以在旋转过程中平行四边形的形状保持不变,因而合矢量 A 的长度保持不变,并以同一角速度 ω 匀速旋转。因此,合矢量 A 就是相应的合振动的振幅矢量。

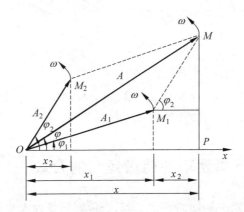

图 10-14　在 x 轴上的两个同频率的简谐运动合成的相量图

设合振动的表达式为 $x=A\cos(\omega t+\varphi)$,利用余弦定理由图 10-14 可求得合振动的合振幅 A 为

$$A = \sqrt{A_1^2 + A_2^2 + 2A_1 A_2\cos(\varphi_2 - \varphi_1)} \tag{10-29}$$

由直角三角形 $\triangle OPM$,可求得合振动的初相位 φ 满足关系式

$$\tan\varphi = \frac{A_1\sin\varphi_1 + A_2\sin\varphi_2}{A_1\cos\varphi_1 + A_2\cos\varphi_2} \tag{10-30}$$

式中,φ 的大小介于 φ_1 和 φ_2 之间,可由式(10-30)计算求出。

式(10-29)表明合振动的合振幅不仅与两个分振动的振幅有关,还与它们的初相差 $\Delta\varphi=\varphi_2-\varphi_1$ 有关。下面是两个简谐振动合成的特例。

（1）**两个分振动同相**

若两个分振动同相，则 $\Delta\varphi=\varphi_2-\varphi_1=2k\pi$，其中 $k=0,\pm1,\pm2,\cdots$，则 $\cos\Delta\varphi=1$，由式（10-29）可得合成后振幅为

$$A=\sqrt{A_1^2+A_2^2+2A_1A_2}=A_1+A_2$$

合振幅为最大，两个分振动相互加强。振动曲线如图 10-15(a)所示。

（2）**两个分振动反相**

若两个分振动反相，则 $\Delta\varphi=\varphi_2-\varphi_1=(2k+1)\pi$，其中 $k=0,\pm1,\pm2,\cdots$，则 $\cos\Delta\varphi=-1$，由式（10-29）可得合成后振幅为

$$A=\sqrt{A_1^2+A_2^2-2A_1A_2}=|A_1-A_2|$$

合振幅为最小，两个分振动相互削弱。振动曲线如图 10-15(b)所示。当 $A_1=A_2$ 时，$A=0$，说明两个等幅反相的振动，其合成的结果将使质点处于静止状态。

当两个分振动初相差 $\Delta\varphi=\varphi_2-\varphi_1$ 为其他值时，二者既不同相也非反相，合振幅的值在 A_1+A_2 与 $|A_1-A_2|$ 之间。若 $\Delta\varphi>0$，表示 x_2 先于 x_1 达到各自的同方向最大值，即 x_2 振动超前 x_1 振动 $\Delta\varphi$ 的相位；若 $\Delta\varphi<0$，则为落后（或滞后）。对周期性规律的振动，超前或落后是相对的。

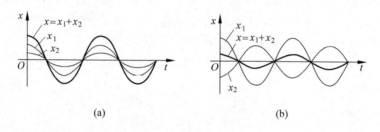

(a)   (b)

图 10-15 振动合成曲线

(a) 两分振动同相；(b) 两分振动反相

10.7 同一直线上不同频率的简谐运动的合成

如果在一条直线上的两个振动的频率不同，合成结果就较为复杂了。从相量图看，由于这时 A_1 和 A_2 的角速度不同，它们之间的夹角就要随时间改变，它们的合矢量也将随时间改变。该合矢量在 x 轴上的投影所表示的合运动将不再是简谐运动。下面我们不讨论一般的情形，而只讨论两个振幅相同的振动的合成。

设两个振动的振幅均为 A，角频率分别为 ω_1 与 ω_2。由于二者频率不同，总会有机会产生同相（表现在相量图上是两分振幅矢量在某一时刻重合）。为便于分析，从二者同相的时刻开始计算时间，因而它们的初相相同。因此，把两个振动的表达式分别写为

$$x_1=A\cos(\omega_1 t+\varphi) \quad \text{和} \quad x_2=A\cos(\omega_2 t+\varphi)$$

应用三角学中的"和差化积"公式，可得合振动的表达式为

$$x=x_1+x_2=2A\cos\left(\frac{\omega_2-\omega_1}{2}\right)t\cdot\cos\left[\left(\frac{\omega_2+\omega_1}{2}\right)t+\varphi\right] \tag{10-31}$$

可见，两个不同频率谐振动的合成不再是等幅振动，也不是简谐振动。

虽然式(10-31)也是三角函数,在一般情形下,我们察觉不到合振动有明显的周期性。但当两个分振动的频率都较大而其差较小时,则合成后就会出现明显的周期性变化。下面说明这种特殊的情形。

式(10-31)中的两因子 $\cos\left(\dfrac{\omega_2-\omega_1}{2}\right)t$ 和 $\cos\left[\left(\dfrac{\omega_2+\omega_1}{2}\right)t+\varphi\right]$ 表示两个周期性变化的量。若两个谐振动的频率都较大,且相差较小时,设 $\omega_2+\omega_1\gg|\omega_2-\omega_1|$,且 $\omega_2-\omega_1>0$,则式(10-31)中第二分振动的频率比第一个的大很多,即第一个的周期比第二个的大很多,使得第一个量的变化比第二个量的变化慢得多,以致在某一段较短时间内第二个量反复变化多次时,第一个量几乎没有变化。因此,它们的合运动,就是由这两个因子的乘积决定的运动,可近似地看成振幅为 $2A\left|\cos\left(\dfrac{\omega_2-\omega_1}{2}\right)t\right|$(因振幅总为正,故通常取绝对值),角频率为 $\dfrac{\omega_2+\omega_1}{2}$ 的谐振动。这里所说的近似谐振动,就是因为振幅是随时间改变的缘故。

合振幅以 $2A\left|\cos\left(\dfrac{\omega_2-\omega_1}{2}\right)t\right|$ 规律随时间作缓慢的周期性变化,合振动(包络线)可近似看成振幅缓慢变化的简谐振动。由于振幅的这种改变也是周期性的,所以就出现振动忽强忽弱的现象,这时的振动合成的图线如图 10-16 所示。在相量图中,式(10-31)的 $2A\left|\cos\left(\dfrac{\omega_2-\omega_1}{2}\right)t\right|$ 具有振幅的属性,为振幅项;$\cos\left[\left(\dfrac{\omega_2+\omega_1}{2}\right)t+\varphi\right]$ 为简谐项,其角频率为 $\dfrac{\omega_1+\omega_2}{2}\approx\omega_1\approx\omega_2$,$\varphi$ 为初相位。当振幅随时间作周期性变化时,将出现拍的现象。

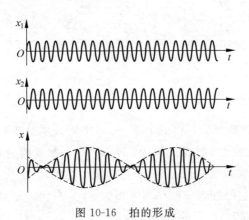

图 10-16　拍的形成

当频率相近的两个谐振动合成后,合振动的振幅做周期性——忽强忽弱变化,这种现象叫做**拍**。合成振幅变化的频率,或单位时间内振动加强或减弱的次数称为**拍频**。振幅强弱变化一次为"一拍",拍频等于两个谐振动的频率之差。在波动理论中,这种合成的振幅做周期性强弱变化的现象称为**干涉**。

拍频的值可以由振幅表达式 $2A\left|\cos\left(\dfrac{\omega_1-\omega_2}{2}\right)t\right|$ 求出。由于这里只考虑绝对值,而余弦函数的绝对值在一个周期内两次达到最大值,或者说,它以 π 为周期,所以单位时间内最

大振幅出现的次数应为振动 $\cos\left(\dfrac{\omega_2-\omega_1}{2}\right)t$ 频率的两倍,即拍频为两分谐振动频率之差

$$\nu = 2\times\frac{1}{2\pi}\left|\frac{\omega_2-\omega_1}{2}\right| = \left|\frac{\omega_2}{2\pi}-\frac{\omega_1}{2\pi}\right| = |\nu_2-\nu_1| \tag{10-32}$$

若音乐中出现拍,听到的合成音将是不和谐的。但当利用标准音叉或振荡器对乐器进行调音或校准时,拍却是有效的手段。

由式(10-32)可知,拍还可用来测量频率。如果已知一个高频振动的频率,使它与另一个频率相近但未知频率的振动叠加,通过测量合成振动的拍频,即可求出后者的频率。

*10.8　谐振分析

从上一节关于振动合成的讨论知道,两个在同一直线上而频率不同的简谐运动合成的结果仍然是振动,但一般不再是简谐运动。现在讨论一个频率比为 1∶2 的两个简谐振动合成的特例。设合振动的表达式为

$$x = x_1 + x_2 = A_1\sin\omega t + A_2\sin 2\omega t$$

合振动的 x-t 曲线如图 10-17 所示。由图可见,合振动不再是简谐运动,但仍然是周期性振动。合振动的频率就是其中较低的振动的频率。一般地说,如果分振动不是两个,而是两个以上,而且各分振动的频率都是其中一个最低频率的整数倍,则上述结论仍然正确,即合振动仍然是周期性的,其频率等于其中最低的振动的频率。

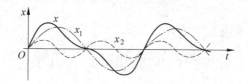

图 10-17　频率比为 1∶2 的两个简谐运动的合成

合振动的具体变化规律与分振动的个数、振幅比例关系及相差有关。图 10-18 说明由若干分简谐振动合成"方波"的图线。图 10-18(a)表示方波的合振动图线,其频率为 ν。图 10-18(b)、(c)、(d)依次为频率是 $\nu,3\nu,5\nu$ 的简谐运动的图线。这三个简谐运动的合成图线如图 10-18(e)所示。它已和方波振动图线相近了,如果再加上频率更高而振幅适当的若干简谐运动,就可以合成相当准确的方波振动了。

以上讨论的是振动的合成,与之相反,任一复杂的周期性非正弦规律振动在满足一定数学条件时,可以分解为振幅和频率不同的一系列简谐运动的之和,其频率等于该复杂振动频率的整数倍,组成的频谱可以用线状频谱(振幅-频率图中的线状图)表示。所谓频谱,就是任何复杂振动分解为许多不同振幅和不同频率的"谐振动"时,这些谐振动的振幅按频率排列的图形。这种把一个复杂的周期性振动分解为许多简谐运动之和的方法称为**谐振分析**或**简谐分析**。根据实际振动曲线的形状,或其位移-时间函数关系,求出它所包含的各种简谐运动成分的频率和幅度的数学方法称为**傅里叶分析**(或傅立叶分析)。

周期为 T 的非正弦函数 $F(t)$ 可用不同振幅和不同频率的正弦和余弦函数(可能有无穷

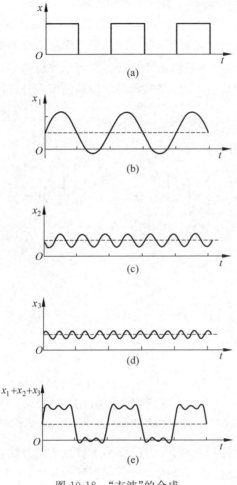

图 10-18 "方波"的合成

多)之和表示为三角型傅里叶级数的形式。三角型傅里叶级数是工程上较为实用的形式。因此，$F(t)$ 可表示为

$$F(t) = \frac{1}{2}A_0 + \sum_{k=1}^{\infty}\left[A_k\cos(k\omega t + \varphi_k)\right] \tag{10-33}$$

这是一个无穷三角级数。其中，$A_0/2$ 为恒定分量(对电信号而言，就是直流分量)。各分振动的振幅 A_k 与初相 φ_k 可以根据积分公式求出。这些分振动中，$k=1$ 对应的频率 ω_1 最低，它的频率就是原周期函数 $F(t)$ 的频率，这一频率也就叫**基频**(或主频)。其他分振动($k>1$)的频率称为**傅里叶频率**，它们都是基频的整数倍，$k=2,3,\cdots$ 对应的频率分别称为 2 次谐频(倍频)、3 次谐频(3 倍频)，$\cdots$。相应地，把这些谐振动分别称为基频振动或**倍频**振动。

通常用频谱表示一个实际振动所包含的各种谐振成分的振幅和它们的频率的关系。对周期性振动，频谱是离散的线状谱，不同谐频与振幅的关系可用线状谱表示，称为**幅度频谱**。例如，图 10-19(a)的谐振动可用图 10-19(b)的线状谱表示。而非周期性振动的频率谱密集成连续谱，例如，图 10-19(c)的谐振动对应图 10-19(d)的频谱。此外，还有相位频谱。它们都是离散的。函数 $A_k\mathrm{e}^{\mathrm{j}\varphi_k}$ 称为**频谱函数**。若无特别说明，所说的频谱专指幅度频谱。频谱图提供了一种研究函数 $F(t)$ 的频率特性的图像方法。

不仅周期性振动可以分解为一系列频率为最低频率整数倍的简谐运动,而且任意一种非周期性振动在满足一定数学条件下,也可以分解为无限多个频率连续变化的简谐振动,从而把复杂的振动简单化,这时的频谱是连续的。在音乐合成器中,一切乐器和人声都可以用计算机软件进行傅里叶合成。不过,对非周期性振动的谐振分析涉及傅里叶变换,这里不再介绍。

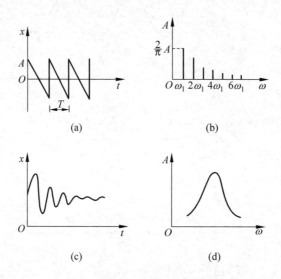

图 10-19 振动的频谱

(a) 锯齿波;(b) 锯齿波的频谱;(c) 阻尼振动;(d) 阻尼振动的频谱

谐振分析无论对实际应用或理论研究,都是十分重要的方法,因为实际存在的振动大多不是严格的简谐运动,而是比较复杂的振动。在实际现象中,一个复杂振动的特征总与组成它们的各种不同频率的谐振成分有关。例如,同为 C 音,音调(即基频)相同,但钢琴和胡琴发出的 C 音的音色不同,就是因为它们所包含的高次谐频的个数及其振幅不同。

* 10.9 两个相互垂直的简谐运动的合成

设两个谐振动分别沿 x 轴和 y 轴运动,表达式为

$$x = A_x\cos(\omega_x t + \varphi_x)$$

和

$$y = A_y\cos(\omega_y t + \varphi_y)$$

它们合成时,质点的运动轨迹为 y-x 关系曲线,其形状如何?以下我们分两种情况进行讨论。

1. 两个方向谐振动的频率相同的情况

若它们的频率相同($\omega = \omega_x = \omega_y$),上述两式消去时间 t,则它们合振动的轨迹

$$\frac{x^2}{A_x^2} + \frac{y^2}{A_y^2} - \frac{2xy}{A_x A_y}\cos(\varphi_x - \varphi_y) = \sin^2(\varphi_y - \varphi_x) \tag{10-34}$$

为椭圆方程形式。方程所表示的质点运动轨迹的形状可以是直线、圆或椭圆等其他各种不同形状,且随两个方向运动的相位差 $\Delta\varphi(\Delta\varphi=\varphi_y-\varphi_x)$ 而改变。

在任意时刻,两个谐振动合成后对于平衡位置 O 点的位移为两个方向谐振动位移的矢量和。利用旋转矢量法可绘出合成的轨迹。图 10-20 画出了两个谐振动在同频率、不同相位差的情况下的合成轨迹与走向。

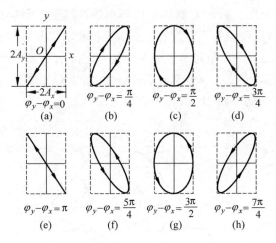

图 10-20　相互垂直的两个简谐运动的合成的轨迹与走向

（1）若两个方向的简谐运动同相（即 $\Delta\varphi=0$ 或 2π）,则某一时刻 x,y 值将同时为零,并将按同一比例连续增大或减小,质点合运动的轨迹是一条通过原点且斜率为正值的直线段,如图 10-20(a)所示。

（2）若两个方向的简谐运动反相（即 $\Delta\varphi=\pi$ 或 $-\pi$）,则某一时刻 x,y 值也将同时为零,但一正一负地按同一比例增大或减小。质点合运动的轨迹是一条通过原点而斜率为负值的直线段,如图 10-20(e)所示。

（3）若两个方向的简谐运动相位差为 $\pi/2$（即 $\Delta\varphi=\pi/2$）,则任何时刻 x,y 值都不可能同时为零,而是一个为零时另一个是极大值（正的或负的）,而且是 y 先达到其正极大而 x 后达到其正极大。质点运动的轨迹是一个右旋的,长短半轴分别为 A_y 和 A_x 正椭圆,如图 10-20(c)所示。同样地,若 $\Delta\varphi=3\pi/2$,点的轨迹是一个同样的椭圆,不过是左旋的,如图 10-20(g)所示。在这两种情况下,若两个方向谐振动的振幅相等（$A_y=A_x$）,则质点合运动的轨迹将分别是右旋和左旋的圆周。

（4）若两个方向的简谐运动的相位差为其他值,则质点的合运动将是不同形状的斜置的椭圆,如图 10-20 中其他图所示。

由于此种情况的两个方向谐振动的频率相同,在所有这些情况下,质点合成运动的周期就是两个方向谐振动的周期。

2. 两个方向谐振动的频率不同的情况

当两个相互垂直的简谐运动的频率不同时,其合成结果往往比较复杂。若它们的频率具有简单的整数比（如 2/3、3/4 等）,合成后质点的运动具有封闭的、稳定的运动轨迹（包括往返的直线）,这种图形称为**李萨如图**。它的轨迹或形状由 A_x 与 A_y 之比,ω_x 与 ω_y 之比以

及相位差 $\Delta\varphi = \varphi_y - \varphi_x$ 共同决定。上述频率相同的情况为李萨如图的一种特例。

质点合运动的轨迹是有方向性的,李萨如图旋转方向的一般规律:相位差 $\Delta\varphi = \varphi_y - \varphi_x$ 满足 $0 < \Delta\varphi < \pi$,图形为右旋;满足 $\pi < \Delta\varphi < 2\pi$,图形为左旋;满足 $\Delta\varphi = 0$ 或 π,图形为直线,且仍为简谐振动。

在大学物理实验中,双踪示波器置 x-y 模式,可对 x 轴和 y 轴输入的两个电信号进行合成,在屏幕上观测李萨如图。若示波器的扫描频率较高,则显示屏将呈现合成后稳定的图像;若采用低频慢扫,则可观察到合成的每一个过程和李萨如图的旋转方向。李萨如图可用于比较两个简谐运动的频率,也是测量频率的基本方法之一,还可用于测定相位差。

当两个简谐运动的频率比为其他值或不成整数时,李萨如图呈现的将是交叉叠加在一起的图形。图 10-21 画出了频率比 ν_y/ν_x 分别等于 $1/2$,$2/3$ 和 $3/4$ 的两个分简谐运动合成的质点运动的轨迹,即李萨如图。

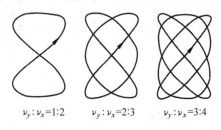

$\nu_y : \nu_x = 1:2$ $\nu_y : \nu_x = 2:3$ $\nu_y : \nu_x = 3:4$

图 10-21   李萨如图

最后应该指出的是,与合成相反,一个质点的圆运动或椭圆运动可以分解为相互垂直的两个同频率的简谐运动。研究光的偏振时,可采用这种运动的分解方法。

思考题

10-1   什么是简谐运动?下列运动中哪个是简谐运动?

(1) 拍皮球时球的运动;

(2) 锥摆的运动;

(3) 一小球在半径很大的光滑凹球面底部的小幅度摆动。

10-2   如果把一弹簧振子和一单摆拿到月球上去,它们的振动周期将如何改变?

10-3   当一个弹簧振子的振幅增大到两倍时,试分析它的下列物理量将受到什么影响:振动的周期、最大速度、最大加速度和振动的能量。

10-4   把一单摆从其平衡位置拉开,使悬线与竖直方向成一小角度 φ,然后放手任其摆动。如果从放手时开始计算时间,此 φ 角是否振动的初相?单摆的角速度是否振动的角频率?

10-5   已知一简谐运动在 $t = 0$ 时物体正越过平衡位置,试结合相量图说明由此条件能否确定物体振动的初相。

10-6   稳态受迫振动的频率由什么决定?改变这个频率时,受迫振动的振幅会受到什么影响?

10-7   弹簧振子的无阻尼自由振动是简谐运动,同一弹簧振子在简谐驱动力持续作用下的稳态受迫振动也是简谐运动,这两种简谐运动有什么不同?

10-8   实际的弹簧都是有质量的,如果考虑弹簧的质量,弹簧振子的振动周期将变大还是变小?

习题

10-1 一个小球和轻弹簧组成的系统,按

$$x = 0.05\cos\left(8\pi t + \frac{\pi}{3}\right)$$

的规律振动。

(1) 求振动的角频率、周期、振幅、初相、最大速度及最大加速度;

(2) 求 $t=1\,\text{s},2\,\text{s},10\,\text{s}$ 等时刻的相;

(3) 分别画出位移、速度、加速度与时间的关系曲线。

10-2 有一个和轻弹簧相连的小球,沿 x 轴作振幅为 A 的简谐运动。该振动的表达式用余弦函数表示。若 $t=0$ 时,球的运动状态分别为:(1)$x_0=-A$;(2)过平衡位置向 x 正方向运动;(3)过 $x=A/2$ 处,且向 x 负方向运动。试用相量图法分别确定相应的初相。

10-3 已知一个谐振子(即作简谐运动的质点)的振动曲线如图 10-22 所示。

(1) 求与 a,b,c,d,e 各状态相应的相;

(2) 写出振动表达式;

(3) 画出相量图。

10-4 作简谐运动的小球,速度最大值为 $v_\text{m}=3\,\text{cm/s}$,振幅 $A=2\,\text{cm}$,若从速度为正的最大值的某时刻开始计算时间,

(1) 求振动的周期;

(2) 求加速度的最大值;

(3) 写出振动表达式。

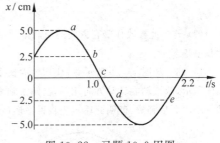

图 10-22 习题 10-3 用图

10-5 一水平弹簧振子,振幅 $A=2.0\times10^{-2}\,\text{m}$,周期 $T=0.50\,\text{s}$。当 $t=0$ 时,

(1) 振子过 $x=1.0\times10^{-2}\,\text{m}$ 处,向负方向运动;

(2) 振子过 $x=-1.0\times10^{-2}\,\text{m}$ 处,向正方向运动。

分别写出以上两种情况下的振动表达式。

10-6 两个谐振子作同频率、同振幅的简谐运动。第一个振子的振动表达式为 $x_1=A\cos(\omega t+\varphi)$,当第一个振子从振动的正方向回到平衡位置时,第二个振子恰在正方向位移的端点。

(1) 求第二个振子的振动表达式和二者的相差;

(2) 若 $t=0$ 时,第一个振子 $x_1=-A/2$,并向 x 负方向运动,画出二者的 x-t 曲线及相量图。

10-7 一弹簧振子,弹簧劲度系数为 $k=25\,\text{N/m}$,当振子以初动能 0.2 J 和初势能 0.6 J 振动时,试回答:

(1) 振幅是多大?

(2) 位移是多大时,势能和动能相等?

(3) 位移是振幅的一半时,势能多大?

10-8 将一劲度系数为 k 的轻质弹簧上端固定悬挂起来,下端挂一质量为 m 的小球,平衡时弹簧伸长为 b。试写出以此平衡位置为原点的小球的动力学方程,从而证明小球将作简谐运动并求出其振动周期。若它的振幅为 A,它的总能量是否还是 $\frac{1}{2}kA^2$?(总能量包括小球的动能和重力势能以及弹簧的弹性势能,两种势能均取平衡位置为势能零点。)

*10-9 劲度系数分别为 k_1 和 k_2 的两根弹簧和质量为 m 的物体相连,如图 10-23 所示,试写出物体的动力学方程并证明该振动系统的振动周期为

$$T = 2\pi \sqrt{\frac{m}{k_1 + k_2}}$$

*10-10 在水平光滑桌面上用轻弹簧连接两个质量都是 0.05 kg 的小球(图 10-24),弹簧的劲度系数为 1×10^3 N/m。今沿弹簧轴线向相反方向拉开两球然后释放,求此后两球振动的频率。

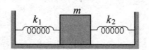

图 10-23 习题 10-9 用图

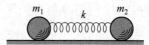

图 10-24 习题 10-10 用图

*10-11 设想穿过地球挖一条直细隧道(图 10-25),隧道壁光滑。在隧道内放一质量为 m 的球,它离隧道中点的距离为 x。设地球为均匀球体,质量为 M_E,半径为 R_E。

(1) 求球受的重力。(提示:球只受其所在处的球面以内的地球质量的引力作用。)

(2) 证明球在隧道内在重力作用下的运动是简谐运动,并求其周期。

(3) 近地圆轨道人造地球卫星的周期多大?

*10-12 一物体放在水平木板上,物体与板面间的静摩擦因数为 0.50。

(1) 当此板沿水平方向作频率为 2.0 Hz 的简谐运动时,要使物体在板上不致滑动,振幅的最大值应是多大?

(2) 若令此板改作竖直方向的简谐运动,振幅为 5.0 cm,要使物体一直保持与板面接触,则振动的最大频率是多少?

10-13 如图 10-26 所示,一块均匀的长木板质量为 m,对称地平放在相距 $l = 20$ cm 的两个滚轴上。如图所示,两滚轴的转动方向相反,已知滚轴表面与木板间的摩擦因数为 $\mu = 0.5$。今使木板沿水平方向移动一段距离后释放,证明此后木板将做简谐运动并求其周期。

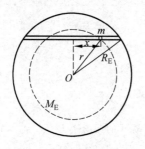

图 10-25 习题 10-11 用图

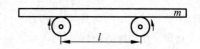

图 10-26 习题 10-13 用图

10-14 质量为 $m = 121$ g 的水银装在 U 形管中,管截面积 $S = 0.30$ cm^2。当水银面上下振动时,其振动周期 T 是多大?水银的密度为 13.6 g/cm^3。忽略水银与管壁的摩擦。

*10-15 一固定的均匀带电细圆环,半径为 R,带电量为 Q,在其圆心上有一质量为 m,带电量为 $-q$ 的粒子。证明此粒子沿圆环轴线方向上的微小振动是简谐运动,并求其频率。

10-16 一质量为 m 的刚体在重力力矩的作用下绕固定的水平轴 O 作小幅度无阻尼自由摆动,如图 10-27 所示。设刚体质心 C 到轴线 O 的距离为 b,刚体对轴线 O 的转动惯量为 J。试用转动定律写出此刚体绕轴 O 的动力学方程,并证明 OC 与竖直线的夹角 θ 的变化为简谐运动,而且振动周期为

$$T = 2\pi \sqrt{\frac{J}{mgb}}$$

式中,J/mb 称为等值摆长(刚体上与轴线 O 点相距等值摆长 $l = J/mb$ 的

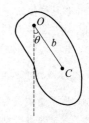

图 10-27 习题 10-16 用图

一点 C' 叫作振动中心或打击中心,它可用于计时或测定重力加速度)。

10-17　一细圆环质量为 m,半径为 R,挂在墙上的钉子上。求它的微小摆动的周期。

10-18　一单摆在空气中摆动,摆长为 1.00 m,初始振幅为 $\theta_0 = 5°$。经过 100 s,振幅减为 $\theta_1 = 4°$。再经过多长时间,它的振幅减为 $\theta_2 = 2°$?此单摆的阻尼因数多大?Q 值多大?

10-19　一质点同时参与两个在同一直线上的简谐运动,其表达式为

$$x_1 = 0.04\cos\left(2t + \frac{\pi}{6}\right) \text{ (SI)}$$

$$x_2 = 0.03\cos\left(2t - \frac{\pi}{6}\right) \text{ (SI)}$$

试写出合振动的表达式。

*10-20　一质点同时参与相互垂直的两个简谐运动:

$$x = 0.06\cos 20\pi t \text{ (SI)}$$

$$y = 0.04\cos(20\pi t + \pi/2) \text{ (SI)}$$

试证明其轨迹为一正椭圆(即其长短轴分别沿两个坐标轴)并求其长半轴和短半轴的长度以及绕行周期。此质点的绕行是右旋(即顺时针)还是左旋(即逆时针)的?

第11章

波　动

本章在振动的基础上,进一步研究振动在空间的传播过程——波动。波动,简称波,通常包括两大类:机械波和电磁波。机械波是机械振动在介质中的传播过程,如弹拨吉他的弦而发出悦耳的声音(声波)、水波、地震波等;电磁波是变化电场和变化磁场在空间的传播,如无线电波、光波、X 射线等;它们都是最普通的波。虽然各类波有着各自特殊的性质,且本质不同,但它们具有波动的许多共同特征和规律,如都具有一定的传播速度,都伴随着能量的传播,都能产生反射、折射、干涉和衍射等现象,具有类似的数学表达形式。不同的是,电磁波无需介质也能传播。这里主要讨论机械波的基本性质和规律,其中有许多理论对电磁波也是适用的。有关电磁波的概念及其理论,将在第 18 章介绍。近代物理学理论指出,微观粒子具有明显的波粒二象性——波动性与粒子性。因此,波动的理论对于研究微观粒子的运动规律也是重要的基础,相关内容见第 22 章。

本章首先介绍机械波特别是简谐波的形成过程、波函数及其特征,进一步说明波的传播速度及其与弹性介质的性质的关系,以及波动传递能量的规律。接着讲述波的传播规律——惠更斯原理,波的一种叠加现象——驻波,以及声波和多普勒效应。最后简要介绍复波与群速度的概念。

11.1　机械波的定性描述

波动是振动的传播过程。一般地说,物质运动状态的物理量做周期变化(即振动)并在空间的传播,即为波动。

1. 产生机械波的条件

机械振动在连续介质(媒质)中的传播称为**机械波**。为描述机械波的运动规律,应先了解介质的作用。介质也称媒质,是指由大量分子或原子组成的、物质系统在其间存在或物理过程(如力和能量的传递)在其间进行的物质;介质通常指空间范围内分布的实物,如空气、水、弦线等。声音可在这类连续分布的介质中传播。

形成机械波需要具备两个条件:要有做机械振动的物体作振源(或波源),以及传播振动的弹性介质。对机械波而言,只有介质而没有波源,则"寂若死灰";只有波源而没有介质,则无法形成机械波,"独角戏"而已。如投石于水中所激起的水波,水就是介质,石块与水接触处所造成的水的晃动就是水振动的振源,也就是波源。

波是如何传播的,传播的是什么?把一根相对较长的橡皮绳一端固定在墙上,手握另一端并沿水平方向将其拉紧。当手猛然在竖直方向上下抖动一次时,如图 11-1(a)所示,即可观察到一个突起状的扰动沿绳向另一端传去。这是因为绳中各段之间都有相互作用的弹力联系着。当用手向上抖动绳时,它就带动邻近介质质元(质元)向上运动,第二个质元又带动第三个,……依次沿水平方向传播。当手向下抖动绳回到原来位置时,它也要带动邻近质元回来,第二个质元又带动第三个质元,……各质元都将被依次带动回到各自原来的位置。因此,由手抖动引起的扰动就不限于手握绳的这一端,而是以一定的速度向另一端传播。

由上分析可见,绳中质元并没有被传播,绳上各点在波传来之前是静止的,波到达后产生起伏,波传播过去了,又静止了。这说明了波是波源运动状态的传播,或者说,波仅仅是能量传递的一种形式,而不是绳中质元的传播,并没有物质迁移,即各质元并未"随波逐流"。

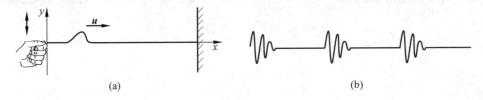

图 11-1　脉冲横波的产生与波列
(a)脉冲横波;(b)波列

振源变化一次的扰动称为**脉冲**,脉冲的传播称为**脉冲波**。振源连续振动若干次所发出的波称为**波列**。如果图 11-1(a)中的手连续多次上下抖动绳的一端,就会观察到如图 11-1(b)所示的波列。若波列的振动是周期性的,则该波称为周期性波列。若波源连续振动若干次后停止振动,则向外发出了长度为若干个波长的波,该波称为一个波列。在电子技术中,把电流或电压的短暂起伏称为脉冲,即电脉冲。如矩形脉冲、三角形脉冲。

2. 机械波的分类

把如图 11-1 所示的这种扰动的传播称为行波,取其"行走"之意。或者说,从波源向外传播的波称为**行波**,也称为**前进波**。除 11.8 节介绍的驻波外,一般的波都是行波。驻波通常仅局限于某区域而不向外传播。

根据介质中形成机械振动时质元所受作用力的不同,波可分为弹性波、重力波和表面张力波等。例如,声波是由介质内部压缩和膨胀产生的弹性应力形成的,为弹性;水波是重力波和表面张力波的合成。

根据质元振动方向与波的传播方向之间的关系,机械波可分为横波和纵波两大类。

(1)**横波**

对如图 11-1 所示的情况,扰动中质元的运动方向垂直于扰动的传播方向,这种波称为**横波**。横波是质元中振动方向与波的传播方向相互垂直的波;与传播方向垂直的振动称为**横振动**。如在弦上传播的波,弦上各点的振动方向与波的传播方向垂直。在任一确定的时刻,横波处于不同的振动状态的空间各点振动在外形上有凸凹交替变化的峰谷之分。**波峰**(凸部)是空间各点达到正向最大值的位置,**波谷**(凹部)是空间各点达到负向最大值的位置(波底)。在波的传播过程中,波峰和波谷随之向前移动。各相邻波峰的连线形成"波峰线"，各相邻波谷的连线形成"波谷线"。

（2）纵波

对图 11-2 中的长弹簧，用手在其一端沿水平方向猛然向前推一下，则靠近手的一小段弹簧就突然被压缩。由于各段弹簧之间的弹力作用，这一压缩的扰动也会沿着弹簧向另一端传播而形成一个脉冲波。在这种情况下，扰动中质元的运动方向和扰动的传播方向在一条直线上，这种波称为纵波。**纵波**是介质的振动方向与传播方向平行的机械波；与传播方向平行的振动称为**纵振动**。最常见的纵波是**声波**，它在气体中传播时，气体微粒的振动方向与波的传播方向一致。纵波传播时，介质的密度发生改变，介质粒子在平衡位置附近沿传播方向振动，使介质疏密相间，时疏时密，故也称为"**疏密波**"，有时也称为**压缩波**。

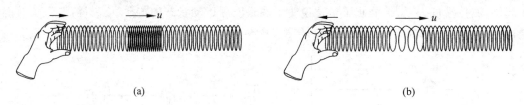

图 11-2 　脉冲纵波的产生

（a）密脉冲；（b）疏脉冲

值得注意的是，不管是横波还是纵波，都只是扰动（一定的运动形态）的传播，介质本身并没有发生沿波的传播方向的迁移。

在弹性介质内部，横波和纵波是波的两种基本形式。在图 11-1 中，作为弹性固体的绳中传播的横波依赖于各质元之间张力的相互作用。由于流体（气体和液体）内部不具备切变弹性，且不能产生张力，因而在流体中不能形成横波。凡是具有线变弹性和体变弹性的介质（见 11.4 节），包括气体、液体和固体，都能传播纵波。可见，振动的传播速度（波速）与介质的种类（性质）有关。

11.2 　简谐波的形成过程

脉冲波貌似简单，实际上还是比较复杂的。最简单的波是**简谐波**，它所传播的扰动形式是简谐运动。正如复杂的振动可以看成是由许多简谐运动合成的一样，任何复杂的波也都可以看成是由许多简谐波叠加而成的。因此，研究简谐波的规律具有重要意义。

简谐波可以是横波，也可以是纵波。一根弹性棒中的简谐横波和简谐纵波的形成过程分别如图 11-3 和图 11-4 所示。两图中把弹性棒划分成许多相同的质元，图中各点表示各质元中心的位置。最上面的（a）行表示振动就要从左端开始的状态，各质元都均匀地分布在各自的平衡位置上。图中各行依次画出了几个典型时刻（振动周期的分数倍）各质元的位置与其形变（见 11.4 节介绍）的情况。

从图 11-3 和图 11-4 中可以明显地看出，在横波中各质元发生剪切形变，外形有峰谷之分；在纵波中，各质元发生形变（线变或体变），因而介质的密度发生改变，各处疏密不同。图中用 u 表示简谐运动传播的速度，也就是波动的传播速度，即波速。图中的小箭头表示相应质元振动的方向。小箭头所在的各质元都正越过各自的平衡位置，因而具有最大的振动速度。从图中还可以看出,这些质元还同时发生着最大的形变。图中最下面的(g)行是**波形曲线**。在波的传播方向上,每个质元都依次地重复着波源的相位。

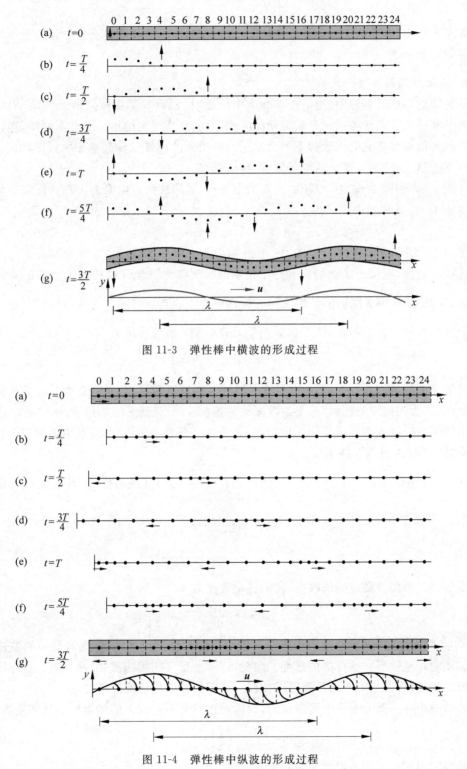

图 11-3 弹性棒中横波的形成过程

图 11-4 弹性棒中纵波的形成过程

11.3　简谐波的波函数　波长

如果说第 10 章介绍的振动只是个体质点的行为,那么波动则是介质中各质点群体运动的共同特征的表现。

1. 简谐波的波函数　波长

简谐波的形成过程说明,简谐波在介质中传播时,各质元都在做简谐运动,它们的位移随时间不断改变。由于各质元开始振动的时刻不同,各质元的简谐运动并不同步,即在同一时刻各质元的位移随它们位置的不同而不同。各质元的位移 y 随其平衡位置 x 和时间 t 变化的数学表达式,称为简谐波的波函数,简称**波函数**。

在图 11-3 和图 11-4 中,以棒的左端为原点 O,沿棒长的方向取为 x 轴。设位于原点的质元初相为 φ_0,其振动表达式为

$$y_0(t) = A\cos(\omega t + \varphi_0) \tag{11-1}$$

由于波沿 Ox 轴正方向传播,所以在 $x>0$ 处的各质元将依次较迟些才开始振动。以 u 表示振动传播的速度,则位于 x 处的质元开始振动的时刻将比原点 O 处的质元晚了 x/u 这样一段时间,因此,在时刻 t 位于 x 处的质元的位移应等于原点在时间 $\dfrac{x}{u}$ 之前,也就是 $\left(t-\dfrac{x}{u}\right)$ 时刻的位移。由式(11-1)可得,位于 x 处的质元在时刻 t 的位移应为

$$y(x,t) = A\cos\left[\omega\left(t-\frac{x}{u}\right)+\varphi_0\right] \tag{11-2}$$

这就是简谐波的波函数。式中,y 为各质点相对平衡位置的位移,x 为波线上各质点的平衡位置坐标;A 为简谐波的振幅,也是波源振动的振幅;ω 为简谐波的角频率,$\omega=2\pi\nu$,ν 也是波源振动的频率。这里假设的是波在均匀的、无吸收的介质中传播,即波在传播过程中没有能量的衰减,因而 A 总是保持不变。

式(11-2)中的 $\omega\left(t-\dfrac{x}{u}\right)$ 为在 x 处的质点在时刻 t 的相(或相位)。对于某一给定的相 $\varphi=\omega\left(t-\dfrac{x}{u}\right)$,它所在的位置 x 和时刻 t 有下述关系:

$$x = ut - \frac{\varphi u}{\omega} = u\left(t-\frac{\varphi}{\omega}\right)$$

即给定的相位的位置随时间而改变,它的移动速度为

$$u = \frac{\mathrm{d}x}{\mathrm{d}t}$$

式中,u 也称为**波速**,描述了振动状态在介质中传播的快慢。这说明,简谐波中的波速 u 也就是振动的相或波形向前传播的速度。因此,这一速度又叫**相速度**,简称相速。由于波函数是 t 和 x 的函数,描述了波的传播过程,因此,这样的波就是**行波**或**前进波**。

简谐波中任一质元都在做简谐运动,因而简谐波具有时间上的周期性。其周期为

$$T = \frac{2\pi}{\omega} \tag{11-3}$$

这也是波的周期。周期的倒数为波的频率 ν,即

$$\nu = \frac{1}{T} = \frac{\omega}{2\pi} \tag{11-4}$$

波的频率为波源振动的频率,与介质无关。

由于波函数式(11-2)中含有空间坐标 x,所以该余弦函数表明,简谐波还具有空间上的周期性。在与坐标为 x 的质元相距 Δx 的另一质元,在时刻 t 的位移为

$$y_{x+\Delta x} = A\cos\left[\omega\left(t - \frac{x+\Delta x}{u}\right) + \varphi_0\right] = A\cos\left[\omega\left(t - \frac{x}{u}\right) - \frac{\omega\Delta x}{u} + \varphi_0\right]$$

显然,如果 $\omega\Delta x/u$ 为 2π 或 2π 的整数倍,则此质元和位于 x 处的质元在同一时刻的位移必定相同,或者说,它们将同相地振动,这反映了简谐波空间上的周期性。

两个相邻的同相质元之间的距离为 $\Delta x = uT = 2\pi u/\omega$,以 λ 表示此距离,则有

$$\lambda = \frac{2\pi u}{\omega} = \frac{u}{\nu} = uT \tag{11-5}$$

这个反映简谐波的空间周期性的特征量 λ 称为**波长**。由式(11-5)可见,波长等于一周期内简谐扰动传播的距离,或者更准确地说,等于一周期内任一给定的"相"所传播的距离。

波长定义为沿波的传播方向上,两个相邻的同相位点(如波峰或波谷,相位差为 2π)之间的水平距离。对同一频率的波,在不同介质中传播时,因波速不同,其波长将随介质的不同而不同。

由式(11-5)可得

$$u = \lambda\nu \tag{11-6}$$

即简谐波的相速度等于简谐波的波长 λ 与其频率 ν 的乘积。

2. 波函数的物理意义

(1)在某一给定的 $x = x_0$ 位置,y 只是 t 的函数,波函数表示距原点 O 为 x_0 处的质点在不同 t 时刻的位移,即该点作简谐运动,对应的 y-t 曲线就是 x_0 处质点的振动曲线。这样的曲线就好像摄像机只对着该位置的质点拍摄的视频,只不过曲线按时间轴展开了。

(2)在某一给定的 $t = t_0$ 时刻,y 只是 x 的函数,式(11-2)给出了此时刻不同位置质点的位移变化规律

$$y_{t_0} = A\cos\left[\left(\omega t_0 - \frac{2\pi}{\lambda}x\right) + \varphi_0\right] \tag{11-7}$$

此式说明,在同一时刻各质元(中心)的位移随它们平衡位置的坐标做正弦规律变化,其波形就好像在某一瞬时(t_0 时刻)用照相机对一组质点拍照的照片。式(11-7)所对应的 y-x 曲线称为**波形曲线**,是在某一时刻 t 各质元位移分布的波形图。例如,图 11-3 和图 11-4 中的图(g)画出了在时刻 $t = 3T/2$ 时的波形曲线。其中,横波的波形曲线直接反映了横波中各质元的位移。而在纵波的波形曲线中,y 轴所表示的位移实际上是沿着 x 轴方向的,即当波向右传播时,各质元的位移向左为负,向右为正;把各质元的位移转到 y 轴方向标出,就连成了与横波波形相似的波动规律曲线。

(3)当 t 和 x 都变化时,波函数表达了所有质点的位移随时间变化的整体动态情况。这就好像用摄像机对一组质点拍摄出来的视频。根据图中标明的波速 u 方向,这些不同位置的质点的位移隐含了质点随时间变化的趋势。

由于波传播时任一给定的"相"都以速度 u 向前移动,所以波的传播在空间内就表现为

整个波形曲线以速度 u 向前平移。图 11-5 就画出了波形曲线的平移,在 Δt 时间内向前平移了 $u\Delta t$ 的一段距离 Δx。平移时,应结合 u 的传播方向处理。

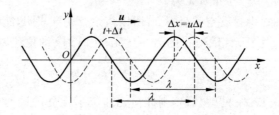

图 11-5　简谐波的波形曲线及其随时间的平移

对简谐波,还常用**波数**来表示其特征。波数 k 定义为

$$k = \frac{2\pi}{\lambda} \tag{11-8}$$

如果把横波中相接的一峰一谷算作一个"完整波",式(11-8)可理解为:波数 k 等于在 2π 的长度内含有的"完整波"的数目。$k\lambda = 2\pi$ 体现了空间的周期性,因此波数又称为**角波数**。但有时把波的传播方向上单位长度内波长的数目也称为波数,即 $k = 1/\lambda$。

根据 λ, ν, T, k 等的关系,沿 Ox 轴正方向传播的简谐波的波函数还可写成下列形式

$$y(x,t) = A\cos\left[\left(\omega t - \frac{2\pi}{\lambda}x\right) + \varphi_0\right] = A\cos\left[2\pi\left(\frac{t}{T} - \frac{x}{\lambda}\right) + \varphi_0\right] \tag{11-9}$$

或

$$y(x,t) = A\cos[(\omega t - kx) + \varphi_0] \tag{11-10}$$

如果简谐波是沿 Ox 轴负方向传播的,将式(11-2)、式(11-9)和式(11-10)的负号改为正号,即可得到相应的波函数。

我们可把以上内容总结为下列的一般情况:

(1) 设一平面简谐波以波速 u 沿 x 轴方向传播,波源在坐标原点 O 且初相为 φ_0,其振动方程为

$$y_0 = A\cos(\omega t + \varphi_0)$$

则波沿 x 轴传播的波动方程的一般形式为

$$y(x,t) = A\cos\left[\omega\left(t \mp \frac{x}{u}\right) + \varphi_0\right] = A\cos\left[2\pi\left(\frac{t}{T} \mp \frac{x}{\lambda}\right) + \varphi_0\right] = A\cos[(\omega t \mp kx) + \varphi_0]$$

式中,符号 $\mp$ 在波沿 Ox 轴正向传播(正行波)时取"$-$",沿 Ox 轴负向传播(逆行波)时取"$+$"。

对于行波,它满足 $y(x+\Delta x, t+\Delta t) = y(x,t)$ 关系,其中 $\Delta x = u\Delta t$,u 为波速。

(2) 推广到更一般的情况,若波沿 Ox 轴正方向传播,且已知距离 O 点为 x_0 的点 P 的振动规律为

$$y_P = A\cos(\omega t + \varphi)$$

则相应的波函数的一般形式为

$$y(x,t) = A\cos\left[\omega\left(t - \frac{x - x_0}{u}\right) + \varphi\right] \tag{11-11}$$

若 x 的取值没有限制,则隐含波源在"$-\infty$",因为假设介质不吸收能量。

3. 简谐波的几何描述

需要说明的是,这里写出的波函数是对一根棒上的行波来说的,但它也可以描述平面简谐波。在一个体积甚大的介质中,如果有一个平面上的质元都同相地沿同一方向做简谐运动,这种振动也会在介质中沿垂直于这个平面的方向传播出去而形成空间的行波。

选取波的传播方向为 Ox 轴的方向,则 x 坐标相同的平面上的质元的振动都是同相的。这些同相振动的点组成的面称为**波面**或**同相面**。波面也称**波阵面**,是从波源发出的振动经过同一传播时间而达到的空间各点所组成的面,为波动的同相面。传播中的波有无数个波面,如投石于静水中,水波的波面是许多同心圆。

在某一时刻最前方的一个波面称为**波前**。在各向同性介质中,波面的法线方向就是波的传播方向。

像这种波面(同相面)是平面的波就称为**平面简谐波**。代表传播方向的直线称为**波线**,如图 11-6(a)所示。显然,式(11-2)、式(11-9)和式(11-10)能够描述这种波传播时介质中各质元的振动情况,因此它们又都是平面简谐波的波函数。平面简谐波是平面波的一个特例,其波函数是平面波动方程的一个特解。

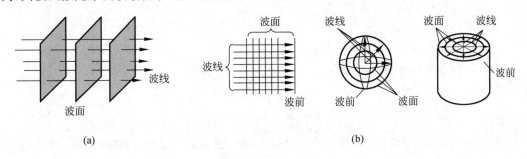

图 11-6 简谐波

(a) 平面简谐波;(b) 三种不同波面的几何描述

根据波面(波阵面)的形状,波可分为平面波(波面为平面)、**球面波**(点波源产生的波面为同心球面)和**柱面波**(波面为同轴柱面),如图 11-6(b)所示。大小可忽略不计的波源称为点波源,在各向同性的均匀介质中激发球面波;在距离点波源足够远处,球面波的一小部分波面可视为平面波。在足够小的体空间 ΔV 内,任何波阵面都可以看成平面。平面波的波前就是垂直于波的传播方向的平面。

【例 11-1】 **平面简谐波**。一列波长为 λ 的平面简谐波以波速 u 沿 Ox 轴正方向传播。已知在 $x_0 = \lambda/4$ 处的质元的振动表达式为 $y_{x_0} = A\cos\omega t$,求该平面简谐波的波函数,并在同一张坐标图中画出 $t = T$ 和 $t = 5T/4$ 时的波形图。

解 设在 x 轴上 P 点处的质点的坐标为 x,则它的振动要比 x_0 处质点的振动晚 $\dfrac{x-x_0}{u} = \dfrac{x-(\lambda/4)}{u}$ 这样一段时间,因此 P 点的振动表达式为

$$y = A\cos\omega\left(t - \frac{x-\lambda/4}{u}\right) = A\cos\left(\omega t - \frac{2\pi}{\lambda}x + \frac{\pi}{2}\right)$$

这就是所求的波函数。

当 $t = 0$ 时,其波形由下式给出

$$y = A\cos\left(-\frac{2\pi}{\lambda}x + \frac{\pi}{2}\right) = A\sin\frac{2\pi}{\lambda}x$$

由于波的传播具有时间上的周期性，在 $t=T$ 时的波形曲线图应向右平移一个波长，即和上式给出的相同。在 $t=5T/4$ 时，波形曲线应较上式给出的向 x 正向平移一段距离 $\Delta x = u\Delta t = u\left(\frac{5}{4}T - T\right) = \frac{1}{4}uT = \frac{1}{4}\lambda$。图 11-7 为 $t=T$ 和 $t=\frac{5}{4}T$ 对应的波形曲线。

【例 11-2】　线上横波。一条弹性长线用水平力张紧，其上产生一列简谐横波向左传播，波速为 20 m/s。在 $t=0$ 时，它的波形曲线如图 11-8 所示。

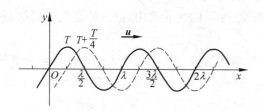
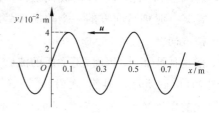

图 11-7　例 11-1 用图　　　　　图 11-8　例 11-2 用图

(1) 求波的振幅、波长和周期；

(2) 按图选取 x 轴，写出波函数；

(3) 写出质点振动速度表达式。

解　(1) 由波形曲线可得，$A = 4.0 \times 10^{-2}$ m，$\lambda = 0.4$ m，则

$$T = \frac{\lambda}{u} = \frac{0.4}{20}\text{s} = \frac{1}{50}\text{ s}$$

(2) 由 $t=0$ 的波形曲线可知，O 点振动方向向上，则初相为 $\varphi = -\pi/2$，原点 O 处质元的振动表达式为

$$y_0 = A\cos\left(2\pi\frac{t}{T} - \frac{\pi}{2}\right)\text{ m}$$

因为波向左传播，相当于整个波形向左平移，波函数为

$$y = A\cos\left[\left(\omega t + \frac{2\pi}{\lambda}x\right) - \frac{\pi}{2}\right] = A\cos\left(2\pi\frac{t}{T} + \frac{2\pi}{\lambda}x - \frac{\pi}{2}\right)$$

代入 A，T 和 λ 的值，可得

$$y = 4.0 \times 10^{-2}\cos\left(100\pi t + 5\pi x - \frac{\pi}{2}\right)\text{ m}$$

(3) 位于 x 处的介质质元的振动速度为

$$v = \frac{\partial y}{\partial t} = 12.6\cos(100\pi t + 5\pi x)\text{ m/s}$$

将此函数和波函数相比较，可知振动速度也以波的形式向左传播。要注意质元的振动速度（其最大值为 12.6 m/s）和波速（为恒定值 20 m/s）的区别，后者由介质的性质决定。

*4. 波动方程

式(11-2)为沿 Ox 轴方向传播的简谐波的波函数。分别对时间 t 和空间位置坐标 x 求波函数的二阶偏导数，得到

$$\frac{\partial^2 y}{\partial t^2} = -A\omega^2\cos\left[\omega\left(t - \frac{x}{u}\right) + \varphi_0\right]$$

和

$$\frac{\partial^2 y}{\partial x^2} = -A\frac{\omega^2}{u^2}\cos\left[\omega\left(t-\frac{x}{u}\right)+\varphi_0\right]$$

比较两个微分方程,即得

$$\frac{\partial^2 y}{\partial t^2} = u^2\frac{\partial^2 y}{\partial x^2}$$

这就是简谐波的一维波动方程。若沿 Ox 轴负方向传播的情况,同样可得到相同的方程。它是一种典型的数学物理方程,也是最简单的二阶双曲型方程。利用波动方程,可以描述波的传播现象。

11.4　物体的弹性形变

机械波是在弹性介质内传播的。为了说明机械波的动力学规律,需要介绍一些有关物体的弹性形变的基本知识。

物体包括固体、液体和气体,在受到外力作用时,形状或体积都会发生或大或小的变化,这种变化统称为**形变**。当外力不太大因而引起的形变也不太大时,撤掉外力,形状或体积仍能复原,这个外力的限度叫**弹性限度**。在弹性限度内的形变叫**弹性形变**,它和外力具有简单的关系。

由于外力施加的方式不同,形变可以有以下几种基本形式。

1. 线变

一段固体棒材,当在其两端沿轴的方向加以方向相反、大小相等的两个外力时,其长度会发生改变,称为**线变**,如图 11-9 所示。伸长或压缩视二力的方向而定。以 F 表示力的大小,以 S 表示棒的横截面积,则 F/S 称为应力。以 l 表示棒原来的长度,以 Δl 表示在外力 F 作用下的长度变化,则相对变化 $\Delta l / l$ 称为**线应变**。

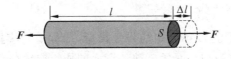

图 11-9　线变

实验表明,各向同性物体受力时,在弹性限度内,应力和线应变成正比,即

$$\frac{F}{S} = Y\frac{\Delta l}{l} \quad \text{或} \quad \frac{F}{S} = E\frac{\Delta l}{l} \tag{11-12}$$

式中,正应力与线应变的比值 Y(或 E)是关于线变的比例常量,称为**杨氏模量**,单位为 N/m^2。它是描述在弹性限度内材料抵抗弹性形变(抗拉或抗压)能力的特征参数,与材料的结构、化学成分及制造方法有关,是工程技术中常用的力学参数,其大小标志了材料的刚性。杨氏模量由英国科学家托马斯·杨(T. Young,1773—1829)在总结了胡克等人的研究成果后于 1807 年首先提出,故名。

将式(11-12)改写成

$$F = \frac{YS}{l}\Delta l = k\Delta l \tag{11-13}$$

在外力不太大时，Δl 较小，S 基本不变，因而 YS/l 近似为一常量，用 k 表示；k 称为**劲度系数**，简称**劲度**，有时也称**刚度系数**（刚性系数），单位为 N/m。式(11-13)就是弹性力学中常见的外力和棒的长度变化成正比的**胡克定律**（参见 2.2 节）的推广。或者说，式(11-12)是推广到复杂应力的**广义胡克定律**。胡克定律反映材料在弹性极限内受力及其形变之间的线性关系，是材料力学和弹性力学的基本定律之一。

材料发生线变时，它具有弹性势能。类比弹簧的弹性势能公式，由式(11-13)，可得弹性势能为

$$E_p = \frac{1}{2}k(\Delta l)^2 = \frac{1}{2}\frac{YS}{l}(\Delta l)^2 = \frac{1}{2}Y\left(\frac{\Delta l}{l}\right)^2 V$$

式中，$V = Sl$ 为材料的总体积。当材料发生线变时，单位体积内的弹性势能为

$$w_p = \frac{1}{2}Y\left(\frac{\Delta l}{l}\right)^2 \tag{11-14}$$

即它等于杨氏模量和线应变的平方的乘积的一半。

在纵波形成时，介质中各质元都发生线变（见图 11-4），各质元内就有如式(11-14)给出的弹性势能。

2. 剪切形变（剪切）

一块矩形材料，当它的两个侧面受到一对与侧面平行的大小相等、方向相反、距离很近的两个横向力作用时，相邻横截面间因相对滑动而产生变形。如图 11-10 所示，虚线表示形变后的情况。这种形变称为**剪切形变**，简称**剪切**。

外力 F 和施力面积 S 之比称为**剪应力**。施力面积相互错开而引起的材料角度的变化 $\varphi = \Delta d/D$ 称为**剪应变**。在弹性限度内，剪应力也和剪应变成正比，即

$$\frac{F}{S} = G\varphi = G\frac{\Delta d}{D} \tag{11-15}$$

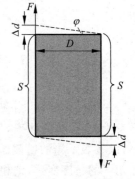

图 11-10　剪切形变

式中，剪应力与剪应变的比值 G 称为**剪切弹性模量**，简称**剪切模量**，单位为 N/m²。它是由材料性质决定的常量。式(11-15)是用于剪切形变的胡克定律公式的推广。

材料发生剪切形变时，也具有弹性势能。由式(11-15)可得，$k = \dfrac{GS}{D}$，则材料发生剪切变时，弹性势能为

$$E_p = \frac{1}{2}k(\Delta d)^2 = \frac{1}{2}\frac{GS}{D}(\Delta d)^2 = \frac{1}{2}G\left(\frac{\Delta d}{D}\right)^2 V$$

则单位体积内的弹性势能等于剪切模量和应变平方的乘积的一半，即

$$w_p = \frac{1}{2}G\varphi^2 = \frac{1}{2}G\left(\frac{\Delta d}{D}\right)^2 \tag{11-16}$$

在横波形成时，介质中各质元都发生剪切形变（图 11-3），各质元内就有如式(11-16)给出的弹性势能。

3. 体变

物质周围受到的压强改变时，其体积也会发生变化，如图 11-11 所示。以 Δp 表示压强的改变，以 $\Delta V/V$ 表示相应的体积的相对变化，即**体应变**，根据胡克定律，有

$$\Delta p = -K \frac{\Delta V}{V} \qquad (11\text{-}17)$$

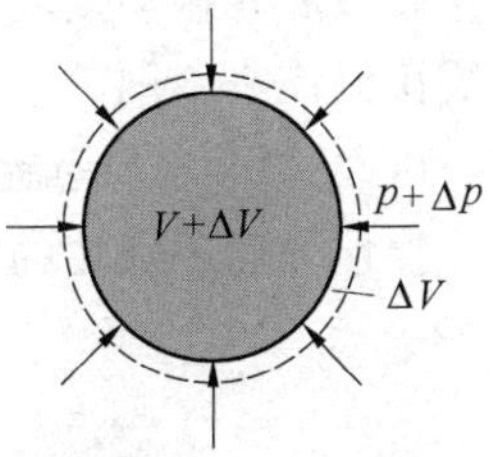

式中,K 称为**体弹模量**,总为正数,其大小随物质种类的不同而不同,单位为 N/m^2。式(11-17)中的负号表示压强的增大总是导致体积的缩小。

体弹模量的倒数叫**压缩率**。以 κ 表示压缩率,则有

$$\kappa = \frac{1}{K} = -\frac{1}{V}\frac{\Delta V}{\Delta p} \qquad (11\text{-}18)$$

图 11-11 体变

可以证明,在发生体积压缩形变时,单位体积内的弹性势能也等于相应的体弹模量 K 与应变 $\frac{\Delta V}{V}$ 的平方的乘积的一半。

剪切模量、杨氏模量和体弹模量统称弹性模量。弹性模量是弹性系数的一种特殊表示形式,反映材料抵抗变形的能力。表 11-1 列出了几种常见材料的弹性模量,供使用时参考和对比。

表 11-1　几种常见材料的弹性模量

材　料	杨氏模量 $Y/(10^{11}\,N\cdot m^{-2})$	剪切模量 $G/(10^{11}\,N\cdot m^{-2})$	体弹模量 $K/(10^{11}\,N\cdot m^{-2})$
玻璃	0.55	0.23	0.37
铝	0.7	0.30	0.70
铜	1.1	0.42	1.4
铁	1.9	0.70	1.0
钢	2.0	0.84	1.6
水	—	—	0.02
酒精	—	—	0.009 1

11.5　弹性介质中的波速

弹性介质中的波是靠介质各质元间的弹性力作用而形成的。弹性越强的介质,在其中形成的波的传播速度(波速)就会越大,或者说,在弹性模量越大的介质中,其波速就越大。另外,波速还与介质的密度有关。因为密度越大的介质,其中各质元的质量就越大,其惯性就越大,前方的质元就越不容易被其后紧接的质元的弹力带动,这必将延缓扰动的传播速度。因此,密度越大的介质,其中波速就越小。

值得注意的是,波速与介质质点振动速度不是同一概念,它们之间存在一定的区别。

波速是振动状态的传播速度,即波中与任一振动相位相应的状态(如波峰、波谷)向前传播的速度。它不仅与介质的种类(如气体、液体或固体;弹性和惯性)、状态(如温度、压强、密度等)密切有关,还与波的类型(横波、纵波)有关,通常与波的频率无关。因此,我们把单色波的速度也称为**相速度**,简称相速。在个别情况(如频率较高或某些特殊介质)下,波速也可能与频率有关而发生频散现象。对非单色波,波的传播速度称为**群速度**(参见 11.12 节)。

而介质中质元振动速度是质点的振动位移对时间的导数,反映了质点振动的快慢,与波速的传播快慢完全不同。

可以推导(推导过程略去)得出,波速与弹性介质的弹性模量、密度具有以下的定量关系。

弹性介质中横波的速度

$$u = \sqrt{\frac{G}{\rho}} \qquad (11\text{-}19)$$

式中,G 为弹性介质(材料)的剪切模量;ρ 为其质量密度。

弹性介质中纵波的波速

$$u = \sqrt{\frac{Y}{\rho}} \qquad (11\text{-}20)$$

式中,Y 为弹性介质(材料)的杨氏模量;ρ 为其质量密度。

同种材料的剪切模量 G 总小于其杨氏模量 Y(见表 11-1),因此在同一种介质中,横波的波速比纵波的要小些。例如,地震波中的 S 波(横波)的波速就比 P 波(纵波)的波速小。

在固体中,既可以传播横波,也可以传播纵波。在液体和气体中,由于不可能发生剪切形变,所以不可能传播横波。但因为它们具有体变弹性,所以能传播纵波。

在气体和液体中,传播纵波的波速

$$u = \sqrt{\frac{K}{\rho}} \qquad (11\text{-}21)$$

式中,K 为弹性介质的体弹模量;ρ 为其质量体密度。

对于张紧的柔软细绳或弦发生形变时,在其上传播横波的波速也有类似的形式,即

$$u = \sqrt{\frac{F}{\rho_l}} \qquad (11\text{-}22)$$

式中,F 为细绳或弦中的张力;ρ_l 为其质量线密度,即单位长度的质量。

声波为纵波,声音在气体中的传播速度(声速)在 11.9 节"声波"中介绍。

表 11-2 列出了一些介质中波速的数值。

表 11-2　一些介质中波速的数值　　　　　　　　　　　　　$\text{m} \cdot \text{s}^{-1}$

介　质	棒中纵波	无限大介质中纵波	无限大介质中横波
硬玻璃	5 170	5 640	3 280
铝	5 000	6 420	3 040
铜	3 750	5 010	2 270
电解质	5 120	5 950	3 240
低碳钢	5 200	5 960	3 235
海水(25℃)	—	1 531	—
蒸馏水(25℃)	—	1 497	—
酒精(25℃)	—	1 207	—
CO_2 气体(25℃)		259	
干燥空气(25℃)		331	
氢气(25℃)		1 284	

11.6 波的能量 能流与能流密度

波在弹性介质中传播时,介质的各质元因运动而具有动能;同时,又由于产生了形变(见图 11-3 和图 11-4),还具有弹性势能。因此,随同扰动的传播就有机械能量传播,这是波动过程的一个重要特征。

本节以弹性介质中的简谐横波为例,说明能量传播的定量表达式。以下先求任一质元的动能和弹性势能,以此得出波的能量表达式。

1. 质元的动能和弹性势能

设介质的密度为 ρ,介质中一体积元 $\mathrm{d}V$,当平面简谐波在介质中沿 x 轴方向传播时,其平衡位置的坐标为 x,波函数为

$$y(x,t) = A\cos\omega\left(t - \frac{x}{u}\right)$$

某一质元在时刻 t 的运动速度(即振动速度)为

$$v = \frac{\partial y}{\partial t} = -A\omega\sin\omega\left(t - \frac{x}{u}\right)$$

对应的振动动能为

$$\mathrm{d}E_{\mathrm{k}} = \frac{1}{2}(\rho\mathrm{d}V)v^2 = \frac{1}{2}(\rho\mathrm{d}V)A^2\omega^2\sin^2\omega\left(t - \frac{x}{u}\right) \tag{11-23}$$

此质元的应变(剪应变)为

$$\varphi = \frac{\partial y}{\partial x} = -\frac{A\omega}{u}\sin\omega\left(t - \frac{x}{u}\right)$$

根据式(11-16),可进一步推导出某一质元对应的弹性势能为

$$\mathrm{d}E_{\mathrm{p}} = \frac{1}{2}G\left(\frac{\partial y}{\partial x}\right)^2\mathrm{d}V = \frac{1}{2}G\frac{A^2\omega^2}{u^2}\sin^2\omega\left(t - \frac{x}{u}\right)\mathrm{d}V$$

由式(11-19)可知,$G = \rho u^2$,则上式可改写为

$$\mathrm{d}E_{\mathrm{p}} = \frac{1}{2}(\rho\mathrm{d}V)A^2\omega^2\sin^2\omega\left(t - \frac{x}{u}\right) \tag{11-24}$$

比较式(11-24)与式(11-23)可见,$\mathrm{d}E_{\mathrm{k}} = \mathrm{d}E_{\mathrm{p}}$,即在平面简谐波中,每一质元的动能 $\mathrm{d}E_{\mathrm{k}}$ 和弹性势能 $\mathrm{d}E_{\mathrm{p}}$ 是同相地随时间变化的,而且在任意时刻都具有相同的数值,不发生相互转换。这在图 11-3 和图 11-4 中可以清楚地看出,质元经过其平衡位置时具有最大的振动速度,同时其形变(横波为切变,纵波为压缩或拉伸)也最大;而在质元处于最大位移时,振动速度为零,形变也为零。因为每一质元都不是孤立的,它和周围的介质通过弹性的联系,相互之间起能量传递者的作用,振动动能和弹性势能的这种关系是波动中质元不同于孤立(或封闭)的振动系统的一个重要特点。

将式(11-23)与式(11-24)相加,就是质元的总机械能(总能量),即

$$\mathrm{d}E = \mathrm{d}E_{\mathrm{k}} + \mathrm{d}E_{\mathrm{p}} = (\rho\mathrm{d}V)A^2\omega^2\sin^2\omega\left(t - \frac{x}{u}\right) \tag{11-25}$$

它不为常量,而是随时间作周期性变化,时而达到最大值,时而为零。质元能量的这一变化特点是能量在传播时的表现。在弹性介质中的每一质元都在不断吸收比它的相位超前的相

邻质元的能量,并不断地向比它的相位落后的相邻质元释放能量。或者说,波是能量传递的一种方式,但介质质元的机械能并不守恒。

2. 波的能量密度

波在介质中传播时,介质中单位体积内的能量称为波的**能量密度**。以 w 表示能量密度,由式(11-25),则在时刻 t 介质中位于 x 处的能量密度为

$$w = \frac{\mathrm{d}E}{\mathrm{d}V} = \rho A^2 \omega^2 \sin^2 \omega \left(t - \frac{x}{u} \right) \tag{11-26}$$

在一个周期(或一个波长范围)内能量密度的平均值叫**平均能量密度**,用 $\overline{w}$ 表示。由于正弦函数的平方在一个周期内的平均值为 $1/2$,则有

$$\overline{w} = \frac{1}{T} \int_0^T w \mathrm{d}t = \frac{1}{2} \rho A^2 \omega^2 = 2\pi^2 \rho A^2 \nu^2 \tag{11-27}$$

此式表明,平均能量密度和介质的密度、振幅的平方以及频率的平方成正比。虽然这一公式是由平面简谐波导出的,但对于各种弹性波均适用。

3. 能流与能流密度(波的强度)

对波动来说,更重要的是它传播能量的本领。为了表述波动能量的这一特性,我们引入能流的概念。如图 11-12 所示,取垂直于波的传播方向的一个面积元 $\mathrm{d}S$,在 $\mathrm{d}t$ 时间内通过此面积的能量就是此面积后方体积为 $u\mathrm{d}t\mathrm{d}S$ 的立方体内的总能量 $\mathrm{d}E = w(u\mathrm{d}t\mathrm{d}S)$。因此,**能流**表示为波在传播过程中,单位时间内通过介质某一截面的能量。它与介质中波的能量密度、有效截面大小 S(或截面积 $S_\perp$)和波速 u 有关,并随时间而变化,且恒为正值。即

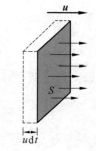

$$P = wuS = uS\rho A^2 \omega^2 \sin^2 \omega \left(t - \frac{x}{u} \right) \tag{11-28}$$

平均能流为能流在一个周期(或一个波长范围)内对时间的平均值,即

图 11-12 波的强度的计算

$$\overline{P} = \frac{1}{T} \int_0^T P \mathrm{d}t = \overline{w} u S = \frac{1}{2} u S \rho A^2 \omega^2 \tag{11-29}$$

能流密度是单位时间内通过与波的传播方向垂直的单位截面的波的平均能量,即垂直通过单位面积的平均能流。它是矢量,方向就是波的传播方向,大小为

$$I = \frac{\overline{P}}{S} = \overline{w} u = \frac{1}{2} \rho A^2 \omega^2 u \tag{11-30}$$

对于机械波,能流密度与介质密度 ρ、波的振幅 A 和频率 ν 的平方、波速 u 成正比。如果能流密度越大,则单位时间内垂直通过单位面积的能量也就越多,表示波动越强烈。因此,能流密度也称为**波的强度**,其大小表示波的强弱。波的强度用 I 表示为

$$I = \frac{1}{2} \rho A^2 \omega^2 u \tag{11-31}$$

单位为 $\mathrm{W/m^2}$。此式由平面简谐波得出,对任何简谐机械波都适用。

由于波的强度和振幅有关,所以利用式(11-31)和能量守恒的概念可以研究波传播时振幅的变化。声波的强度(声强)的概念参考 11.9 节相关内容;电磁波的能流密度将在第 18 章介绍。

* **4. 波传播时振幅的变化**

对于平面波,设其在各向同性、均匀的理想介质中沿 x 轴方向行进,如图 11-13 所示,S_1 和 S_2 为同样的波线所限的两个截面积。假设介质不吸收波的能量,根据能量守恒,在一周期 T 内通过 S_1 和 S_2 面的能量必然相等。以 I_1、I_2 分别表示 S_1、S_2 处波的强度(能流密度),有

$$I_1 S_1 T = I_2 S_2 T$$

利用式(11-31),则有

$$\frac{1}{2}\rho A_1^2 \omega^2 u S_1 T_1 = \frac{1}{2}\rho A_2^2 \omega^2 u S_2 T_2 \tag{11-32}$$

对于平面波,$S_1 = S_2$,因而有

$$A_1 = A_2$$

这就是说,在均匀的无吸收能量的介质中传播的平面波的振幅保持不变。这一点在 11.3 节描述平面简谐波的波函数时已经提及和使用了。

对于球面简谐波,如图 11-14 所示,其波线沿着半径向外。若球面简谐波在均匀无吸收的介质中传播,则振幅将随 r 改变。设以点波源 O 为圆心,画出半径分别为 r_1 和 r_2 的两个球面 S_1 和 S_2,在介质不吸收波的能量的条件下,一个周期内通过这两个球面的能量必然相等。这时,式(11-32)仍然正确,只是式中的 S_1 和 S_2 应分别用球面积 $4\pi r_1^2$ 和 $4\pi r_2^2$ 代替。对球面简谐波,有如下关系

$$A_1^2 r_1^2 = A_2^2 r_2^2$$

或

$$\frac{A_1}{A_2} = \frac{r_2}{r_1} \tag{11-33}$$

即振幅与离开波源的距离成反比。以 A_0 表示离开波源的距离为单位长度处质点的振幅,则在离开波源任意距离 r 处质点的振幅为 $A = A_0/r$。由于球面简谐波振动的相位随 r 的增大而落后,其关系与平面波类似,所以球面简谐波的波函数应是

$$y = \frac{A_0}{r}\cos\omega\left(t - \frac{r}{u}\right) \tag{11-34}$$

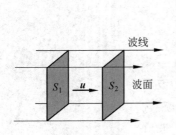

图 11-13　平面波中能量的传播

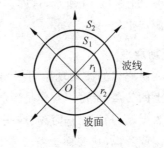

图 11-14　球面波中能量的传播

【**例 11-3**】　**超声波**。用聚焦超声波的方法在水中可以产生强度达到 $I = 120\ \text{kW/cm}^2$ 的超声波。设该超声波的频率为 $\nu = 500\ \text{kHz}$,水的密度为 $\rho = 10^3\ \text{kg/m}^3$,其中声速为 $u = 1\ 500\ \text{m/s}$。求此时液体质元振动的振幅。

解   由式(11-31)波的强度关系式可得,质元振动的振幅为

$$A = \frac{1}{\omega}\sqrt{\frac{2I}{\rho u}} = \frac{1}{2\pi\nu}\sqrt{\frac{2I}{\rho u}}$$

$$= \frac{1}{2\pi \times 500 \times 10^3}\sqrt{\frac{2 \times 120 \times 10^7}{10^3 \times 1\,500}}\ \text{m} = 1.27 \times 10^{-5}\ \text{m}$$

可见,液体中超声波的振幅实际上是很小的,但远比水分子间距(10^{-10} m)大得多。

*5. 介质对波的能量的吸收

实际上,波在介质中传播时,由于介质的黏滞性、传导性等因素,总要吸收波的一部分能量而转化为介质的内能或热量,因此,即使在平面波的情况下,波的强度(及至波的振幅)也将沿波的传播方向逐渐减弱,这种现象称为**波的吸收**。

实验表明,当强度为 I 的波通过厚度为 dx 的薄层介质时,波的强度减少量 $-dI$ 与 I、dx 成正比,即

$$-dI = \mu I dx$$

式中,比例系数 μ 称为介质的**吸收系数**,单位为 m^{-1}。μ 与介质的性质(如密度、黏度等)、波源频率和波速有关。当波通过厚度为 x 的一层介质时,介质对波的吸收关系为

$$I = I_0 e^{-\mu x} \tag{11-35}$$

式中,I_0 和 I 分别为波在介质厚度位于 $x=0$ 和 $x=x$ 处波的强度。考虑到波的强度与振幅的平方成正比,则波的振幅 A 的衰减规律为

$$A = A_0 e^{-\frac{\mu x}{2}} \tag{11-36}$$

式中,I_0 和 I 分别为波在介质厚度为 $x=0$ 和 $x=x$ 处的振幅。

11.7   惠更斯原理与波的衍射   波的反射与折射

本节介绍有关波的传播方向的规律,并用惠更斯原理解释一些波动现象。

当观察水面上的波时,如果这波遇到一个障碍物,而且障碍物上有一个小孔,就可以看到在小孔的后面也出现了圆形的波,如图 11-15 所示,这样形状的波就好像是以小孔为波源产生的一样。

1. 惠更斯原理

惠更斯在研究光的波动现象时提出,介质中任一波面(波阵面)上的各点,都可以看作是新的波源,新的波源发射的波称为子波;其后任一时刻,这些子波的"包迹"就是新的波面。或者说,从波面上各点发出的许多子波所形成的"包络面(包迹)",就是原波面经一定时间的传播后的新波面(波前)。上述论述称为**惠更斯原理**。

惠更斯原理由荷兰科学家惠更斯(C. Huygens, 1629—1695)于 1678 年首先提出,故名。

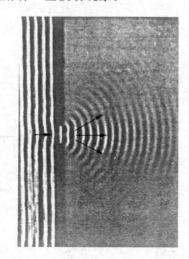

图 11-15   障碍物的小孔成为新波源

　　根据惠更斯原理,只要知道某一时刻的波面就可以用几何作图法确定下一时刻的波面。因此,这一原理又叫**惠更斯作图法**。例如,如图 11-16(a)所示,以波速 u 传播的平面波在某一时刻的波面为 S_1,在经过时间 Δt 后其上各点发出的子波(以小的半圆表示)的包迹仍是平面,这就是此时新的波面,已从原来的波面向前推进了 $u\Delta t$ 的距离。对各向同性的介质中传播的球面波,可按如图 11-16(b)所示方法,用同样的作图法由某一时刻的球面波阵面 S_1 画出经过时间 Δt 后的新的波面 S_2,它仍是球面。

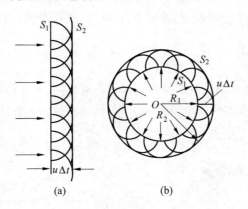

图 11-16 波前的传播遵循惠更斯原理

(a) 平面波;(b) 球面波

2. 波的衍射

　　在波的传播过程中,当它遇到障碍物边缘或孔隙的情况时,会发生绕过边缘或孔隙、传播方向发生变化的现象。图 11-15 就是水波通过孔隙后的情形,这一现象称为**波的衍射**。波的衍射现象可用惠更斯原理很好地加以解释。画出由边缘或缝隙处波面上各点发出的子波的包迹,则会显示出波能绕过边缘或孔隙的边界向障碍物的后方几何阴影内传播,如图 11-17(a)所示。

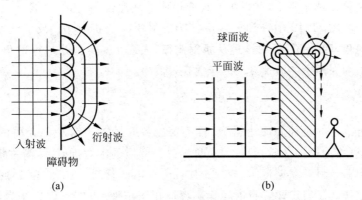

图 11-17 波的衍射示意图

(a) 平面波的衍射;(b) 平面波与球面波的衍射

　　衍射现象是否显著,取决于波长与障碍物(如孔隙、缝)的尺度之比。当二者可比拟时,衍射现象较为明显。孔缝隙越小,波长越长,衍射现象就越显著。例如,声波的波长在日常生活中物体的尺度范围内,"隔墙有耳"就是室内讲话的声音绕过墙壁经门或窗后声波绕射

（衍射）的缘故，如图 11-17(b) 所示。电磁波和机械波都具有衍射现象。同样地，基于波长的尺度范围，波长较长的电磁波也能"绕墙"传播，如 Wi-Fi 信号等。水面上向前传播的水波遇到障碍物时，会绕过障碍物边缘而达到其后。

衍射现象是波动的重要特征之一。有关光的衍射将在第 20 章中介绍。

惠更斯原理是波动理论中说明波面在介质中传播规律的基本原理，适用于任何波动过程，包括反射、折射等现象。但惠更斯原理存在一些不足，如不能说明子波的强度分布和波不向后传播的问题，后经菲涅耳改进，形成**惠更斯-菲涅耳原理**，可用于说明衍射现象中的其他问题。

3. 波的反射与折射

采用惠更斯作图法可以说明波的反射定律和折射定律，通过作图，能直观地说明反射定律和折射定律，如图 11-18 和图 11-19 所示，因此这里不做深入描述。

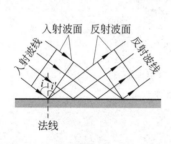

图 11-18   波的反射（未画出折射）

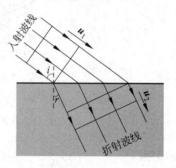

图 11-19   波的折射（未画出反射）

（1）波的反射定律和折射定律

当波在介质（称为第一种介质）中传播遇到另一介质（称为第二种介质）时，在两种介质的平滑分界面（反射面）上，一部分被界面反射回第一种介质中传播，为**反射波**；另一部分以另一方向折射到第二种介质中，并以第二种介质中的波速传播，为**折射波**。

在图 11-18 和图 11-19 中，i 为入射角，i' 为反射角，r 为折射角。反射波遵从**反射定律**，入射角等于反射角，即 $i = i'$；折射波遵从**折射定律**，入射角 i 的正弦与折射角 r 的正弦之比等于波在相应的两介质中的波速 u_1 和 u_2 之比，即

$$\frac{\sin i}{\sin r} = \frac{u_1}{u_2} = n_{21} \tag{11-37}$$

式中，比值 n_{21} 对给定的两种介质为常数，称为第二种介质对于第一种介质的相对折射率。任一介质对真空（作为第一介质）的折射率称为这一介质的绝对折射率，简称**折射率**。

折射定律由荷兰科学家斯涅尔（W. Snell van Roijen，1591—1626）在 1618 年首先发现，故也称**斯涅尔定律**。反射定律和折射定律不仅应用于声波，也广泛应用于光波和无线电波中，它们都是几何光学的基本定律。在光的传播中，对不同波长的光，同一介质具有不同的折射率。下面我们介绍基于反射定律的全反射和漫反射，顺便说明它们在光学领域的应用。

（2）全反射和漫反射

折射定律还表明，如果波由波速较小的介质（波密介质）射向波速较大的介质（波疏介质），则在两介质的分界面上会发生**全反射**现象。全反射的临界角（发生全反射的最小入射

角)A 由下式决定

$$\sin A = \frac{u_1}{u_2} \tag{11-38}$$

均匀介质中沿直线传播的波遇到介质时,波阻抗(介质的特性阻抗)的大小由介质的密度 ρ 和波速 u 的乘积 ρu 决定。相对而言,通常把 ρu 较大的介质称为**波密介质**,把 ρu 较小的介质称为**波疏介质**。若二者介质的波阻抗相差很大,其反射也近似于全反射,如平面波通过空气与水的边界。

全反射广泛应用于光学系统中,它就是光从折射率较大的光密介质(光的传播速度较小)入射到折射率较小的光疏介质(光的传播速度较大)的界面时,某种情况下光能全部被反射回原介质的现象。利用全反射可改变光的传播方向,也可以使倒像变为正像。光导纤维(光纤)就是利用了特定材料制成的细丝对激光的全反射现象,使得激光的光线靠一次次的全反射保持沿纤维延伸方向传播。

当波入射到物体表面上时,如果物体表面不平整,如粗糙度比波长大,则入射波将会在物体表面上向各个方向无规则地反射,这种现象称为**漫反射**。光的传播也有这种现象,在照明工程中,人们将漫反射的反射光分布与入射光方向无关,且不规则地分布在所在方向上的特点用于灯具(照明器)的设计。

*(3) 半波损失

值得注意的是,一般情况下,波在两种介质分界面反射时还需要考虑是否发生半波损失现象,这与波的种类、两种介质的性质以及入射角的大小有关,对于研究波的干涉是必要的。

若入射波由波阻抗较小的第一种介质(波速较大的波疏介质)垂直入射到波阻抗较大的第二种介质(波速较小的波密介质)时,则在反射处反射波的相位与入射波的相位相差 π,如从空气射入水中情况。这种因波阻抗不同,波入射在交界面上被反射前后其相位突然改变 π 的现象,称为**半波损失**,简称半波损。

若入射波由波密介质入射到波疏介质,在两介质交界面上均无半波损失现象。

对于透射波,上述两种情况均无半波损失现象。

光是一种电磁波。理论与实验表明,当光从光疏介质(折射率较小)射向光密介质(折射率较大)而在界面上反射,且入射角接近零度(正入射)或 90°(掠射)时,反射光会产生数值为 π 的相位突变,即半波损失。光的半波损失可通过实验观察来验证(见 19.3 节)。折射光没有相位突变的问题。

11.8 波的叠加 波的干涉与驻波

波的叠加体现了波的传播的独立性。波的干涉是满足一定条件下的叠加现象。驻波是波局限在某区域内叠加而不向外传播的波动现象,一般是指两列传播方向相反的相干波叠加的结果。

1. 波的叠加原理

观察和研究表明,几列线性波通过同一介质传播而相遇时,在它们相遇区域内任一点的振动位移为各列波单独在该点产生的位移的合成(矢量和);它们叠加后,不因其他波的存在而改变传播方向,而是仍然保持各自的特性(ν、λ、A 与振动方向等)不变,并按照原来的方向通过该介质继续传播,就像没有遇到其他波一样,相互之间没有影响。这一关于波的传播的规律称为**波的叠加原理**,也称为**波的传播的独立性**。

管弦乐队合奏或几个人同时讲话时,空气中同时传播着许多声波,但听众仍能够辨别出各种乐器的音调或每个人的声音,这就是波的传播的独立性的实例。天空中同时有许多无线电波在传播,我们仍能随意接收到某一电台的广播,这也是电磁波传播的独立性的实例。

波的叠加原理是波的干涉与衍射现象的基本依据,但并不是普遍成立的。当波的强度或幅度较小(数学上所表示的波动方程是线性的)时,可看成线性波,这一叠加原理才是正确的。研究表明,对于强度甚大的波,它就失效了。例如,强烈的爆炸声就有明显的相互影响。可见,这一原理不适用于非线性波(如激波、重力波)。

在物理学上,波的叠加原理还有一个重要意义就是可将一个复杂的波动分解为几个简单的波的叠加(用到傅里叶级数的知识)。

* 2. 波的干涉

由于相互叠加的几列波的振动方向、频率有各种情况,因此其叠加的结果往往很复杂。如果有两列(或多列)振动频率相同、振动方向相同,且具有恒定相位差的波在空间某点相遇,则在相遇区域形成有的点振动始终增强,有的点振动总是减弱的现象,这种现象称为**波的干涉**。叠加后能发生明显干涉现象的各列波称为**相干波**。

如果两列波的相位差与时间无关,它们就是相干的。当满足下列条件的波源发出的波就能产生干涉。这些条件是,它们的振动频率相同、振动方向相同,且具有恒定的相位差——这也是两列波为相干波的条件。相干波是产生波的干涉的必要条件,即**相干条件**。从狭义的观点看,提到“干涉”时就默认叠加的波是相干波。

干涉是波动的又一个重要特征。水波的干涉是常见的现象,图 11-20 演示了水波干涉现象。两个小锤 S_1 和 S_2 以相同频率上下振动并敲击水面,产生的两列水波在水面上叠加,某个区域出现振幅加强,某个区域振幅减弱的干涉现象,如涟漪一般,其振幅的强弱是相间的。10.7 节的拍频,可视为波的干涉的结果。有关光的干涉将在第 19 章中介绍。

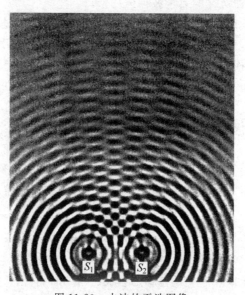

图 11-20   水波的干涉图像

干涉和衍射现象是判别某种运动是否具有波动性的主要依据。例如,声波的干涉原理,可用以测量液体或气体中的声速和声吸收,从而进一步研究这些介质的力学性质和结构。

3. 驻波

几列波叠加可以产生许多独特的现象,驻波就是其中一例。它是一种特殊的干涉现象。

(1) 驻波表达式及其特点

在同一介质中两列频率相同,振动方向相同,而且振幅也相同的简谐波,在同一直线上沿相反方向传播时,叠加后就会出现相长或相消的现象。如果它们的叠加局限在一定区域内,就在原地起伏变化,好像驻足不动而不向外传播,因此称为**驻波**。它是一种空间分布固定的周期波。这是它与行波的一个不同之处。

设有两列简谐波,分别沿 x 轴正方向和负方向传播,它们的表达式分别为

$$y_1(t,x) = A\cos\left(\omega t - \frac{2\pi}{\lambda}x\right)$$

$$y_2(t,x) = A\cos\left(\omega t + \frac{2\pi}{\lambda}x\right)$$

二者叠加后的合成波表达式为

$$y(t,x) = y_1(t,x) + y_2(t,x) = A\cos\left(\omega t - \frac{2\pi}{\lambda}x\right) + A\cos\left(\omega t + \frac{2\pi}{\lambda}x\right)$$

利用三角函数关系,求得

$$y(t,x) = 2A\cos\left(\frac{2\pi x}{\lambda}\right)\cos(\omega t) \tag{11-39}$$

这就是驻波表达式,也称驻波方程。式中,$\cos\omega t$ 为简谐运动形式,则 $\left|2A\cos\frac{2\pi}{\lambda}\right|x$ 相当于此简谐运动的振幅。这一函数不满足 $y(t+\Delta t, x+\Delta x) = y(t,x)$,因此它不表示行波,只表示除波节外的各点都在做简谐振动。各点的振动频率相同,就是波源的频率。

驻波具有以下特点:

① 各点的振幅随位置 x 的不同而不同。每段上各点振幅各不相同,为分段的同步振动,即步调一致,但与时间无关,因此各点的振动速度、能量也不相同。

驻波中振幅最大的各点称为**波腹**,对应于使 $\left|\cos\frac{2\pi}{\lambda}\right|x=1$,即 $\frac{2\pi}{\lambda}x=k\pi$ 的各点。波腹的位置为

$$x = k\frac{\lambda}{2}, \quad k = 0, \pm 1, \pm 2, \cdots \tag{11-40}$$

驻波中振幅最小(一般为零)的各点称为**波节**,对应于使 $\left|\cos\frac{2\pi}{\lambda}x\right|=0$,即 $\frac{2\pi}{\lambda}x=(2k+1)\frac{\pi}{2}$ 的各点。波节的位置为

$$x = \left(k+\frac{1}{2}\right)\frac{\lambda}{2} = (2k+1)\frac{\lambda}{4}, \quad k = 0, \pm 1, \pm 2, \cdots \tag{11-41}$$

② 相邻两个波节和相邻两个波腹之间的距离都是 $\lambda/2$,相邻波节与波腹之间的距离为 $\lambda/4$。这可由波腹和波节的位置公式求得,也为我们提供了一种测定行波波长的方法,即只要测出相邻两波节或波腹之间的距离就可以确定原来两列行波的波长 λ。

③ 相邻波节之间的各质点具有相同的相位,同向同步振动,这是因为 $2A\cos\dfrac{2\pi}{\lambda}x$ 的符号相同,而一个波节两侧各质点的相位相反。

④ 驻波实际上就是分段振动的现象。驻波方程式(11-39)是介质中任一质元的振动方程,反映了其在任一时刻的位移。方程中的振动因子为 $\cos\omega t$,但不能认为驻波中各点的相位都是相同的,因为 $2A\cos(2\pi/\lambda)x$ 对不同 x 值有正有负。若把相邻两个波节之间的各点称为一段,则由余弦函数取值的概率可知,$\cos(2\pi/\lambda)x$ 的值对于同一段内的各点有相同的符号,对于分别在相邻两段内的两点则符号相反,以 $|2A\cos(2\pi/\lambda)x|$ 作为振幅,这种符号的相同或相反就表明,在驻波中,同一段上的各点的振动同相,而相邻两段中的各点的振动反相,即没有振动状态或相位的传播。

各质点振动位移达到最大(出现波腹)时,速度为零,则动能为零,在波腹处相对形变最小,势能最小;而在波节处的相对形变最大,势能也就最大,即势能集中在波节。当各质点回到平衡位置时,全部势能为零,动能最大,即动能集中在波腹。驻波的能量从波腹传到波节,又从波节传到波腹,在相邻的波腹和波节间循环往复变化,能量不被长距离的传播,所以才称之为驻波。这也说明,驻波不是行波,只是分段具有与行波一样的形象,它是基于波的叠加产生的一种特殊干涉结果,或者说,驻波是介质中的一种特殊振动。以上结论对电磁波和光波的驻波也都适用。

⑤ 简正模式。简正模式将在下面的(3)中进一步讨论。

(2) 驻波的形成与演示

图 11-21 画出了驻波形成的物理过程,图中的点线表示向右传播的波,虚线表示向左传播的波,粗实线表示合成振动。图中各行依次表示 $t=0,T/8,T/4,3T/8,T/2$ 各时刻各质点的分位移和合位移。从图中可看出波腹(a)和波节(n)的位置。

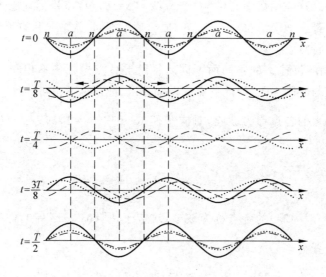

图 11-21   驻波的形成

获得驻波的一种简单方法是在介质的固定边界上,使入射波(前进波)发生反射(反射波在反射处可能有半波损失),并使反射波与入射波互相叠加。若在边界无半波损失(如反射点为自由端），则驻波在边界反射点为波腹，否则为波节。

　　图 11-22 是用电动音叉在弦线上产生驻波的示意图。由于音叉振动在弦线中引起向右

传播的前进波，在 B 点反射后向左传播，则在 AB
区域内合成形成驻波。在弦的频率较高的情况下，
由于人眼视觉暂留，看到的是一个模糊的轮廓。图
中 AB 之间包括 A、B 点在内共有 6 个波节（振幅为
零的点）。改变拉紧弦线的张力，如 11.5 节所述，
即可改变波在弦线上传播的速度。当这一速度和

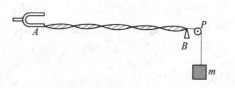

图 11-22　弦线上的驻波

音叉的频率正好使得弦线长为半波长的整数倍时，在弦线上就能有驻波产生。

　　值得注意的是，这一实验中，反射处 B 点弦线是固定不动的，因而反射点有半波损失，
此处只能是波节。或者说，当波从波疏介质垂直入射到与波密介质的界面上反射时，有半波
损失，形成的驻波在界面处出现波节。从振动合成考虑，这意味着反射波与入射波的相位在
此处正好相反，即入射波在反射时有 π 的相位跃变。π 的相位跃变相当于波在空间中经过
的路程（波程）相差半个波长，入射波在反射时发生反相而产生半波损失现象。反之，当波从
波密介质垂直入射到与波疏介质的分界面上反射时，无半波损失。例如，若 B 点为自由端，
则当波在自由端反射时，没有相位跃变，形成的驻波在此端将出现波腹。

　　昆特管是一种可直接演示空气中驻波的设备，由德国科学家昆特（A. Kundt，1839—
1894）于 1866 年首先制作和实现，可用来测量气体或固体中的声速。

　　用鱼洗（或龙洗）也可演示驻波现象。用双手有节奏地同时搓盆体的两耳，激起盆体振
动，引发盆内水的振动，水面水花溅起，水高（波腹）处可达半米以上，可呈现"波涛汹涌"，鱼
跃不止的娱乐效果。古代的箭不是严格的刚体，由于弓弦的摩擦，出射后会出现"摇头摆尾"
"蛇形"现象，这是因为飞行中的箭上总有两个点是不振动的，可看成是飞行摇摆在箭上形成
驻波的两个节点；有经验的弓箭手掌握了利用这两个节点射中目标的技能。箭的振动、波节
的位置取决于箭的质量分布、箭的弹性，以及张弓的拉力与拉距等因素。在海岸的深水防波
堤有时可观察到驻波现象。

（3）驻波的简正模式

　　驻波现象有许多实际的应用。例如，将一根弦线的两端用一定的张力固定在相距 L 的
两点间，当拨动弦线时，弦线中就产生来回的波，它们合成而形成驻波，这是弦的固有振动的
结果。但并不是所有波长的波都能形成驻波。由于弦线的两个端点固定不动，所以这两个
端点必然是波节，因此，弦线长与驻波的波长必须满足下列条件

$$L = n\frac{\lambda}{2}, \quad n = 1,2,3,\cdots$$

以 λ_n 表示与某一 n 值对应的波长，则由上式可得，容许的波长为

$$\lambda_n = \frac{2L}{n} \tag{11-42}$$

这就是说，能在弦线上形成驻波的波长值是不连续的或"离散"的。由关系式 $\nu = u/\lambda$ 可知，
频率值也是"离散"的，相应的可能频率为

$$\nu_n = n\frac{u}{2L}, \quad n = 1,2,3,\cdots \tag{11-43}$$

其中，$u=\sqrt{\dfrac{F}{\rho_l}}$ 弦线中的波速。式中的频率称为弦振动的**本征频率**，每一频率对应于一种可能的振动方式。频率由式(11-43)决定的振动方式，称为弦线振动的**简正模式**。其中最低频率 ν_1 称为**基频**，其他较高频率 ν_2，ν_3，…都是基频的整数倍，它们各以其对基频的倍数而分别称为二次、三次、……**谐频**。图 11-23 中画出了频率为 ν_1，ν_2，ν_3 的 3 种简正模式。

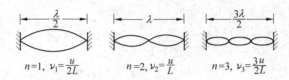

$$n=1,\ \nu_1=\dfrac{u}{2L} \qquad n=2,\ \nu_2=\dfrac{u}{L} \qquad n=3,\ \nu_3=\dfrac{3u}{2L}$$

图 11-23　两端固定弦的几种简正模式

简正模式的频率称为系统的**固有频率**。如上所述，一个驻波系统有许多个固有频率。这与弹簧振子只有一个固有频率不同。

当外界驱动源以某一频率激起系统振动时，如果这一频率与系统的某个简正模式的频率相同(或相近)就会激起强驻波，这种现象也称为**共振**。用电信号激励的音叉(电动音叉)演示驻波时，观察到的就是驻波共振现象。

系统究竟按哪种模式振动，取决于初始条件。一般情况下，一个驻波系统的振动，是它的各种简正模式的叠加。

弦乐器的发声遵从驻波的原理。当拨动弦线使它振动时，它发出的声音中就包含有各种频率。乐器振动发声时，其音调由基频决定，同时发出的谐频的频率和强度决定声音的音色。各种乐器用不同演奏方法可产生数量和强弱各不相同的泛音成分，使基音相同时也能具有不同的音色。管乐器中的管内的空气柱、锣面、鼓皮等也都是驻波系统(图 11-24)，它们振动时也同样各有其相应的简正模式和共振现象，但其简正模式要比弦的复杂得多。

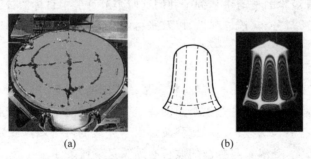

(a)　　　　　　　　　　(b)

图 11-24　二维驻波

(a) 鼓皮以某一模式振动时，才能在其上的碎屑聚集在不振功的地方，显示出二维驻波的"节线"的形状(R. Resnick)；(b) 钟以某一模式振动时，"节线"的分布(左图)和该模式的全息照相(右图)，其中白线对应于"节线"(T. D. Rossing)

【**例 11-4**】　**二胡**。二胡是一种拉弦鸣乐器。如图 11-25 所示，一只二胡的"千斤"(弦的上方固定点)和"码子(琴马)"(弦的下方固定支撑点)之间的距离 $L=0.3$ m。其上一根弦的质量线密度 $\rho_l=3.8\times10^{-4}$ kg/m，拉紧它的张力 $F=9.4$ N。求此弦所发的声音的基频是多少？此弦的三次谐频振动的节点在何处？

解 此弦中产生的驻波的基频为

$$\nu_1 = \frac{u}{2L} = \frac{1}{2L}\sqrt{\frac{F}{\rho_l}}$$

$$= \frac{1}{2 \times 0.3}\sqrt{\frac{9.4}{3.8 \times 10^{-4}}}\,\text{Hz} = 262\,\text{Hz}$$

这就是它发出的声波的基频,是"C"调。三次谐频振动时,整个弦长为 λ/2 的 3 倍。因此,从"千斤"算起,节点分别在 0,10,20,30 cm 处。

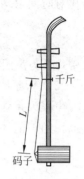

古代大量文献记述表明,中国古人在演奏的理论与实践中,已经认识到张力与音调之间的关系。在中国古代物理学中,声学是物理学中最为发达、内容最为丰富和理论最为完备的领域。例如,周朝有六艺(礼、乐、射、御、书、数),孔子订六经(礼、乐、诗、数、易、春秋),其中的"乐"成为仕宦知识含量的判定标准之一。"声学"一词初见于沈括《梦溪笔谈》中。但无论东方还是西方,在伽利略之前,古代人尚无频率的概念,他们以弦长比来确定音程高低。频率概念的引出需要精密到秒的计时,伽利略以血脉跳动作为计时单位,以单摆摆动作为计时对象,这才引入频率的概念。

图 11-25　二胡

*11.9　声波

声波是指在弹性介质中传播着的机械波,它是由介质内部压缩和膨胀产生的弹性应力和惯性作用形成的一种弹性波。声波传入人耳,引起鼓膜振动,刺激听神经而引起听觉的频率范围为 20～20 000 Hz,称为**可闻声波**(可听声波),简称**声波**。频率低于 20 Hz 的叫做**次声波**,高于 20 000 Hz 的叫做**超声波**。狭义上,所讨论的声波限于可闻声波。

声波不仅能在气体(如空气)中传播,还能通过液体或固体传播。在流体(气体和液体)中传播的声波为纵波。在固体介质中传播的声波可以是纵波、横波或二者的复合。在弹性介质中,纵波按疏密相间的形式传播。地震时产生的大部分震动都是由于巨大的声波在地球上传播而引起的。

1. 声压与声强　声强级与声压级

(1) 声压

介质中有声波传播时的压力与无声波时的静压力之间有一差额,这一差额称为**声压**。或者说,声压是声波造成的附加压强。声波是疏密波,在稀疏区域,实际压力小于原来静压力,声压为负值;在稠密区域,实际压力大于原来静压力,声压为正值。

把表示体积弹性形变的式(11-17)应用于介质质元,用 Δp 表示声压,则有

$$\Delta p = -K\frac{\Delta V}{V}$$

单位为 Pa。对平面简谐声波,质元的体应变 $\frac{\Delta V}{V}$ 可写成 $\frac{\partial y}{\partial x}$,并以 p 表示声压,则上式改写为

$$p = -K\frac{\partial y}{\partial x} = -K\frac{\omega}{u}A\sin\omega\left(t - \frac{x}{u}\right)$$

由于纵波波速为 $u = \sqrt{\dfrac{K}{\rho}}$,即式(11-21),把 $K = \rho u^2$ 代入上式,则声压为

$$p = -\rho u \omega A\sin\omega\left(t - \frac{x}{u}\right)$$

对平面简谐声波,对应的声压的振幅 p_m 为

$$p_m = \rho u \omega A \tag{11-44}$$

声学上一般使用时,声压通常用有效值表示,称为**有效声压**。或者说,声压是有效声压的简称。有效声压就是声波通过介质时所产生的压强改变量(其值随时在变)的有效值,即瞬时声压对时间取均方根值。简谐波的有效声压表示为

$$p = \frac{p_m}{\sqrt{2}} \tag{11-45}$$

式中,p_m 为声压振幅,即压强改变量的最大值。

（2）**声强**

声强为**声强度**的简称,即声波的强度,是指单位时间内通过与声音传播方向相垂直的单位面积的声能(能流密度)。由式(11-31)可得,声强的表达式为

$$I = \frac{1}{2} \rho u A^2 \omega^2$$

再利用式(11-44),还可得

$$I = \frac{1}{2} \frac{p_m^2}{\rho u} \tag{11-46}$$

对于自由平面波或球面波(自由行波),声强为

$$I = \frac{p^2}{\rho u} \tag{11-47}$$

单位为 W/m^2。式中,p 为有效声压,ρ 为介质密度,u 为声速。

（3）**声强级**

声强太小,不能引起听觉;声强太大,将引起痛觉。引起人的听觉的声波,除了有一定的频率范围外,还有一定的声强(或声压)范围。

能够引起人的听觉的可闻声波声强范围为 $10^{-12} \sim 1 \ W/m^2$,范围大小相差 10^{12} 倍;声压范围为 $2 \times 10^{-5} \sim 20 \ Pa$,范围大小相差 10^6 倍。它们数量级均相差悬殊,若用线性标度表示如此大的变化范围,使用起来将很不方便。同时,人耳是非线性"器件"(器官),听觉判断声音强弱并不与声压和声强的变化绝对值成正比,而是近似地成对数关系。因此,听觉采用以对数来划分响度等级,即用**声级**(如声强级、声压级和声功率级)表示声波对应的大小或强弱,一般以常用对数值表示。这个"级"是无量纲的,当其常用对数值为 1 时,称为 1 **贝尔**(贝,B),以此作为级的单位;实际生活中常用**分贝**(dB)为单位,1 B＝10 dB。采用对数分贝可方便地表示声学中较大的强度范围,又便于声级运算。

声强级可以用来描述声波的强弱,它表示声强相对大小的值,为声场中某点的声强度 I 与基准值 I_0 之比值的常用对数。规定声强 $I_0 = 10^{-12} \ W/m^2$ 作为空气中测定声强的基准值(标准),对应于 I_0 的声强称为**"标准零级"**。因此,声场中某点的声强 I 用声强级 L 表示为

$$L_i = \lg \frac{I}{I_0} \tag{11-48}$$

单位为贝(B)。因为贝(B)的单位太大,通常以分贝(dB)为单位,则声强级表示为

$$L_i = 10 \lg \frac{I}{I_0} (dB) \tag{11-49}$$

式中,标准零级 $I_0 = 10^{-12}$ W·m^{-2} 为空气中的测定标准,这是根据人耳对 1 000 Hz 声音强弱变化的分辨能力来定义的。

(4) **声压级**

声压级是衡量声压 p 相对大小的指标,记为 L_p,由式(11-47)或式(11-49),并以常用对数表示,则**声压级** L_p 表示为

$$L_p = 20\lg \frac{p}{p_0} \tag{11-50}$$

单位为分贝(dB)。式中,p 为测听点声波的声压,p_0 为基准值。在气体中,规定声压级基准值 p_0 为相当于人耳所能听到的频率约为 1 kHz 声波的最低声压,即 $p_0 = 20\ \mu$Pa;在液体中,基准值 $p_0 = 1\ \mu$Pa。听阈就是人耳能听到的最低声压级,**痛阈**是人耳听音时开始引起痛感的最低声压级。

使用时,为避免引起误会,通常还要加注基准值。例如,高声谈话的声压约为 10^{-2} Pa,对应的声压级约为 54 dB,介于 40～60 dB 范围,相当于客厅与喊叫之间区域,表示为 $L_p =$ 54 dB(0 dB = 20 μPa),即在气体中的声压 10^{-2} Pa 相当于 54 dB,基准量为 20 μPa。

一般情况下,声压级与声强级的关系很复杂。若介质的波阻抗 ρu 值满足一定值,则声强级与声压级将相差一个较小的修正项;对声场中的某点,一般可认为 $L_i \approx L_p$。因此,声学上有时也用声强级代替声压级,如医学上测量听觉曲线。由于声强级反映的是声波的强度,不能反映频率变化的信息,所以声强级还不能完全反映人耳对声音的相应程度。声级计读数是相应于全部可听声频率范围内按频率计权和积分时间而测得的声压级。计权特性分为 A、B、C 和 D 四级,测得的声压分别对应于 A 声级、B 声级、C 声级和 D 声级,单位分别用 dBA、dBB、dBC 和 dBD 表示。

此外,声级除了声强级和声压级外,还有声功率级。声功率级表示为

$$L_p = 10\lg \frac{P}{P_0}$$

式中,P_0 为基准功率,一般取为 $P_0 = 10^{-12}$ W。

(5) **响度**

响度是听觉判断声音轻响的程度,是人耳对声音强度的主观感觉。**响度**俗称音量,它与声级有一定的关系,声级越大,人感觉越响。但是,人耳的灵敏度随声波的频率而变化,即使相同的声强级,人耳感受到声波的响度也会随频率的不同而变化。

为了定量比较声音的响度,引入响度级的概念,作为人耳判断各频率纯音轻响的一种指标。规定 1 000 Hz 纯音的响度级在数值上就等于它的声强级。但是,响度级的单位不是 dB,而是方(phon,旧称呐,读 fēng)。将某一频率纯音与一个 1 000 Hz 的纯音试听比较,当二者响度被判断为相同时,后者声压级的分贝数即被定为这个频率纯音响度级的方数。

表 11-3 列出了常遇到的一些声音对应的声强、声强级和响度。一般人听觉的强度范围一般为 0～125 dB。人耳对声音强弱的分辨能力约为 0.5 dB。声音强度超过某一最大值时,会引起人耳痛觉,把人耳可容忍的最大声强刺激量或听音时开始引起痛感的最低声压级叫做痛阈,为听觉上限。人们把 120 dB 定为 1 000 Hz 声音的痛阈。

表 11-3　几种声音的声强、声强级和响度

声　源	声强/(W·m^{-2})	声级/dB	响　度
聚焦超声波	10^9	210	
炮声	1	120	
痛觉阈	1	120	
铆钉机	10^{-2}	100	震耳
闹市车声	10^{-5}	70	响
通常谈话	10^{-6}	60	正常
室内轻声收音机	10^{-8}	40	较轻
耳语	10^{-10}	20	轻
树叶沙沙声	10^{-11}	10	极轻
听觉	10^{-12}	0	

　　声音的音量取决于压力波的振幅。地球上可能存在的最大声音是 194 dB,但大自然中通常有两种形式超过此值,这就是冲击波和火山爆发。根据资料,广岛和长崎核弹爆炸的声强超过 200 dB,其冲击波在 30 s 中传播了 11 km。

　　冲击波也称**激波**或骇波,它是介质中由于物体的高速运动或爆炸,引起介质剧烈压缩,使局部介质的密度和压强迅速增加并以超声速传播的波(参见 331 页)。冲击波一般带有较大的能量,具有破坏性,如陨石坠落。2013 年 2 月 15 日中午发生在俄罗斯的陨石坠落事件,因高速运动的陨石与大气层摩擦燃烧并发生爆炸,形成的强大冲击波使坠落区域的许多建筑物玻璃窗破裂,造成 1 200 多人受伤,这不是被陨石砸的,而是陨石爆炸产生的附加的影响。根据分析,陨石落地前的速度达到 30 km/s,坠落在湖泊里留下直径约 8 m 的冰窟窿,湖岸上的一个陨石坑直径达 6 m。据美国宇航局的专家称,陨石直径约 15 m,重约 7 000 t,该陨石在距离地面 20～25 km 的高空发生爆炸,爆炸释放的冲击波能量相当于 $3×10^6$ t 的 TNT 炸药释放的威力,也相当于 1945 年日本广岛原子弹能量的数十倍。

　　【例 11-5】　张飞与士兵的喝声。《三国演义》中大将张飞喝断当阳桥破敌的故事家喻户晓。设张飞大喝一声的声强级为 140 dB,频率为 400 Hz。求:

　　(1) 张飞喝声的声压幅和振幅各是多少?

　　(2) 如果一个士兵喝声的声强级为 90 dB,张飞一喝相当于多少士兵同时大喝一声?

　　解　(1) 由式(11-48),以 I 表示张飞喝声的声强,则

$$L_i = 10\lg\frac{I}{I_0} = 140$$

由此得

$$I = I_0 × 10^{14} = 10^{-12} × 10^{14}\ \text{W/m}^2 = 100\ \text{W/m}^2$$

由式(11-46),张飞喝声的声压幅为

$$p_m = \sqrt{2\rho uI} = \sqrt{2 × 1.29 × 340 × 100}\ \text{N/m}^2 = 3.0 × 10^2\ \text{N/m}^2$$

由式(11-31),空气质元的振幅为

$$A = \frac{1}{\omega}\sqrt{\frac{2I}{\rho u}} = \frac{1}{2\pi × 400}\sqrt{\frac{2 × 100}{1.29 × 340}}\ \text{m} = 2.7 × 10^{-4}\ \text{m}$$

(2) 由式(11-48),以 I_1 表示每一士兵喝声的声强,则

$$I_1 = I_0 \times 10^9 = 10^{-12} \times 10^9 \text{ W/m}^2 = 10^{-3} \text{ W/m}^2$$

而

$$\frac{I}{I_1} = \frac{100}{10^{-3}} = 10^5$$

即张飞一喝相当于 10 万士兵同时齐声大喝。

2. 声速

声波可以是由振动的弦线(如提琴弦线、人的声带等)、振动的空气柱(如风琴管、单簧管等)、振动的板与振动的膜(如鼓、扬声器等)等产生的机械波。近似周期性或者由少数几个近似周期性的波合成的声波,如果强度不太大时会引起愉快悦耳的乐音。波形不是周期性的或者是由个数很多的一些周期波合成的声波,听起来是噪声。

1816 年法国科学家拉普拉斯(P. Laplace,1749—1827)指出了牛顿关于声波的传播是等温过程的错误。由于声波频率较大,声波的传播速度很快,声波中空气质元的压缩和膨胀都很快,来不及与周围(外界)交换能量,因此,声波中空气质元的体积变化可以当绝热过程处理。

空气中的声波是纵波,其传播速度取决于空气的摩尔热容比 γ(绝热指数)、热力学温度 T 和压强 p,与其性质密切相关,由式(11-21)决定。利用式(11-17)可得,空气中**声速**为

$$u = \sqrt{\frac{K}{\rho}} = \sqrt{-\frac{V}{\rho} \cdot \frac{\mathrm{d}p}{\mathrm{d}V}} \tag{11-51}$$

按理想气体计算,由状态方程 $p = \frac{\rho}{M}RT$ 和绝热过程方程 $pV^\gamma = C$ 可得

$$\frac{\mathrm{d}p}{\mathrm{d}V} = -\frac{\gamma p}{V} = -\frac{\gamma \rho RT}{MV}$$

式中,γ 是空气的摩尔热容比,M 是空气的摩尔质量。代入式(11-51),则空气中的声速为

$$u = \sqrt{\frac{\gamma RT}{M}} \tag{11-52}$$

对于同一种气体,声速明显地取决于气体的温度,与声源的频率无关。实际上,即使对于固体和液体,因为弹性介质参数、密度都与温度有关,其波速也同样与温度有关。在常温(如 $t=20℃$)下,取空气 $\gamma = 1.40$,$M \approx 29.0 \times 10^{-3}$ kg/mol,代入式(11-52)可得,空气中的声速为

$$u = \sqrt{\frac{\gamma RT}{M}} \approx \sqrt{\frac{1.40 \times 8.31 \times 293}{29.0 \times 10^{-3}}} \text{m/s} \approx 343 \text{ m/s}$$

这一结果与实测结果(330～340 m/s)基本相符。

在空气温度为 $t(℃)$ 时,声速的理论计算公式为

$$u = \sqrt{\frac{\gamma R(T_0 + t)}{M}} = \sqrt{\frac{\gamma R T_0}{M}} \cdot \sqrt{1 + \frac{t}{T_0}} = u_0 \sqrt{1 + \frac{t}{T_0}}$$

式中,u_0 为 0℃时的声速,t 为空气温度与 0℃之间的温度差,单位为℃。

在标准大气压下,对于 −20～40℃的干燥空气,声速与温度的关系近似为线性关系(应用幂级数展开公式),即

$$u \approx u_0 \left(1 + \frac{1}{2} \cdot \frac{t}{T_0}\right) \approx (331.36 + 0.61t) \text{ m/s} \tag{11-53}$$

此式就是计算声速与温度关系的简单形式。一般计算时,空气中的声速可取 $u = 340$ m/s (对应于 15℃时)。

实际上,空气中总含有一定量的水蒸气,经过对空气平均摩尔质量 M 和摩尔热容比 γ 的修正,在温度为 t、相对湿度为 H 时,空气中的声速为

$$u = 331.36 \sqrt{\left(1 + \frac{t}{T_0}\right) \times \left(1 + 0.319 H \cdot \frac{p_S}{p}\right)} \text{ m/s} \tag{11-54}$$

这是空气中声速的理论公式。式中,H 可从干湿温度计上读出;p 为环境大气压;p_S 为 t℃ 时空气中水蒸气的饱和蒸气压,可从饱和蒸气压与温度的对照表中查出。

*3. 超声(超声波)

频率高于 20 kHz、不会引起人耳听觉的弹性波称为**超声(超声波)**。其频率的最高极限至今也没有明确限定,大多取 500 MHz;而把频率在 500 MHz 或 1 000 MHz 以上的超声称为微带超声,在 10^{12} Hz 以上的称为特超声。超声波一般由具有磁致伸缩或压电效应的晶体的振动产生。

超声波具有机械波的通性,其显著特点是频率高,波长短,衍射现象不明显,因而传播的定向性强,近似直线传播,且易于聚焦。由于超声波的能量容易集中,因而强度大,振动剧烈,其声强比一般声波大得多,用聚焦成细波束的方法,可以获得声强高达 10^9 W/m² 的超声波。它具有许多特殊作用,产生机械、热、光、电、化学及生物等各种效应。

利用超声波的定向发射性质,可以探测水中物体,如探测鱼群、潜艇等,也可用来测量海深。由于海水的导电性良好,电磁波在海水中传播时,吸收非常严重,因而电磁雷达无法使用。利用声波雷达——声呐,可以探测出潜艇的方位和距离。

利用超声波穿透本领大,特别是在液体、固体中传播时,衰减远比电磁波小得多及在不透明的固体中,能穿透几十米的厚度的特性,可在技术上将超声波广泛应用于定位(声呐技术)、测距和探伤,以及测量液体流速、材料弹性模量、气体温度瞬间变化等。

利用超声波能量大且集中的特点,可将超声波用来切削、焊接、钻孔、清洗机件及处理种子和促进化学反应等。

利用超声波在介质中的传播特性,如波速、衰减、吸收等与介质的某些特性(如弹性模量、浓度、化学成分、黏度等)或状态参量(如温度、压力、流速等)密切有关,可以间接测量其他物理量。这种非声量的声测法具有测量精度高、速度快等优点。

由于超声波的频率与一般无线电波的频率相近,利用超声元件代替某些电子元件,可以起到电子元件难以起到的作用。超声延迟线就是其中一例。因为超声波在介质中的传播速度比电磁波小得多,因此用超声波延迟时间就方便得多。

因为超声波碰到杂质或介质分界面时有显著的反射,所以可以用来探测工件内部的缺陷。超声波探伤的优点是不伤损工件,而且由于穿透力强,因而可以探测大型工件,如用于探测万吨水压机的主轴和横梁等。此外,在医学上可用来探测人体内部的病变,如 B 型超声诊断仪(简称 B 超)就是利用超声波来显示人体内部结构的图像。

目前,超声探伤正向着显像方向发展,如用声电管把声信号变换成电信号,再用显示屏呈现出目的物的图像。随着激光全息技术的发展,声全息也日益发展起来。把声全息记录的信息再用光显示出来,可直接观察到被测物体的图像。声全息在地质、医学等领域有着重要的意义。

*4. 次声(次声波)

频率一般在 $10^{-4}\sim20$ Hz 之间,不能引起人耳听觉的声波,称为**次声(次声波)**,也称为**亚声波**。它与地球、海洋和大气等的大规模运动有密切关系。例如,火山爆发、地震、陨石落地、大气湍流、风暴、雷暴、磁暴等自然活动中,都有次声波发生,因此它已成为研究地球、海洋、大气和勘察矿床等大规模运动(如风暴、地震等)的有力工具。

次声波频率低,在空气中传播衰减极小,穿透力强,具有远距离传播的突出优点。在大气中传播几千公里后,吸收还不到万分之几分贝。因此对它的研究和应用受到越来越多的关注,已形成现代声学的一个新的分支——**次声学**。次声对人体的作用也是次声学研究的重要内容。次声武器就是利用强次声波杀伤有生力量的非致命武器,能使人和动物的躯体和器官与其发生共振,产生移位和变形,造成损伤。

*11.10 地震波 水波

地震波和水波都是常见的机械波。地震和由飓风或海啸引起海面上的惊涛骇浪都是严重的自然灾害。了解这方面的知识有利于增强防灾减灾意识,提高其应对能力。

1. 地震波

在自然界中,若地壳内岩层构造活动突然产生爆裂,将产生地震。地震一般多指天然性的构造地震,其破坏性和影响范围很广。火山地震和人工地震的强度和波及面一般较小。

发生岩层破裂的震源一般在地表下几千米到几百千米的地方,震源释放机械能,地震波的能量只是地震能的一小部分。震源正上方地表的那一点叫**震中**。**地震波**是地震时形成的地面震动而产生的波动现象。从震源和震中发出的地震波在地球内部有两种形式:横波和纵波,在地震地质学中分别称为 **S 波**(也称**续至波,剪切波**)和 **P 波**(也称**初至波,压力波**或**挤压波**)。

地球是非均质体,地震波在地球内部的传播途径很复杂。当震源深度不大时,还有沿地表面传播的地震波出现,这种波称为**地震面波(表面张力波)**。它也有两种形式,一种是扭曲波,使地表发生扭曲,称为 **L 波**;另一种使地表上下波动,就像大洋面上的水波那样,称为 **R 波**。当发生达到里氏 8 级左右的特大地震时,地震波将激起全地球的自由振荡。P 波、S 波以及表面波的传播都可以用地震仪在不同时刻记录下来(图 11-26)。

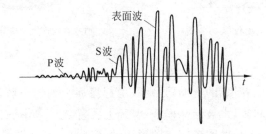

图 11-26 地震波的记录

传播速度与地球内部物质的密度和弹性有关,一般随深度的增加而加大。在物质的性质与状态有显著不同的介质中,传播速度也有显著的改变。P 波(纵波)的传播速度比 S 波(横波)大。S 波的传播速度较小,为 $3\sim8$ km/s,其频率在几赫兹范围,但并非单一值,其破坏力大且速度慢,容易与低层建筑物的结构产生共振,造成更多破坏。P 波的传播速度快,从地壳内的 5 km/s 到地幔深处的 14 km/s,但破坏力小。两种波速的区别被用来计算震源的位置,在异地能提前感知 P 波,通过预警,人可利用横波到来之前的短暂时间差逃生。

世界上最早的地震仪是公元 132 年东汉张衡创制的"候风地动仪"(图 11-27),形似一个酒樽的容器,是中国古代用于测验地震发生方位的仪器。据记载,仪器制成不久,即测出永和三年(138 年)二月初三发生在陇西的地震。这种地震仪是中国古代的一项重要的技术发明,比西方地震仪出现的时间早了 1 500 年左右。遗憾的是,后来失传了。

地震波的振幅可以大到几米(如 1976 年唐山大地震地表起伏达 1 m 多),因而能造成巨大灾害。一次地震释放的能量 E 通常用里氏地震级 M 表示,它们之间的关系是

$$M = 0.67 \lg E - 2.9 \tag{11-55}$$

例如,一次大地震($M \geqslant 7$)释放的能量可达 10^{15} J(如唐山大地震 $M=7.8$),这大约相当于百万吨级氢弹爆炸所释放的能量。一次特大地震($M \geqslant 8$)所释放的能量可达 $10^{17} \sim 10^{18}$ J(如汶川特大地震 $M=8.0$)。

地震波中的 P 波可以在固体和液体中传播,而 S 波则只能在固体中传播(因为液体不可能发生切变),它们又都能在固体和液体交界面处反射或折射,如传播到地面时会发生反射,反射时会产生沿地表传播的表面波。因此,对地震波的详细分析可以推知它们传播所经过的介质分布情况。目前,对地球内部结构的认识几乎全部来自对地震波的分析(图 11-28)。人工地震可以帮助了解地壳内地层的分布,它是石油和天然气勘探的一种重要手段。此外,利用地震波资料进行分析是研究地球内部结构的一种基本方法,也是检测地下核试验的一种可靠方法。

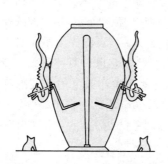

图 11-27　候风地动仪纵切面图

图 11-28　地震波与地球内部结构

2. 水波

从"风乍起,吹皱一池春水"的涟漪,到飓风引起海面上的惊涛骇浪,都只是不同波长的水波的表现。表面上看起来,水波形似横波,实际上要复杂些,如图 11-29 所示,其表面各质元并不是做简单的振动,而是做圆形或椭圆形运动,因此,它不是简单的横波。

形成水波的恢复力不是弹性力,而是水的表面张力和重力。微风拂过,在水面形成的涟漪细波主要是表面张力作用的结果。这种波称为**表面张力波**(**表面波**)。表面张力波既不是纯纵波也不是纯横波,属于液体自由界面的界面波,其波长 λ 很短,一般不大于几厘米;其波速 u 由水的表面张力系数 σ 及其密度 ρ 决定,即

$$u = \sqrt{\frac{2\pi\sigma}{\rho\lambda}} \tag{11-56}$$

而海面上飓风劲吹引起的大波或洋底地震引发的海啸,其波长可达几米、几百米甚至几百千米。这种巨浪振荡的恢复力主要是重力,因而这种波称为**重力波**。下面简要介绍较有实际意义的重力波。

水的深浅是相对的,它的深度 h 是相对于水波的波长 λ 而言的。当 $h \ll \lambda$ 时,为浅水;当 $h \gg \lambda$ 时,为深水。研究表明,浅水面上水波波速 u 与波长 λ 无关,只由水的深度 h 决定,其关系式为

$$u = \sqrt{gh} \quad (h \ll \lambda) \tag{11-57}$$

例如,由洋底地震引发海啸的波长一般为 $100 \sim 400$ km;太平洋的平均深度为 4.3 km,对海啸来说,太平洋算是浅水,因此,由式(11-57),可计算出海啸在太平洋的传播速度为 $u \approx 205$ m/s = 738 km/h,相当于大型喷气式客机的飞行速度。

值得注意到是,海啸波在开阔的大洋表面的浪高(从谷底到峰尖的高度差)不过 1 m 左右,不甚显眼。但随着海浪向海岸传播,由式(11-57)决定的波速越来越小,前面的波越来越慢,后浪逐前浪,浪头就会越集越高,浪高可达几十米,形成排山倒海、巨浪拍岸的壮观场面。这对沿岸设施可能造成巨大的损害。

对于深水,即 $h \gg \lambda$ 的情况,研究表明,水面波的波速与波长有关,其关系式[1]为

$$u = \sqrt{\frac{g\lambda}{2\pi}} \quad (h \gg \lambda) \tag{11-58}$$

不管浅水波和深水波,表面上水的质元的运动并不是上下振动的简谐运动而是圆周运动。水面下的水的质元的运动是椭圆运动,越深处的运动范围越小(图11-29)。这样,水波的波

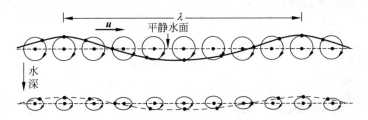

图 11-29 水波中水的质元的运动

---

① 液体表面波速的一般公式为

$$u = \sqrt{\left(\frac{g\lambda}{2\pi} + \frac{2\pi\sigma}{\rho\lambda}\right)\tanh\frac{2\pi h}{\lambda}} \tag{11-59}$$

式中,σ 为液体表面张力系数;ρ 为液体密度;h 为水深,当 $h \gg \lambda$ 时,$\tanh\dfrac{2\pi h}{\lambda} \approx 1$,上式给

$$u = \sqrt{\frac{g\lambda}{2\pi} + \frac{2\pi\sigma}{\rho\lambda}}$$

此式中,当 λ 足够大时,忽略根号下第二项,即得式(11-58)的深水重力波公式,当 λ 足够小时,即得表面张力波波速公式 $u = \sqrt{2\pi\sigma/\rho\lambda}$。

当 $h \ll \lambda$ 时,$\tanh\dfrac{2\pi h}{\lambda} \approx \dfrac{2\pi h}{\lambda}$,式(11-59)给出 $u = \sqrt{gh + \dfrac{4\pi^2\sigma h}{\rho\lambda^2}}$。由于 $\lambda \gg h$,根号下第二项可以忽略,于是就得浅水重力波公式(11-57)。

形图线并不是正弦曲线,而是如常看到的谷宽峰尖的形状,如图 11-30(a)所示。浪高太大(经验指出,大于波长的 1/7 时),峰尖就要崩碎,如图 11-30(b)所示,形成白浪滔天的景观。

海浪具有很大的能量,可以掀翻船只造成灾难,但也可以加以利用,现在已设计制造了波浪发电机供海上航标用电。

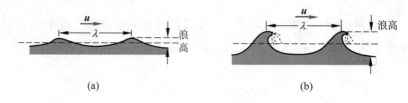

图 11-30 海面波的波形
(a) 浪高较小;(b) 浪高较大

11.11 多普勒效应

在前面的讨论中,波源和接收器相对于介质都是静止的,波的频率、接收器(观测者)接收到的频率与波源的频率都是相同的。如果波源或接收器或两者相对于介质运动时,则发现接收器接收到的频率和波源的频率不同。这种因波源与接收器有相对运动而造成接收器接收到的波的频率与波源频率不同的现象,称为**多普勒效应**。例如,当高速行驶的火车鸣笛而来时,我们听到的汽笛音调变高(频率升高),当它呼啸而去时,我们听到的音调变低(频率降低),这种现象是声学的多普勒效应。其频率的变化量称为**多普勒频移**。

多普勒效应由奥地利物理学家多普勒(C. A. Doppler,1803—1853)于 1842 年首先发现,故名。

本节主要讨论机械波的多普勒效应的规律。声波的多普勒效应,可由声源或观察者相对于传播声音的介质(空气或其他介质)的相对运动来解释。

为简单起见,假定波源和接收器在同一直线上运动。波源相对于介质的运动速度用 v_S 表示,接收器相对于介质的运动速度用 v_R 表示,波速用 u 表示。波源的频率、接收器接收到的频率和波的频率分别用 ν_S、ν_R 和 ν 表示。在此处,三者的意义应区别清楚:波源的频率 ν_S 是波源在单位时间内振动的次数,或在单位时间内发出的"完整波"的个数;接收器接收到的频率 ν_R 是接收器在单位时间内接收到的振动数或完整波数;波的频率 ν 是介质质元在单位时间内振动的次数或单位时间内通过介质中某点的完整波的个数,它等于波速 u 除以波长 λ。这三个频率可能互不相同。下面分几种情况讨论。

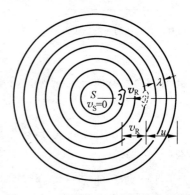

图 11-31 波源静止时的多普勒效应

1. 相对于介质,波源不动,接收器以速度 v_R 运动

若接收器向着静止的波源运动,如图 11-31 所示,接收器在单位时间内接收到的完整波的数目比它静止时接收的多。因为波源发出的波以速度 u 向着接收器传播,同时接收器以速度 v_R 向着静止的波源运动,因而多接收了一些完整波数。在单位时间内接收器接收到完整波的数目等于分布在 $u+v_R$ 距离内完整波的数目(见图 11-31),即

$$\nu_R = \frac{u+v_R}{\lambda} = \frac{u+v_R}{u/\nu} = \frac{u+v_R}{u}\nu$$

式中,ν 是波的频率。由于波源在介质中静止,所以波的频率等于波源的频率,因此有

$$\nu_R = \frac{u+v_R}{u}\nu_S \tag{11-60}$$

这表明,当接收器向着静止波源运动时,接收到的频率为波源频率的 $\left(1+\dfrac{v_R}{u}\right)$ 倍。

当接收器离开波源运动时,通过类似的分析,可求得接收器接收到的频率为

$$\nu_R = \frac{u-v_R}{u}\nu_S \tag{11-61}$$

此时接收到的频率低于波源的频率。

2. 相对于介质,接收器不动,波源以速度 v_S 运动

波源运动时,波的频率不再等于波源的频率。这是由于当波源运动时,它听发出的相邻的两个同相振动状态是在不同地点发出的,这两个地点相隔的距离为 $v_S T_S$,T_S 为波源的周期,如图 11-32(a)所示。如果波源是向着接收器运动的,这后一地点到前方最近的同相点之间的距离是现在介质中的波长。如图 11-32(b)所示,若波源静止时介质中的波长为 λ_0 ($\lambda_0 = u T_S$),则介质中对应的波长为

$$\lambda = \lambda_0 - v_S T_S = (u-v_S)T_S = \frac{u-v_S}{\nu_S}$$

此时波的频率为

$$\nu = \frac{u}{\lambda} = \frac{u}{u-v_S}\nu_S$$

由于相对于介质接收器静止,所以它接收到的频率就是波的频率,即

$$\nu_R = \frac{u}{u-v_S}\nu_S \tag{11-62}$$

此时接收器接收到的频率大于波源的频率。

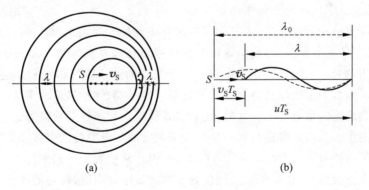

(a)   (b)

图 11-32 波源运动时的多普勒效应

当波源远离接收器运动时,通过类似的分析,可得接收器接收到的频率为

$$\nu_R = \frac{u}{u + v_S}\nu_S \tag{11-63}$$

此时接收器接收到的频率小于波源的频率。

3. 相对于介质,波源和接收器同时运动

综合以上两种分析,可得当波源和接收器相向运动时,接收器接收到的频率为

$$\nu_R = \frac{u + v_R}{u - v_S}\nu_S \tag{11-64}$$

当波源和接收器彼此离开时,接收器接收到的频率为

$$\nu_R = \frac{u - v_R}{u + v_S}\nu_S \tag{11-65}$$

多普勒效应是一种普遍的波动现象,不仅适用于声波,也适用于所有类型的波。由于作相对运动的波源和接收器(观察者)所在参考系中时间快慢不同(狭义相对论),各种波长的电磁波都存在多普勒效应。对于光波的多普勒效应,需要根据相对论进行推导(略)。1848年法国物理学家斐索(A. Fizeau,1819—1896)发现了电磁波的多普勒效应,解释了来自恒星的波长偏移,提出了利用这种效应测量恒星相对速度的办法。光波的多普勒效应又称为**多普勒-斐索效应**,包括纵向、横向和普通多普勒效应。在经典物理学理论中,多普勒效应公式只有纵向多普勒效应,没有横向多普勒效应;而在相对论理论中,二者效应均存在。

与其他波不同的是,电磁波的传播不依赖于弹性介质。从任一惯性系来看,光在真空中的传播速度都相同。因此,光源和接收器之间的相对速度 v 决定了所接收到的频率。可以用相对论证明,当光源和接收器在同一直线上运动时,如果二者相互接近,则

$$\nu_R = \sqrt{\frac{1 + v/c}{1 - v/c}}\nu_S \tag{11-66}$$

如果二者相互远离,则

$$\nu_R = \sqrt{\frac{1 - v/c}{1 + v/c}}\nu_S \tag{11-67}$$

由此可知,当光源远离接收器运动时,接收到的频率变小,因而波长变长,这种现象叫做**红移**,即在可见光光谱中向红色一端移动。

多普勒效应的应用十分广泛,天文学家将来自星球的光谱与地球上相同元素的光谱比较,发现星球光谱几乎都发生"红移",这说明星体都正在远离地球向四面飞去,而向地球移动的行星所发出的光发生"蓝移"。根据中心恒星发光的蓝移和红移现象,近 30 年来,天文学家已经定位了数百颗围绕遥远恒星旋转的行星。这一观察结果被"大爆炸"的宇宙学理论的倡导者视为其理论的重要证据。此外,还有多普勒雷达和多普勒导航等。

人造地球卫星的视向速度也是利用这一效应测定的。电磁波的多普勒效应为跟踪人造地球卫星提供了一种简便的方法。在图 11-33 中,卫星从位置 1 运动到位置 2 的过程中,向着跟踪站的速度分量减小,在从位置 2 到位置 3 的过程中,离开跟踪站的速度分量增加。因此,如果卫星不断发射恒定频率的无线电信号,则当卫星经过跟踪站上空时,地面接收到的信号频率是逐渐减小的。如果把接收到的信号与接收站另外产生的恒定信号合成拍,则拍频可产生一个听得见的声音。卫星经过上空时,这种声音的音调降低。拍是两个频率相近

的声波同时在一个方向传播,合成为一个声波,强弱不断变化的干涉现象。单位时间内强弱变化的次数等于两个频率之差,称为**拍频**(见 10.7 节)。

上面讲过,当波源向着接收器运动时,接收器接收到的频率比波源的频率大,它的值由式(11-62)给出。但当波源的速度 v_S 超过波速时,这一公式将失去意义,因为这时在任一时刻波源本身将超过它此前发出的波的波前,在波源前方不可能有任何波动产生。这种情况如图 11-34 所示。

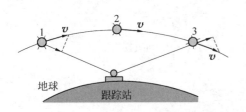

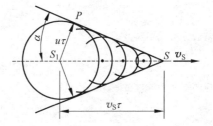

图 11-33　卫星—跟踪站连线方向上分速度的变化　　　　图 11-34　冲击波的产生

当波源经过 S_1 位置时发出的波在其后 τ 时刻的波阵面为半径等于 $u\tau$ 的球面,但此时刻波源已前进了 $v_S\tau$ 的距离到达 S 位置。在整个 τ 时间内,波源发出的波到达的前沿形成了一个圆锥面,这个圆锥面叫**马赫锥**,其半顶角 α 由下式决定:

$$\sin\alpha = \frac{u}{v_S} \tag{11-68}$$

当飞机、炮弹等以超声速(超音速)飞行时,都会在空气中激起这种圆锥形的波。这种波属于**冲击波**(也叫激波)。冲击波面到达的地方,空气压强突然增大。过强的冲击波掠过物体时甚至会对物体造成损害,如使窗户玻璃碎裂等,这种现象称为**声爆**。

类似的现象在水波中也可以看到。当船速超过水面上的水波波速时,在船首附近就激起以船为顶端的 V 形波,这种波叫**艏波**,如图 11-35 所示。

图 11-35　青龙峡湖面游艇激起的艏波弯曲优美

当带电粒子在介质中运动,其速度超过该介质中的光速(这光速小于真空中的光速 c)时,会辐射锥形的电磁波,这种辐射称为**切连科夫辐射**。这是一种特殊的光的效应,类似艏波的情形。苏联物理学家切连科夫(B. Cherenkov,1904—1990)等在 1934 年首先发现,故名。他与其他科学家共同获得 1958 年诺贝尔物理学奖。高能物理实验中利用这种现象制成切连科夫计数器来探测并测定带电粒子的速度。据此,1955 年发现了反质子。

【例 11-6】　运动的警笛。一警笛发出频率为 1 500 Hz 的声波,并以 22 m/s 的速度向某方向运动,一人以 6 m/s 的速度跟踪其后,求他听到的警笛发出声音的频率以及在警笛后方空气中声波的波长。设没有自然风,空气中声速 $u=330$ m/s。

解　已知 $\nu_S=1\,500$ Hz,$v_S=22$ m/s,$v_R=6$ m/s,此人听到警笛发出的声音的频率为

$$\nu_R = \frac{u+v_R}{u+v_S}\nu_S = \frac{330+6}{330+22} \times 1\,500 \text{ Hz} = 1\,432 \text{ Hz}$$

警笛后方空气中声波的频率

$$\nu = \frac{u}{u+v_S}\nu_S = \frac{330}{330+22} \times 1\,500 \text{ Hz} = 1\,406 \text{ Hz}$$

相应的空气中声波波长为

$$\lambda = \frac{u}{\nu} = \frac{u+v_S}{\nu_S} = \frac{330+22}{1\,500} \text{ m} = 0.23 \text{ m}$$

应该注意,警笛后方空气中声波的频率并不等于警笛后方的人接收到的频率,这是因为人向着声源跑去时,又多接收了一些完整波的缘故。

*11.12　行波的叠加　群速度

与振动的合成类似,几个频率相同、波速相同、振动方向相同的简谐波叠加后,合成波仍然是简谐波。但是,不同频率的简谐波叠加后,合成波就不再是简谐了,一般比较复杂,故称为**复波**。介质中有复波产生时,各质元的运动不再是简谐运动,波形图也不再是余弦曲线。图 11-36 画出了两个复波的波形图(实曲线),它们都是频率比为 3∶1 的两列简谐波的合成,只是图 11-36(a)中两波的相差和图 11-36(b)中两波的相差不同。图 11-37 振幅相等、频率相近的两列简谐波合成的复波的波形图,实际上,它表示了振动合成中的拍现象。

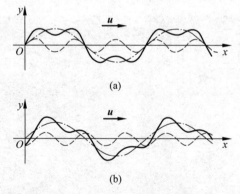

(a)

(b)

图 11-36　频率比为 3∶1 的两列简谐波的合成

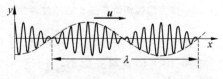

图 11-37　频率相近的两列余弦波的合成波

与几列简谐波可以合成为复波相反,一列任意的波,周期性的甚至非周期性的,如一个脉冲波,都可以分解为许多简谐波。这一分解所用的数学方法是傅里叶分析。傅里叶级数是一种特殊的无穷三角形级数,在自然科学和工程技术中都有广泛的应用。

简谐波在介质中的传播速度,即相速度,与介质的种类有关。在有些介质中,不同频率的简谐波的相速度都一样。相速度与频率无关的介质叫**无色散介质**。在有些介质中,相速度随频率的不同而改变,这种介质叫**色散介质**。在无色散介质中,不同频率的简谐波具有相同的传播速度,因而合成的复波也以同样的速度传播,而且在传播过程中波形保持不变。在色散介质中,情况则不同。由于各成分波的相速度不同,因而合成的复波的传播呈现复杂的情况。下面就两列沿同一方向传播的,振幅相同、频率相近而且相速度差别不大的两列简谐波的合成作一说明。

设有两列沿 x 轴正向传播的简谐波,其波函数分别为

$$y_1 = A\cos(\omega_1 t - k_1 x)$$
$$y_2 = A\cos(\omega_2 t - k_2 x)$$

式中,$k_1 = \omega_1/u_1$,$k_2 = \omega_2/u_2$ 分别为两列波的波数,u_1 和 u_2 分别是它们的相速度。这两列波的合成波为

$$
\begin{aligned}
y &= y_1 + y_2 \\
&= 2A\cos\left(\frac{\omega_1 - \omega_2}{2}t - \frac{k_1 - k_2}{2}x\right)\cos\left(\frac{\omega_1 + \omega_2}{2}t - \frac{k_1 + k_2}{2}x\right)
\end{aligned}
\tag{11-69}
$$

令

$$\bar{\omega} = \frac{\omega_1 + \omega_2}{2}, \quad \bar{k} = \frac{k_1 + k_2}{2}$$

$$\omega_g = \frac{\omega_1 - \omega_2}{2}, \quad k_g = \frac{k_1 - k_2}{2}$$

$$A_g = 2A\cos(\omega_g t - k_g x)$$

则式(11-69)可写为

$$
\begin{aligned}
y &= 2A\cos(\omega_g t - k_g x)\cos(\bar{\omega}t - \bar{k}x) \\
&= A_g\cos(\bar{\omega}t - \bar{k}x)
\end{aligned}
\tag{11-70}
$$

由于 ω_1 和 ω_2 很相近,所以 $\omega_g = \frac{\omega_1 - \omega_2}{2} \ll \omega_1$ 或 ω_2,而 $\bar{\omega} \approx \omega_1$ 或 ω_2。又由于相速度 u_1 和 u_2 差别不大,所以 $k_g = \frac{k_1 - k_2}{2} \ll k_1$ 或 k_2,而 $\bar{k} \approx k_1$ 或 k_2。这样,由式(11-70)所表示的合成波就可看成是振幅 A_g 以频率 ω_g 缓慢变化着而各质元以频率 $\bar{\omega}$ 迅速振动着的波。实线表示高频振动传播的波形,虚线表示振幅变化的波形。质元振动的相为 $(\bar{\omega}t - \bar{k}x)$,也就是合成波的相。认准某一确定的相,即令 $(\bar{\omega}t - \bar{k}x)$ = 常量,可求得复波的**相速度**为

$$u = \frac{\mathrm{d}x}{\mathrm{d}t} = \frac{\bar{\omega}}{\bar{k}} \tag{11-71}$$

如果忽略两成分波的相速度的差别,这一相速度也就等于成分波的相速度。

由于振幅的变化,合成波显现为一团一团振动向前传播。这样的一团叫一个**波群**或**波包**。波群的运动就由式(11-70)中的 A_g 表示。波群的运动速度叫**群速度**,它可以通过令

$(\omega_g t - k_g x) =$ 常量求得。以 u_g 表示群速度,则

$$u_g = \frac{\mathrm{d}x}{\mathrm{d}t} = \frac{\omega_g}{k_g} = \frac{\omega_1 - \omega_2}{k_1 - k_2} = \frac{\Delta\omega}{\Delta k}$$

在色散介质中,ω 随 k 连续变化而频差很小时,可用 $\mathrm{d}\omega/\mathrm{d}k$ 代替 $\Delta\omega/\Delta k$,于是

$$u_g = \frac{\mathrm{d}\omega}{\mathrm{d}k} \tag{11-72}$$

利用 $u = \omega/k = \nu\lambda$ 和 $k = 2\pi/\lambda$ 的关系,还可以把上式改写为

$$u_g = u - \lambda\frac{\mathrm{d}u}{\mathrm{d}\lambda} \tag{11-73}$$

对于无色散介质,相速度 u 与频率无关,即为常量,ω 与 k 成正比,于是

$$u_g = \frac{\mathrm{d}\omega}{\mathrm{d}k} = u$$

即群速度等于相速度。对于色散介质,群速度和相速度可能有很大很大差别。

信号和能量随着复波传播,其传播的速度就是波包移动的速度,即群速度。理想的简谐波在无限长的时间内始终以同一振幅振动,并不传播信号和能量,和它相对应的相速度 u 只表示简谐波中各点相位之间的关系,并不是信号和能量的传播速度。

图 11-38 表示的由波包组成的复波,只是在无色散或色散不大的介质中传播的情形。这种情况下,波包具有稳定的形状。如果介质的色散(即 $\mathrm{d}u/\mathrm{d}\lambda$)较大,则由于各成分波的相速的显著差异,波包在传播过程中会逐渐摊平、拉开以致最终弥散消失。这种情况下,群速度的概念也就失去意义了。

【例 11-7】 水面波。很深的海洋表面的波浪的相速度公式为 $u_d = \sqrt{\dfrac{g\lambda}{8\pi}}$;较浅的海洋表面的波浪的相速度公式为 $u_s = \sqrt{gh}$,式中 g 为重力加速度,h 为水深;以上均为重力波。在浅池表面微风吹起的涟漪波的相速度公式为 $u_s = \sqrt{2\pi\sigma/\rho\lambda}$,式中 σ 为表面张力系数,ρ 为水的密度,这是表面张力波。计算以上各种水面波的群速度。

解   将所给相速度公式代入式(11-72)中,可得深海波浪的群速度为

$$u_{d,g} = u_d - \lambda\frac{\mathrm{d}u_d}{\mathrm{d}\lambda} = u_d - \frac{1}{2}\sqrt{\frac{g\lambda}{8\pi}} = \frac{u_d}{2}$$

浅海波浪的群速度为

$$u_{s,g} = u_s - \lambda\frac{\mathrm{d}u_s}{\mathrm{d}\lambda} = u_s$$

涟漪波的群速度为

$$u_{r,g} = u_r - \lambda\frac{\mathrm{d}u_r}{\mathrm{d}\lambda} = u_r + \frac{1}{2}\sqrt{\frac{2\pi\sigma}{\rho\lambda}} = \frac{3}{2}u_r$$

思 考 题

11-1   设某时刻横波波形曲线如图 11-38 所示,试分别用箭头表示出图中 $A, B, C, D, E, F, G, H, I$ 等质点在该时刻的运动方向,并画出经过 1/4 周期后的波形曲线。

11-2 沿简谐波的传播方向相隔 Δx 的两质点在同一时刻的相差是多少？分别以波长 λ 和波数 k 表示之。

*11-3 如果地震发生时，你站在地面上。P 波怎样摇晃你？S 波怎样摇晃你？你先感到哪种摇晃？

*11-4 曾经说过，波传播时，介质的质元并不随波迁移。但水面上有波形成时，可以看到漂在水面上的树叶沿水波前进的方向移动。这是为什么？

11-5 在相同温度下氢气和氦气中的声速哪个大些？

11-6 拉紧的橡皮绳上传播横波时，在同一时刻，何处动能密度最大？何处弹性势能密度最大？何处总能量密度最大？何处这些能量密度最小？

11-7 一根光纤是由透明的材料做成的，芯表面裹敷一层另一种透明材料作为表皮构成的（图 11-39），光在哪种透明材料中速率较小而为光密介质？

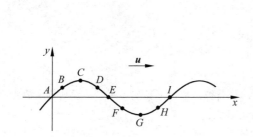

图 11-38 思考题 11-1 用图

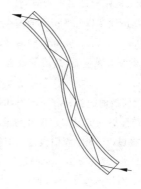

图 11-39 光线在一根光纤内传播

11-8 驻波中各质元的相有什么关系？为什么说相没有传播？

11-9 在图 11-21 的驻波形成图中，在 $t=T/4$ 时，各质元的能量是什么能？大小分布如何？在 $t=T/2$ 时，各质元的能量是什么能？大小分布又如何？波节和波腹处的质元的能量各是如何变化的？

11-10 二胡调音时，要旋动上部的旋杆，演奏时手指压触弦线的不同部位，就能发出各种音调不同的声音。这都是什么缘故？

11-11 哨子和管乐器如风琴管，笛，箫等发声时，吹入的空气湍流使管内空气柱产生驻波振动。管口处是"自由端"形成纵波波腹。另一端如果封闭（图 11-40），则为"固定端"，形成纵波波节；如果开放，则也是自由端，形成波腹。图 11-40(a) 还画出了闭管中空气柱的基频简正振动模式曲线，表示 $\lambda_1=L/4$。你能画出下两个波长较短的谐频简正振动模式曲线吗？请在图 11-40(b)、(c) 中画出。此闭管可能发出的声音的频率和管长应该有什么关系？

11-12 两个喇叭并排放置，由同一话筒驱动，以相同的功率向前发送声波。下述两种情况下，在它们前方较远处的 P 点的声强和单独一个喇叭发声时在该点的声强相比如何？

(1) P 点到两个喇叭的距离相等；

(2) P 点到两个喇叭的距离差半个波长。

11-13 如果在你做健身操时，头顶有飞机飞过，你会发现你向下弯腰和向上直起时所听到的飞机声音音调不同。为什么？何时听到的音调高些？

11-14 在有北风的情况下，站在南方的人听到在北方的警笛发出的声音和无风的情况下听到的有何不同？你能导出一个相应的公式吗？

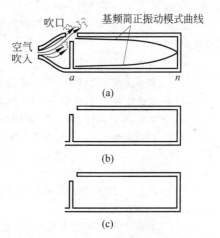

图 11-40 闭管空气柱振动简正模式
(a) 基频；(b)、(c) 谐频

*11-15　2004年圣诞节泰国避暑胜地普吉岛遭遇海啸袭击,损失惨重。报道称涌上岸的海浪高达10 m以上。这是从远洋传来的波浪靠近岸边后浪推前浪拥塞堆集的结果。你能用浅海水面波速公式 $u_s = \sqrt{gh}$ 来解释这种海啸高浪头的形成过程吗?

习题

11-1　太平洋上有一次形成的洋波速度为740 km/h,波长为300 km。这种洋波的频率是多少?横渡太平洋8 000 km的距离需要多长时间?

11-2　一简谐横波以0.8 m/s的速度沿一长弦线传播。在 $x=0.1$ m处,弦线质点的位移随时间的变化关系为 $y=0.05\sin(1.0-4.0t)$(SI)。试写出波函数。

11-3　一横波沿绳传播,其波函数为

$$y = 2 \times 10^{-2}\sin 2\pi(200t - 2.0x)$$

求:(1)此横波的波长、频率、波速和传播方向;

(2)绳上质元振动的最大速度并与波速比较。

11-4　据报道,1976年唐山大地震时,当地某居民曾被猛地向上抛起2 m高。设地震横波为简谐波,且频率为1 Hz,波速为3 km/s,它的波长多大?振幅多大?

11-5　一平面简谐波在 $t=0$ 时的波形曲线如图11-41所示。

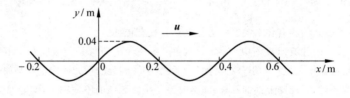

图11-41　习题11-5用图

(1)已知 $u=0.08$ m/s,写出波函数;

(2)画出 $t=T/8$ 时的波形曲线。

11-6　已知波的波函数为 $y=A\cos\pi(4t+2x)$。

(1)写出 $t=4.2$ s时各波峰位置的坐标表示式,并计算此时离原点最近一个波峰的位置,该波峰何时通过原点?

(2)画出 $t=4.2$ s时的波形曲线。

11-7　频率为500 Hz的简谐波,波速为350 m/s。

(1)沿波的传播方向,相差为60°的两点间相距多远?

(2)在某点,时间间隔为 10^{-3} s的两个振动状态,其相差为多大?

11-8　在海岸抛锚的船因海浪传来而上下振荡,振荡周期为4.0 s,振幅为60 cm,传来的波浪每隔25 m有一波峰。求:

(1)海波的速度。

*(2)海面上水的质点作圆周运动的线速度,并和波速比较。由此可知波传播能量的速度可以比介质质元本身运动的速度大得多。

11-9　在标准状态下,声音在氧气中的波速为 3.172×10^2 m/s,问氧的比热比 γ 是多少?

11-10　在钢棒中声速为5 100 m/s,求钢的杨氏模量(钢的密度 $\rho=7.8 \times 10^3$ kg/m³)。

11-11　图11-42所示为一次智利地震时在美国华盛顿记录下来的地震波图,其中显示了P波和S波到达的相对时间。如果 P 波和 S 波的平均速度分别为 8 km/s 与 6 km/s,试估算此次地震震中到华盛顿的距离。

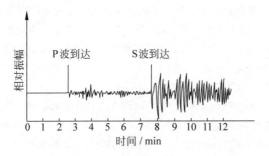

图 11-42　地震波记录

11-12　钢轨中声速为 5.1×10^3 m/s。今有一声波沿钢轨传播,在某处振幅为 1×10^{-9} m,频率为 1×10^3 Hz。钢的密度为 7.9×10^3 kg/m^3,钢轨的截面积按 15 cm^2 计。试求:

(1) 该声波在该处的强度;

(2) 该声波在该处通过钢轨输送的功率。

11-13　一次地震中地壳释放的能量很大,可能造成巨大灾害。一次地震释放的能量 E(J)通常用里氏地震级 M 表示,它们之间的关系是

$$M = 0.67 \lg E - 2.9$$

1976 年唐山大地震为里氏 7.8 级(图 11-43)。试求那次地震所释放的总能量,这能量相当于几个百万吨级氢弹爆炸所释放的能量?("百万吨"是指相当的 TNT 炸药的质量,1 kg TNT 炸药爆炸时释放的能量为 4.6×10^6 J。)

图 11-43　地震后的唐山,新华道两边的房子全部倒塌了

11-14　一日本妇女的喊声曾创吉尼斯世界纪录,达到 115 dB。这喊声的声强多大?后来一中国女孩破了这个纪录,她的喊声达到 141 dB,这喊声的声强又是多大?

11-15　位于 A,B 两点的两个波源,振幅相等,频率都是 100 Hz,相差为 π,若 A,B 相距 30 m,波速为 400 m/s,求 AB 连线上二者之间叠加而静止的各点的位置。

11-16　一驻波函数为

$$y = 0.02 \cos 20x \cos 750t$$

求:(1) 形成此驻波的两行波的振幅和波速各为多少?

(2) 相邻两波节间的距离多大?

(3) $t = 2.0 \times 10^{-3}$ s 时,$x = 5.0 \times 10^{-2}$ m 处质点振动的速度多大?

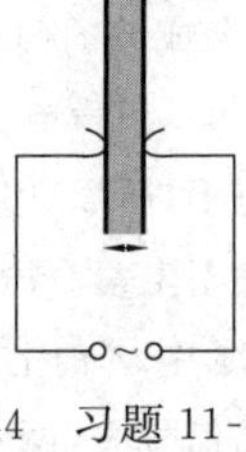

11-17　超声波源常用压电石英晶片的驻波振动。如图 11-44 在两面镀银的石英晶片上加上交变电压,晶片中就沿其厚度的方向上以交变电压

图 11-44　习题 11-17 用图

的频率产生驻波,有电极的两表面是自由的而成为波腹。设晶片的厚度为 2.00 mm,石英片中沿其厚度方向声速是 5.74×10^3 m/s 要想激起石英片发生基频振动,外加电压的频率应是多少?

11-18　一摩托车驾驶者撞人后驾车逃逸,一警车发现后开警车鸣笛追赶。两者均沿同一直路平行。摩托车速率为 80 km/h,警车速率 120 km/h。如果警笛发声频率为 400 Hz,空气中声速为 330 m/s。摩托车驾驶者听到的警笛声的频率是多少?

11-19　海面上波浪的波长为 120 m,周期为 10 s。一只快艇以 24 m/s 的速度迎浪开行。它撞击浪峰的频率是多大? 多长时间撞击一次? 如果它顺浪开行,它撞击浪峰的频率又是多大? 多长时间撞击一次?

11-20　一驱逐舰停在海面上,它的水下声呐向一驶近的潜艇发射 1.8×10^4 Hz 的超声波。由该潜艇反射回来的超声波的频率和发射的相差 220 Hz,求该潜艇的速度。已知海水中声速为 1.54×10^3 m/s。

11-21　主动脉内血液的流速一般是 0.32 m/s。今沿血流方向发射 4.0 MHz 的超声波,被红细胞反射回的波与原发射波将形成的拍频是多少? 已知声波在人体内的传播速度为 1.54×10^3 m/s。

11-22　公路检查站上警察用雷达测速仪测来往汽车的速度,所用雷达波的频率为 5.0×10^{10} Hz。发出的雷达波被一迎面开来的汽车反射回来,与入射波形成了频率为 1.1×10^4 Hz 的拍频。此汽车是否已超过了限定车速 100 km/h。

11-23　物体超过声速的速度常用**马赫数**表示,马赫数定义为物体速度与介质中声速之比。一架超音速飞机以马赫数为 2.3 的速度在 5 000 m 高空水平飞行,声速按 330 m/s 计。

(1) 求空气中马赫锥的半顶角的大小。

(2) 飞机从人头顶上飞过后要经过多长时间人才能听到飞机产生的冲击波声?

11-24　千岛湖水面上快艇以 60 km/h 的速率开行时,在其后留下的"艏波"的张角约为 10°(图 11-45)。试估算湖面上水波的静水波速。

图 11-45　习题 11-24 用图

11-25　有两列平面波,其波函数分别为

$$y_1 = A\sin(5x - 10t)$$
$$y_2 = A\sin(4x - 9t)$$

求:(1) 两波叠加后,合成波的波函数;

(2) 合成波的群速度。

11-26　**超声电机**。超声电机是利用压电材料的电致伸缩效应制成的。因其中压电材料的工作频率在超声范围,所以称超声电机。一种超声电机的基本结构如图 11-46(a)所示,在一片薄金属弹性体 M 的下表面黏附上复合压电陶瓷片 P_1 和 P_2(每一片的两半的电极化方向相反,如箭头所示),构成电机的"定子"。金属片 M 的上方压上金属滑块 R 作为电机的"转子"。当交流电信号加在压电陶瓷片上时,其电极化方向与信号中电场方向相同的半片略变厚,其电极化方向相反的半片略变薄。这将导致压电片上方的

金属片局部发生弯曲振动。由于输入 P_1 和 P_2 的信号的相位不同,就有弯曲行波在金属片中产生。这种波的竖直和水平的两个分量的位移函数分别为

$$\xi_y = A_y \sin(\omega t - kx), \quad \xi_x = A_x \cos(\omega t - kx)$$

式中 ω 即信号的,也是它引起的弹性金属片中波的频率。这样,金属表面每一质元(x 一定)的合运动都将是两个相互垂直的振动的合成图 11-46(b),在其与上面金属滑块接触处的各质元(从左向右)都将依次向左运动。在这接触处涂有摩擦材料,借助于摩擦力,金属滑块将被推动向左运动,形成电机的基本动作。

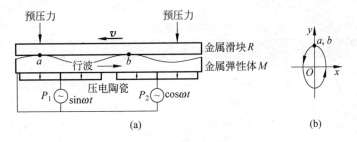

图 11-46　超声电机

(a)一种超声电机结构图;(b) a,b 两点的运动

　　如果将薄金属弹性体做成扁环形体,在其下面沿环的方向黏附压电陶瓷片,在其上压上环形金属滑块,则在输入交流电信号时,滑块将被摩擦带动进行旋转,这将做成旋转的超声电机。

　　超声电机通常都造得很小,它和微型电磁电机相比具有体积小,转矩大,惯性小,无噪声等优点。现已被应用到精密设备,如照相机,扫描隧穿显微镜甚至航天设备中。图 11-47 是清华大学物理系声学研究室 2001 年研制成的直径 1 mm,长 5 mm,重 36 mg 的旋转超声电机,曾用于 OCT 内窥镜中驱动其中的扫描反射镜。

　　就图 11-46 所示的超声电机,(1) 证明,薄金属片中各质元的合运动轨迹都是正椭圆,其轨迹方程为

$$\frac{\xi_x^2}{A_x^2} + \frac{\xi_y^2}{A_y^2} = 1$$

图 11-47　清华大学声学研究室研制成的直径 1 mm 的旋转超声电机(镊子夹住的)

(2) 证明,薄金属片与金属滑块接触时的水平速率都是

$$v = -\omega A_x$$

负号表示此速度方向沿图 11-46 中 x 负方向,即向左。

数值表

物理常量表

名　称	符号	计算用值	最佳值*
真空中的光速	c	3.00×10^8 m/s	2.997 924 58(精确)
普朗克常量	h	6.63×10^{-34} J·s	6.626 070 147
约化普朗克常量	$\hbar$	$= h/2\pi$	
		$= 1.05 \times 10^{-34}$ J·s	1.054 571 628(53)
玻耳兹曼常量	k	1.38×10^{-23} J/K	1.380 649 7
真空磁导率	μ_0	$4\pi \times 10^{-7}$ N/A^2	(精确)
		$= 1.26 \times 10^{-6}$ N/A^2	1.256 637 061…
真空介电常量	ε_0	$= 1/\mu_0 c^2$	(精确)
（真空电容率）		$= 8.85 \times 10^{-12}$ F/m	8.854 187 817
引力常量	G	6.67×10^{-11} N·m^2/kg^2	6.674 28(67)
阿伏伽德罗常量	N_A	6.02×10^{23} mol^{-1}	6.022 140 761
元电荷	e	1.60×10^{-19} C	1.602 176 633 8
电子静质量	m_e	9.11×10^{-31} kg	9.109 382 15(45)
		5.49×10^{-4} u	5.485 799 094 3(23)
		0.511 0 MeV/c^2	0.510 998 910(13)
质子静质量	m_p	1.67×10^{-27} kg	1.672 621 637(83)
		1.007 3 u	1.007 276 466 77(10)
		938.3 MeV/c^2	938.272 013(23)
中子静质量	m_n	1.67×10^{-27} kg	1.674 927 211(84)
		1.008 7 u	1.008 664 915 97(43)
		939.6 MeV/c^2	939.565 346(23)
α粒子静质量	m_α	4.002 6 u	4.001 506 179 127(62)
玻尔磁子	μ_B	9.27×10^{-24} J/T	9.274 009 15(23)
电子磁矩	μ_e	-9.28×10^{-24} J/T	$-9.284\ 763\ 77(23)$
核磁子	μ_N	5.05×10^{-27} J/T	5.050 783 24(13)
质子磁矩	μ_p	1.41×10^{-26} J/T	1.410 606 662(37)
中子磁矩	μ_n	-0.966×10^{-26} J/T	$-0.966\ 236\ 41(23)$
里德伯常量（理论值）	R	1.10×10^7 m^{-1}	1.097 373 156 852 7(73)
玻尔半径	a_0	5.29×10^{-11} m	5.291 772 085 9(36)
经典电子半径	r_e	2.82×10^{-15} m	2.817 940 289 4(58)
电子康普顿波长	$\lambda_{C,e}$	2.43×10^{-12} m	2.426 310 217 5(33)
斯特藩-玻耳兹曼常量	σ	5.67×10^{-8} W·m^{-2}·K^{-4}	5.670 400(40)

　　* 所列最佳值摘自 2006 *CODATA INTERNATIONALLY RECOMMEDED VALUES OF THE FUNDAMENTAL PHYSICAL CONSTANTS* (www. physics. nist. gov)以及 2019 年重新定义值。

一些天体数据

名　称	计算用值
我们的银河系	
质量	10^{42} kg
半径	10^5 l. y.
恒星数	1.6×10^{11}
太阳	
质量	1.99×10^{30} kg
半径	6.96×10^8 m
平均密度	1.41×10^3 kg/m³
表面温度	5 770 ℃
表面重力加速度	274 m/s²
自转周期	25 d(赤道),37 d(靠近极地)
对银河系中心的公转周期	2.5×10^8 a
总辐射功率	4×10^{26} W
地球	
质量	5.98×10^{24} kg
赤道半径	6.378×10^6 m
极半径	6.357×10^6 m
平均密度	5.52×10^3 kg/m³
表面重力加速度	9.81 m/s²
自转周期	1 恒星日=8.616×10^4 s
对自转轴的转动惯量	8.05×10^{37} kg·m²
到太阳的平均距离	1.50×10^{11} m
公转周期	1 a=3.16×10^7 s
公转速率	29.8 m/s
月球	
质量	7.35×10^{22} kg
半径	1.74×10^6 m
平均密度	3.34×10^3 kg/m³
表面重力加速度	1.62 m/s²
自转周期	27.3 d
到地球的平均距离	3.82×10^8 m
绕地球运行周期	1 恒星月=27.3 d

几个换算关系

名　称	符号	计算用值	1998 最佳值
1[标准]大气压	atm	1 atm=1.013×10^5 Pa	$1.013\ 250 \times 10^5$
1 埃	Å	1 Å=1×10^{-10} m	(精确)
1 光年	l. y.	1 l. y.=9.46×10^{15} m	
1 电子伏	eV	1 eV=1.602×10^{-19} J	1.602 176 462(63)
1 特[斯拉]	T	1 T=1×10^4 G	(精确)
1 原子质量单位	u	1 u=1.66×10^{-27} kg	1.660 539 04(13)
		=931.5 MeV/c^2	931.494 013(37)
1 居里	Ci	1 Ci=3.70×10^{10} Bq	(精确)

部分习题答案

第 1 章

1.1　849 m/s

1.2　未超过，400 m

1.3　会，46 km/h

1.4　36.3 s

1.5　34.5 m，24.7 L

1.6　(1) $y = x^2 - 8$；

　　　(2) 位置：$2i - 4j, 4i + 8j$；　速度：$2i + 8j, 2i + 16j$；　加速度：$8j, 8j$

1.7　(1) 可以过；　(2) 界外

1.8　(1) 269 m；　(2) 空气阻力影响

1.9　不能，12.3 m

1.10　(1) 3.28 m/s²，12.7 s；　(2) 1.37 s；

　　　(3) 10.67 m；　　　　　(4) 西岸桥面低 4.22 m

1.11　两炮弹可能在空中相碰。但二者速率必须大于 45.6 m/s

1.12　4×10^5

1.13　356 m/s，2.59×10^{-2} m/s²

1.14　6.6×10^{15} Hz，9.1×10^{22} m/s²

1.15　2.4×10^{14}

1.16　0.25 m/s²；0.32 m/s²，与 v 夹角为 128°40′

*1.17　(1) 69.4 min；(2) 26 rad/s，-3.31×10^{-3} rad/s²

1.18　374 m/s，314 m/s，343 m/s

1.19　36 km/h，竖直向下偏西 30°

1.20　917 km/h，西偏南 40°56′

　　　917 km/h，东偏北 40°56′

1.21　0.59 s，2.06 m

第 2 章

2.1　(1) $\dfrac{\mu_s M g}{\cos\theta - \mu_s \sin\theta}$，$\dfrac{\mu_k M g}{\cos\theta - \mu_k \sin\theta}$；

(2) $\arctan\dfrac{1}{\mu_s}$

2.2　(1) 3.32 N, 3.75 N;　(2) 17.0 m/s^2

2.3　(1) 6.76×10^4 N;　(2) 1.56×10^4 N

2.4　(1) 368 N;　(2) 0.98 m/s^2

2.5　39.3 m

2.6　19.4 N

2.7　(1) $\dfrac{1}{M+m_2}\left(F-\dfrac{m_1m_2}{m_1+m_2}g\right)$;　(2) $(m_1+m_2+M)\dfrac{m_2}{m_1}g$

2.8　(1) 1.88×10^3 N, 635 N;　(2) 66.0 m/s

2.9　(1) 50.7 km/h;　*(2) 0.23 m/s^3

2.10　1.89×10^{27} kg

2.11　(1) 略;　(2) 6.9×10^3 s;　(3) 0.12

2.12　$\sqrt[4]{48}\pi R^{3/2}/\sqrt{GM}$

2.13　$\dfrac{v_0R}{R+v_0\mu_k t}$,　$\dfrac{R}{\mu_k}\ln\left(1+\dfrac{v_0\mu_k t}{R}\right)$

2.14　(1) 0.56×10^5, 2.80×10^5;　(2) 1.97×10^4 N,　2.01 t;

　　　(3) 4.6×10^{-16} N

2.15　534

2.16　$w^2[m_1L_1+m_2(L_1+L_2)]$, $w^2m_2(L_1+L_2)$

2.17　2.9 m/s

*2.18　1 560 N, 156 kW

2.19　略

第 3 章

3.1　$-kA/\omega$

3.2　1.41 N·s

3.3　1.21×10^3 N

3.4　11.6 N

3.5　4.24×10^4 N,　沿 90°平分线向外

3.6　1.07×10^{-20} kg·m/s,　与 $\boldsymbol{p}_1$ 的夹角为 149°58′

*3.7　7 290 m/s, 8 200 m/s,都向前

3.8　必有一辆车超速

3.9　108 m/s

3.10　0.632

3.11　在两氢原子张角的分角线上,距氧原子中心 0.006 48 nm

3.12　对称半径上距圆心 4/3π 半径处

3.13　立方体中心上方 0.061a 处

3.14　5.26×10^{12} m

3.15　　$v_0 r_0 / r$

第 4 章

4.1　(1) 1.36×10^4 N，　0.83×10^4 N；　(2) 3.95×10^3 J；　(3) 1.96×10^4 J

4.2　$mgR[(1-\sqrt{2}/2)+\sqrt{2}\mu_k/2]$，　$mgR(\sqrt{2}/2-1)$，　$-\sqrt{2}mgR\mu_k/2$

4.3　4.52×10^9 J，　0.982 t

4.4　113 W

4.5　2.8 m/s

4.6　(1) $\dfrac{1}{2}mv^2\left[\left(\dfrac{m}{m+M}\right)^2-1\right]$，　$\dfrac{1}{2}M\left(\dfrac{mv}{m+M}\right)^2$；　(2) 略

4.7　0.23 m

4.8　(1) 31.8 m，　22.5 m/s；　(2) 不会

* 4.9　$mv_0\left[\dfrac{M}{k(M+m)(2M+m)}\right]^{1/2}$

* 4.10　(1) $\sqrt{\dfrac{2MgR}{M+m}},m\sqrt{\dfrac{2gR}{M(M+m)}}$；　(2) $\dfrac{m^2gR}{M+m}$；　(3) $\left(3+\dfrac{2m}{M}\right)mg$

4.11　略

4.12　(1) $\dfrac{GmM}{6R}$；　(2) $-\dfrac{GmM}{3R}$；　(3) $-\dfrac{GmM}{6R}$

* 4.13　略

4.14　(1) 8.2 km/s；　(2) 4.1×10^4 km/s

4.15　2.95 km，　1.85×10^{19} kg/m³，　80 倍

4.16　4.20 MeV

* 4.17　$\dfrac{12A}{x^{13}}-\dfrac{6B}{x^7}$，　$\sqrt[6]{\dfrac{2A}{B}}$

* 4.18　$\dfrac{5}{4}\dfrac{ke^2}{m_p v_0^2}$

4.19　4.46×10^3 m³/h

4.20　0.19 m³/min

第 5 章

5.1　(1) 25.0 rad/s；　(2) 39.8 rad/s²；　(3) 0.628 s

5.2　(1) $\omega_0=20.9$ rad/s，$\omega=314$ rad/s，$\alpha=41.9$ rad/s²；

　　(2) 1.17×10^3 rad, 186 圈

5.3　-9.6×10^{-22} rad/s²

5.4　$4.63 \times 10^2 \cos\lambda$ m/s，　与 $O'P$ 垂直

　　$3.37 \times 10^{-2} \cos\lambda$ m/s²，　指向 O'

5.5　9.59×10^{-11} m,104°54′

5.6　(1) 1.01×10^{-39} kg·m²；　(2) 4.56×10^8 Hz

5.7　1.95×10^{-46} kg·m²，　1.37×10^{-12} s

5.8 分针：1.18 kg·m²/s，1.03×10⁻³ J；时针：2.12×10⁻² kg·m²/s，1.54×10⁻⁶ J

* 5.9 $\dfrac{13}{24}mR^2$

5.10 $\dfrac{m_1-\mu_k m_2}{m_1+m_2+m/2}g$，$\dfrac{(1+\mu_k)m_2+m/2}{m_1+m_2+m/2}m_1 g$，$\dfrac{(1+\mu_k)m_1+\mu_k m/2}{m_1+m_2+m/2}m_2 g$

5.11 10.5 rad/s²，4.58 rad/s

5.12 37.5 r/min，不守恒。臂内肌肉做功，3.70 J

5.13 (1) 8.89 rad/s；(2) 94°18′

5.14 0.496 rad/s

5.15 (1) 4.8 rad/s；(2) 4.5×10⁵ J

5.16 (1) 4.95 m/s；(2) 8.67×10⁻³ rad/s；(3) 19 圈

5.17 1.1×10⁴² kg·m²/s，3.3%

* 5.18 (1) −2.3×10⁻⁹ rad/s²；(2) 2.6×10³¹ J/s；(3) 1 300 a

* 5.19 2.14×10²⁹ J，2.6×10⁹ kW，11，3.5×10¹⁶ N·m

5.20 3.1 min

第 6 章

6.1 $l\left[1-\cos^2\theta\dfrac{u^2}{c^2}\right]^{1/2}$，$\arctan\left[\tan\theta\left(1-\dfrac{u^2}{c^2}\right)^{-1/2}\right]$

6.2 $a^3\left(1-\dfrac{u^2}{c^2}\right)^{1/2}$

6.3 $1/\sqrt{1-u^2/c^2}$ m，在 S' 系中观察，x_2 端那支枪先发射，x_1 端那支枪后发射

6.4 能

6.5 6.71×10⁸ m

6.6 0.577×10⁻⁹ s

* 6.7 (1) 0.95c；(2) 4.00 s

6.8 在 S 系中光线与 x 轴的夹角为 $\arctan\dfrac{\sin\theta'\sqrt{1-u^2/c^2}}{\cos\theta'+u/c}$

6.9 0.866c，0.786c

6.10 (1) 5.02 m/s；(2) 1.49×10⁻¹⁸ kg·m/s；
　　 (3) 1.2×10⁻¹¹ N，0.25 T

6.11 2.22 MeV，0.12%，1.45×10⁻⁶%

6.12 (1) 4.15×10⁻¹² J；(2) 0.69%；(3) 6.20×10¹⁴ J；
　　 (4) 6.29×10¹¹ kg/s；(5) 7.56×10¹⁰ a

6.13 5.6 GeV，3.1×10⁴ GeV

第 7 章

7.1 (1) 9.08×10³ Pa；(2) 90.4 K，−182.8℃

7.2 2.8 atm

7.3 196 K，6.65×10¹⁹ m⁻³

7.4　84℃

7.5　929 K，656℃

7.6　0.32 kg

7.7　25 cm^{-3}

7.8　1.87×10^{17} cm^{-3}

7.9　1.4×10^{-9} Pa

7.10　1.95×10^3 m

7.11　5.8×10^{-8} m，1.3×10^{-10} s

7.12　3.2×10^{17} m^{-3}，10^{-2} m(分子间很难相互碰撞)，分子与器壁的平均碰撞频率
　　　为 4.7×10^4 s^{-1}

7.13　80 m，0.13 s

7.14　(1) $\pi d^2/4$；(2) $4/(\pi d^2 n)$

7.15　(1) 6.00×10^{-21} J，4.00×10^{-21} J，10.00×10^{-21} J；
　　　(2) 1.83×10^3 J；(3) 1.39 J

7.16　3.74×10^3 J/mol，6.23×10^3 J/mol，6.23×10^3 J/mol；
　　　0.935×10^3 J/mol，3.12×10^3 J，0.195×10^3 J

7.17　(1) 12.9 keV；(2) 1.58×10^6 m/s

7.18　0.95×10^7 m/s，2.6×10^2 m/s，1.6×10^{-4} m/s

7.19　对火星：5.0 km/s，$v_{\text{rms,CO}_2}$=0.368 km/s，$v_{\text{rms,H}_2}$=1.73 km/s
　　　对木星：60 km/s，$v_{\text{rms,H}_2}$=1.27 km/s

7.20　2.9×10^2 m/s，12 m/s，8.8 mm/s

7.21　6.15×10^{23} mol^{-1}

7.22　2.9×10^2 m/s，8.8 mm/s

7.23　(1) 2.00×10^{19}；(2) 1 atm

7.24　略

第 8 章

8.1　(1) 600 K, 600 K, 300 K；(2) 2.81×10^3 J；(3) 略

8.2　(1) 424 J；(2) −486 J, 放了热

8.3　(1) 2.08×10^3 J, 2.08×10^3 J, 0；
　　　(2) 2.91×10^3 J, 2.08×10^3 J, 0.83×10^3 J

8.4　319 K

8.5　(1) 41.3 mol；(2) 4.29×10^4 J；(3) 1.71×10^4 J；(4) 4.29×10^4 J

8.6　0.215 atm, 193 K；896 J, −896 J

8.7　(1) 5.28 atm, 429 K；(2) 7.41×10^3 J, 0.93×10^3 J, 6.48×10^3 J；(3) 略

8.8　(1) 0.652 atm, 317 K；(2) 1.90×10^3 J, 1.90×10^3 J；
　　　(3) 氮气体积由 20 L 变为 30 L，是非平衡过程，画不出过程曲线，从 30 L 变为
　　　　50 L 的过程曲线为绝热线

8.9　略

8.10　(1) 6.7%；　(2) 14 MW；　(3) $6.5×10^2$ t/h

8.11　$1.05×10^4$ J

8.12　0.39 kW

8.13　$9.98×10^7$ J，　2.99

8.14　29 m/s

第 9 章

9.1　$1.30×10^3$ J，　$2.79×10^3$ J，　23.5 J/K

9.2　268 J/K

9.3　$3.4×10^3$ J/K

9.4　30 J/(K·s)

9.5　70 J/(K·s)

9.6　$5.4×10^4$ J/K

9.7　(1) 184 J/K，　增加；　(2) 97 J/K

9.8　(1) $-1.10×10^3$ J/K，　0；　(2) $1.10×10^3$ J/K，　1.08 J/K

*9.9　(1) 略；　(2) 等温过程　$A=1.69×10^6$ J，　$\Delta S=5.63×10^3$ J/K

等容过程　$A=0$，　$\Delta S=-5.63×10^3$ J/K

绝热过程　$A=-1.30×10^6$ J，　$\Delta S=0$

循环过程　$A=3.9×10^5$ J，　$\Delta S=0$

第 10 章

10.1　(1) $8\pi s^{-1}$，0.25 s，0.05 m，$\pi/3$，1.26 m/s，31.6 m/s^2；

(2) $25\pi/3$，$49\pi/3$，$241\pi/3$

(3) 略

10.2　(1) π；　(2) $-\pi/2$；　(3) $\pi/3$

10.3　(1) 0，$\pi/3$，$\pi/2$，$2\pi/3$，$4\pi/3$；　(2) $x=0.05\cos\left(\dfrac{5}{6}\pi t-\dfrac{\pi}{3}\right)$

(3) 略

10.4　(1) 4.2 s；　(2) $4.5×10^{-2}$ m/s^2；　(3) $x=0.02\cos\left(1.5t-\dfrac{\pi}{2}\right)$

10.5　(1) $x=0.02\cos(4\pi t+\pi/3)$；　(2) $x=0.02\cos(4\pi t-2\pi/3)$

10.6　(1) $x_2=A\cos(\omega t+\varphi-\pi/2)$，$\Delta\varphi=-\pi/2$；　(2) 略

10.7　(1) 0.25 m；　(2) ±0.18 m；　(3) 0.2 J

10.8　$m\dfrac{\mathrm{d}^2x}{\mathrm{d}t^2}=-kx$，$T=2\pi\sqrt{\dfrac{m}{k}}$，　总能量是$\dfrac{1}{2}kA^2$

*10.9　略

*10.10　31.8 Hz

*10.11　(1) $GM_{\mathrm{E}}mr/R_{\mathrm{E}}^3$，$r$ 为球到地心的距离；　(2) 略；　(3) $2\pi R_{\mathrm{E}}\sqrt{R_{\mathrm{E}}/GM_{\mathrm{E}}}$

*10.12　(1) 0.031 m；　(2) 2.2 Hz

10.13　0.90 s

10.14　0.77 s

*10.15　$\dfrac{1}{2\pi}\sqrt{\dfrac{Qq}{4\pi\varepsilon_0 mR^3}}$

10.16　略

10.17　$2\pi\sqrt{2R/g}$

10.18　311 s, 2.2×10^{-3} s^{-1}, 712

10.19　$x=0.06\cos(2t+0.08)$

*10.20　长半轴 0.06 m, 短半轴 0.04 m, 0.1 s; 右旋

第 11 章

11.1　6.9×10^{-4} Hz, 10.8 h

11.2　$y=0.5\sin(4.0t-5x+2.64)$

11.3　(1) 0.50 m, 200 Hz, 100 m/s, 沿 x 轴正向; (2) 25 m/s

11.4　3 km, 1.0 m

11.5　(1) $y=0.04\cos\left(0.4\pi t-5\pi x+\dfrac{\pi}{2}\right)$; (2) 略

11.6　(1) $x=n-8.4$, $n=0,\pm1,\pm2,\cdots$, -0.4 m, 4 s; (2) 略

11.7　(1) 0.12 m; (2) π

11.8　(1) 6.25 m/s; *(2) 0.94 m/s

11.9　1.42

11.10　2.03×10^{11} N/m^2

11.11　7.3×10^3 km

11.12　(1) 8×10^{-4} W/m^2; (2) 1.2×10^{-6} W

11.13　10^{16} J, 2 个

11.14　0.316 W/m^2; 126 W/m^2

11.15　x 轴正向沿 AB 方向, 原点取在 A 点, 静止的各点的位置为 $x=15-2n$, $n=0,\pm1,\pm2,\cdots,\pm7$

11.16　(1) 0.01 m, 37.5 m/s; (2) 0.157 m; (3) -8.08 m/s

11.17　1.44 MHz

11.18　415 Hz

11.19　0.30 Hz, 3.3 s; 0.10 Hz, 10 s

11.20　9.4 m/s

11.21　1.66×10^3 Hz

11.22　超了

11.23　(1) 25.8°; (2) 13.6 s

11.24　1.46 m/s

11.25　(1) $y=2A\cos(0.5x-0.5t)\sin(4.5x-9.5t)$; (2) 1 m/s

11.26　(1) 略; (2) 略

索引（物理学名词与术语中英文对照）

—T—

—W—

—X—

参 考 文 献

[1] 张三慧. 大学基础物理学[M]. 3 版. 北京：清华大学出版社,2009.

[2] 夏征农,陈至立. 辞海[M]. 6 版. 上海：上海辞书出版社,2009.

[3] [德] Horst Stöcker. 物理手册[M]. 吴锡真,李祝霞,陈师平,译. 北京：北京大学出版社,2004.

[4] 马文蔚,等. 物理学[M]. 6 版. 北京：高等教育出版社,2014.

[5] 陈信义. 大学物理教程[M]. 2 版. 北京：清华大学出版社,2008.

[6] 梁绍荣,等. 普通物理学[M]. 3 版. 北京：高等教育出版社,2005.

[7] 郭奕玲,沈慧君. 物理学史[M]. 2 版. 北京：清华大学出版社,2005.

[8] 杜旭日,等. 大学基础物理学精讲与练习[M]. 北京：清华大学出版社,2019.

[9] 杜旭日. 大学物理实验教程[M]. 厦门：厦门大学出版社,2016.